W0253858

Qualitative Chemische Analyse

Von

Dr. C. J. van Nieuwenburg
Professor an der Technischen Hochschule in Delft
und
Ing. J. W. L. van Ligten
Dozent an der Technischen Hochschule in Delft

Deutsche, nach der vierten holländischen Auflage besorgte Ausgabe

Mit 4 Textabbildungen

Wien
Springer-Verlag
1959

Die vierte Auflage der holländischen Ausgabe erschien 1956
unter dem Titel „Kwalitatieve chemische analyse“
im Verlag D. B. Centen's Uitgeversmaatschappij N. V., Amsterdam

ISBN 978-3-7091-7648-1 ISBN 978-3-7091-7647-4 (eBook)
DOI 10.1007/978-3-7091-7647-4

Vorwort

Dieses Buch ist im wesentlichen eine deutsche Übersetzung der 4. Auflage des holländischen Buches „Kwalitatieve chemische analyse" derselben Autoren, die im Verlag D. B. Centen, Amsterdam 1956, erschienen ist. Die erste Auflage (1945) konnte als ausführliche holländische Bearbeitung einer schon älteren Arbeit von VAN NIEUWENBURG und Frl. Dr. DULFER betrachtet werden. Diese erschien fast gleichzeitig in englischer Sprache (ebenfalls bei D. B. Centen, Amsterdam) 1933 und in spanischer Sprache (bei Marin, Barcelona) 1934.

Vergleicht man die verschiedenen Auflagen, so erhält man einen starken Eindruck der stürmischen Entwicklung, welche die qualitative chemische Analyse in den letzten 25 Jahren erfahren hat. Das vorliegende Buch verdankt seine Existenzberechtigung unserer Ansicht nach der Tatsache, daß man in vielen akademischen Kreisen von dieser Entwicklung offenbar noch nicht genügend durchdrungen ist. Falls man die vielen guten Identitätsreaktionen bereits kennt, welche uns die Technik der Tüpfelreaktionen und der Kristallfällungen geliefert hat, schließt man daraus noch zu wenig auf die Möglichkeit einer ganz anderen wesentlich besseren Technik und Methodik. Diese Reaktionen sind nämlich so empfindlich, daß man von selbst zu einem Mikro- oder eventuell Semimikrostil gelangt, der nicht nur schnellere und bessere Resultate als der alte Stil erzielt, sondern der vor allem — und darauf legen wir besonderen Nachdruck — weitaus eleganter ist, was gerade für den propädeutischen chemischen Unterricht von größter Bedeutung ist. Es hat doch heutzutage wirklich keinen Sinn mehr, bei der qualitativen Analyse noch mit Flüssigkeitslachen zu arbeiten, die filtriert und zur Trockne eingedampft werden müssen, und mit Reagenzgläsern mit 20 oder mehr ml Inhalt. Eine Tüpfelplatte, eine Scheibe Filtrierpapier, eine Zentrifuge und kleine Zentrifugenröhrchen ermöglichen alles schneller und wirklich besser.

Weiter ist den Tüpfelreaktionen und den mikroskopischen Reaktionen in diesem Buch die gleiche Aufmerksamkeit gewidmet. Es gibt Lehrbücher, die ausschließlich auf die eine Gruppe, und andere, die ausschließlich auf die andere Gruppe bei der Wahl der Identitätsreaktionen aufgebaut sind, und es gibt nur sehr wenige, die in dieser Hinsicht ohne Vorurteile sind. Das erscheint uns verkehrt. Es ist erforderlich, beide Techniken gründlich zu kennen. Manchmal bietet die eine Vorteile, manchmal die andere; und der gute Analytiker muß so eklektisch eingestellt sein, daß er in jedem vorkommenden Fall weiß, welche Wahl er treffen muß.

Wir haben in diesem Buch dann auch versucht, ohne dieses Ideal immer erreicht zu haben, für jedes Ion sowohl eine oder mehrere Tüpfelreaktionen als auch eine oder mehrere gute mikroskopische Reaktionen zu empfehlen.

Langjährige Erfahrungen in unserem Laboratorium der Technischen Hochschule in Delft haben uns bewiesen, daß unsere Auffassungen keineswegs als sterile Theorien zu betrachten sind. Die in diesem Buch beschriebenen Methoden werden dort seit Jahren täglich von einer großen Zahl junger Studenten — und unserer Ansicht nach mit Erfolg — angewendet. Dieses Buch ist tatsächlich in erster Linie für den propädeutischen akademischen Unterricht gedacht. Im Gegensatz zu anderen, jedenfalls auch modernen Lehrbüchern will es keine allgemeine Einführung in die Chemie geben, sondern sich darauf beschränken, nur eine Einsicht in spezifisch analytische Probleme zu vermitteln. Wir hegen daher die Hoffnung, daß das Buch auch in Untersuchungslaboratorien mit Erfolg verwendet werden kann.

Es mag manchem als überholt erscheinen, daß in diesem Buch, das beansprucht, „modern" zu sein, noch immer an dem H_2S-Schema festgehalten wird. Wir haben in unserem Laboratorium zahlreiche H_2S-lose Schemata gründlich erprobt und sind zu der Überzeugung gekommen, daß diese „novae" alle weniger gut als das alterprobte Schema sind. Wir haben auch den Gebrauch von H_2S-Wasser verworfen. Um den Studenten trotzdem zu zeigen, welche Möglichkeiten es gibt, haben wir am Schluß des Buches einige andere Schemata beschrieben, sowohl ältere, mehr oder weniger klassische als auch revolutionär moderne.

Wir haben bei den Reaktionen danach gestrebt, so weitgehend wie möglich anzugeben, von wem sie stammen, sind uns jedoch dessen bewußt, daß es uns nur unvollkommen gelungen ist. Viele Reaktionen haben sich dafür zu langsam „entwickelt"; wir bitten im voraus um Nachsicht, wenn wir in dieser Hinsicht jemanden vernachlässigt haben sollten. Ganz besonders gilt das in bezug auf Fr. Feigl; einer von uns (van Nieuwenburg) hatte das Vorrecht, das „Fach" der Tüpfelreaktionen unter seiner persönlichen Leitung zu erlernen. Er genoß übrigens auch das Vorrecht, in Delft zu studieren, wo die mikroskopische Technik von Behrens entwickelt worden ist. Vielleicht erklärt das, warum er sich berufen fühlte, eine Synthese beider Techniken zustande zu bringen.

In diesem Buch ist den weniger vorkommenden Elementen relativ viel Aufmerksamkeit gewidmet. Es ist uns nämlich niemals ganz klar geworden, welche Kriterien gegolten haben für die Unterscheidung der Elemente in „artige" und solche, die einem jungen Studenten besser nicht vorgeführt werden. Aus Tabelle 2 am Schluß dieses Buches ersehen wir, daß dies nur sehr beschränkt mit ihrer geochemischen Häufigkeit zusammenhängt. Auch die industrielle Verwendung ist keineswegs maßgeblich. Wir vermuten, daß es mehr mit dem „getarnten" Vorkommen der sogenannten seltenen Elemente zusammenhängt. Wäre diese Vermutung richtig, sollte es für die Analytiker ein weiterer Ansporn sein, diesen „Verstoßenen" mehr Aufmerksamkeit zu widmen.

Wir sind uns der Tatsache leider bewußt, daß dieses Buch in einer

Hinsicht äußerst inkonsequent ist. In den Kapiteln VI, VII und VIII erläutern wir eine Methodik, die zwischen Mikro- und Semimikrostil schwankt, während es gerade die Tendenz dieses Buches ist, den Mikrostil zu empfehlen, den wir in den Kapiteln IX und X erläutern und der unserer Ansicht nach zweifellos vorzuziehen ist. Die Aufnahme dieses sogenannten Semimikrostils — wenngleich „contre cœur" — muß als Konzession betrachtet werden gegenüber den Laboratoriumsleitern, die zwar gute Identitätsreaktionen in ihren Praktika anwenden wollen, die völlige Konsequenz dessen aber nicht zu tragen bereit sind. Wir hoffen, daß ihre Zahl gering sein wird!

Wir wissen aus Erfahrung, daß jeder Druck, auch der einer Übersetzung, trotz größter Sorgfalt doch noch viele Undeutlichkeiten und sogar Fehler enthält. Wir stellen uns daher auch gerne für Bemerkungen und aufbauende Kritik zur Verfügung, die an jeden von uns gerichtet werden kann, per Adresse: „Laboratorium voor Microanalyse, Technische Hogeschool, de-Vries-van-Heystplantsoen, Delft (Holland).

Dem Verleger und seinen Mitarbeitern sind wir sehr zu Dank verpflichtet für die tadellose Ausstattung des Buches und für die Mühewaltung bei der Übersetzung.

Delft, im Juni 1959

C. J. van Nieuwenburg
J. W. L. van Ligten

Inhaltsverzeichnis

I. Allgemeine Einführung

A. Definition

Die **qualitative chemische Analyse,** die in diesem Buch behandelt wird, bildet jenen Teil der chemischen Analyse, der sich — wie jedenfalls allgemein behauptet wird — nur mit der Frage beschäftigt, *welche* Stoffe, Elemente oder Atomgruppen in einem bestimmten Produkt vorliegen. Sie steht als solche der *quantitativen* Analyse gegenüber, die als bekannt voraussetzt, *was* vorhanden ist, und die Frage zu beantworten sucht, *wieviel* von jedem Bestandteil vorhanden ist.

Man tut jedoch gut daran, diese Definition von Anfang an nur als sehr oberflächlich zu betrachten. Ja, man muß wohl annehmen, daß alle Elemente in allen Naturprodukten und in allen von Menschenhand verfertigten und darum unvollkommen gereinigten Präparaten vorkommen. Tatsächlich darf die Frage also niemals lauten: „Enthält dieser Stoff das Element X?", sondern sie muß immer in quantitativem Sinne gestellt werden oder wenigstens so: „Enthält dieser Stoff das Element X in nachweisbaren Mengen?" Da dies aber wieder in hohem Maße von der Empfindlichkeit des gebrauchten Reagens abhängt, hat die Frage in dieser Form nur Sinn, wenn die Empfindlichkeit dabei angegeben wird. Das möge deutlich machen, daß in Wirklichkeit auch die qualitative Analyse *sich nie entfernen darf* von der quantitativen Seite der Frage. Man sollte von ihr verlangen, daß sie sich zumindest über die *Größenordnung* der vorhandenen Mengen ausspricht, d. h., daß sie einen *semiquantitativen* Charakter erstrebt. Oder besser gesagt, sie muß unbedingt jederzeit in ihren Analyserapporten einen Unterschied machen zwischen *Hauptbestandteilen*, *Nebenbestandteilen* und *Spuren*, falls solche gefunden werden; wenn nicht die Größenordnung der vorhandenen Mengen, dann sollte doch wenigstens angegeben werden, mit welchem Reagens sie nachgewiesen werden konnten.

Diese Forderung bringt die Notwendigkeit mit sich, bei der qualitativen Analyse stets über eine Reihe von Lösungen der meist vorkommenden Elemente in bekannter mäßiger Konzentration verfügen zu können, z. B. 1% auf das Element berechnet, woraus sich dann stärker verdünnte Lösungen einfach herstellen lassen. Nur wenn man die bei den Reaktionen auftretenden Erscheinungen mit denen vergleicht, welche bekannte Mengen aufweisen, erhält man den notwendigen semiquantitativen Einblick.

Das oben Gesagte läßt es gleichzeitig erwünscht erscheinen, daß man es sich bereits frühzeitig zur Gewohnheit macht, die Reaktionen der qualitativen Analyse immer auf dieselbe Weise — und natürlich auf eine der vielen guten Weisen — durchzuführen, d. h., daß man einen *eigenen Stil* entwickelt und den dann auch beibehält.

Dabei sollte auf Sauberkeit, Beherrschung und Eleganz allergrößte Sorgfalt verwandt werden. Es ist vollkommen falsch anzunehmen, wie es leider häufig der Fall ist, daß nur bei der quantitativen Analyse *Sauberkeit* verlangt wird und „daß es bei qualitativer Arbeit nicht so darauf ankommt". Im Gegenteil, man kann ohne Übertreibung sagen, daß Sauberkeit hier noch notwendiger ist als dort. Dort kann Nachlässigkeit dazu führen, daß man 71 mg eines Elementes findet, während 72 oder 73 mg tatsächlich vorhanden sind, was zwar eine bedauernswerte Ungenauigkeit ergibt, jedoch nicht ein Resultat, welches der Wahrheit völlig entgegengesetzt ist; hier hingegen kann eine nachlässige Arbeitsweise zu der Schlußfolgerung führen, daß das Element X wohl, und Y nicht vorhanden ist, während die Wirklichkeit sich entgegengesetzt verhält. Die „relativen Fehler", durch Nachlässigkeit verursacht, können bei der qualitativen Analyse also viel größere Ausmaße annehmen als bei der quantitativen.

Eleganz bei der Ausführung, die u. a. gekennzeichnet wird durch Beherrschung aller Handgriffe und Verrichtungen und durch einen völligen Einklang zwischen Ziel und Mittel, ist ein notwendiger Faktor bei jeder wissenschaftlichen Arbeit, die schließlich auch Befriedigung ästhetischer Bedürfnisse sucht. Wenn dies bereits für die abstrakteste Spekulation zutrifft, wieviel mehr dann doch für die qualitative Analyse, bei der Geschicklichkeit im Umgang mit einfachen Apparaten so bezeichnend ist. Die Forderung, diese Handgriffe zielbewußt und gewandt durchzuführen, wiegt desto schwerer dort, wo, wie an den meisten Universitäten, die qualitative Analyse der chemischen Ausbildung von Akademikern zugrunde gelegt wird.

B. Historische Entwicklung

Selbstverständlich werden die beiden Faktoren Sauberkeit und Eleganz zwar hauptsächlich, aber keineswegs ausschließlich durch die geistige Haltung des wissenschaftlichen Arbeiters bestimmt. Die vorgeschriebene *Apparatur* und *Methodik* üben ebenfalls einen wesentlichen Einfluß darauf aus. Um seine Bedeutung richtig zu verstehen, möge ein kurzes Abschweifen auf die **historische Entwicklung** der qualitativen chemischen Analyse als gerechtfertigt erscheinen.

Von wenigen vereinzelten Versuchen in frühester Vorzeit abgesehen, kann man sagen, daß die *qualitative* Analyse — wie übrigens auch die quantitative Analyse — in der Arbeit dreier bedeutender Chemiker aus der Mitte des 16. Jahrhunderts ihren Ursprung hat: nämlich Agricola (Sachsen), Biringuccio (Siena) und J. B. van Helmont (Vilvoorde bei Brüssel). Die beiden ersten waren hauptsächlich Metallurgen, die mit bescheidenen Mengen, aber immerhin noch einigen Kilogramm ihnen bekannter Erze die damaligen metallurgischen Prozesse in stark verkleinertem Maßstab durchführten, um die zu erwartende Ausbeute und die Art der Metalle voraussagen zu können. VAN HELMONT, der mehr als 200 Jahre vor LAVOISIER auf die große Bedeutung der Waage für die chemische Untersuchung hinwies, hat sich zwar eingehend mit quantitativen Problemen beschäftigt, dabei jedoch auch den Begriff „*Bestandteil*“ wesentlich erhellt.

Ein großer Fortschritt konnte erst gemacht werden, nachdem ROBERT BOYLE in der Mitte des 17. Jahrhunderts die erste brauchbare und in großen Zügen richtige Definition des Begriffes „*Element*“ als analytisch nicht weiter trennbaren Bestandteil bekannt gab. Von ihm stammen auch die ersten echten „*Reagenzien*“, Stoffe also, die dem zu untersuchenden Stoff zugefügt eine Erscheinung hervorbrachten, die für das Vorhandensein eines bestimmten Elementes als Beweis betrachtet werden konnte. Merkwürdig daran ist, daß er als solche oft organische Farbstoffe und Pflanzenextrakte verwendete, die auch in den letzten Jahren gerade wieder so stark in den Vordergrund getreten sind. Wichtig ist außerdem, daß seine qualitativ-analytischen Untersuchungen in sehr viel bescheidenerem Maßstab ausgeführt wurden als die seiner Vorgänger; hiermit unternahm er den ersten Schritt auf dem Weg, dem die chemische Analyse länger als zwei Jahrhunderte folgen sollte, und der gekennzeichnet ist durch fortwährende Herabsetzung der für die Untersuchung gebrauchten Stoffmenge.

Im Laufe des 18. Jahrhunderts stieg dann die Zahl der als verschieden erkannten und daher mehr oder weniger einfach erkennbaren Elemente und Verbindungen derart, daß es notwendig wurde, die qualitative Untersuchung systematischer zu gestalten. Gegen Ende des 18. Jahrhunderts führte der Schwede BERGMAN die Trennung der verschiedenen Metalle in Gruppen ein, auf Grund ihres unterschiedlichen Verhaltens Schwefelwasserstoff gegenüber, ein Prinzip, das bis auf den heutigen Tag angewendet wird und das mehr als irgendein anderes beigetragen hat zur Entwicklung der *systematischen Analyse*, d. h. der auf *Gruppentrennungen* mit anschließend individuellen Nachweisreaktionen der Metalle innerhalb ihrer Gruppen beruhenden Analyse. Dieser Gedankengang ist dann im 19. Jahrhundert immer weiter ausgearbeitet worden, u. a. von KLAPROTH, BERZELIUS und ROSE, um schließlich in der zweiten Hälfte jenes Jahrhunderts von FRESENIUS und in den ersten Jahren des 20. Jahrhunderts von TREADWELL als ein solides und in vieler Hinsicht vortreffliches System festgelegt zu werden. Die gebrauchte Stoffmenge hat dabei — wie schon gesagt — regelmäßig abgenommen, um schließlich bei TREADWELL die Größenordnung von 0,5 bis 1 Gramm zu erreichen. Wir bezeichnen diese Arbeitsmethode weiter als „*alte*“ oder „*Makroanalyse*“.

Zu Ende des 19. Jahrhunderts entwickelte sich daneben eine völlig neue Form der qualitativen Analyse, die als „*Mikroanalyse*“ bekannt ist, richtiger jedoch „*mikroskopische Analyse*“ zu nennen wäre, deren grundlegendes Prinzip es ist, die verschiedenen Elemente in kristallisierte Verbindungen überzuführen, die man an ihren *Kristallformen unter dem Mikroskop* erkennt. Dieser Gedankengang war keineswegs neu. ANTHONIE VAN LEEUWENHOEK hat sich in zwei vom 11. Februar und 26. März 1675 datierten Briefen an die Royal Society in London bereits als überzeugter Vorkämpfer dieses Gedankens geäußert. In der ersten Hälfte des 19. Jahrhunderts wurde die Mikroanalyse von zwei Zoologen, RASPAIL in Frankreich und vor allem HARTING in Franeker, später Utrecht, erfolgreich angewendet. BOŘICKY in Prag und HAUSHOFER in München arbeiteten sie mehr oder weniger systematisch aus; zur plötzlichen vollen Entfaltung gelangte sie jedoch erst 1890 durch die Arbeit von BEHRENS in Delft, gleichzeitig veröffentlicht in den Annales de l'Ecole Polytechnique de Delft und in der Encyclopédie chimique française von FRÉMY, später (1894) als Buch mit dem Titel „Anleitung zur mikrochemischen Analyse". Die Zahl der zur Verfügung stehenden mikroskopischen Reaktionen hat sich zwar seitdem noch bemerkenswert erweitert, in nicht geringem Maße durch die Arbeit von CHAMOT und MASON (USA); die mikroskopische Analyse mit Hilfe von Kristallfällungen bleibt jedoch hauptsächlich auf die Arbeit von BEHRENS gegründet.

Durch diese Technik wurde ein vollkommen neues Gebiet von Möglichkeiten für die qualitative und semiquantitative analytische Untersuchung eröffnet, nämlich die Untersuchung minimaler Mengen, zur Not weit weniger als 1 mg. Das ist natürlich sehr wichtig in allen Fällen, in denen uns nicht mehr als diese Menge zur Verfügung steht, und diese Fälle kommen viel häufiger vor, als mancher denkt, vor allem bei der klinisch-chemischen und bei der gerichtlich-chemischen Untersuchung. Die enorme Bedeutung der klassischen Mikroanalyse liegt jedoch nach Überzeugung vieler nicht nur darin, sondern vielmehr in der großen Zuverlässigkeit, welche die Identifizierung eines Elementes auf diese Art bietet. Das Problem liegt darum auch eigentlich nicht darin, daß wir zwischen der BEHRENS-Technik und der alten Makroanalyse wählen müssen, sondern daß wir versuchen müssen, das alte System mit den Mikroreaktionen zu vervollständigen, um auf diese Weise besser und vor allem zuverlässiger arbeiten zu können. Man folgt diesem Gedankengang, indem man fast ganz nach dem alten System verfährt; hat man auf diese Weise mit Wahrscheinlichkeit das Vorhandensein eines bestimmten Elementes festgestellt, verschafft man sich völlige Sicherheit mit Hilfe einer mikroskopischen Reaktion, die dann den Charakter einer Identitätsreaktion erhält. Für die kombinierte Anwendung beider Methoden besteht um so mehr Veranlassung, als sich die BEHRENS-Technik allein eigentlich nur sehr unvollkommen zu einem systematischen Ganzen ausarbeiten läßt.

Der Gedanke, Identitätsreaktionen anzuwenden, ist manchen Analytikern zuwider. Sie sind der Meinung, daß die systematische Analyse so zuverlässig zu sein hat, daß sie bei genauer Ausführung nicht zur Wahrscheinlichkeit, sondern zur Sicherheit führt. Uns scheint das ein vorläufig unerreichbares Ideal. Die Sulfidtrennungen sind auf dem Papier zwar sehr schön; in Wirklichkeit zeigen sich aber allerlei Unvollkommenheiten, die verursachen, daß nicht völlig vernachlässigbare Mengen von allerlei

Metallen in Gruppen oder Untergruppen gelangen, wo sie den Vorschriften nach nicht hingehören. Außerdem ist alle Menschenarbeit unvollkommen und niemand darf völlig sicher sein, daß ihm bei der Durchführung des Trennungsschemas nicht hier oder da eine — sei es auch noch so kleine — Ungenauigkeit unterlaufen ist. Wir gehören also auch zu der heutzutage schon großen Gruppe von Analytikern, die die Anwendung von Identitätsreaktionen aus chemischen wie psychologischen Gründen immer als notwendig erachten; und wir glauben, daß diese Arbeitsweise sowohl der Zuverlässigkeit des Analysenresultates als auch dem Selbstvertrauen des Untersuchenden während der Arbeit reichlich zugute kommt.

Die Frage erhebt sich jedoch, ob die mikroskopischen Reaktionen die einzigen guten Identitätsreaktionen sind, eine Frage, die zweifellos verneint werden muß. Seit jeher kennt man zahlreiche Reaktionen mit meistens organischen Reagenzien, die ungewöhnlich kräftige Farbeffekte zeigen, so kräftige, daß es möglich wird, für die Untersuchung nicht mehr als einen Tropfen einer Lösung des zu untersuchenden Stoffes zu gebrauchen. Darauf läßt sich dann eine völlig neue Methodik der qualitativen Analyse aufbauen, welche man Methode der „*Tüpfelreaktionen*" („Stilli"- Reaktionen, DELABY) zu nennen pflegt.

Diese Methodik ist ungefähr seit 1920 speziell von FRITZ FEIGL (damals in Wien) ausgearbeitet und von ihm in seinen Standardwerken: Spot Tests I und II, 1954, festgelegt worden. TANANAEFF (in Kiew) hat seitdem auch bedeutend zu ihrer Entwicklung beigetragen. Sie beschränkt sich nicht ausschließlich auf organische Farbreaktionen, auch einige anorganische Färbungen können ausreichend starke Effekte geben, und außerdem kann in zahlreichen Fällen von katalytischen Effekten Gebrauch gemacht werden, durch die manchmal sehr geringe Mengen bestimmter Elemente nachgewiesen werden können.

Die Zahl alter und vor allem neuer Identitätsreaktionen ist in den Jahren nach 1920 so groß geworden, daß es für den fachlich nicht besonders Eingeweihten fast unmöglich wurde, aus der überwältigenden Menge des zur Verfügung Stehenden das wirklich Gute herauszufinden. Seit 1938 ist darin eine Verbesserung eingetreten durch vier Berichte der „Commission des réactifs nouveaux" der Union internationale de Chimie[1]. Der erste und dritte sind nicht viel mehr als eine Literaturübersicht mit einer bloßen Aufzählung und nur wenigen Details all dessen, was bis 1948 auf diesem Gebiet veröffentlicht wurde. Im zweiten und vierten Bericht ist eine Auswahl der nach Meinung der Autoren meist zu empfehlenden Identitätsreaktionen zusammengestellt und es werden Angaben über ihre Empfindlichkeit und ihre Störungen gemacht.

Es ist hier angebracht, auf einige Standardwerke hinzuweisen, die für ein gründliches Studium der modernen qualitativen Analyse äußerst nützlich sind.

Für die mikroskopischen Reaktionen ist das Buch von BEHRENS noch immer die bedeutendste Grundlage. Die letzte Ausgabe erschien 1921 und wurde von KLEY bearbeitet: BEHRENS-KLEY, Mikrochemische

Analyse, 4. Aufl., I. Teil, Leopold Voß, Leipzig. Leider ist dieses Buch seit langer Zeit vergriffen und antiquarisch nur schwierig zu bekommen. Seit 1954 gibt es jedoch eine deutsche Übersetzung eines russischen Buches, in dem weitaus die meisten BEHRENS-Reaktionen ausführlich behandelt werden: MALJAROW, Qualitative anorganische Mikroanalyse, 2. Aufl., V. E. B. Verlag Technik, Berlin 1954.

Eine ausgezeichnete Quelle für modernere mikroskopische Reaktionen bildet CHAMOT und MASON, Handbook of Chemical Microscopy, Vol. 2, John Wiley & Sons, New York, 1946.

Sehr gute Photos gleichfalls moderner Kristallfällungen mit leider wenig Text bringt GEILMANN, Bilder zur qualitativen Mikroanalyse anorganischer Stoffe, 2. Aufl., Verlag Chemie, 1954.

Für Tüpfelreaktionen bleibt führend FEIGL, Spot Tests, I, Inorganic Applications, 4th Ed., Elsevier Publishing Comp., 1954. Andere ausführliche Leitfäden auf diesem Gebiet, außer rein kompilatorischen Listen organischer Reagenzien, sind uns nicht bekannt.

Was die Theorie anlangt, verweisen wir im besonderen auf: CHARLOT, L'analyse qualitative et les réactions en solution, 4me éd. Masson, Paris, 1957.

Die Tatsache, daß so viele gute, empfindliche und spezifische Identitätsreaktionen verfügbar wurden, hat zur Entwicklung eines *neuen Stils* der qualitativen Analyse geführt, den wir — in Ermangelung eines besseren Namens — vorläufig *Semimikroanalyse* nennen wollen, weil die angewendeten Stoffmengen zwischen denen der alten Makroanalyse und denen der klassischen Mikrotechnik liegen. Für eine vollständige qualitative Untersuchung wird eine Menge von 20 bis 25 mg in der Regel völlig ausreichend sein; bei viel Erfahrung ist weit weniger auch genug. Zur Ausführung der einzelnen Identitätsreaktionen wird man gewöhnlich nicht mehr als etwa 50 μg* gebrauchen. Weitaus kleinere Mengen geben im allgemeinen — wenn sie in einem Tropfen Lösung konzentriert sind — noch gute Resultate; größere Mengen bieten gewöhnlich keinen Vorteil, eher einen Nachteil, da die Effekte zu stark werden, wobei feine Farbnuancen und ähnliches verschwinden.

Dieser Übergang zur Semimikroanalyse ist auch durch eine grundlegende *Veränderung der verwendeten Apparatur* ermöglicht worden. War früher das Reagenzglas von etwa $15 \times 1{,}5$ cm *der* Apparat für die qualitative Analyse, führt man jetzt die Reaktionen mit *einem* Tropfen oder höchstens einigen Tropfen der zu untersuchenden Lösung durch; entweder gibt man diese in eine Vertiefung der sogenannten „*Tüpfelplatte*" oder man läßt sie in einem Stück *Filtrierpapier* aufsaugen oder man bringt sie schließlich auf einem *Objektträger* unter das Mikroskop. Früher trennte man im allgemeinen Niederschläge von Flüssigkeiten durch Filtrieren mit einem Stück Papier; heutzutage dient hierzu die *Zentrifuge*, die die gleiche Leistung nicht allein unvergleichlich schneller, sondern außerdem noch den Vorteil bietet, kleine Mengen eines Niederschlages in der

* 1 μg, auch 1 γ genannt $= 10^{-6}$ g.

Spitze der Zentrifugenröhre zu sammeln, statt sie auf einem Stück Filtrierpapier auszubreiten.

Man erzielt hierdurch nicht allein erhöhte Eleganz der Arbeit sowie beträchtlichen Zeitgewinn, sondern man gewinnt überdies noch Zeit durch die Tatsache, daß weniger Substanz behandelt zu werden braucht. Man kann aus theoretischen Gründen plausibel machen — und die Praxis bestätigt es —, daß verschiedene zeitraubende analytische Handlungen, wie z. B. Filtrieren, Lösen, Eindampfen ungefähr doppelt so schnell verlaufen, wenn man die zu bearbeitende Menge auf ein Zehntel herabsetzt.

C. Vier Forderungen

Von einer Identitätsreaktion verlangt man vor allem, daß sie **vier Forderungen** entspricht:

a) Sie muß in der Ausführung *zuverlässig* sein. Einige Reaktionen gelingen immer, andere sind unverläßlich, d. h. sie haben eine gewisse Neigung, manchmal aus unerklärlichen Gründen zu mißlingen. Natürlich hat die Reaktion daran keine Schuld, sondern unsere unzureichende Kenntnis der Umstände, unter denen sie ausgeführt werden muß, und wir müssen deshalb danach streben, diese Umstände zu erhellen.

b) Sie muß, wenn möglich, *spezifisch** sein, d. h. nur ein einziges Element darf die Reaktion aufweisen. Oder, wenn dieses Ideal unerreichbar ist, verlange man, daß die Reaktion möglichst *selektiv* sei, d. h., daß möglichst wenige Elemente die Reaktion zeigen, und zwar am besten solche Elemente, die bei der Trennung in verschiedene Gruppen gelangen, so daß die Reaktion als beweisend betrachtet werden darf unter den Umständen, unter denen, und in dem Stadium der Untersuchung, in dem sie angewendet wird.

c) Die Reaktion muß *empfindlich* sein, d. h. man muß auch die Anwesenheit sehr geringer Mengen eines Elementes damit nachweisen können. Wir sagen mit Absicht nicht, daß die Reaktion so empfindlich als möglich sein muß, weil eine zu große Empfindlichkeit auch störend sein kann; dann finden wir nämlich das eine oder andere Element überall, und das ist nicht erwünscht, außer wenn man besonders danach sucht. Ideal wäre es, eine vollständige Reihe von Identitätsreaktionen zur Verfügung zu haben mit ungefähr gleicher Empfindlichkeit; von diesem Ideal sind wir jedoch noch weit entfernt.

Bei dem Begriff „Empfindlichkeit einer Reaktion" muß man einen deutlichen Unterschied machen zwischen der *absoluten Empfindlichkeit* („Erfassungsgrenze" nach FEIGL[2]), das ist die kleinste Menge eines Elementes, z. B. in μg ausgedrückt, die noch mit Hilfe der Reaktion nachgewiesen werden kann, und der *Grenzkonzentration* (nach HAHN[3]), das ist die äußerste Verdünnung einer Lösung eines Ions oder Ele-

* Auf Grund des internationalen Sprachgebrauches ist es nicht erwünscht, verschiedene Grade dieser Eigenschaft anzuerkennen. Eine Reaktion ist spezifisch oder sie ist es nicht. Man spreche daher nicht von mehr oder weniger spezifisch, sondern von mehr oder weniger selektiv.

mentes, ausgedrückt in Gramm pro Gramm Lösungsmittel, also z. B. 1 : 100 000, womit die Reaktion noch gelingt.

Man vergegenwärtigt sich meistens nicht zur Genüge, daß beide Größen nur relative Bedeutung haben, und außerdem einen völlig subjektiven Charakter tragen und daher auch nie genau bestimmt werden können. Was einer noch sehen kann, bleibt häufig dem weniger empfindlichen oder weniger geübten Auge eines anderen verborgen, während zudem gerade die äußersten Grenzfälle in erheblichem Maße von unbeschriebenen Details der Ausführung abhängen. Ganz besonders gilt das für die absolute Empfindlichkeit, die wir dann auch nur ausnahmsweise angeben werden. Auch die Angabe von Grenzkonzentrationen, soweit dafür Unterlagen bekannt sind, hat aber nur Sinn, wenn die Arbeitsweise vereinbart und besonders das Volumen festgelegt ist, in dem die Reaktion ausgeführt wird. Auch wenn nicht weiter erwähnt, halten wir uns an die Gepflogenheit des zweiten der obengenannten Berichte der Union internationale de Chimie[1], folgende Volumina der zu untersuchenden Lösungen anzuwenden:

bei Reaktionen in einem großen Reagenzglas	5 ml;
bei Reaktionen in einem kleinen Reagenzglas	1 ml;
bei Reaktionen auf Filtrierpapier	0,03 ml;
bei Reaktionen auf der Tüpfelplatte	0,03 ml;
bei mikroskopischen Reaktionen	0,01 ml.

Feigl[4] hat eine Schreibweise vorgeschlagen, in der die absolute Empfindlichkeit angeführt ist und aus der die Grenzkonzentration einfach abgeleitet werden kann. In der Form, in der sie in dem ersten der genannten Berichte angewendet wird, kann sie beispielsweise lauten:

$$0{,}3\ [A]^{0{,}03} \quad \text{oder } 1{,}5\ [B]^{0{,}03} \quad \text{oder } 200\ [D]^{5}.$$

Der große Buchstabe zwischen den eckigen Klammern gibt die Art der Ausführung an: A = auf der Tüpfelplatte, B = auf Papier, C = in einem kleinen Reagenzglas, D = in einem großen Reagenzglas, M = unter dem Mikroskop. Die Zahlen dahinter, als Exponent geschrieben, deuten das Volumen der Ausgangslösung in ml an. Die erste Zahl schließlich gibt die geringste nachweisbare Menge des Elementes an, die absolute Empfindlichkeit also, ausgedrückt in μg. Es ist ersichtlich, daß man daraus den Nenner der Grenzkonzentration ableiten kann, wenn man die zweite, die Exponentzahl, mit 10^6 multipliziert und dann durch die erste Zahl dividiert. In den obengenannten Beispielen sind die Grenzkonzentrationen

$$1 : 100000, \quad 1 : 20000 \quad \text{bzw. } 1 : 25000.$$

d) Die Reaktion darf möglichst wenig durch die Anwesenheit anderer Elemente *gestört* werden, und wenn, möglichst nicht durch Elemente derselben Trennungsgruppe. Die Störung kann derart sein, daß das fremde Element die Durchführung der Reaktion ganz unmöglich macht, oder das fremde Element kann die Empfindlichkeit der Reaktion vermindern.

Letzteres kommt sogar ziemlich allgemein vor. Für die vollständige Angabe der Empfindlichkeit einer Reaktion ist es also notwendig, gleichzeitig anzugeben, wie diese sich bei Anwesenheit verwandter Elemente verändert. GILLIS[5] hat eine elegante Art graphischer Darstellung dieses Einflusses beschrieben.

Daraus ist ersichtlich, daß jedes System der qualitativen chemischen Analyse aus einem *Trennungsschema und einer dazu passenden Reihe von Identitätsreaktionen* bestehen muß. Es gibt zahlreiche mehr oder weniger gute Trennungsgänge — Kapitel XI gibt einige Beispiele davon — und außerdem für die meisten Elemente zahlreiche brauchbare Identitätsreaktionen. Aber diese entsprechen keineswegs immer den obengenannten vier Forderungen. Es ist also notwendig, das Trennungsschema und die Wahl der Identitätsreaktion einander anzupassen, um beide möglichst zweckentsprechend anwenden zu können.

Das bringt mit sich, daß es ohne gründliches Studium der betreffenden Identitätsreaktionen **nicht zulässig** *ist, sie anders anzuwenden als an der Stelle der Untersuchung, wo ihre Anwendung empfohlen wird.* Durch „wilde" Anwendung der Reaktionen ist bereits manche vollkommen falsche Schlußfolgerung gezogen worden.

Vor allem der Anfänger wird gut daran tun zu versuchen, schon den Vorproben und den verschiedenen Trennungsbehandlungen Sicherheit oder wenigstens ein großes Maß von Wahrscheinlichkeit in bezug auf das Vorhandensein der verschiedenen Elemente zu entnehmen. Die Identitätsreaktionen geben ihm dann die aufmunternde und bestärkende Gewähr, daß seine Erwägungen und Schlußfolgerungen tatsächlich richtig gewesen sind.

D. Apparatur

Die **Apparatur,** die der moderne Arbeitsstil fordert und die sich — wie bereits oben beschrieben — in mancher Hinsicht von der früheren unterscheidet, verdient eine besondere Besprechung.

1. Sie enthält erstens ein für diesen speziellen Zweck geeignetes Mikroskop. Als kostbarstes Instrument des gesamten Inventars fordert es bei der Anschaffung aufmerksame Überlegung. Man wird im allgemeinen gut daran tun, ein sogenanntes mineralogisches Stativ zu wählen, d. h. ein Stativ, eingerichtet zur Aufnahme eines Polarisators und eines Analysators, eventuell einer BERTRANDschen Linse und mit der Möglichkeit zum Einschieben von Gips-(Rot-I)- und $\frac{1}{4}$ λ-Plättchen und eines Quarzkeils, und als notwendige Forderung einen mit einer Skaleneinteilung versehenen Drehtisch. Die BERTRANDsche Linse und die Plättchen sind zwar nicht direkt für die qualitativ analytische Arbeit notwendig, es wird sich aber zeigen, daß jeder, der sich bei chemischen Untersuchungen eines Mikroskops vernünftig bedient, dessen Reiz und Vorteile kennenlernt und sich bald auch dem Gebiet der Achsenbilder zuwenden wird. Es wird daher seine Vorteile haben, sich von Anfang an ordentlich auszustatten. Macht dies alles den Apparat kostspielig, können auf der anderen Seite die Forderungen in bezug auf Vergrößerung und numerische

Apertur des Kondensorsystems bescheiden gehalten werden. Für die normale Arbeit reicht es aus, über zwei Vergrößerungen zu verfügen, z. B. 80- und 200mal. Da es praktische Vorteile hat, den Abstand zwischen dem Präparat und dem Objektiv möglichst groß zu halten, wähle man die Objektive möglichst schwach und die Okulare stärker, und außerdem mit einem großen Gesichtsfeld. Eines der Okulare sei am besten ein Mikrometerokular, und mindestens eines muß mit Fadenkreuz versehen sein, um Auslöschrichtungen festzustellen. Der Kondensor kann äußerst einfach sein; manche ziehen sogar eine parallele Beleuchtung vor, wenn nur eine Blende und eine einklappbare Kondensorlinse vorhanden sind, falls in konvergentem Licht gearbeitet wird, wie z. B. beim Bestimmen von Brechungsexponenten nach Becke. Die Nicols des Polarisators und Analysators können durch polarisierende Filter (Pola Screens, Herotars) ersetzt werden, falls einklappbar eingebaut, nicht lose ein- oder aufgelegt. Die Oberfläche des Drehtisches muß völlig freigehalten werden. Ein Kreuztisch ist nicht zu empfehlen, selbst nicht die oft bei anderer Arbeit gebrauchten Klemmfedern, um den Objektträger festzuhalten.

Das Mikroskop wird immer gebrauchsfertig links auf den Arbeitstisch gestellt. Dieser hat für das Delfter Praktikum die Maße 105×70 cm und ist mit einer 5 mm dicken Spiegelglasplatte von 75×50 cm bedeckt, auf der außer dem Mikroskop und der davor gestellten Mikroskopierlampe die übrigen, später anzuführenden Teile der Ausstattung einen eigenen Platz erhalten. Welche Vorteile auch mit der Arbeit bei Tageslicht verbunden sein mögen, u. a. bei biologischen Untersuchungen, für mikroanalytische Arbeit ist die immer gleichbleibende Lichtstärke einer Glühbirne von z. B. etwa 40 Watt zweifellos vorzuziehen. Die Lampe kann ganz einfach sein: eine Metallhülle, eine Fassung für die Birne und ein Rahmen für eine Mattscheibe sind ausreichend. Nach Wunsch kann eine hellblaue Mattscheibe gebraucht werden, aber dann auch immer; notwendig ist sie keineswegs. Für manche Untersuchungen kann eine Natriumlampe viele Vorteile bieten, z. B. bei der Bestimmung von Brechungsexponenten, weil dann jede chromatische Aberration wegfällt und die Bilder dadurch an Schärfe gewinnen.

Auf der Spiegelglasplatte finden wir weiter:

von der linken oberen Ecke aus in einer Reihe aufgestellt, 5 enghalsige Stöpselflaschen von je 40 ml mit konzentrierter Schwefelsäure, Salzsäure 2 : 1, Salpetersäure 2 : 1 (um der Entwicklung von für Mikroskope schädlichen Dämpfen vorzubeugen, werden diese beiden Säuren im Verhältnis 2 : 1 mit Wasser verdünnt), konzentrierter Essigsäure und konzentriertem Ammoniak, ferner eine Kunststoffspritzflasche von 100 ml mit doppelt destilliertem Wasser und schließlich einen Aschenbecher;

in der Mitte eine solide viereckige Glasschale von 14×14 cm, halb mit Leitungswasser gefüllt, und darin einen Glaszylinder oder Becherglas von 100 ml, mit destilliertem Wasser gefüllt, um die Glasstäbchen, Pipetten und Platindraht, mit denen man gearbeitet hat, nach Abspülen in der Schale mit Leitungswasser gebrauchsfertig aufzubewahren. Gebrauchte Objektträger werden in die viereckige Schale mit Leitungswasser gelegt; das Wasser muß selbstverständlich einige Male im Tag erneuert werden;

vor dieser Glasschale, bei dem Mikroskop einen Kupferblock von 5 × 7 × 1 cm, um warme Objektträger schnell abzukühlen;

rechts neben der Glasschale einen hohen Glaszylinder (7,5 cm hoch, 4 cm im Durchmesser), in dem folgende verschiedene kleinere Geräte zusammen gebrauchsfertig bereitstehen:

5 Glasstäbchen, gleichzeitig Rührstäbchen, 2 davon mit mattierten Enden; 2 Pipetten, 15 cm lang, 3 mm dick und an einer Seite zu einer feinen Spitze ausgezogen; eine Ballonpipette, 12 cm lang und 7 bis 8 mm im Durchmesser, zu einer feinen, nicht allzu dünnwandigen Spitze ausgezogen und mit einem Gummisauger und Marken bei 0,5 ml und 1 ml versehen; ein Platindraht, 3,5 cm lang und 0,5 mm dick; ein Pyrex-Glastiegel von etwa 0,7 ml an einem 10 cm langen Pyrex-Glasstiel, der sogenannte *Belcher-Tiegel*; ein 17 cm langer Nickelspatel, an beiden Enden auf 3 mm abgeplattet und schließlich eine Pinzette;

vor diesem Zylinder eine Petri-Schale mit 10 Objektträgern des kurzen, von Mineralogen gebrauchten Modells, das ist 28 × 48 mm, und 2 Cellophan- oder Plexiglasplatten, 20 × 20 mm. Hier möge bemerkt werden, daß es eine gute Angewohnheit ist, auf einer der Ecken, und nicht in der Mitte des Objektträgers zu arbeiten. Sie springen dann nicht nur seltener beim Erwärmen, sondern man behält auch mehr Raum frei für die Finger, um das Objekt auf dem Mikroskoptisch zu bewegen, ohne es zu berühren. Für exakte Arbeit, vor allem beim Nachweis von Spuren Ca, Al und Alkalien, ist es erwünscht, mindestens einen Objektträger aus Quarz zur Verfügung zu haben. Bei einigen Reaktionen mit HF und NH_4F arbeitet man auf dem Stück Cellophan oder der Plexiglasplatte und hüllt das Objektiv in dünnes Cellophanpapier ein.

In der obersten Ecke rechts befindet sich ein Holzkästchen, 16,5 × 10 × 9 cm, darin ein Holzblock, versehen mit 6 Reihen von 10 Vertiefungen, in denen die numerierten Fläschchen mit den für die mikroskopischen Reaktionen benötigten Reagenzien stehen. Die Innenseite des Deckels ist mit einem Grundriß versehen, auf dem der Flascheninhalt angegeben ist, während durch die Farben der Fächer — besonders für Anfänger — angegeben ist, welche Reagenzien immer mit dem Platindraht und welche mit einem Glasstäbchen dosiert werden müssen.

Rechts von der Spiegelglasplatte steht auf dem Arbeitstisch ein Mikrobrenner, an einem 25 cm hohen und 6 mm dicken Stativ befestigt. An dem Stativ ist ein mit einem Nichromdrahtnetz versehener Ring von 6 cm Durchmesser befestigt, auf dem Lösungen in Eindampfschalen oder Tiegeln über der Mikroflamme eingedampft und Rückstände geglüht werden können. An die Gasleitung des Mikrobrenners ist mittels eines Zweigstückes ein Kleinmodell eines 8,5 cm hohen Bunsenbrenners mit einem inneren Durchmesser von 5 mm angeschlossen. Zu diesem Brenner, der ein kleines Wasserbad erwärmt, gehört ein kleines Modell eines 11,5 cm hohen Dreifußes mit einem Ring von 9 cm Außen- und 6 cm Innendurchmesser. Als Wasserbad dient ein Becherglas von 250 ml, zu drei Viertel mit Wasser gefüllt, das man beinahe kochend hält. Da die Analyse ganz in Zentrifugenröhrchen ausgeführt wird und diese keine Erhitzung über der freien Flamme vertragen, werden sie immer im Wasserbad erhitzt.

Außer den bereits genannten Geräten sind im Inventar enthalten:

10 Zentrifugenröhrchen von 17 mm Durchmesser und 110 mm Länge, Inhalt ungefähr 13 ml, zusammen in einem Holzblock von 30 × 4,5 × × 3,5 cm in 10 passenden Vertiefungen untergebracht;

10 Zentrifugenröhrchen mit 8 mm Durchmesser und 80 mm Länge, Inhalt ungefähr 3 ml, in einem Holzblock von 13 × 3,5 × 3,5 cm in 10 passenden Vertiefungen untergebracht;

24 Mikroreagenzgläser von 50 × 7 mm mit 1%igen Testlösungen, untergebracht in zwei Holzblöcken von 10,5 × 7 × 2,5 cm, jeder mit 12 passenden Vertiefungen versehen;

2 Porzellaneindampfschalen von 3 cm Durchmesser;

2 Porzellantiegel, 2 cm hoch und mit 2,5 cm Durchmesser;

3 Porzellantiegel, 12 mm hoch und mit 12 mm Durchmesser;

ein Bleitiegel; ein Streifen Blei im Ausmaß von 45 × 18 × 1 mm wird so zusammengebogen, daß ein Tiegel von 7 mm Tiefe und 12 mm Durchmesser mit glatt verlaufendem Rand entsteht;

ein Messingträger für diesen Tiegel, 30 × 20 × 5 mm, in der Mitte mit einer passenden Öffnung versehen;

ein Glasmörser, wie sie Zahnärzte zu verwenden pflegen, 35 mm hoch und mit 25 mm innerem Durchmesser, mit zugehörigem Pistill;

2 Uhrgläser, 40 mm Durchmesser;

eine Tüpfelplatte mit 9 weißen und 3 schwarzen Vertiefungen;

ein sogenannter „Mikroexsiccator“ nach SCHROEDER VAN DER KOLK, ein Stück dickes Spiegelglas, 75 × 27 mm, mit eingeschliffener zylindrischer Vertiefung von 20 mm, die mit einem Objektträger abgedeckt werden kann. Einen ebenso zweckmäßigen Mikroexsiccator kann man sehr leicht selbst herstellen, wenn man einen Glasring mit einem Durchmesser von etwa 20 mm auf einem Objektträger festkittet;

ein Becherglas, 50 ml, zur Aufnahme gebrauchter Waschflüssigkeiten;

eine Messingplatte mit einem schräg zulaufenden Schlitz, um damit festsitzende Stöpsel von den Reagenzfläschchen zu lösen;

ein Meßzylinder von 10 ml.

Schließlich ist ein sauberes, nicht faserndes Tuch bei der Mikroarbeit unentbehrlich.

Die Einrichtung des Abzuges

Eine gute Beleuchtung des Abzuges ist notwendig, weil die Beobachtung der Niederschlagsbildung, während man H_2S einleitet, bedeutende Hinweise für die Analyse geben kann.

Im Abzug stehen zwei kleine vollständige Einrichtungen zur Fällung mit Schwefelwasserstoff; jede besteht aus folgenden Bestandteilen:

einem weithalsigen Stehkolben (Durchmesser des Halses 3 cm, Höhe des Halses 18 cm, Kolbendurchmesser 5,5 cm) als Säurevorratsgefäß; einem unten kugelförmig erweiterten Glasrohr von 28 cm Länge und 10 mm lichter Weite, das bei etwa 7 cm vom unteren Ende verengt ist, um die etwa 6 cm hohe Füllung mit erbsengroßen Stückchen Eisensulfid festzuhalten. Es wird mittels eines durchbohrten Gummistopfens so weit in das Säurevorratsgefäß eingeführt, daß sich die untere Öffnung etwa 2 cm über dem Boden des Gefäßes befindet. Das obere Ende dieses als FeS-Behälter dienenden Glasrohres ist mit einem durchbohrten Gummistopfen verschlossen, worin ein Glasrohr mit Hahn zur Gasentnahme steckt. Der Hahn ist durch einen Ventilschlauch mit dem zu einer feinen Spitze ausgezogenen Gaseinleitungsröhrchen von 12 cm Länge und 2 mm lichter Weite verbunden;

einem Becherglas von 400 ml, zu zwei Drittel mit Wasser gefüllt, mit einem Thermometer versehen und auf einem Dreifuß über einem Brenner aufgestellt; es dient als Wasserbad;

ein über einen Blasenzähler an die Preßluftleitung angeschlossener Ventilschlauch ist am Ende mit einem Lufteinleitungsröhrchen versehen, ausgeführt wie das H_2S-Einleitungsröhrchen;

schließlich zwei Bechergläsern von 100 ml, gefüllt mit HCl 1 : 1 bzw. destilliertem Wasser, worin die Einleitungsröhrchen nach Gebrauch gespült werden müssen.

2. Eine gute *Zentrifuge* bedeutet die zweite und letzte einigermaßen kostspielige Anschaffung. Es kann wohl kaum etwas anderes als eine elektrische Zentrifuge sein. Ruhiger intensiver Arbeit ist es nicht nur wenig förderlich, wenn man sie fortwährend unterbrechen muß, um an einem Handgriff zu drehen, sondern die Handzentrifugen werden auch durch unregelmäßigen Antrieb stark abgenutzt, so daß sie für den anhaltenden intensiven Gebrauch, den die Semimikro-Arbeitsweise fordert, für absolut ungeeignet gehalten werden müssen. Die normale Ausführung für Motorzentrifugen mit vier Röhren und ungefähr 2500 Drehungen pro Minute reicht fast immer aus. In spezialisierten Laboratorien kann trotzdem eine Zentrifuge für Mikroröhren mit 10000 Drehungen, aber dann neben dem einfachen Apparat, von Zeit zu Zeit sehr nützlich sein. Die Zentrifuge sollte vorzugsweise auf einer Gummiplatte oder Gummistöpseln auf einem festen Tisch aufgestellt werden; die schnellen Zentrifugen werden an drei Ketten aufgehängt. Ein kleiner Anlaßwiderstand, falls nicht in die Maschine eingebaut, ist absolut notwendig, um Stöße, d. h. Röhrenbruch beim Einschalten zu vermeiden. Für denselben Zweck ist es gleichfalls erwünscht, auf dem Boden der Traghülsen einen kleinen Wattebausch anzubringen. Es wird davor gewarnt, die Zentrifuge nach Gebrauch mit der Hand schnell zu bremsen. Gut sedimentierte Niederschläge können dann durch die unregelmäßige Bewegung wieder aufgewirbelt werden. Gut zentrifugierte Niederschläge sollen so fest auf dem Boden liegen, daß die darüber stehende Flüssigkeit vorsichtig ganz abgegossen werden kann, ohne etwas von dem festen Stoff mitzunehmen. In der Regel ist dafür eine Minute Drehen vollkommen ausreichend; man vermeide also, den Apparat unnötig lange laufen zu lassen!

Es wird wesentlich an Zeit gespart, wenn die Zentrifugenröhren aus resistentem Glas hergestellt sind, so daß sie auch zum Erwärmen des Inhalts gebraucht werden können. Leider ist das bei den käuflichen Röhren nur selten der Fall. Röhren mit Skaleneinteilung mögen manchmal Vorteile bieten, in der Regel sind sie völlig überflüssig. Man kann seinen Vorrat davon also auf einige Exemplare beschränken.

Für systematische Mikroarbeit ist es zu empfehlen, über *zwei* Zentrifugen verfügen zu können, eine für die „gewöhnlichen" Röhren (etwa 17×110 mm), und eine für die kleinen „Mikro"-Zentrifugenröhrchen (etwa 10×75 mm) und nach Wunsch noch kleineren Röhrchen bei Verwendung spezieller Einsatzringe.

3. Auf einem Extratisch steht das *Regal mit besonderen Reagenzien in Tropffläschchen* und den dazugehörigen Geräten. Auf diesem Regal stehen die meist gebrauchten Reagenzien, und zwar in kleinen Flaschen mit eingeschliffener Pipette, soweit es sich um Lösungen und Flüssigkeiten handelt, und kleine Pulvergläschen für feste Stoffe, beide mit 50 bis 60 ml Inhalt. Die Rezepte dafür sind jedesmal bei den verschiedenen Identitätsreaktionen angegeben. Es ist nicht nötig, Gummisauger für die eingeschliffenen Pipetten zu gebrauchen. Auch die beste Qualität geht durch manche Reagenzien sehr schnell zugrunde. Kurze Stücke Gummigasschlauch, mit kleinen Korken verschlossen, sind zwar etwas weniger stilvoll, auf die Dauer aber viel sauberer und auf alle Fälle besser haltbar. Man vermeide vor allem, die Tropfen aus den Pipetten direkt auf die Tüpfelplatte zu geben. Das führt auf die Dauer immer zu Verunreinigungen des Flascheninhalts mit Fremdstoffen. Die richtige Technik ist folgende: Man stellt die Flasche links von sich auf den Tisch, nimmt mit der linken Hand die Pipette heraus, drückt einen Tropfen auf *einen in der rechten Hand gehaltenen Glasstab* und bringt ihn damit auf die Tüpfelplatte.

Bei dem Regal liegen einige Tüpfelplatten, am besten aus rein weißem Porzellan. Geringe Farbunterschiede sind darauf besser zu sehen als auf Glasplatten. Die Platten mit einer Reihe schwarzer Vertiefungen sind besonders geeignet, um weiße oder hellgelbe Niederschläge zu beobachten. Wenn man solche Platten nicht zur Verfügung hat, ist *eine* schwarze Tüpfelplatte zu empfehlen. Wir ziehen die kleinen Platten mit 12 Vertiefungen denen mit 24 oder mehr vor. Die letzteren führen dazu, daß unnötig oft auf schmutzigen Platten gearbeitet wird, während es gerade von großer Wichtigkeit ist, die gebrauchten Platten oft abzuwaschen und gut abzutrocknen.

Bei dem Regal befindet sich außerdem eine geschlossene Schachtel mit für diesen speziellen Zweck geeignetem Filtrierpapier. Quantitative, sogenannte Bariumsulfatfilter mit 9 cm Durchmesser sind unserer Erfahrung nach am meisten zu empfehlen. Sie können aus Sparsamkeitsgründen noch in 3 oder 4 Streifen geschnitten werden. Hauptsache ist, daß das Papier möglichst reine Zellulose sei, frei von Aschebestandteilen, die ein Element vortäuschen, das gar nicht in der zu untersuchenden Lösung vorhanden war. Das Papier darf nicht allzu dünn sein, weil dann die Diffusion zu unregelmäßig auftritt, aber auch nicht zu dick, weil sonst der Forderung nach Reinheit schwerlich entsprochen werden kann. Aus diesem Grund raten wir vom Gebrauch — jedenfalls dem anhaltenden — besonders zu diesem Zweck empfohlener Papiersorten von mehr als 0,5 mm Dicke ab. Bei exakter Arbeit ist es immer zu empfehlen, sich durch eine Blindprobe davon zu überzeugen, daß das Papier eine bestimmte Reaktion nicht zeigt. Einige Scheiben schwarzes Filtrierpapier können beim Nachweis von SiF_4 gute Dienste leisten.

Schließlich stehen beim Regal noch eine Reihe Stäbchen und Pipetten in einem Farbbecher mit destilliertem Wasser, der in einer mit Leitungswasser gefüllten Kristallisierschale steht.

Es ist ratsam, einige Stäbchen zur Hälfte mit einem guten schwarzen Muffellack zu überziehen, falls mit HF, SiF_4 oder NH_4F gearbeitet werden muß. Ein Handtuch muß auch hier ständig vorhanden sein.

4. Wie am Anfang dieser allgemeinen Einführung bereits betont wurde, legen wir besonders viel Wert darauf, die qualitative Analyse soweit als möglich als „semiquantitativ" zu betrachten; deshalb und auch weil es für eine korrekte Arbeitsweise unbedingt notwendig ist, den Säuregrad der Lösungen während der Untersuchung genau zu kennen, haben wir einige der am meisten gebrauchten „gewöhnlichen" Reagenzien in Vorratsflaschen, die mit Büretten versehen sind, untergebracht. Die hinzuzufügenden Mengen werden also nicht mehr, wie bis jetzt üblich, Flaschen, sondern Büretten in genau bekanntem Volumen entnommen. Zu diesen Reagenzien gehören destilliertes Wasser, Salzsäure 1 : 1 und auch 4 *n*, 2 *n* KOH, 4 *n* NH_4OH und 0,1%iges NH_4NO_3. Für diejenigen, die bestimmte Teile der Analyse oftmals durchführen, kann es unseres Erachtens sehr wichtig sein, diese Beispiele noch mit anderen Lösungen zu erweitern.

5. Die Verwendung einer *Torsionswaage* ist besonders zum schnellen Abwägen kleiner Mengen festen Stoffes, z. B. 5 bis 100 mg, zu empfehlen.

6. Es gibt zwei Gegenstände, die besondere Aufmerksamkeit verdienen, obgleich sie nicht zur speziellen Mikroapparatur gehören.

Ein geeigneter *Laborhocker* ist der erste davon. Wenn irgend möglich, sollte die Arbeit *sitzend* verrichtet werden. Das kommt ruhiger konzentrierter Arbeit nur zugute, ist jedoch vor allem aus hygienischen Gründen ratsam. Das anhaltende Stehen führt zu Mißbildungen des Skeletts, und besonders bei Frauen zu Krampfadern. Diese Argumente sind um so zwingender, als die soviel kleineren Maße der Apparate und demzufolge ihre kompendiöse Aufstellung sitzende Arbeit durchaus ermöglichen.

Das *Labortagebuch* ist der zweite. Es kann gar nicht genug darauf hingewiesen werden, wie unbedingt notwendig es ist, sich von Anfang an daran zu gewöhnen, alle Handlungen, alle numerischen Unterlagen und alle Beobachtungen in einem nur dafür bestimmten Heft festzulegen, und nicht *nach*, sondern *während der Arbeit*. So vermeidet man, daß man später nicht mehr genau weiß, was eigentlich geschehen ist, wodurch bereits zahllose bedeutende Entdeckungen auf chemischem Gebiet verlorengegangen sind, außerdem übt es den Studenten im Aufsetzen eines

Analysenrapports, der ebenso wichtig ist wie die Arbeit, die für die Analyse an sich verwendet wurde. Lose Zettel sind zu diesem Zweck völlig fehl am Platze; sie gehen immer verloren!

E. Die theoretischen Grundlagen

Das analytische Verhalten von Lösungen wird hauptsächlich durch fünf Faktoren bestimmt, und zwar von:

I. dem *Säuregrad* oder der Alkalität, die in pH ausgedrückt wird und hauptsächlich durch die *Dissoziationskonstanten* der vorhandenen Säuren und Basen und durch das Ionenprodukt des Wassers bestimmt wird;

II. dem eventuellen *Fällen* und *Lösen* von an ihre *Löslichkeitsprodukte* gebundenen Stoffen;

III. der Bildung *komplexer Ionen* und deren Stabilität;

IV. *Oxydations- und Reduktionserscheinungen*, bestimmt durch eine Anzahl *Oxydationspotentiale* und im besonderen durch die *Spannungsreihe der Metalle;*

V. *kolloidchemischen* Effekten, die bestimmen, ob sich Niederschläge in filtrierbarer Form abscheiden, und wenn ja, inwieweit sie dann Fremdstoffe adsorbiert halten.

Es ist hier nicht am Platz, gründlich auf die Theorie dieser Faktoren einzugehen. Wir wollen aber dennoch eine kurze Übersicht davon geben und besprechen, in welchem Maße sie für ein gutes Verständnis der verschiedenen Reaktionen von praktischem Nutzen ist.

Es ist außerdem für viele moderne Arbeitsweisen notwendig, etwas Einsicht in die Theorie der *Chromatographie* zu bekommen.

I. Der pH-Wert; Dissoziationskonstanten von Säuren und Basen

Die elektrolytische Dissoziation in *verdünnten* Lösungen (z. B. bis $n/10$) *schwacher* Säuren und Basen wird durch ihre Dissoziationskonstanten bestimmt:

Für eine Säure HS: $K_s = \frac{[H^+]\cdot[S^-]}{[HS]}$.

Für eine Säure H_3S: $K_1 = \frac{[H^+]\cdot[H_2S^-]}{[H_3S]}$; $K_2 = \frac{[H^+]\cdot[HS^{2-}]}{[H_2S^-]}$;

$K_3 = \frac{[H^+]\cdot[S^{3-}]}{[HS^{2-}]}$.

Für eine Base $M(OH)_2$: $K_b = \frac{[M^{2+}]\cdot[OH^-]^2}{[M(OH)_2]}$ usw.

Von starken Säuren und Basen und den Alkalisalzen wird nach heutigen Ansichten angenommen, daß sie in wäßriger Lösung völlig dissoziiert sind. Für die übrigen Salze ist das zwar nicht der Fall; ihre Dissoziation ist jedoch beinahe immer so beträchtlich, daß man keine allzu großen Fehler macht, wenn man annimmt, daß sie vollkommen sei.

Für Wasser gilt in analoger Weise: $K = \frac{[H^+]\cdot[OH^-]}{[H_2O]}$.

Für alle verdünnten wäßrigen Lösungen ist der Nenner jedoch konstant, und zwar $\frac{1000}{18}$. Setzt man $\frac{18}{1000} \cdot K = K_w$, so erhält man:

$$K_w = [H^+] \cdot [OH^-].$$

Diese Größe K_w, das Ionenprodukt des Wassers, ist bei Zimmertemperatur für die meisten Zwecke mit ausreichender Genauigkeit 10^{-14} gleichzusetzen.

In verdünnten Lösungen bis höchstens $n/10$, die wir hier lediglich behandeln, kann die Wasserstoffionenkonzentration $[H^+]$ zwischen 10^{-1} und 10^{-13} variieren. Diese Variation ist zu groß, um sie graphisch darstellen zu können. Darum wird statt dessen allgemein der pH-Wert gebraucht, definiert als:

$$\mathrm{pH} = -\log [H^+].$$

Wenn man die Dissoziationskonstante einer Säure oder Base kennt, kann der pH-Wert einer Lösung daraus berechnet werden, z. B.:

Für Essigsäure gilt bei Zimmertemperatur $K_s = 1{,}8 \cdot 10^{-5}$. Frage: Wie groß ist der pH-Wert einer 0,02 molaren Essigsäurelösung?

$\frac{[H^+] \cdot [\mathrm{Acetat}^-]}{[\mathrm{Essigsäure}]} = 1{,}8 \cdot 10^{-5}$. Aber in diesem Fall ist $[H^+] = [\mathrm{Acetat}^-]$ und außerdem $[\mathrm{Essigsäure}] = 0{,}02 - [H^+]$, also $\frac{[H^+]^2}{0{,}02 - [H^+]} = 1{,}8 \cdot 10^{-5}$, woraus wir errechnen: $[H^+] = 5{,}9 \cdot 10^{-4}$, also

$$\mathrm{pH} = 4 - \log 5{,}9 = 4 - 0{,}77 = 3{,}23.$$

Eine Tabelle mit Dissoziationskonstanten der meist vorkommenden Säuren und Basen ist am Ende dieses Buches in Tab. 3 auf S. 275 und 276 aufgenommen.

Diese Größen bestimmen auch das Maß, in dem Salze von schwachen Säuren oder Basen in Wasser hydrolytisch gespalten werden, und demnach den pH-Wert derartiger Lösungen.

Nehmen wir beispielsweise wieder das Na-Salz der Essigsäure, z. B. in 0,05 molarer Lösung:

Die Reaktion, die der Hydrolyse zugrunde liegt, ist:

$$\mathrm{Acetat}^- + H_2O \rightleftharpoons \mathrm{Essigsäure} + OH^-.$$

Dafür gilt: $K_{\mathrm{hydr.}} = \frac{[CH_3COOH] \cdot [OH^-]}{[CH_3COO^-]}$. Daraus ergibt sich durch beiderseitige Multiplikation mit $[H^+]$:

$$K_{hydr.} = \frac{K_w}{K_s}.$$

Außerdem sind auch hier beide Faktoren des Zählers einander gleich, und der Nenner ist $0{,}05 - [OH^-]$ gleichzusetzen. Wir erhalten also:

$\frac{10^{-14}}{1{,}8 \cdot 10^{-5}} = \frac{[OH^-]^2}{0{,}05 - [OH^-]}$; daraus berechnen wir: $[OH^-] = 5{,}3 \cdot 10^{-6}$;

$$\text{also } [H^+] = 10^{-14} : 5{,}3 \cdot 10^{-6} = 1{,}9 \cdot 10^{-9}$$

$$\text{und } \mathrm{pH} = 9 - \log 1{,}9 = 9 - 0{,}28 = 8{,}72.$$

Aus diesem Beispiel läßt sich die allgemeine Formel für Alkalisalzlösungen der Konzentration k einfach ableiten:

$$[H^+] = \sqrt{\frac{K_w \cdot K_s}{k}}$$

und für Salze schwacher Basen und starker Säuren:

$$[H^+] = \sqrt{\frac{K_w}{K_b} \cdot k}\,.$$

Die Gültigkeit dieser Formeln bleibt auf nicht zu sehr verdünnte Lösungen beschränkt, z. B. auf mehr als $n/10000$ nicht zu schwacher Säuren und Basen mit Dissoziationskonstanten größer als 10^{-12}.

Den pH-Wert halbneutralisierter zweibasischer Säuren, d. h. genau der sauren Salze, kann man berechnen, da er annähernd durch folgende Beziehung angegeben wird

$$[H^+] = \sqrt{K_1 \cdot K_2}.$$

also in hohem Maße konzentrationsunabhängig ist. Auf gleiche Weise kann man die H^+-Konzentration einer NaH_2PO_4-Lösung gleich $\sqrt{K_1 K_2}$ setzen und die einer K_2HPO_4-Lösung gleich $\sqrt{K_2 K_3}$, wenn K_1, K_2 und K_3 die 1., 2. und 3. Dissoziationskonstante von H_3PO_4 darstellen.

Für ein Salz einer schwachen Säure und einer schwachen Base gilt annähernd

$$[H^+] = \sqrt{\frac{K_s}{K_b} \cdot K_w}.$$

Das pH solcher Lösungen ist also gleichfalls von der Konzentration unabhängig, vorausgesetzt daß diese nicht zu klein ist.

Auf Grund von Berechnungen, die mit der sogenannten Titrationskurve zusammenhängen, das ist die Kurve, die den Zusammenhang zwischen dem pH und der zugefügten Menge Base oder Säure während der Titration einer bestimmten Menge Säure oder Base in einem gegebenen Volumen Wasser angibt, kann man erkennen, daß Mischungen äquivalenter Mengen einer schwachen einbasischen Säure und ihres Alkalisalzes (also halbneutralisierte einbasische Säuren) die Eigenschaft besitzen, ihren pH-Wert verhältnismäßig wenig zu ändern, wenn bescheidene Mengen H^+-Ionen zugefügt oder entzogen werden. Solche Lösungen nennt man *Pufferlösungen.* Ihre Wasserstoffionenkonzentration ist zahlenmäßig gleich der Dissoziationskonstante der Säure. Dieselbe Eigenschaft haben auch äquivalente Gemische schwacher Basen und ihrer Chloride, Nitrate oder Sulfate. Deren OH^--Konzentration ist der Dissoziationskonstante der Base zahlenmäßig gleich.

Wenn die Konzentrationen der Säure und ihrer Alkalisalze (bzw. der Base und ihrer Chloride) einander zwar ungefähr, aber nicht genau gleich sind, wird der pH-Wert der Pufferlösungen durch das Verhältnis angegeben:

$$K_s = [H^+] \cdot \frac{[\text{Salz}]}{[\text{Säure}]} \quad \text{bzw.} \quad K_b = [OH^-] \cdot \frac{[\text{Salz}]}{[\text{Base}]}\,.$$

Mit Hilfe dieser Formeln kann durch Veränderung der Mischungsverhältnisse von Säure (bzw. Base) und Salz eine Reihe von Pufferlösungen hergestellt werden, die sich über ein pH-Gebiet von mehr als einer Einheit erstrecken.

Die Pufferlösungen werden in der qualitativen Analyse vielfach gebraucht, wenn eine Reaktion nicht nur in einem bestimmten pH-Gebiet verlaufen soll, sondern gleichzeitig Maßnahmen getroffen werden müssen, um sicher zu sein, daß ein einmal gut eingestelltes pH nicht durch die Reaktionsprodukte verändert wird. Als Beispiel dafür nennen wir die Fällung von ZnS in einem Gemisch von Essigsäure und Na-Acetat und das Zufügen von NH_4Cl zu NH_4OH, um die Fällung von Mn und Mg zu vermeiden oder um vollständige Fällung von $Al(OH)_3$ zu erhalten, auch wenn NH_4OH im Überschuß hinzugefügt wird.

Indikatoren dienen zum Beurteilen bzw. Messen des pH-Wertes einer Lösung. Es sind fast immer organische Säuren, deren Anion anders als die undissoziierte Säure gefärbt ist. Wenn man als erste Annäherung annimmt, daß der „Umschlagpunkt" eines Indikators dort liegt, wo die Konzentrationen der beiden verschieden gefärbten Bestandteile gleich sind, folgt aus $K_s = \frac{[H^+] \cdot [S^-]}{[HS]}$, daß für den (hypothetischen) Umschlagpunkt $[H^+] = K_s$.

In Wirklichkeit gibt es keinen Umschlagpunkt, sondern ein *Umschlaggebiet* von pH-Werten. Darunter hat der Indikator für unser unvollkommenes Auge die reine Säurefarbe, darüber die reine alkalische Farbe und in diesem Gebiet eine Mischfarbe. Man verwendet vorzugsweise *zweifarbige* Indikatoren, weil die Lage des Umschlaggebietes fast unabhängig von der Indikatorkonzentration ist. Die meist verwendeten Indikatoren sind:

	sauer	alkalisch	Umschlaggebiet
Methylorange:	rot	— gelb	3,1 — 4,4
Kongorot:	blau	— rot	3,0 — 5,2
Methylrot:	rot	— gelb	4,2 — 6,3
Lackmus:	rot	— blau	5,0 — 8,0
Phenolrot:	gelb	— rot	6,6 — 8,2
Thymolblau:	gelb	— blau	8,0 — 9,6
Thymolphthalein:	farblos	— blau	9,3 — 10,6

Das Umschlaggebiet von Phenolphthalein fällt ungefähr mit dem von Thymolblau zusammen, als einfarbiger Indikator hat es damit verglichen nur Nachteile. Lackmus hat ein sehr breites Umschlaggebiet und ist daher ungenau bei der Verwendung. Die Umschlaggebiete einiger anderer Indikatoren sind in Tab. 6, S. 278, zusammengefaßt.

Es gibt eine allgemeine Methode zum Berechnen der Konzentrationen aller in einer Lösung vorkommenden Ionen und Moleküle, die, abgesehen von mathematischen Schwierigkeiten in Form von Gleichungen höherer Potenzen, immer zum Ziel führt. Als willkürliches Beispiel wählen wir eine Lösung, die zugleich 0,05 molar an Na_2S und 0,1 molar an NaOH ist.

In der Lösung können — wenn wir die Verbindungen als völlig dissoziiert betrachten — vorhanden sein: Na^+-, S^{2-}-, HS^--, H^+- und OH^--Ionen und H_2S-Moleküle. Es gibt also 6 Unbekannte und wir müssen 6 Gleichungen suchen. Zwei davon werden durch die zwei Dissoziationskonstanten von H_2S geliefert, eine durch das Ionenprodukt des Wassers, zwei durch die gegebenen Konzentrationen und die letzte durch die Gleichung des elektrischen Gleichgewichtes:

$$K_1 = \frac{[H^+] \cdot [HS^-]}{[H_2S]} \quad \ldots\ldots (1) \qquad [S^{2-}] + [HS^-] + [H_2S] = 0{,}05 \ldots\ldots\ldots (4)$$

$$K_2 = \frac{[H^+] \cdot [S^{2-}]}{[HS^-]} \quad \ldots\ldots (2) \qquad [Na^+] = 2 \cdot 0{,}05 + 0{,}1 \ldots\ldots\ldots (5)$$

$$K_w = [H^+] \cdot [OH^-] \ldots (3) \qquad [Na^+] + [H^+] = 2[S^{2-}] + [HS^-] + [OH^-] \; (6)$$

Physikalisch-chemisch gesprochen ist die Frage hiermit gelöst; der Rest ist „nur" Mathematik.

Wenn man Berechnungen wie auf den vorhergehenden Seiten durchführt und Gelegenheit hat, sie experimentell nachzuprüfen, zeigt sich, daß die Theorie im allgemeinen über Erwarten gut, auf alle Fälle für die meisten Zwecke ausreichend, mit der Praxis übereinstimmt; über Erwarten, weil der Theorie allerlei vereinfachende Voraussetzungen zugrunde liegen, die nicht ganz der Wirklichkeit entsprechen. Wir denken an die als vollständig angenommene Dissoziation der Salze, an die vernachlässigten Aktivitätskoeffizienten, die der modernen Theorie der starken Elektrolyte entsprechen, an das Nichtkonstantsein von Dissoziationskonstanten in einem Gebiet, in dem sie zwar noch verwendet werden, obwohl es dort tatsächlich nicht mehr ganz zulässig ist, usw.

Glücklicherweise zeigen sich jedoch nur kleine Abweichungen. Es ist daher auch besonders ratsam, Berechnungen der oben skizzierten Art vielfältig durchzuführen, um auf diese Weise die bei der qualitativen Analyse so erwünschte semiquantitative Einsicht zu erlangen.

II. Fällen; Lösen; Löslichkeitsprodukte

Nach einem zuerst von Nernst erkannten Verteilungsprinzip scheidet sich ein fester Stoff aus einer Lösung ab, wenn die Konzentration des undissoziierten Teils dieses Stoffes einen bestimmten Wert erreicht. Dieser Wert ist für ein bestimmtes Lösungsmittel bei gegebener Temperatur eine Konstante, unabhängig von dem, was sich sonst noch in der Lösung befindet.

Die Lösung ist dann mit dem betreffenden Stoff *gesättigt*. Wenn es zudem eine *verdünnte* Lösung ist, d. h. wenn der Stoff nur wenig in Wasser löslich ist, kann man für den Stoff A_nB_m, der sich in n Ionen A^+ und m Ionen B^- spaltet, sagen:

$$K = \frac{[A^+]^n \cdot [B^-]^m}{[A_nB_m]} .$$

Wie oben gezeigt, ist für alle mit A_nB_m gesättigten Lösungen der Nenner konstant, dann muß also auch der Zähler eine Konstante sein. Sie trägt den Namen *Löslichkeitsprodukt:*

$$L = [A^+]^n \cdot [B^-]^m.$$

Der Gebrauch von Löslichkeitsprodukten ist dem Gebrauch der Löslichkeit vorzuziehen, weil ersteres auch Aufschluß gibt über die Löslichkeit bei Vorhandensein anderer Ionen. Löslichkeitsprodukt und Löslichkeit sind gegenseitig aus einander zu errechnen.

Das Löslichkeitsprodukt von $BaSO_4$, gleich $1{,}1 \cdot 10^{-10}$, ist gegeben. Gefragt wird nach der Löslichkeit dieses Salzes.

Für die gesättigte Lösung gilt: $L = [Ba^{2+}] \cdot [SO_4^{2-}] = 1{,}1 \cdot 10^{-10}$ und gleichzeitig $[Ba^{2+}] = [SO_4^{2-}]$, also $[Ba^{2+}] = [SO_4^{2-}] = \sqrt{1{,}1 \cdot 10^{-10}} = 1{,}05 \cdot 10^{-5}$ g-Ion pro l. Also ist auch $1{,}05 \cdot 10^{-5}$ Mol $BaSO_4$ pro l gelöst, d. h. $1{,}05 \cdot 10^{-5} \cdot 233 = 2{,}45 \cdot 10^{-3}$ g pro l.

Aus dem Konstantsein des Löslichkeitsproduktes folgt direkt die Abnahme der Löslichkeit durch *Hinzufügen eines gleichnamigen Ions.* Gegeben ist z. B., daß bei 18° in 100 ml reinem Wasser 1,6 mg CaF_2 löslich sind, und gefragt wird, wieviel mg CaF_2 dann in 100 ml einer 1%igen $CaCl_2$-Lösung löslich sind.

Aus der Angabe folgt, daß in einem Liter reinem Wasser $10 \cdot 1{,}6$ mg $= 0{,}016$ g löslich sind. Die Konzentration des (dissoziierten) vorhandenen gelösten CaF_2 ist also $0{,}016 : 78 = 2 \cdot 10^{-4}$ Mol/l. Dann ist auch $[Ca^{2+}] = 2 \cdot 10^{-4}$ g-Ion/l und $[F^-]$ zweimal so groß, also $4 \cdot 10^{-4}$ g-Ion/l. Hieraus errechnen wir das Löslichkeitsprodukt: $L = 2 \cdot 10^{-4} \cdot (4 \cdot 10^{-4})^2 = 3{,}2 \cdot 10^{-11}$. In der 1%igen $CaCl_2$-Lösung befinden sich 10 g $CaCl_2$/l, das ist $\frac{10}{111} = 0{,}09$ Mol/l. Darin sind also 0,09 g-Ion Ca^{2+} pro l enthalten. Also $[F^-] = \sqrt{L : [Ca^{2+}]} = \sqrt{3{,}2 \cdot 10^{-11} : 0{,}09} = \sqrt{3{,}6 \cdot 10^{-10}} = 1{,}9 \cdot 10^{-5}$ g-Ion/l. Dafür müssen halb soviele CaF_2-Moleküle gelöst sein. Die Lösung enthält also $0{,}95 \cdot 10^{-5}$ Mol (dissoziiertes) CaF_2, das ist $0{,}95 \cdot 10^{-5} \cdot 78 = 7{,}4 \cdot 10^{-4}$ g/l, d. h. $7{,}4 \cdot 10^{-5}$ g pro 100 ml, d. h. 0,074 mg/100 ml. Die Löslichkeit ist also durch Hinzufügen des gleichnamigen Ca^{2+}-Ions von 1,6 auf 0,074 mg gesunken.

Eine Frage, die sich oftmals ergibt, wird durch folgendes Beispiel erläutert: Es ist bekannt, daß $MgCO_3$ nur sehr mäßig löslich ist. Die Frage ist also z. B.: Wenn wir einen beträchtlichen Überschuß, sagen wir, 100 ml 2 m Na_2CO_3 zu 25 ml 0,03 m $MgCl_2$ hinzufügen, wie vollständig wird dann Mg^{2+} aus der Lösung gefällt? Das Löslichkeitsprodukt von $MgCO_3$ bei der in Betracht kommenden Temperatur ist $2 \cdot 10^{-4}$. Der Überschuß an Na_2CO_3 ist so groß, daß wir dessen Endkonzentration gleich $\frac{100}{125} \cdot 2 = 1{,}6$ m setzen dürfen. Also $[CO_3^{2-}] = 1{,}6$ g-Ion/l. Also $[Mg^{2+}] = 2 \cdot 10^{-4} : 1{,}6 = 1{,}25 \cdot 10^{-4}$ g-Ion/l. In der Endlösung von 125 ml ist also noch vorhanden: $1{,}25 \cdot 10^{-4} \cdot 125 : 1000 = 1{,}56 \cdot 10^{-5}$ g-Ion $Mg^{2+} = 1{,}56 \cdot 24{,}3 \cdot 10^{-5} = 38 \cdot 10^{-5}$ g $Mg^{2+} = 0{,}38$ mg Mg^{2+}. Oder anders gesagt:

wir gingen von 0,75 mg Mol $MgCl_2$ aus und hielten $1{,}56 \cdot 10^{-2}$ Millimol $MgCl_2$ in Lösung. Von der vorhandenen Menge sind also $\frac{1{,}56 \cdot 10^{-2}}{0{,}75} \cdot$ $\cdot 100 = 2{,}1\%$ *nicht* gefällt worden. Die Fällung ist also tatsächlich sehr merklich unvollständig.

Das eventuelle *Lösen* oder *Nichtlösen eines Salzes in Säuren* wird ebenfalls durch das Löslichkeitsprodukt des Salzes und außerdem durch die Dissoziationskonstante und die Konzentration der verwendeten Säure bestimmt.

Die Frage: „Ist CaC_2O_4 in Essigsäure löslich?" ist natürlich genau genommen sinnlos. Ganz gewiß löst sich etwas darin auf und genau so gewiß löst sich in einer endlichen Menge Essigsäure keine unendliche Menge CaC_2O_4. Die Frage muß daher lauten: „Wieviel g CaC_2O_4 lösen sich in 1 l z. B. 0,5 m Essigsäure?" Die Beantwortung dieser Frage stößt (nur!) auf mathematische Schwierigkeiten, es gibt acht Unbekannte, und zwar: $[Ca^{2+}]$, $[C_2O_4^{2-}]$, $[HC_2O_4^-]$, $[H_2C_2O_4]$, $[CH_3COO^-]$, $[CH_3COOH]$, $[H^+]$ und $[OH^-]$. Tatsächlich stehen auch acht verschiedene Gleichungen zur Verfügung, und zwar:

Da alle Ca^{2+} und oxalathaltigen Ionen aus dem gelösten CaC_2O_4 stammen, gilt folgende Beziehung:

$$[Ca^{2+}] = [C_2O_4^{2-}] + [HC_2O_4^-] + [H_2C_2O]_4. \qquad (1)$$

Da die Endlösung gesättigt ist, wissen wir, daß:

$$[Ca^{2+}] \cdot [C_2O_4^{2-}] = L = 2 \cdot 10^{-9}. \qquad (2)$$

Wir kennen außerdem drei Dissoziationskonstanten, zwei für Oxalsäure und eine für Essigsäure:

$$K_1 = \frac{[H^+] \cdot [HC_2O_4^-]}{[H_2C_2O_4]} = 3{,}8 \cdot 10^{-2} \qquad (3)$$

$$K_2 = \frac{[H^+] \cdot [C_2O_4^{2-}]}{[HC_2O_4^-]} = 3{,}5 \cdot 10^{-5} \qquad (4)$$

$$K_3 = \frac{[H^+] \cdot [CH_3COO^-]}{[CH_3COOH]} = 1{,}8 \cdot 10^{-5}. \qquad (5)$$

Und schließlich wissen wir:

$$[H^+] \cdot [OH^-] = K_w = 10^{-14} \qquad (6)$$

$$[CH_3COO^-] + [CH_3COOH] = 0{,}5 \qquad (7)$$

$$[Ca^{2+}] + [H^+] = [C_2O_4^{2-}] + [HC_2O_4^-] + [CH_3COO^-] + [OH^-]. \qquad (8)$$

Wir möchten niemandem empfehlen zu versuchen, diese Gruppen von Gleichungen zu lösen, das ist auch keineswegs notwendig. Wir wissen aus Erfahrung, daß Ca-Oxalat nur sehr wenig in verdünnter Essigsäure löslich ist. Die Endkonzentration der H^+-Ionen wird also noch ungefähr dieselbe sein, wie die von 0,5 m Essigsäure (das ist $3 \cdot 10^{-3}$).

Wir wissen also:

$$[Ca^{2+}] = [C_2O_4^{2-}] + [HC_2O_4^-] + [H_2C_2O_4] \quad (a)$$

$$[Ca^{2+}] \cdot [C_2O_4^{2-}] = 2 \cdot 10^{-9} \quad (b)$$

$$\frac{3 \cdot 10^{-3} \cdot [C_2O_4^{2-}]}{[HC_2O_4^-]} = 3{,}5 \cdot 10^{-5} \quad (c)$$

$$\frac{3 \cdot 10^{-3} \cdot [HC_2O_4^-]}{[H_2C_2O_4]} = 3{,}8 \cdot 10^{-2}. \quad (d)$$

Also 4 Gleichungen mit 4 Unbekannten, die keine unüberwindlichen Schwierigkeiten bieten. Man findet:

$[Ca^{2+}] = 6 \cdot 10^{-5}$ g-Ion/l. Also sind auch $6 \cdot 10^{-5}$ Mol Ca-Oxalat, d. h. $6 \cdot 10^{-5} \cdot 128 = 0{,}0077$ g Ca-Oxalat gelöst. Tatsächlich also nur wenig.

$CaCO_3$ verhält sich vollkommen anders. Das Löslichkeitsprodukt $(1{,}2 \cdot 10^{-8})$ ist bereits größer als das von CaC_2O_4, außerdem aber sind H_2CO_3 und HCO_3^- viel schwächere Säuren als Oxalsäure und das Bioxalat-Ion, so daß die CO_3^{2-}-Ionen von $CaCO_3$ in stärkerem Maße weggenommen werden. Hinzu kommt, daß H_2CO_3 bald als gasförmiges CO_2 aus der Lösung entweichen wird; all diese Argumente verdeutlichen, warum $CaCO_3$ wohl, das Oxalat aber fast nicht löslich ist in Essigsäure. Auch hier ist die genaue Berechnung schwierig; daß sich aber viel lösen muß, ist mit einer sehr einfachen Überlegung zu beweisen.

In 1 l Wasser lösen sich bei 1 at und 18° C maximal 1,69 g CO_2, das sind 0,038 Mol. Die Gesamt-Dissoziationskonstante von H_2CO_3 ist $K_1 \cdot K_2 = 1{,}8 \cdot 10^{-17}$. Da also fast alles H_2CO_3 undissoziiert ist, muß das Löslichkeitsprodukt von CO_2 (oder H_2CO_3) gleich $1{,}8 \cdot 10^{-17} \cdot 0{,}038 = 6{,}9 \cdot 10^{-19}$ sein. Für die Bildung jedes Mol H_2CO_3 sind 2 Mol Essigsäure notwendig; für 0,038 Mol also 0,076. Wenn also 15% der vorhandenen 0,5 m Essigsäure verbraucht worden sind, ist die Lösung mit CO_2 gesättigt. Wir wissen dann:

$$\frac{[H^+] \cdot [CH_3COO^-]}{[CH_3COOH]} = \frac{[H^+] \cdot 0{,}076}{0{,}5 - 0{,}076} = 1{,}8 \cdot 10^{-5}; \text{ daraus folgt } [H^+] = 1{,}0 \cdot 10^{-4}.$$

Also ist, im Zusammenhang mit dem Löslichkeitsprodukt von H_2CO_3, die CO_3^{2-}-Konzentration $= 6{,}9 \cdot 10^{-19} : (1{,}0 \cdot 10^{-4})^2 = 6{,}9\ 10^{-11}$. Eine derartige Lösung kann auf Grund des Löslichkeitsproduktes von $CaCO_3$ nur dann gesättigt sein, wenn $[Ca^{2+}] = 1{,}2 \cdot 10^{-8} : 6{,}9 \cdot 10^{-11} = 170$ g-Ion pro l. Das ist ein physikalisch unmöglich hoher Wert. Offensichtlich geht also auch, nachdem die Lösung mit CO_2 gesättigt ist, die Auflösung von $CaCO_3$ noch weiter. Es ist nicht schwer, jetzt weiter auszurechnen, wieweit die Essigsäure erschöpft sein muß, bevor ein Gleichgewichtszustand eintritt.

Das oben Gesagte zeigt bereits, daß Gase auch ein Löslichkeitsprodukt haben können. Analytisch besonders wichtig ist das von H_2S.

Bei 20° C und 760 mm Hg lösen sich 3,85 g = 0,113 Mol in 1 l reinem Wasser. Die beiden Dissoziationskonstanten von H_2S bei 20° sind: $K_1 = 5{,}7 \cdot 10^{-8}$ und $K_2 = 1{,}2 \cdot 10^{-15}$, also $K_1 \cdot K_2 = 6{,}8 \cdot 10^{-23}$. Das Löslichkeitsprodukt bei 20° ist also: $L = 6{,}8 \cdot 10^{-23} \cdot 0{,}113 = 7{,}7 \cdot 10^{-24}$.

In 0,2 *n* HCl, in der wir bei der systematischen Analyse die Metalle der H_2S-Gruppe fällen, ist die S^{2-}-Konzentration $= 7{,}7 \cdot 10^{-24} : 0{,}2^2 = 1{,}9 \cdot 10^{-22}$ g-Ion/l.

Wir können nun die Frage stellen: „*Wenn wir die vollständige Fällung eines Metalls mit H_2S so formulieren, daß dessen Endkonzentration nicht größer ist als z. B. $1 \cdot 10^{-5}$ molar (das gibt bei einem durchschnittlichen Atomgewicht von 100 ungefähr 1 mg pro Liter), welche Metalle werden dann bei 20° bei Sättigung mit H_2S in 0,2 n HCl vollständig genug gefällt werden?*" Wir beschränken uns außerdem auf die zweiwertigen Metalle, also auf die Sulfide MS. Die Antwort ist eindeutig, es werden die Metalle sein, deren Löslichkeitsprodukt kleiner ist als $10^{-5} \cdot 1{,}9 \cdot 10^{-22} = 1{,}9 \cdot 10^{-27}$. Schlagen wir die Tab. 4 auf S. 276 auf, so sehen wir, daß es Hg, Cu, Pb und Cd sind, den experimentellen Erfahrungen völlig entsprechend.

Hätten wir statt in 0,2 *n* in 2 *n* HCl gearbeitet, wäre die Grenze $1{,}9 \cdot 10^{-29}$ geworden. Dann wäre Cd nicht ausreichend gefällt worden und Pb sehr an die Grenze gekommen; auch das stimmt mit der Praxis überein.

Arbeiten wir in einer Acetat-Essigsäure-Pufferlösung (pH etwa 5) oder sogar in einer Formiat-Ameisensäure-Pufferlösung (pH etwa 4), wird die Grenze: $7{,}7 \cdot 10^{-24} : 10^{-10} \cdot 10^{-5} = 7{,}7 \cdot 10^{-19}$ (bzw. $7{,}7 \cdot 10^{-24} : 10^{-8} \cdot 10^{-5} = 7{,}7 \cdot 10^{-21}$); dann werden die meisten Metalle der sogenannten $(NH_4)_2S$-Gruppe, mit Ausnahme von Mn, auch gefällt.

Das möge klarmachen, wie vollkommen willkürlich die Grenze zwischen der H_2S- und der $(NH_4)_2S$-Gruppe gezogen ist und von unserer Vereinbarung über den Säuregrad abhängt.

Amphotere Elektrolyte, wie z. B. $Zn(OH)_2$ und $Al(OH)_3$ haben *zwei* Löslichkeitsprodukte, eines für die Dissoziation als Base, eines als Säure. Für $Zn(OH)_2$:

$$L_b = [Zn^{2+}] \cdot [OH^-]^2, \qquad L_s = [ZnO_2^{2-}] \cdot [H^+]^2.$$

Kennen wir diese beiden Größen, die übrigens für die meisten amphoteren Hydroxyde nur sehr unzureichend bekannt sind, können wir feststellen, bei welchem pH diese Hydroxyde möglichst vollständig ausfallen. Die totale Konzentration in löslicher Form, A genannt, wird gegeben durch: $A = [Zn^{2+}] + [ZnO_2^{2-}] + [Zn(OH)_2]$.

$$A = \frac{L_b}{[OH^-]^2} + \frac{L_s}{[H^+]^2} + [Zn(OH)_2] = \frac{L}{K_w^2} \cdot [H^+]^2 + \frac{L_s}{[H^+]^2} + [Zn(OH)_2].$$

Das letzte Glied ist für alle Lösungen, die mit festem $Zn(OH)_2$ koexistieren, eine Konstante.

Für das gesuchte pH muß A minimal sein, also

$$\frac{dA}{d(-\log [H^+])} = 0 = \frac{L_b}{K_w^2} \cdot 2\,[H^+] \cdot \left(\frac{d\,[H^+]}{d(-\log [H^+])}\right) - 2\,\frac{L_s}{[H^+]^3}\left(\frac{d\,[H^+]}{d(-\log [H^+])}\right)$$

$$\text{oder } \frac{L_b}{K_w^2} \cdot [H^+]^2 - \frac{L_s}{[H^+]^2} = 0, \text{ also } [H^+]^4 = \frac{L_s}{L_b} \cdot K_w^2.$$

Man kann mühelos ableiten, daß dies im alkalischen Gebiet liegen wird, wenn $Zn(OH)_2$ eine stärkere Base als Säure ist, sonst im sauren Gebiet.

Ein amphoteres Hydroxyd wird im allgemeinen bei einem niedrigen pH nicht gefällt werden, bei einem hohen pH auch nicht, dazwischen liegt ein pH-Gebiet, in dem es wohl gefällt wird. Die Grenzen des Gebietes sind von der Konzentration des betreffenden Metalles abhängig, und zwar, je höher die Konzentration ist, desto weiter liegen sie auseinander. CHARLOT[6] ist der erste, der diese Grenzen einigermaßen zuverlässig bestimmt und auch systematisch in der qualitativen Analyse angewendet hat. Wir entnehmen seinem Buch untenstehende Tabelle, die für 0,01 molare Lösungen gilt:

Hydroxyd	Fällungsgebiet		Hydroxyd	Fällungsgebiet	
	von pH	bis pH		von pH	bis pH
H_2SiO_3	— 4,5	11,5	$Zn(OH)_2$	5,2 (6,0)	12,0
H_2WO_4	—	9,0	$Fe(OH)_2$	5,5	—
H_2MoO_4	—	9,0	AgOH	5,7	—
$Sn(OH)_4$	—	11,5	$Cu(OH)_2$	5,7	—
H_2TiO_3	0,8 (2,3)	—	$Pb(OH)_2$	5,8	12,0
$Zr(OH)_4$	1,5 (2,8)	—	$Cd(OH)_2$	6,5	—
$Fe(OH)_3$	2,2 (4,0)	13,0	$Ni(OH)_2$	6,8	—
$Al(OH)_3$	4,1 (4,9)	11,0	$Co(OH)_2$	7,0	13,0
H_2UO_4	4,2 (6,0)	—	$Mn(OH)_2$	8,4	—
$Cr(OH)_3$	5,2	11,5	$Mg(OH)_2$	10,6	—

Darin sind auch einige nicht amphotere Hydroxyde aufgenommen. Für diese letzteren fehlt also an *einer* Seite die Grenze bzw. sie liegt dort auf einem so hohen oder niedrigen Niveau, daß sie fast unerreichbar ist. Bei einigen Hydroxyden ist eine Zahl zwischen Klammern hinzugefügt; sie gibt das pH an, bei dem das Hydroxyd sich tatsächlich in filtrierbarer Form abscheidet. Für die Abscheidung bei erstgenanntem pH ist ein ausflockendes Kolloid, wie Tannin, notwendig.

Genau wie bei den unter I. beschriebenen Berechnungen stimmen diese auch hier, wo sie auf bekannten Löslichkeitsprodukten beruhen, im allgemeinen gut mit den experimentell gefundenen Resultaten überein. Die Größenordnung, um die es sich hier in der Regel nur handelt, ist auf alle Fälle zuverlässig. Es ist daher auch besonders erwünscht, von der Möglichkeit, vorher zu berechnen, was während der Untersuchung geschehen wird, reichlich Gebrauch zu machen.

III. Komplexbildung

Verschiedene Ionen und Moleküle haben die Fähigkeit, zusammen mit anderen Molekülen oder Ionen, neue Ionen komplizierteren Aufbaus, und zwar *komplexe Ionen* zu bilden, deren Struktur nicht durch alte Auffassungen über starre unveränderliche Valenzen erklärt werden kann.

Seit man durch Vertiefung der Einsicht in die elektrostatische Natur der Valenzkräfte weiß, daß diese Komplexbindungen ganz der gleichen Art sind wie die „normalen“ Bindungen, hat es nur noch wenig Sinn zu unterscheiden zwischen Haupt- und Nebenvalenzen, normalen Valenzen und Kovalenzen, ausgezogenen und punktierten Linien usw. Wir wissen jetzt, daß genau dieselben COULOMBschen Kräfte, die bewerkstelligen, daß 3 F^--Ionen sich mit 1 Al^{3+}-Ion zu AlF_3 verbinden, auch dafür sorgen, daß noch drei andere F^--Ionen von AlF_3 angezogen werden und das komplexe AlF_6^{3-}-Ion bilden. Sowohl hier, als auch bei den Doppelsalzen und Hydraten gilt, daß soviele Moleküle oder Ionen sich miteinander vereinigen werden, als noch unter Gewinn elektrischer Energie möglich ist. Es gibt dann auch keinen prinzipiellen Unterschied zwischen *Komplexsalzen* und *Doppelsalzen*. Man nennt $MgNH_4PO_4$ ein Doppelsalz, weil es *hauptsächlich* in Mg^{2+}, NH_4^+ und PO_4^{3-} dissoziiert ist, und man nennt $K_4Fe(CN)_6$ ein Komplexsalz, weil es *hauptsächlich* in 4 K^+ und $Fe(CN)_6^{4-}$ dissoziiert ist, der Unterschied ist allerdings nur graduell.

Für die Stabilität jedes komplexen Ions ist eine Dissoziationskonstante bestimmend, z. B. für $Ag(NH_3)_2^+$: $K = \frac{[Ag^+] \cdot [NH_3]^2}{[Ag(NH_3)_2]} = 6{,}8 \cdot 10^{-8}$; für HgJ_4^{2-}: $K = \frac{[Hg^{2+}] \cdot [J^-]^4}{[HgJ_4^{2-}]} = 5 \cdot 10^{-31}$.

Bei einer großen Dissoziationskonstante ist das zugehörige Salz ein Doppelsalz, bei einer kleinen ein Komplexsalz.

Die Neigung zur Komplexbildung ist bei den verschiedenen Ionen stark unterschiedlich. Bei den Kationen besteht sie bei Alkalimetallen und Erdalkalien kaum, während die mehrwertigen und Schwermetalle starke Komplexbildner sind. Aus der Gruppe der Pt-Metalle ist der weitaus größte Teil der bekannten Verbindungen komplex, von Au gleichfalls. Von den Anionen weisen Nitrate und Sulfate dieses Symptom wenig oder gar nicht auf, Carbonate manchmal, Chloride und vor allem Fluoride, Cyanide und die organischen Anionen auffallend stark.

Die Komplexbildung ist einerseits die Quelle vielen Ärgers und vieler zusätzlicher Arbeit bei der chemischen Analyse, wird aber andererseits auch vielfach dazu gebraucht, um bestimmte Effekte zu erzielen.

Die Komplexbildung ist lästig, weil sie der Lösung bestimmte Ionen entzieht und so verursachen kann, daß die Lösung eine oder mehrere Reaktionen eines bestimmten Elements nicht mehr aufweist, obwohl das Element vorhanden ist. Kupferlösungen pflegen mit KOH einen Niederschlag von $Cu(OH)_2$ zu geben; fügen wir jedoch NH_4OH oder ein Tartrat hinzu, werden komplexe Kupfer-Ammoniak-Kationen oder Kupfer(II)-Tartrat-Anionen gebildet, so daß das Löslichkeitsprodukt von $Cu(OH)_2$ nicht erreicht wird.

Es wird ersichtlich, daß die eventuelle Bildung eines Niederschlages aus einer komplexen Lösung bzw. das eventuelle Lösen eines einmal gebildeten Niederschlages durch Versetzen mit einem komplexbildenden Agens wieder von dem Löslichkeitsprodukt des in Frage stehenden Niederschlages, von der Dissoziationskonstante des Komplexes und von den jeweiligen Konzentrationen abhängt.

Wir nehmen das Lösen von AgCl und AgJ in NH_4OH als Beispiel. Auch dieses Mal handelt es sich nicht um die Frage, *ob* diese Stoffe darin löslich sind, sondern *wieviel* davon?

Gegeben sei: 1 l Wasser und darin 0,1 Mol AgCl. Frage: Wieviel NH_4OH muß hinzugefügt werden, um das AgCl gerade zu lösen?

$$L_{AgCl} = 1{,}1 \cdot 10^{-10}, \qquad \frac{[Ag^+] \cdot [NH_3]^2}{[Ag(NH_3)_2^+]} = 6{,}8 \cdot 10^{-8}.$$

Die gefragte Menge sei x Mol. Wenn diese hinzugefügt worden ist, ist gerade noch $[Ag^+] \cdot [Cl^-] = 1{,}1 \cdot 10^{-10}$; aber dann ist $[Cl^-] = 0{,}1$, also $[Ag^+] = 1{,}1 \cdot 10^{-9}$. Da insgesamt 0,1 g-Ion Ag in Lösung gebracht wurde, ist offensichtlich praktisch alles als $Ag(NH_3)_2^+$ vorhanden. Also $[Ag(NH_3)_2^+] = 0{,}1$.

Zu diesem Zweck sind 0,2 Mol NH_3 verbraucht worden. Die Restkonzentration von NH_3 ist also $x - 0{,}2$. Substitution dieser Werte in die Gleichung der Dissoziationskonstante ergibt:

$$\frac{1{,}1 \cdot 10^{-9} \cdot (x - 0{,}2)^2}{0{,}1} = 6{,}8 \cdot 10^{-8},$$

daraus errechnen wir: $x = 2{,}7$ Mol. Das ist also ein sehr reelles Ergebnis. Es ist ohne Schwierigkeiten möglich, das AgCl in NH_4OH vollständig zu lösen.

Bei AgJ mit seinem Löslichkeitsprodukt von $1 \cdot 10^{-16}$ ist es völlig anders; analog vorgehend, finden wir dort $x = 2600$ Mol/l. Das ist aber nicht zu verwirklichen, daher die Behauptung, daß AgJ in NH_4OH nicht löslich ist.

Leider ist die Anzahl der numerischen Angaben über die Dissoziationskonstanten komplexer Ionen nur sehr dürftig. Vom weitaus größten Teil davon fehlen sie. Es ist also noch nicht möglich, auf Grund zur Verfügung stehender Angaben ihr Verhalten vorauszusagen, vielmehr müssen wir bis auf weiteres aus den qualitativen Angaben über die Ausmaße, in denen bestimmte Ionen durch Komplexbildung ihren normalen Reaktionen entzogen werden, ein vorläufiges Urteil über die Stabilität der Komplexe fällen.

Um aus der Not eine Tugend zu machen, gebrauchen wir bei der wissenschaftlichen Untersuchung auf analytischem Gebiet die Komplexbildung, um Reaktionen in eine bestimmte Richtung zu zwingen, oder um störende Reaktionen von Fremdionen zu verhindern, d. h. diese zu *maskieren*. Vor allem auf der Suche nach neuen selektiven Identitätsreaktionen wird von diesen Hilfsmitteln vielfältiger Gebrauch gemacht. Wir werden reichlich Beispielen dafür begegnen. Wenn Fe^{3+} bei den Reaktionen von Zn und Cu mit $(NH_4)_2Hg(CNS)_4$ stört, setzen wir F^- oder PO_4^{3-} hinzu, um das Fe^{3+} komplex zu binden; wenn viel Co^{2+} beim Nickelnachweis mit Dimethylglyoxim stört, führen wir Co^{2+} mit H_2O_2, Weinsäure und Na_2CO_3 in einen unschädlichen Co^{3+}-Komplex über; wollen wir Cd^{2+} mit H_2S fällen und verhindern, daß Cu^{2+} auch ausfällt, binden wir letzteres mit CN^- usw. Beispiele, bei denen wir umkehrbare Reaktionen zwingen, in *einer* Richtung zu verlaufen, treffen wir sowohl bei Fällungs- als auch bei Redoxreaktionen und bei Neutralisationsreaktionen an. Wenn H_3BO_3 nicht elektrolytisch dissoziieren will, zwingen wir es dazu, indem wir die BO_2^--Ionen komplex an α-Dihydroxy-Verbindungen koppeln;

die Reduktionsfähigkeit der Fe^{2+}-Salze ist bei Anwesenheit von F^- und PO_4^{3-} erheblich erhöht, weil dem Gleichgewicht $Fe^{2+} \rightleftarrows Fe^{3+} + e$ die Fe^{3+}-Ionen entzogen werden.

Es bedarf wohl keiner näheren Erläuterung, daß sowohl umfassende Kenntnis der Komplexe, welche die verschiedenen Ionen zu bilden vermögen, als auch guter Einblick in ihre Stabilität vollkommen unentbehrliche Hilfsmittel bei der analytischen Untersuchung bilden.

IV. Oxydationen und Reduktionen; Oxydationspotentiale

Jede anorganische Oxydation oder Reduktion ist auf eine Ladungsübertragung zurückzuführen, und zwar in dem Sinn, daß das Oxydans (Oxyd. 1) Elektronen des Stoffes aufnimmt, der oxydiert wird (Red. 2); das Oxydans geht dabei in ein reduziertes Produkt über (Red. 1) und der oxydierte Stoff geht in ein Oxydationsprodukt (Oxyd. 2) über. Die Elektronenübertragung gilt zwar auch für organische Stoffe, das Bild wird dort jedoch so unübersichtlich, daß wir uns auf anorganische Vorgänge dieser Art beschränken werden.

Wir haben dort also zwei *partielle Reaktionen:*

$$\text{Oxyd.1} + ne \rightarrow \text{Red.1} \quad \text{und} \quad \text{Red.2} \rightarrow \text{Oxyd.2} + ne$$

und, da beide Reaktionen theoretisch gesehen als umkehrbar betrachtet werden müssen, haben wir es mit zwei *partiellen Gleichgewichten* zu tun:

$$\text{Oxyd.1} + ne \rightleftarrows \text{Red.1} \quad \text{und} \quad \text{Oxyd.2} + ne \rightleftarrows \text{Red.2}.$$

Oder ein konkretes Beispiel: für die Reaktion $MnO_4^- + 8\,H^+ + 5\,Fe^{2+} \rightleftarrows Mn^{2+} + 4\,H_2O + 5\,Fe^{3+}$ haben wir es mit folgenden partiellen Gleichgewichten zu tun: $MnO_4^- + 8\,H^+ + 5\,e \rightleftarrows Mn^{2+} + 4\,H_2O$ und $5\,Fe^{3+} + 5\,e \rightleftarrows 5\,Fe^{2+}$.

Andere Beispiele solcher partieller Gleichgewichte sind:

$$S + 2\,H^+ + 2\,e \rightleftarrows H_2S$$
$$HNO_2 + H^+ + e \rightleftarrows NO + H_2O$$
$$2\,H^+ + 2\,e \rightleftarrows H_2$$
$$Zn^{2+} + 2\,e \rightleftarrows Zn$$
$$Cr_2O_7^{2-} + 14\,H^+ + 6\,e \rightleftarrows 2\,Cr^{3+} + 7\,H_2O \quad \text{usw.}$$

Um einer Zeichenverwirrung vorzubeugen, ist es erwünscht, das Oxydans stets links und den reduzierten Zustand rechts vom Gleichgewichtszeichen zu halten; d. h. *n wird immer positiv gehalten.*

Eine gewöhnliche Red-Ox-Gleichung in der Form einer Ionengleichung ist nichts anderes als eine Kombination einer linken und rechten Hälfte zweier partieller Gleichgewichte, die in die zugehörigen rechten und linken Hälften übergehen. So eine Reaktionsgleichung muß zu einem chemischen Gleichgewicht führen, bestimmt durch die Gleichgewichtskonstante

$$K = \frac{[\text{Oxyd.2}] \cdot [\text{Red.1}]}{[\text{Oxyd.1}] \cdot [\text{Red.2}]},$$

wobei die Ausdrücke zwischen den Klammern die beständigen Produkte der Ionenkonzentrationen zur richtigen Potenz erhoben bezeichnen. Zum Beispiel also:

$$K = \frac{[Fe^{3+}]^5 \cdot [Mn^{2+}]}{[MnO_4^-] \cdot [H^+]^8 \cdot [Fe^{2+}]^5}.$$

Die konstante Konzentration des Wassers wird in der Gleichgewichtskonstante aufgenommen.

In Gedanken können wir eine solche Reaktion auf eine — für chemische Zwecke unnötig komplizierte — besondere Weise verlaufen lassen, und zwar indem wir sie einem *galvanischen Element* zugrunde legen. Wir denken uns zwei unangreifbare, z. B. Platinelektroden; eine (I) davon ist vom Oxydans (Oxyd I) umgeben, das Elektronen der Elektrode aufnimmt, diese wird also positiv geladen; die andere (II) ist vom Reduktionsmittel (Red II) umgeben, das Elektronen an die Elektrode abgibt, so daß sie negativ geladen wird. Wir wollen weiter annehmen, daß die beiden Flüssigkeiten so miteinander in Verbindung stehen, daß keine Potentialdifferenz dazwischen auftritt. Schließen wir den Stromkreis, dann wird durch den Schließdraht ein Strom von I (+) nach II (—) fließen. Diese Stromlieferung ist mit der Bildung von Red. I an Elektrode I und mit der Bildung von Oxyd. II an Elektrode II verbunden.

An den Grenzschichten zwischen der Flüssigkeit und den beiden Elektroden treten elektrische Potentialdifferenzen auf, die sogenannten *Einzelpotentiale*. Die Thermodynamik lehrt, daß sie folgendermaßen dargestellt werden können:

$$\varepsilon' = \varepsilon_0' + \frac{RT}{nF} \ln \frac{(\text{Oxyd. I})}{(\text{Red. I})}.$$

$$\varepsilon'' = \varepsilon_0'' + \frac{RT}{nF} \ln \frac{(\text{Oxyd. II})}{(\text{Red. II})}.$$

Was das Vorzeichen betrifft, ist ε immer das Potential der Elektrode abzüglich jenes des Elektrolyts, oder, anders gesagt, hat es das Zeichen des Sprunges in Richtung von der Flüssigkeit zur Elektrode.

R = molekulare Gaskonstante, T = absolute Temperatur, F = Ladung in Coulomb von einem g-Ion einwertiger Ionen. Setzen wir den Wert dieser Größen für 20° C ein und formen die natürlichen Logarithmen in dekadische um, erhalten wir:

$$\varepsilon = \varepsilon_0 + \frac{0{,}058}{n} \log \frac{(\text{Oxyd.})}{(\text{Red.})} \text{ Volt.}$$

Ein derartiges Einzelpotential bezieht sich also nicht auf ein Gleichgewicht, sondern auf eine Reaktion. Sie wird bei Red-Ox-Reaktionen *Oxydationspotential,* auch *Red-Ox-Potential* genannt.

Die Größe ε_0 ist offensichtlich gleich ε, wenn alle Konzentrationen des Bruches hinter dem log-Zeichen den Wert 1 haben. Weiter pflegt man in ε_0 die *konstanten* Konzentrationen von Wasser und von Stoffen, mit denen die Lösung *gesättigt* ist, aufzunehmen; bei Gasen ist die Sättigungskonzentration $= aP$, wenn P der Druck des Gases über der Flüssigkeit ist. Der

Proportionalitätsfaktor a wird für $P = 1$ Atm. berechnet und dann auch wieder in ε_0 aufgenommen, so daß die Formel hinter dem log-Zeichen nur den Gasdruck in Atmosphären enthält. Man nennt die Größe ε_0 das *Normaleinzelpotential*, das zur Reaktion Oxyd. I $+ ne \rightarrow$ Red. I gehört, und hier im besonderen das *Normaloxydationspotential.*

Die E. M. K. des vorgestellten Elementes wird hier, da die beiden ε-Werte entgegengesetzt gerichtet sind, durch $\varepsilon_1 - \varepsilon_2$ angegeben. Wenn das Element schließlich ausreagiert hat, ist $\varepsilon_1 - \varepsilon_2 = 0$, d. h.

$$\varepsilon_0' - \varepsilon_0'' + \frac{0{,}058}{n} \log \frac{(\text{Oxyd. I}) \cdot (\text{Red. II})}{(\text{Oxyd. II}) \cdot (\text{Red. I})} = 0.$$

In einem erschöpften Element herrscht aber Gleichgewicht, also auch chemisches Gleichgewicht, d. h. der Wert des Bruches entspricht dann dem *umgekehrten der Gleichgewichtskonstante*, so daß wir ein Verhältnis zwischen dieser und zwei elektrischen Größen finden:

$$\varepsilon_0' - \varepsilon_0'' - \frac{0{,}058}{n} \log K = 0.$$

Da bei Anwendung dieser Formeln die Vorzeichen die meisten Schwierigkeiten ergeben, fassen wir die hier gebrauchte Konvention nochmals zusammen:

n ist immer positiv, und zwar eine positive Anzahl negativer Einheitsladungen, d. h. in den Teilreaktionen steht das Oxydans immer links des Gleichgewichtszeichens;

ε ist das Potential der Elektrode abzüglich dem des Elektrolyts;

ε' bezieht sich auf Oxyd. I und Red. I; ε'' auf Oxyd. II und Red. II in der Gleichung Oxyd. I + Red. II $\rightleftarrows$ Oxyd. II + Red. I;

K in obenstehender Gleichung ist der Quotient der Konzentrationen rechts, geteilt durch die Konzentrationen links.

Es ist demnach deutlich, daß die Kenntnis des Normaloxydationspotentials einen wertvollen Einblick in die Lage der Red-Ox-Gleichgewichte gibt. Daher ist eine Anzahl dieser Größen in Tab. 5 auf S. 277 zusammengestellt. Da wir nie etwas anderem als der Differenz zwischen zwei von diesen Größen, sowohl bei Messungen wie bei Berechnungen begegnen, dürfen wir willkürlich eines der Normaleinzelpotentiale gleich 0 setzen. Man wählt dafür das zu der Reaktion $2\,H^+ + 2\,e \rightarrow H_2$ gehörende, die Potentialdifferenz also zwischen 1 n Wasserstoffionenkonzentration und H_2 von 1 Atm. Druck an einer Pt-Elektrode.

Die Potentialdifferenzen zwischen den verschiedenen Metallen und molaren Lösungen ihrer Ionen sind nichts anderes als besondere Fälle von Normaloxydationspotentialen. Wenn sie in der Reihenfolge steigender ε_0-Werte aufgeschrieben werden, entsteht die *Spannungsreihe*, die mit den unedelsten Metallen beginnt und mit den edelsten endet.

Wenn wir daraus ersehen, daß ε_0 für Zn $= -0{,}76$ Volt und für Cu $=$ $= +0{,}34$ Volt ist, dann heißt das, daß, falls wir einen Zinkstab (den wir uns von Zn^{2+}-Ionen umgeben vorstellen) in eine Lösung von $CuSO_4$

(aus der, wie man voraussetzen darf, auf alle Fälle etwas Cu ausgefällt wird) eintaucht, die Reaktion $Zn + Cu^{2+} \rightarrow Zn^{2+} + Cu$ fortschreiten wird, bis $\varepsilon_0' - \varepsilon_0'' = + \frac{0{,}058}{2} \log \frac{[Zn^{2+}]}{[Cu^{2+}]}$ geworden ist.

Die Konzentrationen metallischen Zinks und Kupfers sind konstant und daher in ε_0 enthalten. Also

$$0{,}34 + 0{,}76 = +0{,}029 \log \frac{[Zn^{2+}]}{[Cu^{2+}]} \cdot \log \frac{[Zn^{2+}]}{[Cu^{2+}]} = +38$$

und im Gleichgewichtszustand wird

$$\frac{[Cu^{2+}]}{[Zn^{2+}]} = 10^{-38} \text{ sein.}$$

Die Cu^{2+}-Ionen werden der Lösung also durch metallisches Zink besonders weitgehend entzogen.

Ähnliches trifft auch für willkürliche Oxydations- und Reduktionsmittel zu, von denen obenstehendes Beispiel nur ein besonderer Fall war.

Wenn wir MnO_4^-, H^+, Mn^{2+}, Fe^{2+} und Fe^{3+} zusammenbringen, wissen wir, daß schließlich

$$K = \frac{[Mn^{2+}] \cdot [Fe^{3+}]^5}{[MnO_4^-] \cdot [H^+]^8 \cdot [Fe^{2+}]^5} \text{ sein muß.}$$

Der Wert dieser Gleichgewichtskonstante folgt aus der Beziehung

$$\varepsilon_0' - \varepsilon_0'' - \frac{0{,}058}{5} \log K = 0.$$

Aus der Tabelle auf S. 277 ersehen wir, daß $\varepsilon_0' = +1{,}52$ Volt und $\varepsilon_0'' = +0{,}75$ Volt, also

$$1{,}52 - 0{,}75 - 0{,}029 \log K = 0,$$

woraus folgt: $K = 10^{+27}$. Offensichtlich werden also durch die Reaktion die MnO_4^-- und die Fe^{2+}-Ionen sehr vollständig entfernt und in Mn^{2+}- und Fe^{3+}-Ionen übergeführt. Eisen(II)sulfat wird durch $KMnO_4$ also praktisch vollständig oxydiert.

Im allgemeinen wird man sagen können, daß jedes niedriger stehende Oxydans aus der Tabelle imstande ist, ein höher stehendes Reduktans zu oxydieren, und auch umgekehrt. Die Tabelle gibt demnach einen Maßstab für die oxydierende und reduzierende Fähigkeit der verschiedenen Verbindungen.

Man bedenke dabei, daß die tatsächlich auftretenden Einzelpotentiale — mit denen wir übrigens bei Berechnungen, wie oben erwähnt, nichts zu tun haben — von den Konzentrationen der teilnehmenden Ionen stark abhängig sind. Das gilt besonders für die H^+-Ionen, die vielfach mit hohen Koeffizienten auf der linken Seite, und also im Nenner der Gleichgewichtskonstanten vorkommen. So wird das Verhältnis in obenstehendem Beispiel $Fe^{2+}:Fe^{3+}$, das ein Maß ist für die Vollständigkeit, mit der Fe^{2+} durch MnO_4^- oxydiert wird, der 8. Potenz der H^+-Ionenkonzentration umgekehrt proportional sein. Hieraus folgt gleichzeitig die allgemeine Regel, daß Oxydationen vollständiger verlaufen, je saurer die Lösung ist, Reduktionen dagegen vollständiger in stark alkalischen Lösungen.

Am Schluß der Berechnungen der Paragraphen I bis III haben wir darauf hinweisen können, daß die Übereinstimmung mit den experimentellen Erfahrungen im allgemeinen sehr befriedigend ist, bei den Oxydationspotentialen ist das leider nicht der Fall. Es kommt wiederholt vor, daß Oxydationsreaktionen, die nach der Tabelle der Oxydationspotentiale ziemlich vollständig verlaufen sollten, nicht auftreten. Hexacyanoferrat (III) sollte NH_3 zu NO_3^- oxydieren; Perchlorate sollten Jodide zu Jod oxydieren, sie tun es aber nicht, jedenfalls nicht in absehbarer Zeit. Sehr auffallend ist das Verhalten von freiem H_2, das entsprechend seinem Platz in der Spannungsreihe aus Cu^{2+}-, Ag^+- und Hg^{2+}-Salzen die Metalle abscheiden sollte, es aber in Wirklichkeit nicht tut. Offensichtlich treten Verzögerungen dabei auf, die theoretisch noch nicht zu erklären sind. Übrigens müssen wir darauf hinweisen, daß die gegebenen thermodynamischen Verhältnisse zwar über die Lage der Gleichgewichte Aufschluß geben, aber nichts über die Geschwindigkeit, mit der sich das Gleichgewicht einstellt, aussagen.

Das Resultat ist, daß man sich bei der qualitativen Analyse zwar im großen und ganzen durch die Tabelle der Oxydationspotentiale leiten lassen kann, aber nicht mehr. Ihre größte Bedeutung liegt auf dem Gebiet der potentiometrischen Titrationen in der quantitativen Analyse.

V. Kolloidchemische Probleme

Unsere kolloidchemische Kenntnis in bezug auf das mögliche Verhalten verschiedener spezieller Stoffe ist noch nicht so groß, daß wir die analytischen Handlungen vollständig hierauf gründen könnten. Wir können uns also über diese Art von Problemen kurz fassen und uns auf einige allgemeine Betrachtungen beschränken. Sie werden sich auf die zwei analytisch wichtigsten Erscheinungen, und zwar die *Ausflockung* kolloider Stoffe und die *Adsorption* von Fremdionen an den Ausflockungsprodukten beziehen.

Wir begegnen zwei Arten kolloider Produkte, den *Solen* und *Gelen*.

Die *Sole* bilden die wirklich kolloidalen Lösungen im engeren Sinn. Sie unterscheiden sich von den echten Lösungen von Molekülen und Ionen durch größere Ausmaße der darin vorhandenen Teilchen (etwa 10^{-5} bis 10^{-6} gegenüber anorganischen Ionen der Größenordnung 10^{-7} bis 10^{-8} cm); daher die Möglichkeit, Solteilchen von Molekülen und Ionen durch *Dialyse* zu trennen und ihr Dasein durch den *Tyndall-Effekt* und durch Ultramikroskopie nachzuweisen. Die Teilchen sind dagegen wieder nicht groß genug, um durch gewöhnliches Filtrierpapier (Porengröße etwa 10^{-3} cm) zurückgehalten zu werden.

Die Solteilchen sind genau wie die Ionen *elektrisch geladen*, und zwar manchmal positiv, manchmal negativ; der absolute Wert der Ladung ist viel größer als der von Ionen, die Ladung pro Masseneinheit allerdings viel kleiner. Die Stabilität eines Sols ist an das Vorhandensein dieser Ladung gebunden, wird sie auf irgendeine Weise entzogen, flockt das

Sol in der Regel aus. Das Geladensein und das Vorzeichen der Ladung können durch *Elektrophorese*, die Bewegung des kolloidal gelösten Stoffes in einem elektrischen Feld, nachgewiesen werden. Hierfür sind allerdings erheblich höhere Gleichspannungen nötig als für die Elektrolyse.

Mag es Aufgabe des Kolloidchemikers sein, stabile Sole herzustellen, für den Analytiker sind sie nur die Ursache von Störungen aller Art. Er wird daher versuchen, sie möglichst schnell und vollständig ausflocken zu lassen. Dann entstehen *Gele*, stark wasserhaltige amorphe, jedenfalls höchstens krypto-kristallinische Produkte, die im allgemeinen zwar filtrierbar sind, die Poren der Filter jedoch mehr oder weniger schnell verstopfen.

Zum Ausflocken stehen uns hauptsächlich drei Mittel zur Verfügung:

a) *Hinzufügen von Elektrolyten.* Besonders das Ion mit der dem Solteilchen entgegengesetzten Ladung bringt die Ausflockung zustande, und zwar ist diese Wirkung desto stärker, je höher die Wertigkeit des Ions ist (Regel von SCHULZE-HARDY). Negative Sole, wie die der meisten Sulfide, werden also bereits durch geringe Mengen hochwertiger Kationen (Al^{3+}, Th^{4+}) ausgeflockt werden; positive Sole, wie die der im schwach sauren Milieu niedergeschlagenen Metallhydroxyde, durch hochwertige Anionen ($PO_4{}^{3-}$, $Fe(CN)_6{}^{4-}$). Dennoch verwendet man bei der Analyse lieber etwas größere Mengen des „harmlosen" NH_4Cl oder NH_4NO_3, weil das Zusetzen von Al^{3+}, $Fe(CN)_6{}^{4-}$ usw. meistens ein Mittel ist, das schlimmer ist als das Übel selbst.

Will man ein Gel — ausgeflockt durch einen Elektrolyt — mit destilliertem Wasser auswaschen, so kann es passieren, daß das Gel sich wieder zu einem Sol löst, sobald der Elektrolyt genügend ausgewaschen ist (*Peptisation*). Sowohl die Metallhydroxyde als auch die Metallsulfide, Stoffe, die bei der Analyse am meisten zur Solbildung neigen, werden daher meistens mit einem sehr verdünnten, unschädlichen Elektrolyten, z. B. einer 0,5- bis 1%igen NH_4NO_3-Lösung ausgewaschen.

b) Sehr vereinzelt gelingt es, Ausflockung zustande zu bringen durch Versetzen mit einem *entgegengesetzt geladenen Sol*; so z. B. bei den Metallhydroxyden durch Versetzen mit etwas verdünnter Tanninlösung.

c) Hilft das alles nicht, so gibt es nur ein Rettungsmittel: das Wasser durch Eindampfen völlig zu entziehen. Das muß allerdings bei so hoher Temperatur geschehen, daß auch das durch Adsorption festgehaltene Wasser entweicht. Dieses Mittel wird bei dem außerordentlich stabilen SiO_2-Sol angewendet. Es wird am besten zweimal mit starker Salzsäure zur Trockne eingedampft, das zweite Mal eine Stunde lang auf 120° C gehalten und dann in verdünnter Salzsäure aufgenommen.

Die Gele verursachen — außer daß sie schwer filtrierbar sind — viele Störungen bei der Analyse, weil sie Fremdstoffe *adsorbiert* halten und daher unter anderem die scharfe Gruppentrennung verhindern.

Was die quantitative Seite dieser Adsorption betrifft, wissen wir, daß sie in absolutem Maße mit der Konzentration des Stoffes, der adsorbiert wird, steigt. Ein Gramm Adsorbens adsorbiert also aus einer 5%igen Salzlösung mehr — nicht aber fünfmal mehr — als aus einer 1%igen.

Die relative Adsorption, ein Bruchteil also der vorhandenen Salzmenge, die adsorbiert wird, ist in verdünnter Lösung größer als in konzentrierter. Aus außerordentlich verdünnten Lösungen, denen wir z. B. auf der Suche nach Spuren von Elementen begegnen, kann selbst durch ein wenig kräftiges Adsorbens, wie Filtrierpapier, fast aller Stoff adsorbiert werden. Mathematisch kommen diese Verhältnisse in der sogenannten Adsorptionsisotherme von FREUNDLICH zum Ausdruck, deren Gleichung lautet:

$$y = a x^{\frac{1}{p}} .$$

Darin sind a und p Konstanten für die Kombination Adsorbens-adsorbierter Stoff, wobei p immer größer als 1 ist, x = Konzentration des adsorbierten Stoffes in der Lösung nach der Adsorption und y = Menge des adsorbierten Stoffes pro Gramm Adsorbens. Auf die genaue Bedeutung dieser Formel darf nicht allzuviel Wert gelegt werden.

Zur Erklärung der Adsorption müssen wir zum Sol zurückkehren, aus dem das Gel entstanden ist. Wenn wir uns die Solteilchen aus Ionengittern aufgebaut vorstellen, ist es klar, daß an der Oberfläche der Teilchen noch elektrostatische Kräfte, sowohl abstoßende als auch anziehende, wirksam sind. Nennen wir das solbildende Salz AB, so ist es aus den Ionen A^+ und B^- entstanden. Die Erfahrung lehrt, daß das Solteilchen vorzugsweise gerade eine der Ionenarten A^+ oder B^-, oder auch H^+ oder OH^--Ionen, falls reichlich vorhanden, außerdem elektrostatisch anzieht. Welche davon, kann die Theorie noch nicht voraussagen. Übrigens hängt das von den Umständen, u. a. von dem pH ab. Werden die Kationen A^+ oder die H^+-Ionen festgehalten, so daß sich um und an den Teilchen eine Schale von Kationen bildet, ist das Solteilchen positiv geladen, sonst negativ. Um diese erste Schale entsteht nun selbstverständlich wieder eine zweite, mehr diffuse, mit entgegengesetzt geladenen Ionen, entweder von der zweiten Ionenart oder von anderen Ionen derselben Ladung, falls in der Lösung vorhanden. Die so gebildete elektrische *Doppelschicht* soll die Ursache der Solstabilität sein.

KOLTHOFF[7] macht von dieser Einsicht Gebrauch, um einige analytisch wichtige Erscheinungen, die sich bei der Adsorption in Form einer *Kopräzipitation* zeigen, zu erklären.

Nehmen wir ein Solteilchen $(AB + B^-)$ an, also negativ geladen, d. h. mit einer negativen ersten inneren Schale. Rund herum habe sich eine zweite äußere Schale von z. B. positiven A^+-Ionen gebildet. Kommt nun ein höherwertiges positives X^{n+}-Ion dazu, tritt in hohem Maße ein *Ionenaustausch* zwischen den A^+- und den X^{n+}-Ionen in der äußeren Schale ein, der Austausch ist mit Ausflockung verbunden. Das ausflockende Gel hat die Zusammensetzung $(AB + XB_n)$.

Hätten wir dagegen (viele) einwertige Kationen Y^+ für die Ausflockung benutzt, die keinen so starken Austausch zeigen, dann wäre ein Gel $(AB + YB + AB)$ ausgeflockt, oder falls ursprünglich nicht A^+-Ionen, sondern H^+-Ionen die äußere Schale gebildet hätten, $(AB + YB + HB)$.

Analytisch ist besonders wichtig, ob diese Adsorptionen störend oder harmlos sind. Wäre $Y^+ = NH_4^+$, ist YB und vermutlich auch HB einfach durch Erhitzen des Niederschlages zu entfernen. Außerdem werden der Lösung dann keine Ionen entzogen, die noch nachgewiesen werden müssen, und wird der Niederschlag nicht verunreinigt durch Ionen, die dessen Identifizierung stören könnten. Bei der Analyse muß man also dafür sorgen, die Umstände so zu wählen, daß diesen Bedingungen so weit als möglich entsprochen wird.

Bei der Fällung der Metallhydroxyde bringt das mit sich, daß wir sie lieber in schwach saurem Milieu (z. B. pH 5 bis 6) als in alkalischem Milieu fällen. Im ersten Fall sind sie positiv geladen, größtenteils mit H^+-Ionen in der inneren Schale, im zweiten Fall negativ durch OH^--Ionen. Fällen wir also z. B. aus einem Gemisch von $AlCl_3$ und $CaCl_2$ $Al(OH)_3$, ist es im sauren Milieu aus $Al(OH)_3 + HCl$ zusammengesetzt. In alkalischem Milieu werden die zweiwertigen Ca^{2+}-Ionen in die äußere Schale dringen, der Niederschlag hat dann die Zusammensetzung $Al(OH)_3 + Ca(OH)_2$. Die erste Adsorption ist vollkommen unschädlich, die zweite ist störend.

Es ist nicht unwahrscheinlich, daß die starke Bindung von PO_4^{3-}-Ionen an in saurem Milieu gebildete Meta-Zinnsäure einer ähnlichen Erscheinung zuzuschreiben wäre.

Auf alle Fälle mögen solche Erwägungen erklären, warum für das Fällen von allerlei Niederschlägen auch bei der qualitativen Analyse manchmal Vorschriften gegeben werden, die anscheinend unnötig kompliziert sind.

Wir wiederholen nochmals, was bereits zu Beginn dieses Abschnittes gesagt wurde: In weitaus den meisten Fällen sind die kolloidchemischen Eigenarten der Stoffe noch nicht genügend bekannt, um viele Voraussagen zu machen.

Zwei andere Erscheinungen *nicht* kolloider Art sind in ihren Auswirkungen der Absorption eng verwandt, nämlich die *Mischkristallbildung* und die *Okklusion*.

Beide sind an kristallinische Niederschläge gebunden. Die Mischkristallbildung hängt mit der Möglichkeit zusammen, daß manche Ionen oder Atomgruppen imstande sind, den Platz anderer Ionen in einem Kristallgitter vollkommen einzunehmen, wodurch Verbindungen verschiedener Zusammensetzung entstehen, die nicht an das allgemeine Gesetz der multiplen Proportionen gebunden sind. Dieses analytische Übel kann nur durch *wiederholte Fällung* bekämpft werden, also: fällen, *auswaschen*, wieder lösen, wieder fällen und das, falls nötig, ein- oder mehrmals wiederholen; dasselbe Mittel, das auch zur Bekämpfung der Adsorptionserscheinungen angewendet wird.

Die Okklusion ist das Einschließen von Mutterlauge in zugewachsenen Kristallhöhlen. Man beugt ihr am besten vor, wenn man für feinen Kristallgrus sorgt, d. h. für schnelle Kristallisation unter fortwährendem Rühren.

VI. Chromatographie

Die chromatographische Analyse ist nach vieler Meinung bereits soweit entwickelt, daß auch sie ein Teil der allgemeinen qualitativen Analyse anorganischer Ionen sein sollte.

Obgleich wir diese Meinung vorläufig noch keineswegs teilen, sehen wir ein, daß es nicht ausgeschlossen ist, daß es in naher Zukunft so sein wird, und daß sich also jeder Analytiker mit den Grundlagen dieser Methodik vertraut zu machen hat.

Die Chromatographie oder chromatographische Analyse oder Adsorptionsanalyse beschäftigt sich mit dem fraktionierten Auswaschen (Entwickeln) von Stoffen, die vorher auf ein bestimmtes Adsorbens adsorbiert worden sind. Bei ihrer klassischen Ausführungsform, deren Prinzip 1906 von TSWETT erläutert worden ist und 1931 durch die Arbeit von KUHN allgemeine Verbreitung gefunden hat, füllt man eine senkrecht aufgestellte Röhre mit einem geeigneten Adsorbens, z. B. Al_2O_3. Dann gibt man oben einige Tropfen einer Lösung der zu trennenden Stoffe (*Solute*) in einem solchen Lösungsmittel hinzu, daß alle Solute in einer sehr dünnen Schicht oben in der Säule völlig adsorbiert werden. Dann wäscht man von oben nach unten aus (*Entwickeln*), und zwar mit einer anderen Flüssigkeit, die so gewählt wird, daß die Solute daraus weniger stark adsorbiert werden, d. h., daß sie auf die Dauer, wenn man nur lange genug weiter wäscht, vollständig aus dem Adsorbens gelöst werden. Der Fall *kann* eintreten, und bei *organischen* Soluten tritt er tatsächlich häufig ein, daß sich nach einiger Zeit alle Solute A wieder in einer dünnen Schicht auf einem Platz der Säule befinden, alle Solute B auf einem anderen Platz usw. Das auf diese Weise entstandene Bild nennt man ein Chromatogramm. Man kann aus theoretischen Gründen glaubhaft machen, daß der Platz, an den ein Solut gelangt, durch die Adsorptionsisotherme für die Kombination Solut + Entwickelflüssigkeit + Adsorbens bestimmt wird. Stellt man sich diese als eine Gerade vor — was sicher im allgemeinen nicht zutrifft — und nennt man den Bruchteil des Soluts, das in Lösung ist, α, und also $1-\alpha$ den adsorbierten Bruchteil und läßt P den höchsten Punkt der Säule sein, A den Platz, auf dem in einem bestimmten Augenblick das Solut I ist, B den Platz des Soluts II und Q den Platz der eigentlichen Flüssigkeitsfront in der Säule, so kann man ableiten, daß

$$\frac{PA}{PQ} = \alpha_I, \quad \frac{PB}{PQ} = \alpha_{II} \text{ usw.}$$

Diese Werte α_I, α_{II} usw. sind demnach für die Solute I, II usw. bezeichnend und bestimmen ihren Platz im Chromatogramm, natürlich nur bei Anwendung stets desselben Adsorbens und derselben Entwickelflüssigkeit. Heutzutage wird in der Literatur statt α häufig das Symbol R gebraucht.

Zum Gelingen einer chromatographischen Analyse ist es notwendig, daß man jedesmal wieder einzeln untersucht, welche Kombination von Adsorbens, erstem Lösungsmittel und Entwickelflüssigkeit brauchbare Resultate ergibt. Vorläufig bleibt das noch ein sehr schwerwiegender Einwand gegen die Anwendung der chromatographischen Methodik. Die

Anzahl der verwendeten Adsorbentien ist Legion. Am meisten wird vermutlich Aluminiumoxyd gebraucht, besonders das nach BROCKMANN, nicht weil es besser adsorbieren würde als irgendein im Handel erhältliches und deshalb billigeres Al_2O_3, sondern weil es immer auf dieselbe Art hergestellt wird, und daher reproduzierbare Resultate ergibt. Verwendet werden auch zahlreiche andere anorganische Adsorbentien, u. a. Calciumcarbonat, Bariumcarbonat, Calciumsulfat, Magnesiumoxyd, Talcum und andere Magnesiumsilikate, Bleicherde, Silikagel usw. Ebenso allerlei organische Adsorbentien, u. a. Stärke, Staubzucker usw. In den letzten Jahren ziehen die Kunstharzionenaustauscher besondere Aufmerksamkeit auf sich, mit denen einige auffallende, auch industrielle Erfolge erzielt worden sind.

Die Wahl geeigneter Lösungsmittel und Entwickelflüssigkeiten bietet große Schwierigkeiten. Man kann sich dabei eventuell von einer von STRAIN gegebenen Liste leiten lassen, in der verschiedene Flüssigkeiten nach der Stärke der Adsorption gereiht sind. Wir entnehmen daraus die Reihenfolge: Wasser, Äthanol, Chloroform, Benzol, Aceton, Äther, Schwefelkohlenstoff, Tetrachlorkohlenstoff, Ligroin.

Auf Grund dessen würde man daher erwarten, daß Ligroin ein gutes Lösungsmittel ist, um erst die Solute darin zu lösen und es dann oben in die Säule zu bringen, und daß andererseits Chloroform und Äthanol gute Entwickelflüssigkeiten sind. Nicht selten ist das auch tatsächlich der Fall, aber die Zahl der Fälle, in denen das Gegenteil auftritt, ist bemerkenswert groß.

Dazu kommt noch, daß sehr kleine Unterschiede in der Zusammensetzung von Adsorbens und Entwickelflüssigkeit, wie z. B. Spuren von Verunreinigungen, u. a. Feuchtigkeit, häufig großen Einfluß auf das erhaltene Chromatogramm haben und sogar die Reihenfolge der Solute ganz verändern können.

Wenn die Solute gefärbte Stoffe sind, ist das Chromatogramm nach dem Entwickeln unmittelbar fertig. Sind sie nicht alle gefärbt, muß dem Entwickeln noch eine Färbung mit dazu geeigneten Reagenzien folgen. Leider hat man das in der älteren Literatur auch „Entwickeln" genannt, was zu vielen Sprachverwirrungen Veranlassung gegeben hat.

Außer der „klassischen" Ausführungsform der *Säulenchromatographie* sind in den letzten Jahren noch allerlei andere Formen zur Anwendung gekommen. Einige davon wollen wir noch kurz andeuten.

Bei der *Scheibenchromatographie* gibt man die gemischte Solutelösung auf die Mitte einer dünnen Scheibe Adsorbens, zur Not Filtrierpapier, besser ein gewöhnliches anorganisches Adsorbens, das sich zu diesem Zweck zwischen zwei Glasplatten befindet. Durch eine Bohrung in der Mitte der obersten Glasplatte wird die Entwickelflüssigkeit langsam hinzugefügt. Das Chromatogramm erhält jetzt das Aussehen einer Anzahl konzentrischer Ringe.

Da eine Scheibe z. B. aus Al_2O_3 viel schneller durch einfaches Reiben zwischen den zwei Glasplatten hergestellt wird als eine Füllung in einer Röhre, ist diese Arbeitsweise für die einfache, aber schnelle qualitative

Untersuchung gefärbter organischer Stoffe unserer Ansicht nach sehr entschieden der Säulenchromatographie vorzuziehen.

Die „*liquid chromatography*" — schwer zu übersetzen — wendet vorzugsweise wieder ein Adsorbens in einer senkrecht aufgestellten Säule an, läßt aber die Entwickelflüssigkeit derart von unten nach oben durch die Säule laufen, daß möglichst wenig Wirbel auftreten. Die Solute werden hier also *unten* in die Röhre eingeführt. Man wäscht dann so lange aus, daß auf die Dauer alle Solute vollständig ausgewaschen werden. Die oben austretende Flüssigkeit läuft entweder durch eine andere senkrechte Röhre oder durch einen Apparat, der es uns ermöglicht, mittels der einen oder anderen physikalischen Größe (z. B. ein Adsorptionskoeffizient oder ein Brechungsexponent) ihre Konzentration fortlaufend zu registrieren. Bei jedem Durchgang einer „Solutefront" erhält man dann eine Spitze in der registrierten Kurve, die sogar eine quantitative Bestimmung des Soluts ermöglicht. Diese Methode hat vor allem durch die Arbeit von TISELIUS und seiner Mitarbeiter bedeutende Resultate erzielt, besonders bei der Untersuchung von Eiweißhydrolysaten auf Anwesenheit verschiedener Aminosäuren.

Die *Verteilungschromatographie*, von MARTIN und SYNGE stammend, beruht auf einer völlig anderen theoretischen Grundlage. Als sie Silikagel als Adsorbens und organische Flüssigkeiten als Auswaschmittel benutzten, stellte sich heraus, daß die eigentliche Adsorption durch SiO_2 hier nur Nebensache war und der Effekt hauptsächlich durch die Verteilung der Solute zwischen zwei nicht mischbaren Flüssigkeiten bestimmt wurde, nämlich durch das Wasser in dem Silikagel und die organische Flüssigkeit, die sich nicht vollständig mit Wasser mischen läßt. Kurze Zeit später stellte sich außerdem heraus, daß es nicht notwendig war, Silikagel dafür zu gebrauchen, sondern daß gewöhnliches lufttrockenes Filtrierpapier gleichfalls noch genug Wasser enthält, um dieses Symptom aufzuweisen. Aus dieser Entdeckung hat sich die Verteilungschromatographie *auf Papier* entwickelt, die heutzutage für eine einfache chromatographische Untersuchung das meiste Interesse erweckt. Bezüglich einer eleganten und zweckmäßigen Art der Ausführung verweisen wir auf die Arbeitsweise von ROSEBEEK[237], der die Grundsätze der Verteilungschromatographie auf Papier mit der Scheibenchromatographie kombiniert.

Setzt man die Solute auf eine Ecke eines quadratischen Stückes Filtrierpapier, so kann man mit einer ersten Entwickelflüssigkeit ein Chromatogramm an einer Seite des Papiers zustande bringen. Dreht man das Papier dann um 90° und wendet eine zweite Entwickelflüssigkeit an, so kann man die Solute, die bei dem ersten Prozeß noch dicht beieinander geblieben sind, auseinander bringen. Man spricht dann von *zweidimensionaler Chromatographie*.

Die weitaus wichtigsten Resultate der Chromatographie liegen vorläufig noch auf dem Gebiet der organischen Analyse, und wahrscheinlich noch mehr auf dem der organischen präparativen Technik. Sie hat der Trennung kleiner Mengen chemisch eng verwandter Stoffe, die auf anderem Wege häufig nicht oder nur sehr schwierig zu trennen sind, große Dienste erwiesen. Wir verweisen diesbezüglich auf die Isolierung zahlreicher Naturprodukte, wie Blattgrünfarbstoffe, Anthocyanine, Vitamine, Antibiotica usw., ebenso aber auf die Analyse von Gemischen synthetischer Farbstoffe, Zucker, Aminosäuren und anderen Stoffen mehr. Es ist hier nicht am Platze, uns darüber weiter auszulassen.

Leider sind die Resultate auf dem Gebiet der *Trennung anorganischer Ionen* vorläufig noch reichlich dürftig. Obgleich es zweifellos möglich ist, auch in diesem Fall gute Chromatogramme herzustellen, die Zukunft also nicht hoffnungslos ist, muß doch zugegeben werden, daß die vorgeschlagenen Arbeitsweisen noch so viele Mängel aufweisen, daß das Resultat absolut unzuverlässig ist. Man darf wohl annehmen, daß dieser auffallende Unterschied zu den organischen Anwendungen u. a. mit der Tatsache verbunden ist, daß wir hier nicht mit Molekülen, sondern mit Ionen zu tun haben und daher statt einer eigentlichen Adsorption ein *Ionenaustausch* stattfindet. Es scheint, daß die Gesetze, die diesen Vorgang beherrschen, und daher auch die Technik, welche die besten Resultate erzielt, andere sind als bei der Adsorption der Moleküle. Im Augenblick können wir nur die Hoffnung aussprechen, daß in absehbarer Zeit eine Arbeitsweise gefunden wird, die auch für die anorganischen Ionen Resultate erzielen läßt, die mit dem, was auf organischem Gebiet erreicht ist, zu vergleichen sind.

F. Sicherheit im Laboratorium

Wir wollen diese allgemeine Einführung nicht abschließen, ohne der **Sicherheit im Laboratorium** einige Aufmerksamkeit gewidmet zu haben; wir verweisen diesbezüglich zu allererst auf die vortrefflichen Ausführungen von Dr. H. A. J. Pieters und J. W. Creyghton, mit dem Titel „Safety in the Chemical Laboratory“, Butterworth Scientific Publishers, London 1951. Diesem Buch ist manches im folgenden Beschriebene entnommen.

Kleinere Unfälle sind bei chemischer Arbeit kaum zu vermeiden. Es ist allerdings die Pflicht jedes Chemikers, sowohl sich selbst als auch seine Umgebung gegen ernstes Unheil zu schützen. Das erfordert einen gehörigen Einblick in die Art der Unfälle, die auftreten können. Im folgenden wird eine Zusammenfassung darüber gegeben, soweit analytisch-chemische Laboratorien in Betracht kommen.

Sowohl die Ursache als auch die direkte Veranlassung zu einem Unfall stecken nicht allein in materiellen Faktoren, wie Chemikalien und Apparaten, sondern vielmehr in *psychologischen Faktoren.* Um Unfällen vorzubeugen, ist ein ausgeprägter Ordnungs- und Sauberkeitssinn und vor allem Konzentration bei der Arbeit notwendig. Falls sie nicht angeboren ist, muß sie sorgsam anerzogen werden. Auf einem unordentlichen Arbeitstisch geschieht viel mehr Unglück durch Umstoßen und durch Irrtümer bei den Handgriffen als auf einem ordentlichen. Aber selbst die korrekteste Aufstellung der Apparatur kann ein Unglück nicht vermeiden, wenn der Arbeitende sich nicht voll auf seine Arbeit konzentriert. Er darf sich dabei nicht in Gedanken mit anderen Themen befassen, noch weniger unnötig dabei reden. Er muß auch den Mut besitzen, andere fortzujagen, die ihn dazu zu verführen suchen.

Vor allem aber ist es nötig, daß der Chemiker weiß, welche Gefahren ihm drohen. Auch dieses Gebiet seines Faches muß er ernsthaft studieren und Lehren ziehen aus dem, was ihm selbst und anderen passiert. Diese Erkenntnis braucht ihn nicht in dauernde Angst zu versetzen oder gar in eine Panikstimmung. Im Gegenteil, der erfahrene Chemiker unterscheidet sich gerade durch die bewußte oder unbewußte Überlegenheit den Gefahren gegenüber vom Anfänger; er handelt meistens aus jahrelanger Gewohnheit so intuitiv, daß er eventuell auftretende Gefahren direkt meistern wird. Er kennt die Gefahren, vermeidet sie ohne falsche Scham, wo das möglich ist, aber er fürchtet sie nicht, weil er weiß, wie seine eigene Reaktion darauf sein wird.

Wir werden die wichtigsten Gefahrenquellen nacheinander besprechen:

1. Aggressive Chemikalien

Zahlreiche Chemikalien, weit mehr als manche denken, greifen die Haut an und können Ausschlag oder Entzündungen verursachen. Das sind nicht nur die starken Säuren und Alkalien (H_2SO_4, HNO_3, HCl, HF, CH_3COOH, KOH, $NaOH$, NH_4OH), sondern auch konzentriertes Wasserstoffperoxyd, flüssiges Brom, Chromverbindungen, sowohl Cr^{3+} als auch Chromate, starke Oxydationsmittel, wie Persulfate und Chlorkalk, Oxalsäure, $(NH_4)_2S$ und zahlreiche andere Stoffe. Sie alle müssen direkt unter dem Hahn mit dem Leitungswasser von der Haut entfernt werden. Warme, starke Schwefelsäure und starke Salpetersäure hinterlassen auch dann noch häufig Brandwunden, die als solche behandelt werden müssen. Schon mäßig konzentrierte Lösungen von HF sind besonders gefährlich. Wenn sie nicht direkt von der Haut abgespült werden, verursachen sie schmerzhafte und häufig sehr langwierige Entzündungen. Man vermeide daher vor allem, daß dieser Stoff unter die Nägel oder das Nagelbett gelangt, oder auch nur der Dampf davon in die Augen.

Keiner der genannten Stoffe darf mit dem Mund pipettiert werden. Man gebrauche dafür entweder spezielle Apparate oder die Wasserstrahlpumpe an der Pipette. Falls es unvermeidlich ist, daß sie auf die Haut kommen, ist der Gebrauch solider Gummihandschuhe zu empfehlen, aber auch nur dann. Diese verringern nämlich die Empfindlichkeit der Fingerspitzen und bilden gerade dadurch eine Quelle anderen Unheils.

Es ist viel besser zu versuchen, die aggressiven Stoffe nicht auf die Haut zu bekommen. Vor allem natürlich durch Sauberkeit; keine Tropfen, die an der Außenseite von Flaschen oder Bechergläsern entlanglaufen, kein unkundig schnelles Erwärmen, das mit Spritzen verbunden ist. Auch kein Wasser in starke Schwefelsäure gießen, sondern umgekehrt und auch dann vorsichtig, starke Schwefelsäure in Wasser — und nie in warmes Wasser —, keine starken Säuren und starken Alkalien unvorsichtig schnell vermischen und auch kein festes Natrium oder Kaliumhydroxyd in warmes Wasser geben. Man überzeuge sich immer davon, daß die Gaswaschflaschen nicht irrtümlich falsch angeschlossen sind.

Außer der Haut müssen besonders die Augen gegen aggressive Chemikalien geschützt werden. Gegen Schutzbrillen gilt derselbe Einwand wie gegen Gummihandschuhe; sie verengen das Blickfeld und sind daher nur zu empfehlen, wenn die Gefahr nicht zu vermeiden ist. Viel besser und vor allem viel erzieherischer ist es, sich daran zu gewöhnen, so zu arbeiten, daß keine Chemikalien in die Augen kommen können; z. B. Reagenzgläser immer von sich selbst und anderen abgewendet halten, nicht in eine Schale oder ein Becherglas gucken, ohne die Erwärmung zeitweilig zu unterbrechen usw.

Sind trotzdem ätzende Chemikalien in die Augen gelangt, müssen sie ausgespült werden; Säuren mit 1%iger $NaHCO_3$-Lösung, Alkalien mit 2%iger Borsäure, wobei das Auge, am besten unter Wasser, geöffnet werden *muß*, obgleich das sehr schmerzhaft sein kann. Nachher nehme man ein Augenbad mit linderndem Augenwasser.

Wenn die Haut angegriffen ist, kann man mehr selektiv-chemisch vorgehen: sind stark alkalische Stoffe die Ursache, wäscht man mit sehr verdünnter, z. B. $\frac{1}{4}\,n$ Essigsäure; sind es starke Säuren, beginnt man mit viel Leitungswasser und wäscht mit einer $NaHCO_3$-Lösung nach. Gegen Brom gebraucht man ein Gemisch von NH_4OH, Terpentin und Alkohol (1 : 1 : 10), gegen starke Oxydantien eine verdünnte $(NH_4)_2S$-Lösung, gegen HF erst Wasser, dann $NaHCO_3$, und wenn die Haut schwer angegriffen ist, einen Verband mit einer Paste aus Glyzerin und MgO (2 : 1).

Spritzer oder Flecken von starker Salpetersäure oder warmer, starker Schwefelsäure auf Kleidungsstücken sind hoffnungslos; Flecke von verdünnten Säuren können meistens noch unschädlich gemacht werden, wenn man sie möglichst schnell mit viel 1 n NH_4OH und danach mit Wasser auswäscht. Auf Holzfußböden und Arbeitstischen werden die Säuren mit einer Sodalösung neutralisiert und dann mit Wasser weggespült. Mit besonderer Aufmerksamkeit muß man Flecke auf Tischen und Fußböden durch KOH-, NaOH- und NH_4OH-Lösungen vermeiden, die auf Holz viel aggressiver als starke Säuren sind. Sie werden mit Essigsäure behandelt und dann mit Wasser nachgewaschen.

2. *Giftige Gase*

Wir wollen annehmen, daß selbst der junge Chemiker so viel toxikologische Schulung aufweist, daß er seine Präparate weder aufißt noch verletzte Finger hineinsteckt, wenn er nicht genau weiß, ob das zulässig ist. Wir können uns dann auf die unbeabsichtigte Gasvergiftung beschränken.

Vor allem kommen CO (Leuchtgas also auch), H_2S, Hg-Dampf, HCN, AsH_3, NO_2, Cl_2 und Br_2 dafür in Betracht.

Kohlenmonoxyd wird bei analytischen Handlungen nur selten gebildet oder angewendet. Man hat eigentlich nur beim Erwärmen von Ameisensäure oder Oxalsäure mit starker Schwefelsäure die Gelegenheit, es zu entwickeln. Die weitaus meisten Fälle der CO-Vergiftungen in analytischen Laboratorien sind dem Leuchtgas, das 10 bis 14% CO enthält, zuzuschreiben. Glücklicherweise enthält es auch Verbindungen, die stark riechen, so daß es seine Anwesenheit schnell verrät. Man muß es sich zur Regel machen, daß jeder Gasgeruch aufgeklärt werden muß, d. h. daß dessen Ursache gesucht werden muß, *bis sie gefunden wird.* Manchmal werden es Gashähne sein, die man zu schließen vergessen hat, oder nach innen geschlagene Bunsenflammen. Weitaus häufiger werden es undichte Stellen in den Hähnen oder in den Gasanschlüssen sein. Man findet sie am schnellsten, wenn man die ganze Leitung mit Seifenwasser befeuchtet, an der undichten Stelle bilden sich dann Seifenblasen. Es versteht sich, offenes Feuer von Räumen, in denen starke Gasluft herrscht, fernzuhalten. Trifft man nicht rechtzeitig Maßregeln, die Schadensstelle zu reparieren, können chronische CO-Vergiftungen die Folge sein; das Blut verliert dann seine Fähigkeit, Sauerstoff aufzunehmen, weil das Hämoglobin inaktiv wird. Die Vergiftungen äußern sich in Kopfweh, großer Müdigkeit und Schwindelanfällen.

Schwefelwasserstoff ist die Ursache von Vergiftungen, die gerade für analytische Laboratorien charakteristisch sind. Leider scheint es vielen Chemikern nicht genügend bekannt zu sein, daß dieses Gas wirklich äußerst giftig ist, ja in dieser Hinsicht kaum hinter HCN zurücksteht. Eine Konzentration von 1 : 1000 ist für den Menschen nach kurzer Zeit tödlich. Eine zehnmal kleinere ist nach einer Stunde für die Lungen und Augen sehr gefährlich. Glücklicherweise ist es bereits durch den Geruch in Konzentrationen der Größenordnung $1 : 10^7$ zu bemerken, so daß man rechtzeitig gewarnt wird. Man muß sich aber immer vor Augen halten, daß regelmäßiger Aufenthalt in deutlich nach H_2S riechenden Räumen zu chronischen H_2S-Vergiftungen führen kann, die sich in Kopfweh, Müdigkeit, Augenentzündung und Darmstörungen äußern.

Quecksilberdampf ist das dritte Gas, bei dem in chemischen Laboratorien mehr chronische als akute Vergiftungen zu befürchten sind. Eine solche Vergiftung ist eine der typischen Berufskrankheiten der Chemiker und Physiker; sie äußert sich in anhaltenden Kopfschmerzen, Abmagerung, Händezittern und Zahnerkrankungen. Der eine ist dafür zwar empfindlicher als der andere, wir müssen aber auf die Empfindlichsten Rücksicht nehmen und darum vermeiden, daß verschüttetes Quecksilber auf den Fußböden oder Tischen und vor allem in deren Ritzen liegenbleibt und verdampft. Es ist daher erwünscht, den Fußboden aller Räume, in denen mit Quecksilber gearbeitet wird und Verschütten unvermeidlich ist, regelmäßig einmal im Monat mit einem Gemisch von Schwefelmehl und wasserfreiem Soda auszufegen und dieses *nicht* wieder aus den Ritzen wegzufegen. Das sich dabei bildende HgS ist vollkommen unschädlich. Außerdem müssen alle Apparate, die mit Quecksilber gefüllt sind, in eine sorgfältig sauber gehaltene Quecksilberschüssel gestellt und auch darin benützt werden.

Cyanwasserstoff und die Cyanide gehören zu den stärksten anorganischen Giften, sowohl beim Einatmen durch die Lungen als auch bei Einverleibung durch den Magen oder durch Wunden direkt ins Blut. Diese Lösungen dürfen niemals mit dem Mund pipettiert werden. Da

HCN glücklicherweise einen starken und typischen Geruch hat, wird man rechtzeitig gewarnt, daß alle Arbeiten, bei denen das Gas entweichen kann, im Abzug verrichtet werden müssen. Offensichtlich gibt es aber Personen, die das Gas schlecht riechen können, und andere, die überempfindlich dafür sind. Bei ernsten, akuten HCN-Vergiftungen — und das gilt auch für alle anderen Fälle ernster Art — ist es notwendig, unmittelbar ärztliche Hilfe in Anspruch zu nehmen. In leichten Fällen, die sich genau wie bei CO äußern, ist vor allem frische Luft nötig. Zudem kann das Riechen an einem Tröpfchen Amylnitrit Erleichterung verschaffen.

Arsenwasserstoff wird in Laboratorien auch eher zu akuten als zu chronischen Vergiftungen Anlaß geben. Es besitzt die besonders unangenehme Eigenschaft, nicht sofort, sondern erst nach $\frac{1}{2}$ bis 1 Stunde seine verhängnisvolle Wirkung zu zeigen, die sich in Kopfweh, Blässe und vor allem in Übelkeit und Diarrhöe äußert. Frische Luft und viel Norit werden in leichten Fällen ausreichende Heilmittel sein. Man denke also daran, im Abzug zu arbeiten, wenn mehr als nur Spuren AsH_3 entwickelt werden können.

Stickstoffdioxyd ist genau wie H_2S äußerst giftig, ohne im allgemeinen dafür bekannt zu sein. Es ist doppelt gefährlich, weil es unerwartet in beträchtlichen Mengen bei der Anwendung von HNO_3 entstehen kann, wenn Metalle und organische oder andere oxydierbare Stoffe vorhanden sind. Genau wie AsH_3 wirkt es manchmal erst nach einiger Zeit, was die Gefährlichkeit weiter erhöht. Es greift besonders die Luftwege und die Lungenbläschen an, führt dadurch zu Husten und Durst, in ernsten Fällen zum Ersticken. Man sei darum beim Gebrauch von HNO_3 immer auf der Hut und bringe NO_2-Dampf entwickelnde Flüssigkeiten unverzüglich in den Abzug.

Chlor und Brom schließlich wirken genau wie NO_2 auf die Atmungsorgane und können dort tödliche Verletzungen verursachen. Glücklicherweise reizen sie schon in sehr geringen Konzentrationen zum Husten, ein deutliches Zeichen, daß es höchste Zeit ist, die Arbeit im Abzug fortzusetzen. Riechen an nicht allzu konzentriertem Ammoniumhydroxyd wird im allgemeinen Erleichterung verschaffen.

3. Apparate unter Überdruck

Vor allem *Stahlflaschen mit komprimierten Gasen*, z. B. H_2, O_2, N_2 usw., und *mit Flüssigkeiten unter hohem Druck*, wie CO_2 und NH_3, werden hierzu gerechnet. Erstere werden auf einen Druck von etwa 150 Atmosphären gefüllt, letztere behalten den Sättigungsdruck bei, solange noch Flüssigkeit darin vorhanden ist, und zwar:

für CO_2:	bei 0° 34 Atm.,	bei 15° 50 Atm.,	bei 30° 71 Atm.
für NH_3:	4 Atm.	7 Atm.	12 Atm.

Trotz des relativ hohen Druckes kommt es bei sachverständigem Gebrauch nur selten zu Unfällen, weil die Flaschen stärker sind als nur gerade ausreichend und außerdem in den Fabriken regelmäßig kontrolliert werden. Man muß dennoch dafür sorgen, daß sie nicht zu warm werden können, und stelle sie daher nie neben Brenner oder Öfen, ja nicht einmal in direktes Sonnenlicht; weiters ist sicherzustellen, daß sie nicht fallen können, nicht einmal auf Holzfußböden. Sie müssen daher entweder in dafür bestimmten Rohrschellen montiert werden oder mit zweckmäßigen Ketten oder zur Not mit einem Tau an den Arbeitstischen festgemacht werden.

Die *Reduzierventile* geben mehr Anlaß zu Unfällen. Es ist notwendig, daß der Anfänger sich über die richtige Anwendung dieser Apparate gut unterrichten läßt, bevor er sie gebraucht. Aber selbst dann wird er gut daran tun, die Verbindung zwischen dem Ventil und dem Apparat erst dann herzustellen, nachdem er sich davon überzeugt hat, meistens nach dem Gehör, daß nur ein mäßiger Gasstrom aus dem Ventil entweicht. Die Reihenfolge muß also sein: Verbindung zwischen Ventil und Waschflasche *lösen*, Haupthahn der Flasche öffnen, Gasstrom mit den Einstellknöpfen regeln und erst dann die Waschflaschen *anschließen*. Nach der Arbeit wird die genannte Verbindung wieder zuerst gelöst.

Weit mehr Unfälle sind die Folge von Auftreten unbeabsichtigt hohen Druckes in *Glasapparaten*, die dadurch sogar explodieren können, oder es kann die eine oder andere Verbindung platzen, wodurch Scherben oder gefährliche Flüssigkeiten herumfliegen und also auch oft Brände entstehen können. Die Ursache ist dann gewöhnlich in einer Verstopfung zu suchen, die nicht vorauszusehen war. Es ist daher eine gute Angewohnheit, in jedem Apparat, in dem Gas entwickelt oder durchgeleitet wird, ein sogenanntes *Steigrohr* anzubringen, d. h. ein offenes Glasrohr, das irgendwo unter der Flüssigkeit mündet. Es zeigt unmittelbar an, wann Überdruck auftritt, und dient auch als Auspuff.

4. Explosive Stoffe sind bei analytischer Arbeit zwar eine Ausnahme, kommen jedoch manchmal vor. So z. B. ClO_2 (aus $KClO_3$ und starker Schwefelsäure), Mn_2O_7 (aus $KMnO_4$ und starker Schwefelsäure), die Azide der Schwermetalle und HN_3, der schwarze Niederschlag, der sich auf die Dauer in einer ammoniakalischen Silberlösung bildet, Perchlorsäure in Gegenwart organischer Stoffe, sogar von Kohlenstoff, Na_2O_2 in Gegenwart von C, S oder organischen Stoffen, Mg-Pulver bei Erwärmung mit feuchten Stoffen, Knallgas, das entsteht, wenn wir anfangen, Wasserstoff in einen Apparat zu leiten, Ätherperoxyde, die beim Abdestillieren von Äther zurückbleiben können und oft auch werden usw.

Die Reihe von Möglichkeiten ist hiermit jedoch keineswegs erschöpft. Vor allem beim Erwärmen von Gemischen mit festen Nitraten und Chloraten können zahlreiche Kombinationen zu mehr oder weniger ernsten Explosionen Anlaß geben. Man sei also stets davor auf der Hut. Man denke auch an die Möglichkeit, daß sich Chlor- und Jodstickstoff aus Ammoniak und den freien Halogenen bilden.

Beim Einführen von Wasserstoff in einen Apparat darf die Erhitzung erst anfangen, wenn alle Luft durch Wasserstoff vertrieben ist. Das kann man kontrollieren, wenn man das Gas am Ende des Apparates durch Seifenwasser leitet und die entstandenen Seifenblasen anzündet. Sie müssen ruhig aufbrennen, ohne zu knallen.

5. *Feuersgefahr* ist in jedem Laboratorium immer gegeben und der Chemiker muß sich dieser Gefahr stets bewußt sein. Die von ihm vorzugsweise benutzten Gläser und Porzellangeräte können nun einmal springen, und die Gummischläuche, die er benutzt, um Leuchtgas durchzuleiten, sich von ihren Anschlußstellen lösen, aber auch aus mancher anderen Ecke droht ihm Feuersgefahr. Er wird zwar verpflichtet sein, feuergefährliche Flüssigkeiten, wie Alkohol, Äther, Benzol, Schwefelkohlenstoff und Aceton, in einigermaßen großen Mengen auf sogenannten Sicherheitsbrennern zu erhitzen, in denen die Flamme durch ein Metallnetz nach dem Prinzip von DAVY von den brennbaren Dämpfen getrennt wird; aber selbst dann können die Dämpfe über dem Arbeitstisch entlangziehen und sich weit von ihrem Entstehungsort entfernt entzünden. Das Netz hilft auf alle Fälle wenig oder gar nicht gegen springende Kolben oder überkochende Flüssigkeiten.

Er muß also die nötigen *Löschmittel* jederzeit bei der Hand haben. Am wirksamsten ist ein Schlauch an der Wasserleitung. Der hilft aber nicht, sondern ist im Gegenteil sogar äußerst gefährlich bei Flüssigkeiten, wie Benzol, Benzin oder Petroleum, die sich nicht mit Wasser mischen. Dann ist trockener Sand das angemessene Löschmittel, besser noch eine Mischung von trockenem Sand und $NaHCO_3$ in gleichen Volumteilen. Wenn auch das nicht hilft, greife man zu den CCl_4-Löschern, deren Bedienung bekannt sein muß. Es ist allerdings notwendig zu bedenken, daß dann $COCl_2$, Phosgengas, entstehen kann, das äußerst giftig ist und daher den Gebrauch solcher Löscher in kleinen abgeschlossenen Räumen gefährlich macht. Gute Lüftung hinterher ist immer notwendig. Nur im äußersten Notfall wird man von den offiziellen Feuerschläuchen Gebrauch machen, die zwar wirksam sind, jedoch große Wasserschäden verursachen. Bevor ein Feuerschlauch in Betrieb genommen wird, muß, wenn irgend möglich, der Stromanschluß des Raumes ausgeschaltet werden, um elektrischen Unfällen des Feuerwehrmannes vorzubeugen.

Falls Kleidung von Personen in Brand geraten ist, werden diese, notfalls mit Gewalt, in Branddecken gewickelt. Wenn solche nicht vorhanden sind, können auch ein Herrenmantel oder sogar ein paar Handtücher gute Dienste leisten.

Schlimme Brandwunden erfordern immer schnelle ärztliche Hilfe. Inzwischen tut man *nichts anderes,* als die verbrannte Stelle dauernd naß zu halten, am besten ganz unter fließendem Wasser. Vor allem dürfen keine Kleidungsstücke von der Wunde gerissen, nur zur Not *rundherum* abgeschnitten werden.

Die besten Heilmittel für einfache Brandwunden sind: zuerst wieder lange unter den Wasserhahn halten, dann mit einem Stück Gaze bedecken, das entweder mit 2%iger Pikrinsäurelösung oder mit 3%iger Tanninlösung getränkt ist; letztere enthält 0,05% $HgCl_2$, um Schimmeln zu vermeiden.

6. *Elektrizität* ist die letzte Gefahrenquelle in allen Laboratorien, von der Feuersgefahr abgesehen, die sie immer mit sich bringt.

Man gewöhne sich daran, keine blanken Metallteile anzufassen, die unter 110 Volt oder höherer Spannung stehen. Im allgemeinen wird das mit einem mehr oder weniger ernsten Schock enden, kann aber unter zufällig ungünstigen Umständen tödlich sein, wenn man z. B. auf nassem Fußboden steht oder auf irgendeine Weise mit der Wasserleitung in elektrischem Kontakt steht. Alle Umschaltungen, die nicht mit gut isolierten Handgriffen geschehen, müssen also bei ausgeschalteter Spannung vorgenommen werden.

Ganz besondere Lebensgefahr bringt das Arbeiten mit Spannungen von einigen tausend Volt mit sich, wie es in analytischen Laboratorien vorkommt, z. B. bei der Funkenspektrographie. Es ist wünschenswert, das *nicht allein* zu tun, sondern immer zu *zweit* (es sollen auch nicht mehr als zwei beteiligt sein). Von den beiden darf nur einer den Strom einschalten, und zwar jedesmal nur nach vorhergehender Verständigung mit dem andern. Es ist selbstverständlich, daß man sich vorher genau davon überzeugt hat, welche Teile wohl, und welche nicht angefaßt werden dürfen.

Das Berühren kann Brandwunden und Bewußtlosigkeit zur Folge haben. Brandwunden werden als solche und Bewußtlosigkeit wird mit anhaltender künstlicher Atmung auch in hoffnungslos scheinenden Fällen behandelt. Natürlich muß der Strom erst ausgeschaltet werden, ehe man den Betroffenen anfaßt, wenn er sich, wie es meistens der Fall ist, krampfhaft am Apparat festgeklammert hat.

Erste Hilfe bei Unfällen

In Anbetracht der vielen Gefahren, die den Chemiker und seine Umgebung täglich bedrohen und der vielen — sei es meist kleinen — Unfälle, die sich um ihn herum abspielen, ist es für jeden Chemiker vernünftig, zur gegebenen Zeit einen Kursus in Erster Hilfe mitzumachen.

In jedem Laboratorium muß mindestens eine Person vorhanden sein, die auf diesem Gebiet einige Erfahrung hat. Weiter muß in jedem Arbeitssaal ein bescheidener Verbandkasten und irgendwo auf einem allgemein bekannten Platz ein großer Verbandkasten stehen. Er kann den normalen Inhalt haben, wenn außerdem einige Medikamente vorrätig sind, die speziell für chemische Laboratorien notwendig sind. Wir haben sie hier bei der Besprechung der verschiedenen möglichen Unfälle bereits genannt. Eine Sauerstoffkappe mit der Möglichkeit, Kohlensäure beizumischen, ist dabei sehr erwünscht. Sie darf jedoch nur unter ärztlicher Aufsicht benutzt werden.

II. Reaktionen der meist vorkommenden Kationen

Silber. Einwertig; Ion Ag^+, farblos.

1. *Alkalihydroxyde* geben einen braunen Niederschlag von AgOH, nicht amphoter, also nicht löslich in einem Überschuß Hydroxyd.

2. *Ammoniak* gibt — jedenfalls aus konzentrierten Lösungen — den gleichen Niederschlag, der jedoch gut löslich ist in einem Überschuß Reagens unter Bildung komplexer Kationen $Ag(NH_3)_2^+$.

3. *Halogenide* — ausgenommen Fluoride — geben Niederschläge, unlöslich in HNO_3, löslich in KCN und in $Na_2S_2O_3$ unter Bildung komplexer Anionen $Ag(CN)_2^-$ bzw. $Ag(S_2O_3)_2^{3-}$; AgCl (weiß) ist außerdem leicht löslich in NH_4OH, AgBr (hellgelb) schwer löslich, AgJ (gelb) unlöslich.

Alle drei Silberhalogenide sind merkbar löslich in konzentrierten Lösungen entsprechender Anionen, vor allem das Jodid.

4. *Schwefelwasserstoff* gibt einen schwarzen Niederschlag von Ag_2S, löslich in warmer, nicht zu sehr verdünnter Salpetersäure, unter Schwefelabscheidung.

5. *Reduktionsmittel*, wie Zn oder $FeSO_4$, reduzieren Silberlösungen auch in neutralem und sehr schwach saurem Milieu. Zahlreiche andere, auch organische Reduktionsmittel, wie z. B. Aldehyde und Weinsäure, reduzieren nur alkalische oder ammoniakalische Lösungen.

6. *Kaliumdichromat* gibt einen rotbraunen Niederschlag von $Ag_2Cr_2O_7$, fast unlöslich in Essigsäure, besser löslich in verdünnter Salpetersäure und in NH_4OH.

Identitätsreaktionen*:

a) Ein Niederschlag von AgCl wird mit 4 *n* NH_4OH ausgezogen, die Lösung auf ein kleines Uhrglas gebracht und dann an einem warmen Platz sich selbst überlassen. NH_3 verdampft und das erneut abgeschiedene AgCl ist jetzt kristallin, es bilden sich meist gut geformte Tetraeder, Oktaeder und Kuben, die unter dem Mikroskop zu erkennen sind. Spezifische, sehr gute Reaktion.

b) Aus einer verdünnten, schwach salpetersauren Lösung eines Silbersalzes entstehen bei Zusetzen eines Körnchens festen Ammoniumdichro-

---

* Bezüglich mehr ins einzelne gehender Vorschriften für die Ausführung der wichtigsten Identitätsreaktionen verweisen wir auf Kapitel IX.

mats gelbe bis rote trikline Nadeln und schiefe Sechsecke von $Ag_2Cr_2O_7$. Wenn Silber als AgCl vorhanden ist, kann man es auf der Spitze eines Holzsplitters in einer reduzierenden Flamme in metallisches Silber überführen und dieses in HNO_3 lösen. Quecksilber(I) stört diese Reaktion durch Bildung von Quecksilber(I)chromat.

c) Eine Suspension von frisch gefälltem AgCl in sehr verdünnter Salpetersäure oder eine sehr verdünnte Ag-Lösung gibt mit einer Lösung von Dimethylaminobenzylidenrhodanin (gesättigt in Aceton) eine rosa Farbe (FEIGL[8]).

Das Reagens ist:

```
HN ——— C=O
 |      |
S=C    C=C—C6H4—N(CH3)2.
  \    /  H
    S
```

Es ist intensiv gelb gefärbt, so daß es erwünscht sein kann, den Überschuß z. B. auf dem Papier, auf dem die Reaktion ausgeführt wird, mit Aceton auszuwaschen. Wenn die Reaktion auf einer Tüpfelplatte ausgeführt wird, kann die rosa Farbe mit Amylalkohol extrahiert werden. Hg^{2+}-Verbindungen und Hg_2Cl_2 (sowie Au, Pt, Pd und Cu_2^{2+}-Salze) geben die gleiche Reaktion, die jedoch nicht auftritt, wenn erst KCN, dann das Reagens und dann ein bescheidener Überschuß verdünnter Salpetersäure zugefügt wird. Kupfer(I) zeigt auch dann dasselbe Verhalten.

Grenzkonzentration ungefähr 1 : 1000000, also empfindliche Reaktion, geeignet, um sehr kleine Mengen Ag nachzuweisen, aber nicht spezifisch.

d) Nach TANANAEFF[9] wird eine Silberlösung oder ein Fleck von AgCl auf Filtrierpapier, den man erhält, wenn man darauf erst einen Tropfen HCl und dann einen Tropfen der Ag^+-Lösung gibt, reduziert durch ein Gemisch von $MnSO_4$ und KOH. Auf dem Papier entsteht also ein Silberfleck, nicht zu verwechseln mit dem braunen Ring von $Mn(MnO_3)$, das an den Rändern durch Oxydation des Reagens durch Luftsauerstoff entsteht. Quecksilberverbindungen, sowohl Hg^{2+} als auch Hg_2^{2+}, reagieren analog. Aus einem Gemisch von AgCl und Hg_2Cl_2 muß ersteres also mit NH_4OH extrahiert und neuerlich mit HCl gefällt werden. Ausgezeichnete, typische Reaktion, nicht besonders empfindlich; Grenzkonzentration etwa 1 : 20000.

Arsen. Drei- oder fünfwertig; Ionen AsO_3^{3-} und AsO_4^{3-}; sehr wenig As^{3+} und As^{5+}, farblos. Die Gleichgewichte $As^{5+} + 5\,OH^- \rightleftharpoons AsO_4^{3-} + 3\,H^+ + H_2O$ und $As^{3+} + 3\,OH^- \rightleftharpoons AsO_3^{3-} + 3\,H^+$ liegen beide sehr stark rechts, bei dem erstgenannten noch stärker als bei letzterem. Wir haben also in *allen* Lösungen, sowohl sauren als alkalischen, fast ausschließlich mit den Anionen AsO_4^{3-} und AsO_3^{3-} zu tun. Bei dem fünfwertigen Arsen ist eigentlich nur die Reaktion mit H_2S eine Reaktion des Kations As^{5+}; beim dreiwertigen Arsen gleichfalls die Reaktion mit H_2S und außerdem die Reaktion mit Jodidionen. Die Lage der genannten Gleichgewichte verdeutlicht, warum alle diese Reaktionen nur in sehr stark saurem Milieu stattfinden.

A. Arsenate

1. *Alkalihydroxyde* und *Ammoniak* geben keinen Niederschlag.

2. *Schwefelwasserstoff* gibt in der Kälte nur in stark saurem Milieu einen Niederschlag, und zwar dann von As_2S_5, gelb, unlöslich in HCl 1 : 1 (im Gegensatz zu Sb_2S_3 und SnS_2), löslich in KOH, in NH_4OH und in $(NH_4)_2S$ unter Bildung von Thioarsenaten. In warmem Zustand reduziert H_2S das Arsenat erst zu Arsenit und Schwefel und fällt dann As_2S_3.

3. *Kaliumjodid* reduziert Arsenate nur in saurem Milieu. In neutralem und alkalischem Milieu findet die umgekehrte Reaktion statt.

4. *Magnesiamixtur* und *Molybdatreagens* geben den Phosphaten analoge Niederschläge, nämlich $MgNH_4AsO_4 \cdot 6$ aq. und einen gelben Niederschlag von $(NH_4)_3\ AsO_4 \cdot 12\ MoO_3 \cdot 2\ HNO_3 \cdot 1\ H_2O$. Im Gegensatz zu dem mit Phosphaten erhaltenen entsteht der letztgenannte Niederschlag jedoch nur, außer aus sehr konzentrierten Lösungen, nach mäßiger Erwärmung und auch dann meistens erst nach 10 bis 15 Minuten.

5. *Silbernitrat* gibt in neutralen Arsenatlösungen einen braunen Niederschlag von Ag_3AsO_4, während der dementsprechende Phosphatniederschlag gelb gefärbt ist.

B. Arsenite

1. *Alkalihydroxyde* und *Ammoniak* geben keinen Niederschlag.

2. *Schwefelwasserstoff* gibt in erheblich saurem Milieu (z. B. 2 *n* HCl) einen gelben Niederschlag von As_2S_3, löslich in KOH, NH_4OH und $(NH_4)_2S$ unter Bildung von Thioarseniten, unlöslich in HCl 1 : 1 (im Gegensatz zu Sb_2S_3 und SnS_2). Durch warme konzentrierte Salzsäure wird er langsam gelöst.

3. *Kaliumjodid* gibt in stark sauren Lösungen (z. B. HCl 1 : 1) einen orangeroten Niederschlag von AsJ_3. Bei Verdünnen mit Wasser löst er sich wieder.

4. *Kupfersulfat* und KOH geben einen grünen Niederschlag von basischem Kupfer(II)arsenit, mit blauer Farbe in einem Überschuß von KOH löslich. Beim Kochen fällt rotes Cu_2O aus.

5. *Silbernitrat* gibt in neutraler Lösung einen gelben Niederschlag von Ag_3AsO_3, löslich in verdünnter Salpetersäure und in NH_4OH. Aus der letztgenannten Lösung fällt bei Erwärmung schwarzes Silber aus.

Identitätsreaktionen

a) Arsen kann mikroskopisch sehr gut als As_2O_3 identifiziert werden: gut geformte, stark lichtbrechende Oktaeder. Wenn man eine Arsenitlösung hat, kann man daraus As_2O_3 mit starker Salpetersäure fällen. Aus anderen Arsenverbindungen kann man in einem Proberöhrchen durch Glühen mit $K_4Fe(CN)_6$ einen Arsenspiegel herstellen, den Boden abschneiden, schräg halten und dann erhitzen. Das Arsen verbrennt dann und das sublimierende As_2O_3 kann auf einem Objektträger aufgefangen werden.

b) Eine andere gute Identifizierung unter dem Mikroskop ist die als $NH_4MgAsO_4 \cdot 6\ H_2O$. Wenn man As_2S_3 hat, löst man es auf dem Objektträger in Königswasser zu Arsensäure, dampft diese beinahe zur Trockne ein, so daß auch die entstandene Schwefelsäure großenteils verschwunden ist, löst in einem Tropfen Wasser und fügt ein Körnchen festes Mg-Acetat und einen Tropfen konzentriertes Ammoniumhydroxyd zu. Der anfangs amorphe Niederschlag wird von selbst oder nach mäßigem Erwärmen kristallin. Sechseckige Sterne, Dächerformen, H- und X-Formen. Phosphat gibt eine analoge Reaktion.

c) Eine Arsenit- oder Arsenatlösung in starker Salzsäure wird durch eine Lösung von $SnCl_2$ in starker Salzsäure zu metallischem Arsen reduziert, das erst braun kolloidal, später schwarz flockig abgeschieden wird (Bettendorf[10]). Die Reaktion wird in einem kleinen Reagenzglas ausgeführt. Man fügt darin zu 1 ml der schon erheblich stark sauren zu untersuchenden Lösung 1 ml starke Salzsäure und 2 Tropfen einer 5%igen $SnCl_2$-Lösung hinzu. Man erwärmt kurz und läßt eine Zeitlang stehen. Wenig empfindliche, aber sehr selektive Reaktion; nur Quecksilber(II)lösungen geben eine ungefähr analoge Reaktion. Grenzkonzentration nach 10 Minuten Warten etwa 1 : 10000.

d) Aus verdünnter Salpetersäure wird dreiwertiges Arsen bei leichtem Erwärmen, z. B. im Mikroexsiccator, als As_2O_3 sublimiert, das unter dem Mikroskop an der Bildung gut geformter Oktaeder zu erkennen ist. Wenn man es in starker Salzsäure löst und mit etwas festem KJ versetzt, entstehen orangerote hexagonale Täfelchen von AsJ_3 (Behrens-Kley[11]). Die Identifizierung als As_2O_3 ist spezifisch, die als AsJ_3 empfindlicher und einfacher durchzuführen. Dabei stören jedoch sowohl Sb als Se.

e) Durch Reduktion mit Zink und HCl werden alle Arsenverbindungen, außer den Sulfiden und dem Element selbst, zu AsH_3 reduziert, das nachgewiesen werden kann, indem sich beim Durchleiten durch eine erhitzte Röhre ein Arsenspiegel absetzt (Marsh, 1836*). Als Identitätsreaktion ist diese Reaktion jedoch nur brauchbar, wenn man vorher das As durch Verflüchtigen als $AsCl_3$ aus warmer starker salzsaurer Lösung von Sb getrennt hat, da SbH_3 auf analoge Weise gebildet wird und einen analogen Spiegel gibt.

Für die qualitative Identifizierung ist es deshalb vorzuziehen, das Überführen in AsH_3 in *alkalischem* Milieu stattfinden zu lassen, z. B. mit Aluminiumspänen und KOH. Dann werden Arsenite (nicht Arsenate!) ausreichend vollständig in AsH_3 umgesetzt und Antimonverbindungen zu Metall und *keineswegs* zu SbH_3 reduziert. 1 ml der zu untersuchenden Lösung wird in ein kleines Reagenzglas gegeben, dazu werden einige Späne von reinem As-freiem Aluminium sowie 1 ml 2 *n* KOH hinzugefügt. In den Oberteil des Reagenzglases gibt man einen mit Bleiacetat durchtränkten Wattebausch, um H_2S zurückzuhalten, und auf das Reagenzglas ein kleines Stück Filtrierpapier mit einer 3%igen $HgCl_2$-Lösung (Sanger und Black[12]). Mit AsH_3 färbt es sich nach einigen Minuten erst gelb, danach braun. Statt $HgCl_2$ kann man auch $AuCl_3$ verwenden (Winkler[13]) oder ein kleines Körnchen festes $AgNO_3$ (Gutzeit Sr. [14]). Das erstere färbt sich

* Edinb. New Philos. Journ. 229 (1836).

violett, das letztere erst gelb, danach schwarz. Wir ziehen $HgCl_2$ vor. SbH_3 färbt es ebenfalls, kann aber hier nicht vorhanden sein. Nur PH_3 könnte stören, es kann mit Cu_2Cl_2 zurückgehalten werden. Viel Quecksilber(II)salz verzögert die Gasentwicklung. Wenn Arsen fünfwertig vorhanden ist, muß es erst mit SO_2 reduziert werden. Spezifische und mäßig empfindliche Reaktion; Grenzkonzentration 1 : 20000. Es ist zu empfehlen, eine Blindprobe durchzuführen.

Antimon. Drei- oder fünfwertig; Ionen SbO_3^{3-} und SbO_4^{3-}; wenig Sb^{3+} und Sb^{5+}, farblos. Das Gleichgewicht $Sb^{3+} + 3\,OH^- \rightleftharpoons SbO_3^{3-} + 3\,H^+$ und das entsprechende Gleichgewicht für das fünfwertige Sb liegt auch hier stark rechts, jedoch nicht so extrem, wie es bei As der Fall ist. Oder mit anderen Worten: Sb hat etwas weniger Metalloidcharakter als As.

A. Antimonate

1. *Alkalihydroxyde* und *Ammoniak* geben Niederschläge von H_3SbO_4 nur aus nicht zu stark verdünnten Lösungen. Es ist im allgemeinen gut löslich, manchmal langsam in KOH, nur sehr wenig in NH_4OH. Mit NaOH kann es bei einem günstigen pH das unlösliche $Na_2H_2Sb_2O_7$ bilden.

2. *Schwefelwasserstoff* fällt in der Kälte aus nicht zu stark sauren Lösungen (z. B. 2 *n* HCl) das orange gefärbte Sb_2S_5. In der Wärme fällt es Sb_2S_3 zusammen mit S. In HCl 1 : 1 ist sowohl Sb_2S_5 als auch Sb_2S_3 löslich, das erstere jedenfalls bei leichter Erwärmung unter Schwefelabscheidung. Auf alle Fälle gelangt dann nur Sb^{3+} in Lösung.

3. *Kaliumjodid* reduziert die Antimonate in sauren Lösungen zu Antimonit, ohne einen Niederschlag zu geben. In neutralem oder alkalischem Milieu findet die umgekehrte Reaktion statt.

4. Die Lösungen des fünfwertigen Sb sind für Hydrolyse und Niederschlagsbildung durch bloßes Verdünnen weniger empfindlich als die des dreiwertigen. Dennoch kann aus einer konzentrierten Lösung von $SbCl_5$ in starker Salzsäure durch Verdünnen auch SbO_2Cl und Sb_2O_5 aq. gefällt werden.

B. Antimonite

1. *Wasser*, d. h. ledigliches Verdünnen, gibt mit nicht zu sehr verdünnten sauren Lösungen von dreiwertigem Sb einen Niederschlag, vor allem wenn Cl^--Ionen vorhanden sind, weil sich dann das sehr wenig lösliche SbOCl bildet. Im Gegensatz zum analogen BiOCl ist ersteres in Tartraten löslich.

2. *Alkalihydroxyde* und *Ammoniak* fällen aus sauren Lösungen das weiße $Sb(OH)_3$, löslich in einem Überschuß von Alkalihydroxyd, unlöslich in NH_4OH.

3. *Schwefelwasserstoff* fällt aus nicht zu stark sauren Lösungen orangefarbiges Sb_2S_3, gut löslich in KOH, in $(NH_4)_2S$ und in HCl 1 : 1.

4. *Natriumthiosulfat*, in kleinen Mengen einer sehr schwach sauren Sb^{3+}-Lösung zugefügt, gibt einen orangeroten Niederschlag (von Sb_2S_2O ?). Oxalsäure verhindert diese Niederschlagsbildung nicht (im Gegensatz zu Sn).

5. *Zinn* und *Eisen* reduzieren in nicht zu stark saurer Lösung zu metallischem Antimon, das schwarze Flocken bildet (im Gegensatz zu Sn).

6. *Zink* und *Aluminium* reduzieren in saurer Lösung gleichfalls zu metallischem Antimon, bilden jedoch gleichzeitig gasförmiges SbH_3, das in analoger Weise wie AsH_3 nachgewiesen werden kann. Der Antimonspiegel, der beim Durchleiten durch eine glühende Röhre entsteht, ist in NaOCl unlöslich und wird beim Überleiten von H_2S orange, im Gegensatz zum Arsenspiegel. Mit Aluminium und KOH entsteht nur Sb, kein SbH_3.

Identitätsreaktionen

a) Für die mikroskopische Identifizierung kommt die Bildung von $Cs_3Sb_2J_9$ am meisten in Betracht. Einer *warmen* Sb^{3+}-Lösung in HCl 1 : 1 setzt man erst ein kleines Körnchen festes CsCl, dann eine Spur KJ zu: es bilden sich orangefarbene, hexagonale Täfelchen. Bi gibt beinahe die gleiche Reaktion, Sn eine Reaktion, die dieser stark ähnelt, aber doch davon unterschieden werden kann. Statt CsCl kann man auch $(C_2H_5)_4NCl$ gebrauchen.

b) Nach Eegriwe[15] oxydieren Sb^{5+}-Lösungen das rosa gefärbte Rhodamin-B zu einem blauvioletten Oxydationsprodukt. Das Reagens ist ein Triphenylmethanfarbstoff von untenstehender Struktur; er wird als Lösung von 50 mg Rhodamin-B und 15 g KCl in 100 ml 2 *n* HCl verwendet.

```
                        N(C2H5)2
               C6H3<
C6H4 · C<            >O
 |     |       C6H3<
O = C——O                N(C2H5)2.
```

Auf eine Tüpfelplatte gibt man einen großen Tropfen der zu untersuchenden Lösung, die während der systematischen Analyse Sb^{3+} in HCl 1 : 1 enthalten soll, und oxydiert ihn mit einem recht kleinen Körnchen festem $NaNO_2$ zu Sb^{5+}. Durch kurzes Rühren mit einem warmen Glasstab wird das meiste NO_2 entfernt. In zwei danebenliegende Vertiefungen gibt man je einen Tropfen Reagens, einen zum Vergleichen, dem anderen wird mit einem Stäbchen ein wenig der oxydierten Lösung zugefügt. Die Farbe verändert sich dann von rosa zu blauviolett. Einigermaßen empfindliche Reaktion; Grenzkonzentration etwa 1 : 20000 auf der Tüpfelplatte. Ziemlich selektiv; nur $HgCl_2$, $AuCl_3$, TlCl und BiOCl, Wolframate, Molybdate und Tantalate geben eine analoge Reaktion, Niobate nicht.

c) Nur wenn Sb neben Gold und Molybdaten und/oder Wolframaten nachgewiesen werden muß und die Reaktion *a*) deshalb nicht angewendet werden kann, ist die Reaktion von Feigl und Neuber[16] zu empfehlen, und auch dann nur, nachdem Sb durch die Gruppentrennungen der systematischen Analyse von allen anderen Elementen, außer Sn^{4+}, As (und W, Mo und Au) isoliert worden ist. Sb^{3+}-Lösungen reduzieren freie Phosphomolybdänsäure (*nicht* deren unlösliches NH_4-Salz) zu einer blauen Lösung. Man stellt eine frische, ungefähr 5%ige wäßrige Lösung von Phosphomolybdänsäure her, gibt einen Tropfen davon auf Filtrierpapier und darauf einen Tropfen der Lösung der Sulfide von Sb^{3+} und Sn^{4+} in HCl 1 : 1, aus der H_2S völlig ausgekocht ist. Dann tritt Blaufärbung auf, bei Spuren von Sb^{3+} erst nach einigen Minuten. Die Reaktion wird durch Erwärmen in Dampf beschleunigt. Eine Blindprobe ist zu empfehlen. Die Reaktion ist sehr empfindlich; Grenzkonzentration etwa 1 : 200000; sie ist jedoch keineswegs selektiv, weil die meisten Reduktionsmittel, z. B. Sn^{2+}, Fe^{2+} und H_2S analog reagieren. As^{3+}, Sn^{4+}, W, Mo, Hg^{2+} und Au^{3+} stören nicht.

d) Unter gewissen Umständen, besonders wenn wenig oder kein As vorhanden ist, kann man auch die Reaktion von MARSH benützen, wobei die Orangefärbung des Metallspiegels nach Erwärmen in einem H_2S-Strom sehr typisch ist.

Zinn. Zwei- oder vierwertig; Ionen Zinn(II) Sn^{2+} und Zinn(IV) Sn^{4+}, außerdem $SnO_2{}^{2-}$ und $SnO_3{}^{2-}$, alle farblos.

A. Zinn(II). Stark reduzierende Verbindungen.

1. *Alkalihydroxyde* und *Ammoniak* geben einen weißen, gallertartigen Niederschlag von $Sn(OH)_2$, löslich in einem Überschuß Alkalihydroxyd, unlöslich in NH_4OH. Die Lösung in KOH und NaOH (Stannit) ist ein noch stärkeres Reduktionsmittel als die sauren Sn^{2+}-Lösungen. Vor allem konzentrierte Lösungen werden durch Erwärmen in metallisches Zinn und Stannat zersetzt.

2. *Schwefelwasserstoff* fällt aus nicht zu stark sauren Lösungen braunes SnS, nur sehr wenig löslich in KOH und in farblosem $(NH_4)_2S$, gut löslich in $(NH_4)_2S_n$ unter Bildung von Thiostannat.

3. *Quecksilber(II)chlorid* wird durch $SnCl_2$ reduziert, erst zu weißem unlöslichem Hg_2Cl_2, danach zu grauem Quecksilber.

B. Zinn(IV)

1. *Alkalihydroxyde* und *Ammoniak* geben einen weißen, gallertartigen Niederschlag von $Sn(OH)_4$, das frisch gefällt in KOH und NaOH unter Bildung von Stannaten löslich ist und in NH_4OH nur wenig löslich ist. Dieses frisch gefällte $Sn(OH)_4$ (α-Zinnsäure) ist auch in Mineralsäuren gut löslich. Nach einer Weile, vor allem nach Kochen, wird es in KOH und NaOH und auch in Mineralsäuren immer weniger, auf jeden Fall langsamer löslich (β-Zinnsäure oder Metazinnsäure). Das gleiche Produkt erhält man direkt durch Einwirkung von HNO_3 auf metallisches Zinn. Es ist am besten durch langes Erwärmen mit einer konzentrierten Lösung von NaOH und Na_2S zu lösen oder durch Schmelzen mit Na_2CO_3 und S. Aus verdünnten Lösungen kann das Fällen der α-Zinnsäure durch Bildung eines bemerkenswert stabilen Sols stark verzögert werden. Große Mengen Ammoniumsalze fördern das Ausflocken.

2. *Schwefelwasserstoff* gibt in nicht zu stark saurer Lösung einen gelben Niederschlag von SnS_2, gut löslich in KOH und $(NH_4)_2S$ und in HCl 1 : 1. In NH_4OH ist es unlöslich (im Gegensatz zu As).

3. *Eisen* und *Aluminium* reduzieren saure Zinn(IV)lösungen zu Zinn(II), nicht zu Metall (im Gegensatz zu Sb). Zinn(II) kann nach Entfernung der reduzierenden Metalle an seiner Reduktionsfähigkeit erkannt werden.

4. *Metazinnsäure* bildet mit Phosphorsäure ein komplexes Produkt [kolloider Art oder eine Phosphormetazinnsäure oder ein Zinn(IV)-phosphat?], das in konzentrierter und verdünnter Salpetersäure unlöslich ist, jedoch merkbar löslich in HCl, und daher für die Abtrennung von Phosphaten in stark saurem Milieu brauchbar ist. Das geschieht entweder durch zweimaliges Eindampfen zur Trockne mit metallischem Zinn und starker Salpetersäure (REYNOSO[17]), oder durch Kochen mit einem vorher hergestellten Metazinnsäuregel (MECKLENBURG[18]).

Identitätsreaktionen

a) In Zinn(IV)lösungen wird Zinn am besten mikroskopisch als Rb_2SnCl_6 nachgewiesen. Zu der warmen Zinn(IV)lösung fügt man ein Körnchen RbCl hinzu, dadurch entstehen kleine farblose Tetraeder, Oktaeder oder Wachstumsformen. Mit CsCl ist die Reaktion empfindlicher, die Kristalle sind dann jedoch noch kleiner. Mit KJ färben sich die Kristalle orange, genau wie bei Antimon. Die Reaktion ist gut, aber nicht selektiv.

b) Wenn man eine Zinn(II)lösung hat, kann man sie in nicht zu stark saurer Lösung mit fester Oxalsäure zur Reaktion bringen; dadurch entstehen unregelmäßige Kreuze und Spulen des Zinn(II)oxalats.

c) Nach DRYER[19] und GUTZEIT jr.[20] reduziert $SnCl_2$ das gelbe Kakothelin [$C_{20}H_{22}N_2O_5(NO_2)_2$, Hydroxydinitrobrucin] zu einem braunvioletten Produkt. Die Sn-Lösung, die nach der Trennung der systematischen Analyse Zinn(IV) in HCl 1 : 1 sein soll, wird in einem kleinen Reagenzglas durch Zufügen eines Spanes reinen Aluminiums zu Zinn(II) reduziert und dann zentrifugiert. Dann werden einige Tropfen des Reagens (0,25% in Wasser) zugefügt und, falls erforderlich, leicht erwärmt. Die gelbe Farbe verändert sich zu Braun bei Spuren Sn^{2+}, in Violett bei mehr Sn^{2+}. Die Reaktion ist ziemlich empfindlich, Grenzkonzentration etwa 1 : 50000, sie ist aber keineswegs selektiv. Zahlreiche andere Reduktionsmittel geben dieselbe Färbung, u. a. auch H_2S, das deshalb vorher gründlich ausgekocht werden muß. Kakothelin hat aber den Vorteil, daß es nicht durch Eisen(II) reduziert wird (wenigstens bei Abwesenheit von Fluorid- oder Phosphationen), das als Verunreinigung z. B. des verwendeten Aluminiums leicht vorhanden sein kann. Die Reaktion kann also nur angewendet werden, nachdem durch systematische Analyse erreicht ist, daß $SnCl_2$ das einzige noch vorhandene Reduktionsmittel ist.

d) Man gibt 5 Tropfen der zu untersuchenden Lösung, ungefähr 5 ml starke Salzsäure und ein kleines Stückchen Zink in einen kleinen Porzellantiegel. Man taucht ein mit kaltem Wasser gefülltes Reagenzglas in die dann unter starker H_2-Entwicklung reagierende Lösung und hält dann den nassen untersten Teil des Reagenzglases in den reduzierenden Teil einer nichtleuchtenden Bunsenflamme. Am Reagenzglas entlang entsteht eine intensiv blaue Lumineszenz (SCHMATOLLA[21]-MEISSNER[22]). Spezifische Reaktion auf Sn, jedoch wenig empfindlich; Grenzkonzentration bei oben angegebener Ausführung etwa 1 : 5000. Gold gibt eine grüne Lumineszenz, die wenig stört. Arsen stört bei dieser Ausführung kaum oder gar nicht, dagegen wohl bei einer im übrigen sehr viel empfindlicheren Ausführung, die von FEIGL[23] angegeben wird.

e) Zinn(II)chlorid gibt in stark salzsaurer Lösung einen roten Niederschlag mit „Dithiol", das ist 3,4-Dimercaptotoluen (MILLS und CLARK[24]). In einem Reagenzglas ausgeführt, ist die Reaktion außerordentlich empfindlich; Grenzkonzentration jedenfalls kleiner als 1 : 1000000. Die Reaktion verliert jedoch sehr an Bedeutung durch die Tatsache, daß zahlreiche Metalle stören und vor allem daß das kostbare Reagens (0,2% in 2 *n* NaOH) nicht haltbar ist.

Kupfer. Zweiwertig; Ionen Kupfer(I) Cu_2^{2+}, farblos, und Kupfer(II) Cu^{2+}, blau.

Von den meist vorkommenden Säuren, wie HCl, HNO_3, H_2SO_4, H_2CO_3, Essigsäure, sind die Kupfer(II)salze viel beständiger als die entsprechenden Kupfer(I)verbindungen. Bei zahlreichen anderen Säuren ist aber das Umgekehrte der Fall, z. B. bei HJ, HCNS, HCN und H_2S.

A. Kupfer(I)

1. *Alkalihydroxyde* geben einen rotbraunen Niederschlag von Cu_2O aq., unlöslich in einem Überschuß Hydroxyd.

2. *Ammoniak* gibt den gleichen Niederschlag, der jedoch in einem Überschuß Reagens unter Bildung einer farblosen komplexen Lösung leicht löslich ist; diese ist sehr empfindlich für Luftsauerstoff, der sie blau färbt. Die Lösung kann CO binden.

3. *Halogenidionen* — außer Fluoridionen — geben weiße Niederschläge von Cu_2Cl_2, Cu_2Br_2 und Cu_2J_2. Cu_2Cl_2 ist gut löslich in starker Salzsäure unter Bildung komplexer Anionen, die bei Verdünnung wieder zersetzt werden, und in NH_4OH unter Bildung komplexer Kationen. Auch die Lösung von Cu_2Cl_2 in HCl bindet CO.

B. Kupfer(II)

1. *Alkalihydroxyde* geben einen blauen Niederschlag von $Cu(OH)_2$, das beim Kochen mit einem Überschuß Lauge schwarz wird. $Cu(OH)_2$ ist merkbar löslich in einem Überschuß konzentrierter Lauge, wahrscheinlich durch Sol-Bildung, nicht durch amphoteren Charakter. Die Fällung wird durch mehrwertige Alkohole und Alkoholsäuren durch Bildung komplexer Anionen verhindert.

2. *Ammoniak* gibt nur in konzentrierten Lösungen einen Niederschlag von $Cu(OH)_2$, das sich in einem Überschuß Reagens unter Bildung intensiv blau gefärbter $Cu(NH_3)_4^{2+}$-Ionen sehr leicht löst. Da Ni gleichfalls blaue Ammoniakkomplexe gibt, wenngleich weniger intensiv gefärbt, ist diese Reaktion nicht spezifisch.

3. *Schwefelwasserstoff* gibt auch in stark saurer Lösung einen schwarzen Niederschlag von CuS, unlöslich in Säuren (außer in warmer Salpeter-

säure), in KOH oder in Na_2S, jedoch merkbar löslich in $(NH_4)_2\ S_n$. Auf die Dauer zerfällt es in Cu_2S und S. Luftsauerstoff oxydiert feuchtes CuS merklich zu löslichem $CuSO_4$.

4. *Kaliumjodid* gibt einen weißen Niederschlag von Cu_2J_2 unter Jodabscheidung.

5. *Kaliumrhodanid* und *schweflige Säure* geben einen weißen Niederschlag von $Cu_2(CNS)_2$ (im Gegensatz zu Cd).

6. *Kaliumcyanid* gibt einen gelben Niederschlag von $Cu(CN)_2$, das sich vor allem in der Wärme schnell zersetzt in $Cu_2(CN)_2$ und C_2N_2-Gas. Kupfer(I)cyanid löst sich in einem Überschuß KCN unter Bildung komplexer Anionen von wechselnder Zusammensetzung. H_2S fällt hieraus kein Cu_2S (im Gegensatz zu Cd).

7. *Kaliumhexacyanoferrat(II)* gibt einen rotbraunen Niederschlag von $Cu_2Fe(CN)_6$, das in verdünnten Mineralsäuren unlöslich ist, löslich jedoch mit blauer Farbe in NH_4OH (im Gegensatz zu U und Mo).

Identitätsreaktionen

a) Mikroskopisch als $CuHg(CNS)_4 \cdot 1\ H_2O$. Man gibt einen Tropfen einer konzentrierten Lösung von $(NH_4)_2Hg(CNS)_4$ zu einem Tropfen der Kupfer(II)lösung. Nach kurzer Zeit entstehen gelbgrüne, sternförmige oder manchmal etwas wollige moosartige Kristalle. Freie Mineralsäuren dürfen nicht in zu großem Überschuß vorhanden sein.

b) Wenn man den Niederschlag, den Zinksalze mit $(NH_4)_2Hg(CNS)_4$ bilden und der im allgemeinen weiß ist, in einer Lösung entstehen läßt, die Spuren Cu enthält, ist er violett gefärbt (Montequi[25]). Auf der Tüpfelplatte gibt man zu einem Tropfen der sehr verdünnten Cu^{2+}-Lösung einen Tropfen 10%iges $ZnSO_4$, dann einen Tropfen 2 *n* H_2SO_4 und schließlich einen Tropfen des Reagens (30 g $HgCl_2$ und 33 g NH_4CNS in 100 ml Wasser). Je nach der Menge Cu entsteht ein rosa bis violett gefärbter Niederschlag. Bei zuviel Cu entstehen störende grüne und schwarze Produkte. Die Reaktion ist sehr empfindlich; Grenzkonzentration mindestens 1 : 250000. Außerdem ist die Reaktion sehr selektiv. Nur Co gibt eine analoge Reaktion, jedoch unter Blaufärbung, die trotzdem nicht stört. Eisen(III) stört durch Rotfärbung mit CNS^-, die aber durch ein Körnchen feste Oxalsäure verhindert wird. In diesem Fall muß man 2 *n* H_2SO_4 weglassen. Gold färbt hellorangerot, Nickel hellgrün.

c) Dithioxamid (Rubeanwasserstoffsäure) gibt mit neutralen Cu^{2+}-Lösungen nach Entwickeln mit NH_3 eine dunkelgrüne Farbe (Rây und Rây[26]). Neben einen Tropfen einer höchstens schwach sauren Cu^{2+}-Lösung auf Filtrierpapier setzt man einen Tropfen des Reagens (0,5% in Alkohol) so, daß die Tropfen einander gerade berühren. Dann hält man das Papier über NH_4OH. Wo die Tropfen sich berühren, entwickelt sich dann die dunkelgrüne Farbe. Sehr empfindliche Reaktion; Grenzkonzentration etwa 1 : 500000, aber nicht spezifisch. Ni und Co geben analoge Reaktionen, Ni dunkelviolett, Co dunkelbraun. Wenn sie vorhanden sind, kann man sie auf Papier größtenteils von Cu trennen, weil sie schneller als Cu wegdiffundieren.

d) Eine sehr empfindliche Kupferreaktion ist die mit 2-2′ Dichinolyl (HOSTE[27]), auch „Cuproin" genannt. Eine sehr schwach saure Kupfer(II)-lösung wird dabei mit einem Körnchen festem Hydroxylaminchlorid zu Kupfer(I) reduziert. Man erhält eine Lösung, zu der man einen Tropfen des Reagens hinzufügt (kalt gesättigt in Alkohol, d. h. etwa 1°/₀₀). Dabei tritt eine sehr intensive violette Färbung auf. Grenzkonzentration etwa 1 : 1000000. Die Reaktion ist spezifisch. Dreiwertiges Titan gibt eine blaßgrüne Farbe. Die Kupferfärbung verschwindet ziemlich schnell. Der pH-Wert muß höher als 3 gehalten werden. Zu stark saure Lösungen müssen deshalb mit Natriumacetat abgestumpft werden. Die Färbung kann nach Wunsch mit Amylalkohol extrahiert werden.

e) Spuren von Kupfer können dadurch nachgewiesen werden, daß sie die Entfärbung von Eisen(III)rhodanid durch Thiosulfat katalytisch beschleunigen (HAHN und LEIMBACH[28]). In eine von zwei nebeneinander befindlichen Vertiefungen der Tüpfelplatte gibt man einen Tropfen der zu untersuchenden Lösung und in die andere einen Tropfen kupferfreies destilliertes Wasser, dann in beide einen Tropfen Reagens (1,5 g $FeCl_3$ und 2 g KCNS in 100 ml Wasser) und zuletzt einen Tropfen 1%iges $Na_2S_2O_3$; dann vergleicht man die Geschwindigkeit der Entfärbung. Sehr selektive Reaktion (nur W und Se beschleunigen ebenfalls, jedoch weniger und unter Gelbfärbung) und außergewöhnlich empfindlich; Grenzkonzentration etwa 1 : 5000000. Zn und As verzögern die Entfärbung unter Einfluß von Cu. Neben einem 100fachen Überschuß dieser Elemente bleibt die Grenzkonzentration immer noch 1 : 1000000.

Cadmium. Zweiwertig; farblose Ionen Cd^{2+}.

1. *Alkalihydroxyde* geben einen weißen, gallertartigen Niederschlag von $Cd(OH)_2$, unlöslich in einem Überschuß Lauge.

2. *Ammoniak* gibt weiße basische Salze oder $Cd(OH)_2$, sehr schnell löslich in einem Überschuß NH_4OH unter Bildung komplexer Kationen $Cd(NH_3)_4{}^{2+}$.

3. *Schwefelwasserstoff* gibt nur in schwach sauren Lösungen einen gelben Niederschlag von CdS, unlöslich in KOH und in $(NH_4)_2S$, löslich in warmer, verdünnter Schwefelsäure 1 : 5 (im Gegensatz zu Cu^{2+}). Die Fällung ist nur ausreichend vollständig, wenn der Säuregrad höchstens 0,25 *n* HCl entspricht.

4. *Kaliumcyanid* gibt einen weißen Niederschlag von $Cd(CN)_2$, leicht löslich in einem Überschuß KCN unter Bildung von $Cd(CN)_4{}^{2-}$-Ionen. Aus dieser Lösung fällt H_2S CdS (im Gegensatz zu Cu^{2+}).

Identitätsreaktionen

a) Nach MEURICE[29] wird Cd mikroskopisch mit Brucinacetat und NaBr nachgewiesen. Man dampft die neutrale Lösung auf einem Objektträger ein und fügt einen Mikrotropfen verdünnte Essigsäure hinzu, dann einen großen Tropfen Reagens (6,5 g Brucin, 10 g NaBr, 50 ml 4 *n* Essigsäure und 150 ml Wasser). Es bilden sich Rosetten monokliner Prismen. Pt, Bi und Hg geben analoge Kristalle, viele Elemente stören durch Niederschlagsbildung. Es ist demnach notwendig, Cd erst nach der systematischen Analyse zu isolieren. Cu stört nicht, auch nicht in sehr großem Überschuß, z. B. 100 : 1. Grenzkonzentration etwa 1 : 10000.

b) Eine andere mikroskopische Reaktion, die ebenfalls durch Cu nicht gestört wird und den Vorteil hat, daß sie direkt in einer stark ammoniakalischen Lösung ausgeführt werden kann — sogar muß —, wird von MAHR[30] beschrieben. In eine stark ammoniakalische Lösung von Cd gibt man ein Körnchen festes NH_4ClO_4. Es bilden sich sofort sechseckige kleine Kristalle des Cadmiumtetraminperchlorats, die nach einiger Zeit wieder verschwinden, weil das Ammoniak aus der Lösung verdampft. Diese Reaktion ist sehr einfach auszuführen und sehr zuverlässig, allerdings wenig empfindlich.

c) Nach GEILMANN[31] kann man die Flüchtigkeit des metallischen Cd einer guten Identitätsreaktion zugrunde legen. Ein wenig von einer sauerstoffhaltigen Cd-Verbindung, am besten ein gut ausgewaschener Niederschlag von $Cd(OH)_2$, wird auf einem Objektträger eingedampft und dann — vermischt mit einigen Körnchen festem Natriumoxalat oder zur Not Holzkohle — in ein Proberöhrchen gegeben und darin stellenweise rotglühend erhitzt. Dann tritt ein schwarzer Cd-Spiegel auf mit einem braunen Saum von CdO. Gibt man danach ein Körnchen Kristallschwefel in die Röhre und erhitzt wiederum, so wird der Spiegel in der Wärme orange und in der Kälte gelb, und zwar durch Bildung von CdS, das von dem gelben Destillat aus Schwefel weiter oben in der Röhre gut zu unterscheiden ist. Die Spiegel von Hg und As, und bei zu großer Erhitzung von Zn, können stören und mit dem Cd-Spiegel verwechselt werden, wenn man nicht auf den braunen Saum achtet. Ausgezeichnete, aber nicht sehr empfindliche Reaktion.

d) Eine brauchbare, richtige Tüpfelreaktion auf Cadmium ist die mit „Cadion", d. h. p-Nitrophenyldiazoamino-p-azobenzen (DWYER[32]). Die Formel des Reagens ist:

$$O_2N-C_6H_4-N=N-\underset{H}{N}-C_6H_4-N=N-C_6H_5.$$

In saurer Lösung ist es gelb, in alkalischer Lösung ist es lila gefärbt, während es mit $Cd(OH)_2$ einen braunroten Beizfarbstoff bildet. Man kann es auf der Tüpfelplatte oder auf Filtrierpapier anwenden. Man fügt einen Tropfen Reagens zu der schwach sauren Cadmiumlösung, dann einen Tropfen KOH. Es ist zu empfehlen, außerdem eine cadmiumlose Blindprobe auszuführen. Kupfer stört, wenn viel vorhanden ist, sonst nicht. Die Reaktion ist nicht spezifisch. Mg färbt blau, Fe gelb. Empfindlichkeit ungefähr 1 : 200000.

Blei. Meistens zweiwertig; Ionen Pb^{2+} und PbO_2^{2-}; außerdem vom vierwertigen Blei das Anion PbO_3^{2-}, alle farblos.

1. *Alkalihydroxyde* und *Ammoniak* geben einen weißen Niederschlag von $Pb(OH)_2$, löslich in einem Überschuß Alkalihydroxyd unter Bildung von Plumbiten, unlöslich in NH_4OH.

2. *Schwefelwasserstoff* gibt in verdünnter saurer Lösung einen schwarzen Niederschlag von PbS, unlöslich in KOH und in $(NH_4)_2S$, dagegen merkbar löslich in $(NH_4)_2\,S_n$ unter Bildung von Thioplumbat. Wenn der Überschuß von S mit Na_2SO_3 entzogen wird, fällt wieder PbS aus. Die Fällung von PbS mit H_2S ist nur ausreichend vollständig, wenn der Säuregrad höchstens 0,5 *n* HCl entspricht.

3. *Sulfate* geben einen weißen Niederschlag von $PbSO_4$, das in konzentrierter Salzsäure und Salpetersäure ziemlich gut löslich ist, solange es frisch ist, jedoch nicht, wenn es alt ist. Die Fällung ist häufig mit großer Verzögerung verbunden und wird durch Zufügen eines gleichen Volumens Alkohol stark beschleunigt. $PbSO_4$ ist löslich in einem großen Überschuß KOH und in warmem, konzentriertem Ammoniumacetat unter Bildung komplexer Anionen (im Gegensatz zu $BaSO_4$).

4. *Chromate* geben einen gelben Niederschlag von $PbCrO_4$, aus alkalischen Lösungen ein mehr orangerotes basisches Chromat, das in einem Überschuß KOH (im Gegensatz zu Bi) und in warmer nicht zu verdünnter Salpetersäure löslich ist.

5. *Chloride* geben in nicht zu verdünnten Lösungen einen weißen Niederschlag von $PbCl_2$, löslich in warmem Wasser und in konzentrierter Salzsäure unter Bildung von $PbCl_3^-$-Ionen.

6. *Jodide* geben einen gelben Niederschlag von PbJ_2, löslich in einem Überschuß Jodid unter Bildung von PbJ_3^--Ionen. Das amorphe PbJ_2 wird durch langes Kochen mit Wasser deutlich kristallin.

7. *Alkalische Oxydationsmittel*, wie z. B. KOH und H_2O_2 oder Peroxydisulfat und NH_4OH bilden braunes PbO_2 aq. oder Plumbate von Pb^{2+}.

8. *Dinatriumhydrogenphosphat* gibt einen weißen Niederschlag von $Pb_3(PO_4)_2$, das in 2 *n* Essigsäure unlöslich ist und daher zum Entfernen von Phosphaten in saurem Milieu benützt werden kann (Bougault und Cattelain[33]), (Balarew[34]).

Identitätsreaktionen

a) Blei kann mikroskopisch nach Mahr[35] mit Thioharnstoff und HNO_3 identifiziert werden. Ein Tropfen der zu untersuchenden Lösung wird auf einem Objektträger eingedampft und dann in einem Tropfen 2 *n* HNO_3 aufgenommen. Nach Versetzen mit einigen kleinen Körnchen festem Thioharnstoff bilden sich typische feine, schwarz scheinende Nadeln. $PbSO_4$ in 2 *n* HNO_3 zeigt die Reaktion auch sehr gut. Grenzkonzentration etwa 1 : 20000. Sehr selektive Reaktion, nur Cu^{2+} und vor allem Tl^+ geben analoge Kristalle. Wenn diese Ionen vorhanden sind, muß Pb^{2+} also über das Sulfat oder das Hydroxyd mit NH_4OH isoliert werden. Ein Überschuß von Ag, Hg oder Se kann störend wirken.

b) Die oben genannte Reaktion zum Nachweis von Blei kann nicht angewendet werden, wenn Thallium vorhanden ist. Dann benützt man die sogenannte *Tripelnitritreaktion*, die übrigens auch zum Nachweis von Kupfer und Kalium und sogar von Nitrit brauchbar ist. In die stark verdünnte essigsaure Lösung des Bleis gibt man ein kleines Körnchen Kupfer(II)acetat, dann ein etwas größeres Körnchen Kaliumnitrit;

danach bilden sich dunkelrote, beinahe schwarze, viereckige, kubische Kristalle von Blei-Kupfer-Kaliumnitrit. Die Reaktion gelingt am besten, wenn ungefähr soviel Kupfer wie Blei vorhanden ist. Sehr gute und spezifische Reaktion; auf Sr achten!

c) Nach Überführen in Plumbat kann nach TRILLAT[36] mit p-Tetramethyldiamidodiphenylmethan, $CH_2[C_6H_4N(CH_3)_2]_2$, „Tetrabase" versetzt werden. Dies ist ein allgemeines Reagens für starke Oxydationsmittel; es reagiert allerdings nicht mit H_2O_2 in saurer Lösung. In einer Zentrifugenröhre wird zu 1 ml der zu untersuchenden Lösung oder zu einer Suspension von $PbSO_4$ 1 ml 2 *n* KOH und 0,5 bis 1 ml H_2O_2 (3%) hinzugefügt. Man wartet — je nach Verdünnung — 3 bis 20 Minuten, zentrifugiert den braunen Niederschlag ab und wäscht ihn zweimal mit Wasser aus. Danach fügt man 2 ml des Reagens (0,5 bis 1% in einem Gemisch von 5 Vol. Alkohol und 1 Vol. konzentrierter Essigsäure) hinzu. Man schüttelt durch und zentrifugiert nochmals. Bei Anwesenheit von Pb ist die Lösung blau gefärbt. Grenzkonzentration etwa 1 : 10000. Spezifische Reaktion, wenn Blei vorher als Sulfat isoliert worden ist. Bi, Mn, Tl und Ce geben eine analoge Reaktion. Eisen(III) stört immer, Cu durch seine blaue Farbe nur in großem Überschuß.

Wismut. Dreiwertig; Ionen Bi^{3+} und BiO^+.

1. *Alkalihydroxyde* und *Ammoniak* geben einen weißen Niederschlag von $Bi(OH)_3$, nicht ganz unlöslich in einem Überschuß Lauge, unlöslich in NH_4OH.

2. *Chloride* geben einen weißen Niederschlag von BiOCl, wenn der Säuregrad niedrig genug ist. Bei Verdünnen einer $BiCl_3$-Lösung wird der gleiche Niederschlag gebildet. $Bi(NO_3)_3$-Lösungen gehen bei wiederholtem Eindampfen mit Wasser in $BiONO_3$ über, auch unlöslich in Wasser. Im Gegensatz zu SbOCl ist BiOCl in Tartraten unlöslich.

3. *Schwefelwasserstoff* gibt in saurer Lösung einen braunen Niederschlag von Bi_2S_3, unlöslich in KOH und in $(NH_4)_2S$, löslich in HNO_3 1 : 1.

4. *Kaliumjodid* gibt in konzentrierten Lösungen einen schwarzen Niederschlag von BiJ_3, in verdünnten Lösungen einen organgefarbigen Niederschlag von BiOJ; beide lösen sich in einem Überschuß KJ zu BiJ_4^--Ionen. Zahlreiche N-haltige organische Basen geben mit $HBiJ_4$ unlösliche, intensiv gelb gefärbte Salze.

5. *Chromate* geben einen gelben Niederschlag von $Bi_2(Cr_2O_7)_3$, unlöslich in 2 *n* Essigsäure, aber auch unlöslich in KOH (im Gegensatz zu Pb).

6. *Reduktionsmittel*, wie z. B. Formaldehyd und K_2SnO_2, reduzieren eine Suspension von $Bi(OH)_3$ in KOH zu schwarz metallischem Bi.

7. *Phosphate* fällen auch aus ziemlich stark sauren Lösungen weißes $BiPO_4$, unlöslich in 1*n* HNO_3. $BiONO_3$ ist daher zum Entfernen von Phosphaten in ziemlich stark saurem Milieu brauchbar (KESCHAN[37]). In HCl ist $BiPO_4$ besser löslich als in HNO_3.

Identitätsreaktionen

a) Als mikroskopisches Reagens kann CsCl mit oder ohne KJ angewendet werden. Die Reaktion ist dann der bei Antimon beschriebenen völlig analog. Die Kristalle bestehen aus Cs_2BiCl_5, 2,5 H_2O.

b) Der Nachweis als 3 K_2SO_4. $Bi_2(SO_4)_3$ ist viel selektiver. Die Wismutlösung wird mit einem kleinen Tropfen Schwefelsäure auf einem Objektträger erhitzt, bis Schwefelsäurenebel auftreten, aber nicht bis zur Trockne. Man stellt daneben auf dem Objektträger eine gesättigte Lösung von Kaliumsulfat in einem Tropfen Wasser her. Nach Abkühlen des ersteren vereinigt man die Tropfen. Nach kurzer Zeit, eventuell nach vorsichtigem Eindampfen, entstehen kleine, jedoch scharf geformte Sechsecke. Diese dürfen nicht mit den viel größeren Sechsecken von $Bi_2(SO_4)_3$ verwechselt werden. Ausgezeichnete Reaktion, die allerdings einige Übung voraussetzt.

c) Nach Vanino und Treubert[38] wird $Bi(OH)_3$ durch K_2SnO_2 zu Bi reduziert. Man fügt auf der Tüpfelplatte 3 Tropfen 2 *n* KOH zu einem Tropfen der zu untersuchenden Lösung hinzu, dann einen kleinen Tropfen $SnCl_2$ (5%). Es bildet sich ein schwarzer Niederschlag. Grenzkonzentration etwa 1 : 20000. Cu^{2+} wird auch reduziert; dessen Fällung ist durch Hinzufügen von KCN zu vermeiden. Hg^{2+}, Ag, Te und Au reagieren dem Wismut analog. Pt stört im Überschuß. Pb reagiert erst nach längerer Zeit. Feigl und Krumholz[39] haben gefunden, daß die Reaktion sehr viel empfindlicher gemacht werden kann, wenn man die Tatsache berücksichtigt, daß Spuren Bi die Reduktion von Bleisalzen zu metallischem Pb durch Stannit katalytisch beschleunigen. Ohne Bi erfordert es bei Zimmertemperatur mindestens 10 bis 15 Minuten, bei Anwesenheit von Bi vollzieht sich die Reduktion in einigen Sekunden. Man gibt auf die Tüpfelplatte einen Tropfen der auf Bi zu untersuchenden Lösung, eventuell so verdünnt, daß sie nicht einmal mehr mit Stannit reagiert, fügt einen Tropfen Pb-Acetat hinzu, dann einen Überschuß KOH und schließlich etwas $SnCl_2$. Ein schwarzer Niederschlag von Pb, der fast sofort, z. B. innerhalb von 5 Minuten, auftritt, deutet auf das Vorhandensein von Spuren Bi. Grenzkonzentration jetzt etwa 1 : 500000 (nach 6 Minuten).

d) Nach Léger[40] mit Cinchonin und KJ. Man gibt einen Tropfen der zu untersuchenden Lösung auf ein Stück Filtrierpapier und darauf einen Tropfen des frisch hergestellten Reagens (0,1 g Cinchonin und einen Tropfen HNO_3 in 10 ml warmem Wasser lösen, nach Abkühlen 0,2 g KJ hinzufügen). Dann tritt eine orange Farbe auf. Grenzkonzentration etwa 1 : 40000. Hg^{2+}, Ag, Pb, V und Tl geben gelbe Niederschläge oder Färbungen, die nicht ernsthaft stören. Cu^{2+} setzt Jod frei, das ebensowenig stört. Au, Se und Hg_2^{2+} geben braune Niederschläge, wobei das erste immer, die beiden letzteren nur bei großem Überschuß stören. Pt gibt eine rosa bis violette Färbung, die auch nur in konzentrierter Lösung stört.

e) Wenn man ein Körnchen festen Thioharnstoff zu einer nicht zu stark sauren Wismutlösung hinzufügt, erhält man eine intensiv gelbe Farbe. Die Reaktion ist weder sehr empfindlich, noch besonders selektiv.

Man muß sie immer berücksichtigen, wenn man mit Thioharnstoff auf Blei prüft, nachdem es von Wismut abgetrennt ist. Wenn nämlich eine Gelbfärbung auftritt, zeigt das, daß die Trennung nicht vollständig gewesen ist.

Quecksilber. Zweiwertig; Ionen Hg_2^{2+}, Quecksilber(I), und Hg^{2+}, Quecksilber(II), beide farblos.

A. Quecksilber(I)

1. *Alkalihydroxyde* geben einen schwarzen Niederschlag, in der Kälte hauptsächlich Hg_2O, in der Wärme $HgO + Hg$, unlöslich in einem Überschuß Lauge.

2. *Ammoniak* gibt gleichfalls einen schwarzen Niederschlag, jedoch von anderer Zusammensetzung, z. B. eine Mischung von $Hg_2ONH_2NO_3$ und Hg. Mit dem unlöslichen Hg_2Cl_2 bildet Ammoniak ebenfalls schwarze Verbindungen, wie Hg_2NH_2Cl oder ein Gemisch von $HgNH_2Cl$ und Hg. Die Fällung ist nur vollständig, wenn nicht zuviel NH_4-Salze vorhanden sind.

3. *Chloride* und *HCl* geben ein weißes, unlösliches Hg_2Cl_2, das mit NH_4OH schwarz wird (siehe oben). In starker Salpetersäure löst es sich langsam durch Oxydation zu $HgCl_2$, in Königswasser schneller.

4. *Schwefelwasserstoff* gibt einen schwarzen Niederschlag von Hg_2S oder von $HgS + Hg$, unlöslich in KOH, in $(NH_4)_2S$ und in HNO_3 1 : 1.

5. *Kaliumcyanid* gibt einen grauen Niederschlag von Hg unter gleichzeitiger Bildung von löslichem $Hg(CN)_2$.

6. Mit $SnCl_2$, mit Cu und mit Al reagieren die Quecksilber(I)verbindungen in gleicher Weise wie die Quecksilber(II)verbindungen.

B. Quecksilber(II)

1. *Alkalihydroxyde* geben einen orangegelben Niederschlag von HgO aq. bzw., falls nicht genug Lauge hinzugefügt wird, von mehr braunen basischen Salzen, wie z. B. Hg_2OCl_2. Der Niederschlag ist in einem Überschuß Lauge unlöslich.

2. *Ammoniak* gibt einen weißen Niederschlag, bei Chlorid von $HgNH_2Cl$, bei Nitrat von $OHg_2NH_2NO_3$. Die Fällung ist — wenigstens in der Wärme — nur vollständig bei Abwesenheit von viel NH_4-Salzen.

3. *Schwefelwasserstoff* gibt in sauren Lösungen einen schwarzen Niederschlag von HgS, unlöslich in KOH, in $(NH_4)_2S$ und in HNO_3 1 : 1, dagegen löslich in Na_2S unter Bildung von Thiomercurat, HgS_2^{2-}-Ionen. Aus dieser Lösung wird es durch NH_4Cl wieder gefällt. Bevor mit H_2S das schwarze HgS entsteht, bilden sich weiße, gelbe und braune gemischte Salze wie $Hg_3S_2Cl_2$. Kochen beschleunigt die HgS-Bildung.

4. *Sulfate*, sogar die unlöslichen, bilden mit einer sehr schwach sauren Lösung von $Hg(NO_3)_2$ ein unlösliches, gelbes, basisches Quecksilber(II)-sulfat, $3\,HgO \cdot SO_3$ (Denigès[41]).

5. *Kaliumjodid* gibt einen gelbroten Niederschlag von HgJ_2, löslich in einem Überschuß Reagens unter Bildung von HgJ_3^-- und HgJ_4^{2-}-Ionen.

6. *Kaliumcyanid* bildet mit Hg^{2+}-Verbindungen das lösliche $Hg(CN)_2$, das so wenig dissoziiert ist, daß es von allen Hg^{2+}-Reaktionen nur die mit H_2S zeigt.

7. *Zinn(II)chlorid* gibt zuerst einen weißen Niederschlag von Hg_2Cl_2, der auf die Dauer und mit mehr $SnCl_2$ durch Bildung von metallischem Hg schwarz wird.

8. *Metallisches Kupfer* scheidet aus Lösungen von Hg^{2+} und $Hg_2{}^{2+}$ das freie Quecksilber ab, das mit Kupfer ein graues, mehr oder weniger spiegelndes Amalgam bildet. Nach Trocknung kann das Quecksilber in einer Proberöhre daraus abdestilliert werden; es bildet unter dem Mikroskop sichtbare kleine glänzende Tröpfchen. Spezifische und ziemlich empfindliche Reaktion!

9. *Metallisches Aluminium* bildet mit Lösungen von Hg^{2+} und $Hg_2{}^{2+}$ gleichfalls ein Amalgam, das pyrophor ist. Nach Abtrocknen mit einem Tuch oxydiert es an der Luft zu Al_2O_3 aq., das wie Moos auf dem Aluminium hochwächst. Spezifische und sehr empfindliche Reaktion!

10. Wenn man Quecksilberverbindungen mit Na_2CO_3 und Eisenfeilicht erwärmt, bilden sie Quecksilberdampf. Leitet man diesen mit einem CO_2-Strom auf ein Goldblättchen, so entsteht darauf ein grau bis weiß glänzender Fleck von Goldamalgam. Spezifische und sehr empfindliche Reaktion!

Identitätsreaktionen

a) Zum mikroskopischen Identifizieren kommt die Reaktion als $ZnHg(CNS)_4 \cdot 1\ H_2O$ am meisten in Betracht. Man fügt einen sehr kleinen Tropfen konzentrierter NH_4CNS-Lösung zu einer Quecksilber(II)lösung hinzu, danach einige Körnchen einer Mischung festen Zinksulfats und etwas Kobaltacetats. Hiernach bilden sich hellblaue Federn oder Nadelbündel. Das Kobaltsalz ist nicht unbedingt notwendig; bei kleinen Mengen Quecksilber erhöht es jedoch durch Blaufärbung die Zuverlässigkeit der Identifizierung.

b) Die gut ionisierten Hg^{2+}- und $Hg_2{}^{2+}$-Verbindungen, in erster Linie also die Nitrate, geben in neutralem oder sehr schwach saurem Milieu eine Blaufärbung mit dem symmetrischen Diphenylcarbazid, $O=C(NH-NHC_6H_5)_2$ (Cazeneuve[42]-Oddo[43]). Um das HgS als solches zu erkennen, gibt man etwas davon auf eine Tüpfelplatte, löst es mittels Bromwasser, entfernt den Überschuß (der das Reagens auch färben und danach zersetzen würde), indem man erst einen Tropfen Phenol und dann einen Tropfen $2\,n\ H_2SO_4$ hinzufügt; danach fügt man einen Tropfen des Reagens (1% in Alkohol) und zuletzt von der Seite her $2\,n$ KOH zu. Irgendwo ist dann immer eine Zone mit richtigem Säuregrad, wo die Blaufärbung auftritt. In $Hg(NO_3)_2$-Lösungen ist die Reaktion sehr empfindlich; Grenzkonzentration etwa 1 : 200000. Chromate und Molybdate, Kupfer, Eisen und Kobalt stören durch Fällungen oder durch andere Färbungen. Mit KOH färbt sich das Reagens leuchtend rot. Zahlreiche andere Metalle werden in neutralem Milieu gefärbt.

c) Wenn Cu vorhanden und obenstehende Reaktion also unbrauchbar ist, kann die von TANANAEFF[44] mit $SnCl_2$ und Anilin [oder $(NH_4)_2SO_4 + NH_4OH$] angewendet werden. Man gibt einen Tropfen der Hg-Lösung auf Filtrierpapier, dazu einen Tropfen $SnCl_2$ (5%) und schließlich einen Tropfen Anilin [oder $(NH_4)_2SO_4 + NH_4OH$]; durch Hinzufügen des letzteren wird die Hg-Lösung schnell vollständig zu Hg reduziert, das einen schwarzen Fleck bildet. Au, Ag und Pt stören, weil sie ebenfalls reduziert werden, Cu gibt zwar einen braunen Fleck am Rande des Tropfens, der aber das Wahrnehmen des zentralen Hg-Fleckens nicht stört. Wenig empfindliche Reaktion (Grenzkonzentration 1 : 2000), aber doch nützlich.

d) Je nach Wunsch und unter bestimmten Umständen können auch die oben unter 8, 9 und 10 genannten Reaktionen mit Erfolg angewendet werden.

Titan. Drei- und vierwertig; farblose Ionen Ti^{4+} und TiO_3^{2-}, Titan(IV) und Titanat, und weniger stabil das violette Ti^{3+}, Titan(III). Die folgenden Reaktionen beziehen sich alle auf vierwertiges Titan.

1. Sowohl saure als auch alkalische Titanlösungen werden beim Erwärmen stark hydrolysiert, allerdings mit starker Verzögerung. Dabei fällt TiO_2 aq. aus, das nur schwer in Säuren und Alkalien löslich ist, wenigstens, wenn es warm gefällt wurde. Titan ist also aus einer sauren Lösung zu entfernen, indem man es einige Stunden lang mit 0,5%iger Salzsäure kocht.
2. Ein nicht zu alter Niederschlag von TiO_2 aq. ist in kaltem *Ammoniumcarbonat* merkbar löslich (im Gegensatz zu Al).
3. *Natriumacetat* und *Natriumthiosulfat* fällen in der Wärme Titan vollständig.
4. Bei Vorhandensein von konzentrierter Schwefelsäure ist TiF_4 nicht flüchtig (im Gegensatz zu Si).
5. *Zink* und *Zinn* reduzieren saure Ti-Lösungen zu dem violetten Ti^{3+}, das ein besonders starkes Reduktionsmittel ist.
6. *Kupferron* (NH_4-Salz von Phenylnitrosohydroxylamin) fällt Ti aus sauren Lösungen vollständig (im Gegensatz zu Al).

Identitätsreaktionen

a) Die mikroskopischen Titanreaktionen sind sicherlich nicht die besten; der Nachweis als Rb_2TiF_6 ist brauchbar. Nicht zu altes TiO_2 aq. wird auf einem Cellon- oder Plexiglasobjektträger in einem Tropfen Wasser mit festem NH_4F gelöst, dazu gibt man ein Körnchen festes RbCl. Es entstehen sechseckige Kristalle von Rb_2TiF_6. Das Objektiv des Mikroskops muß hierbei, wie bei allen mikroskopischen Reaktionen mit HF oder NH_4F, in dünnes Cellon eingewickelt werden. Die Reaktion ist keineswegs selektiv.

b) Ti^{4+}-Lösungen geben mit H_2O_2 und verdünnter Schwefelsäure eine intensive orangebraune Färbung von TiO_2, H_2O_2 aq. (SCHÖNN[45]). Bei Hinzufügen von etwas festem NaF verschwindet die Farbe, weil das Titan als

TiF_6^{2-} gebunden wird. Empfindliche Reaktion; Grenzkonzentration etwa 1 : 100 000. Viel Eisen(III) stört durch seine eigene braune Farbe, sie kann aber mit einigen Tropfen H_3PO_4 entfernt werden.

c) Nach HALL und SMITH[46] gibt Ti^{4+} mit Chromotropsäure (1,8-Dihydroxynaphthalin-3,6-disulfosäure) in verdünnter schwefelsaurer Lösung eine rotviolette Farbe. Eisen(III) gibt eine grüne Farbe, wenn nicht genügend Schwefelsäure vorhanden ist. Spezifische und ziemlich empfindliche Reaktion; Grenzkonzentration etwa 1 : 50000.

Aluminium. Dreiwertig; Ionen Al^{3+}, AlO_2^- und AlO_3^{3-}, farblos.

1. *Alkalihydroxyde* und *Ammoniak* geben einen weiß-flockigen Niederschlag von $Al(OH)_3$, gut löslich in einem Überschuß Alkalihydroxyd unter Aluminatbildung; beinahe nicht löslich in einem bescheidenen Überschuß NH_4OH, völlig unlöslich, wenn genügend NH_4-Salze vorhanden sind. Säuren fällen aus einer Aluminatlösung das $Al(OH)_3$ und lösen es wieder in einem Überschuß. Wenn diese Fällung bei einem pH = 8 bis 9 erfolgt (Farbumschlag von Thymolblau von blau nach gelb), ist sie für die meisten qualitativen Zwecke hinreichend vollständig.

2. *Ammoniumsulfid* gibt gleichfalls einen Niederschlag von $Al(OH)_3$.

3. *Acetate* geben nur in der Wärme einen weißen Niederschlag basischen Acetats, der sich bei Abkühlung wieder löst.

4. Al bildet mit *Tartraten* und *Oxalaten* und zahlreichen anderen organischen Anionen Komplexe, wodurch u. a. das Fällen von Hydroxyd mit NH_4OH verhindert wird.

5. *Phosphate* geben bei hinreichend niedrigem Säuregrad einen weißen Niederschlag von $AlPO_4$, löslich in verdünnten Mineralsäuren, unlöslich aber in Essigsäure (im Gegensatz zu Ca, Sr, Ba und Mg), und löslich in KOH.

6. Bei langem Kochen mit $Na_2S_2O_3$ fällt Al aus sehr schwach sauren Lösungen vollständig als $Al(OH)_3$ aus [im Gegensatz zu Eisen(III)].

Identitätsreaktionen

a) Aluminium kann mikroskopisch am besten als Al-Cs-Alaun nachgewiesen werden. Man fügt ein kleines Tröpfchen konzentrierter $CsHSO_4$-Lösung zu der höchstens sehr schwach sauren Lösung hinzu. Auf einem warmen Platz eindampfen lassen, dann bilden sich farblose, gut geformte Oktaeder (Sechsecke). Die Reaktion ist empfindlich und einfach, aber nicht spezifisch, da Eisen(III) und Chrom(III) ebenfalls Oktaeder geben, wenngleich diese gelb oder hellviolett gefärbt sind. Wäscht man diese einmal mit Wasser aus, schleppt die Flüssigkeit ab und gibt dann NH_4OH darauf, so kann man — am besten bei auffallendem Licht — sehen, daß sie braun oder hellviolett werden, während die von Al weiß werden.

b) Nach ATACK[47] wird der violette Beizfarbstoff, der mit NH_4OH aus einer sauren Lösung von Alizarin-S und einem Al-Salz entsteht, bei Versetzen mit verdünnter Essigsäure rotbraun, während ohne Al die ursprüngliche saure, d. h. gelbe Farbe des Reagens zurückkehrt. Das Reagens hat die Struktur

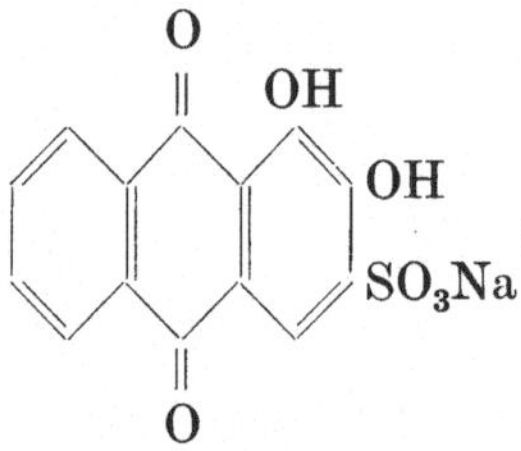

O
OH
OH
SO_3Na ;
O

es wird in 0,2%iger wäßriger Lösung angewendet. Auf ein Stück Filtrierpapier gibt man erst einen Tropfen der schwach sauren Al-Lösung, dann einen Tropfen des Reagens und macht den Fleck dann ammoniakalisch, indem man ihn über ein Fläschchen NH_4OH hält. Er wird violettrot, ob nun Al vorhanden ist oder nicht. Das Papier wird dann auf einem kleinen Uhrglas mit etwa 0,2 *n* Essigsäure behandelt. Bei Vorhandensein von Al bleibt dann ein rotbrauner Fleck zurück, sonst ein gelber. Es ist zu empfehlen, sich davon zu überzeugen, daß das benutzte Papier Al-frei ist. Empfindliche Reaktion (Grenzkonzentration etwa 1 : 100000), jedoch keineswegs selektiv. Chrom(III), Ni, Zn, Mn und Be stören nicht, die meisten anderen Elemente aus diesen Gruppen stören, weil sie analoge Beizfarbstoffe geben, obgleich häufig von anderer Farbe. Besonders Eisen(III) stört durch eigene Farbe und Zr, weil es einen Beizfarbstoff bildet, der sogar verdünnte Salzsäure verträgt. Es ist also notwendig, entweder Al erst über das Aluminat von Fe^{3+} zu isolieren, oder aber die Reaktion auf Papier, das mit $K_4Fe(CN)_6$ getränkt ist, auszuführen.

c) Mit „Aluminon" (Aurintricarbonsäure-NH_4-Salz) gibt Aluminium eine rote Färbung (Hammett und Sottery[48]). Die Ausführung in einer Lösung Ammoniumacetat in einem kleinen Reagenzglas ist am einfachsten. Ungefähr 1 ml einer 5%igen Ammoniumacetatlösung wird mit 3 Tropfen Aluminon (1‰ in Wasser aus einem Plastikvorratsfläschchen) und dann mit einem Tropfen Al-Lösung versetzt. Die anfangs gelbe Farbe wird dann rosa. Da die meisten Reagenzien Spuren von Aluminium enthalten, ist es sehr zu empfehlen, eine Blindprobe auszuführen. Eisen(III) und viele weniger allgemein vorkommende Elemente geben eine analoge Reaktion. Die Empfindlichkeit ist groß: mindestens 1 : 500000. Bei großen Aluminiumkonzentrationen entsteht ein roter Niederschlag.

Eisen. Zwei- und dreiwertig; Ionen Fe^{2+}, Eisen(II), grün; Fe^{3+}, Eisen(III), gelb.

A. Eisen(II)

1. Eisen(II)verbindungen sind Reduktionsmittel. In saurer Lösung oxydieren sie nur langsam an der Luft; $Fe(OH)_2$ wird durch Luftsauerstoff schnell oxydiert und ist ein besonders starkes Reduktionsmittel.

2. *Alkalihydroxyde* und *Ammoniak* geben hellgrünes $Fe(OH)_2$, das an der Luft erst dunkelgrün, dann braun wird. Unlöslich in einem Überschuß der Reagenzien. Bei Anwesenheit von viel NH_4-Salzen ist die Fällung merkbar unvollständig.

3. *Ammoniumsulfid* gibt einen schwarzen Niederschlag von FeS, sehr leicht löslich in verdünnten Säuren und empfindlich für Oxydation durch Luftsauerstoff.

4. *Kaliumhexacyanoferrat(III)* gibt einen blauen Niederschlag von $KFeFe(CN)_6$, unlöslich in verdünnten mineralischen Säuren, löslich in Oxalsäure.

B. Eisen(III)

1. Da Eisen(III)hydroxyd eine sehr schwache Base ist, sind die Eisen(III)salze stark hydrolisiert. Salze schwacher Säuren geben in wäßriger Lösung einen Niederschlag von $Fe(OH)_3$, Salze starker Säuren sind — außer in einer stark sauren Lösung — braun gefärbt durch kolloidal gelöstes $Fe(OH)_3$, während das Fe^{3+}-Ion hellgelb gefärbt ist.

2. Das Eisen(III)ion hat eine starke Neigung zur Komplexbildung, z. B. mit Phosphat-, Fluorid-, Tartrat-, Citrat-, Acetat- und zahlreichen anderen organischen Anionen, die dann die Eisen(III)reaktionen mehr oder weniger maskieren.

3. *Alkalihydroxyde* und *Ammoniak* geben einen braunen, gallertartigen Niederschlag von $Fe(OH)_3$, der zwar sehr wenig löslich ist, doch wenigstens teilweise leicht in kolloidaler Lösung bleibt, wodurch die Fällung erst nach langem Kochen vollständig wird. Durch Filtrieren wird er besser abgeschieden als durch Zentrifugieren. Unlöslich in einem Überschuß der Reagenzien.

4. *Ammoniumsulfid* gibt in der Kälte einen schwarzen Niederschlag von Fe_2S_3, in der Wärme von FeS + S, beide in verdünnten Säuren gut löslich, im letzteren Fall unter Schwefelabscheidung.

5. *Reduktionsmittel*, wie H_2S, H_2SO_3, HJ, $Na_2S_2O_3$ und Oxalsäure, reduzieren vor allem in saurem Milieu schnell und vollständig zu Eisen(II), ohne es aus der sauren Lösung zu fällen.

6. *Kaliumhexacyanoferrat(II)* gibt in saurem Milieu denselben blauen Niederschlag $KFeFe(CN)_6$, den Eisen(II)salze mit Kaliumhexacyanoferrat(III) geben.

7. *Rhodanide* geben in saurem Milieu das tiefrote komplexe $FeFe(CNS)_6$, das mit Äther, Amylalkohol oder Benzylalkohol ausgeschüttelt werden kann. Fluoridionen und Reduktionsmittel verhindern die Reaktion (im Gegensatz zu Molybdän und Aziden).

8. *Acetate* geben in kalten Lösungen einen rotbraun gefärbten Komplex. In verdünnten und warmen Lösungen fällt Fe^{3+} vollständig als ein basischer Eisen(III)acetat-Komplex aus. Zahlreiche andere organische Säuren, vor allem Hydroxysäuren reagieren auf analoge Weise.

9. *Phosphate* geben in sehr schwach sauren warmen Lösungen einen Niederschlag eines komplexen Eisen(III)phosphats, das in Essigsäure unlöslich ist, vor allem bei Vorhandensein von genügend Ammoniumacetat, und deshalb zur Entfernung der Phosphate in schwach saurem Milieu benützt werden kann. Der dabei angewandte Überschuß von $FeCl_3$ wird durch das Ammoniumacetat gleichzeitig ausgefällt.

10. Mit *Kupferron* (NH_4-Salz von Phenylnitrosohydroxylamin) geben Eisen(III)lösungen in verdünnter Salzsäure (1 : 5) einen rotbraunen Niederschlag (im Gegensatz zu Al) (BAUDISCH[49]).

Identitätsreaktionen

Gute mikroskopische Identitätsreaktionen auf Eisen, außer der bereits bei Aluminium beschriebenen Alaunreaktion, sind uns nicht bekannt. Sie sind übrigens auch vollkommen überflüssig.

Tüpfelreaktionen auf **Eisen(II):**

a) Eisen(II)salze geben mit Dimethylglyoxim in neutralem oder schwach alkalischem, am besten in ammoniakalischem Milieu, eine Rotfärbung, aber nie einen Niederschlag wie Ni (SLAWIK[50]). In einem Reagenzglas ausgeführt, ist die Grenzkonzentration etwa 1 : 200000. Die Reaktion ist mit dem Vorbehalt spezifisch, daß man die Niederschläge von Ni und Pd und die braune Farbe, die Co und Cu geben, davon zu unterscheiden vermag.

b) Nach BLAU[51] färben sich Eisen(II)salze in verdünnter saurer Lösung mit α-α'-Dipyridyl intensiv rot. Das Reagens hat die Struktur

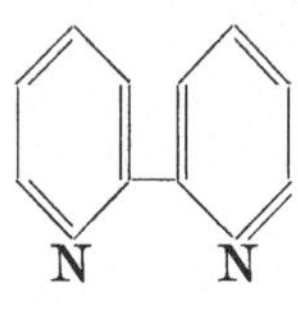

und wird als 1%ige Lösung in 0,5 *n* HCl verwendet. Die Reaktion wird auf der Tüpfelplatte ausgeführt; die Grenzkonzentration ist dann etwa 1 : 200000. Die Reaktion ist also sehr empfindlich und außerdem spezifisch. Ihre Anwendung wird jedoch durch die hohen Kosten des Reagens beschränkt.

Auf **Eisen(III):**

Zum Identifizieren der Fe^{3+}-Ionen kann man in der Regel mit der unter 7 genannten Reaktion mit KCNS auskommen, jedenfalls wenn Eisen(III) als Hydroxyd isoliert worden ist und daher komplexbildende Ionen abwesend sind. Auf der Tüpfelplatte ausgeführt, ist die Grenzkonzentration etwa 1 : 100000. Die Rotfärbungen von KCNS mit Ru, V, Mo und $SnCl_2$, mit Nitriten und mit Aziden können kaum zu Verwechslungen Anlaß geben. Quecksilber(II)salze binden die CNS^--Ionen und können daher die Reaktion stören.

Chrom. Hauptsächlich drei- und sechswertig; Ionen Cr^{3+}, grün; CrO_4^{2-}, gelb; $Cr_2O_7^{2-}$, orangefarbig.

A. Chrom(III)

1. *Alkalihydroxyde* geben einen graugrünen Niederschlag von $Cr(OH)_3$, der in kaltem Zustand amphoter ist, so daß sich der Niederschlag in einem Überschuß Lauge unter Chromitbildung löst. Beim Kochen fällt daraus jedoch wieder $Cr(OH)_3$ aus, wenngleich nicht immer ganz vollständig.

2. *Ammoniak* gibt gleichfalls $Cr(OH)_3$, das auch nur in der Kälte in einem Überschuß Reagens unter Bildung komplexer, violett gefärbter Kationen $Cr(NH_3)_6^{3+}$ löslich ist. Auch hieraus fällt beim Kochen $Cr(OH)_3$ aus, und zwar auch nicht immer ganz vollständig.

3. *Ammoniumsulfid* gibt den gleichen Niederschlag von $Cr(OH)_3$.

4. *Acetate* bilden zwar wie die meisten Ionen organischer Säuren stabile Komplexe mit Cr^{3+}, diese sind aber löslich. Bei Anwesenheit von Fe^{3+} und Al^{3+} findet dennoch eine gemeinsame Fällung statt.

5. *Phosphate* geben einen hellgraugrünen Niederschlag von $CrPO_4$, unlöslich in Essigsäure.

6. *Natriumthiosulfat* fällt aus einer kochenden neutralen Chrom(III)-lösung $Cr(OH)_3$ fast vollständig, genau wie bei Al [im Gegensatz zu Eisen(III)].

7. *Oxydationsmittel* können das Cr^{3+}-Ion zu CrO_4^{2-} oder zu $Cr_2O_7^{2-}$ oxydieren. In saurer Lösung tun das nur wenige Oxydationsmittel, z. B.: $HNO_3 + KClO_3$, $KMnO_4$ und $K_2S_2O_8$; in alkalischem Milieu tun es auch andere, z. B. Bromwasser und H_2O_2. Auch durch Schmelzen mit Soda und Salpeter, oder zur Not nur mit Na_2CO_3 oder NaOH unter Mitwirkung von Luftsauerstoff, werden Chrom(III)verbindungen in Chromat übergeführt, das sich mit intensiv gelber Farbe in Wasser löst.

B. Chromate

1. *Säuren* führen das gelbe CrO_4^{2-}-Ion in das orangefarbige $Cr_2O_7^{2-}$-Ion über; *Alkalien* lassen die Reaktion umgekehrt verlaufen.

2. Die meisten Chromate sind unlöslich und gelb gefärbt, Ag_2CrO_4 ist rotbraun, $BaCrO_4$ und $PbCrO_4$ sind auffallend wenig löslich, letzteres nur in warmen verdünnten Mineralsäuren. $BaCl_2$ fällt aus Dichromaten nur $BaCrO_4$, wenn der Säuregrad durch Versetzen mit Na-Acetat niedrig genug gehalten wird.

3. Beim Erhitzen fester Chromate mit konzentrierter Schwefelsäure und einem festen Chlorid entwickeln sich braune Dämpfe von CrO_2Cl_2.

Identitätsreaktionen

a) Mikroskopisch kann man Chrom durch Bildung des Cr-Cs-Alauns nachweisen, wie schon bei Aluminium beschrieben.

b) Das Überführen in $Ag_2Cr_2O_7$ ist charakteristischer. Falls erforderlich, führt man dazu das Chrom(III) erst in Chromat über, z. B. durch Eindampfen mit konzentrierter Salpetersäure und einem Körnchen festem $KClO_3$ (nur im Mikromaßstab, nie in großen Mengen wegen Explosionsgefahr!). Auf alle Fälle nimmt man in HNO_3 auf und läßt mit einem Körnchen festem $AgNO_3$ reagieren. Es bilden sich orangefarbige Kristalle, zumeist Nadeln und schiefe Sechsecke von $Ag_2Cr_2O_7$.

c) Nach CAZENEUVE[52] oxydieren Dichromate in verdünnter schwefelsaurer Lösung das symmetrische Diphenylcarbazid $O = C(NH \cdot NHC_6H_5)_2$ zu einem intensiv violetten Produkt. Ein Tropfen der Cr^{3+}-Lösung wird auf der Tüpfelplatte mit einem Tropfen 2 *n* KOH und einem Tropfen Bromwasser zu Chromat oxydiert. Der Überschuß des Bromwassers, der das Reagens erst färben und danach zerstören würde, wird durch

Ansäuern mit 2 *n* H_2SO_4 und Versetzen mit einem Tropfen Phenol entfernt. Danach wird ein Tropfen des Reagens (1% in Alkohol) hinzugefügt; es tritt eine intensiv violette Farbe auf. Die Reaktion ist empfindlich; Grenzkonzentration bei dieser Ausführung etwa 1 : 100000. Sie ist allerdings vielen Oxydationsmitteln eigen und also nicht spezifisch. Cu^{2+} und Fe^{3+} geben analoge Reaktionen, Hg färbt sich blau. Es ist daher notwendig, das Chrom erst über die systematische Analyse oder als CrO_2Cl_2 zu isolieren. Die Störung durch Fe^{3+} fällt in hinreichend saurem Milieu fort.

d) Das Chromat kann auf spezifische Weise mit einer Reaktion, die schon von BARRESWILL[53] (1847) herstammt, nachgewiesen werden. In sehr verdünnter schwefelsaurer Lösung färbt sich das Dichromat mit H_2O_2 blau unter Bildung von Chromperoxyd, das allerdings unbeständig ist. Fügt man hingegen Äther hinzu, löst es sich mit blauer Farbe darin und ist dann bemerkenswert länger haltbar. Die Reaktion wird in einem kleinen Reagenzglas ausgeführt, in das man einen Tropfen 2 *n* H_2SO_4, dann 1 ml 3%iges H_2O_2, 1 ml Äther und schließlich 0,5 ml der sehr verdünnten Chromatlösung gibt. Nach Schütteln färbt sich die Ätherschicht blau. Die Reaktion ist spezifisch und mäßig empfindlich. Bei obenstehender Ausführung ist die Grenzkonzentration etwa 1 : 20000.

Kobalt. In sauren Lösungen hauptsächlich zweiwertig; Ionen Co^{2+}, Kobalt(II), rosa; in zahlreichen komplexen Verbindungen dreiwertig, Kobalt(III). Wasserfreie Verbindungen meistens blau.

1. *Alkalihydroxyde* geben bläulichrosafarbiges $Co(OH)_2$, das in einem Überschuß Lauge zwar schwach, doch merkbar löslich ist. Bereits an der Luft oxydiert es merklich zu dem schwarzen $Co(OH)_3$. Durch Versetzen mit KOH und Bromwasser oder H_2O_2 wird der Vorgang beschleunigt. $Co(OH)_3$ ist in einem Überschuß Lauge vollkommen unlöslich. Die Oxydation von $Co(OH)_2$ durch Luftsauerstoff wird durch die Anwesenheit von Weinsäure verhindert (im Gegensatz zu Mn).

2. *Ammoniak* gibt nur aus konzentrierten Lösungen und bei Abwesenheit von viel NH_4-Salzen einen Niederschlag von $Co(OH)_2$ oder von basischen Salzen. Auf alle Fälle ist der Niederschlag sehr leicht löslich in einem Überschuß NH_4OH unter Bildung gelblicher komplexer $Co(NH_3)_4{}^{2+}$-Kationen. Diese gehen bereits an der Luft — mit Oxydationsmitteln schneller — über in rosa Kobalt(III)-Ammoniak-Kationen, $Co(NH_3)_6{}^{3+}$. Weder KOH allein noch KOH und Bromwasser fällen hieraus $Co(OH)_3$ (im Gegensatz zu Ni).

3. *Schwefelwasserstoff* gibt mit neutralen oder schwach sauren Na-Acetat enthaltenden Co^{2+}-Lösungen einen schwarzen Niederschlag von CoS. Dieses Sulfid wird auch mit $(NH_4)_2S$ gefällt. Obgleich es nicht aus stark sauren Lösungen gefällt wird, löst es sich, wenn es einmal gefällt ist, sehr schwer in verdünnter Salzsäure, da es nach der Fällung sehr schnell in eine weniger lösliche Modifikation übergeht. In HCl mit ein wenig H_2O_2 löst es sich leicht.

4. *Kaliumcyanid* bildet $Co(CN)_2$, das sich in einem Überschuß KCN braun löst zu komplexen Kobaltcyanidionen $Co(CN)_6^{4-}$. Sie gehen bereits an der Luft, und sogar ohne Luft nur mit Wasser, unter Wasserstoffentwicklung und bei Versetzen mit Br_2 oder Cl_2 schnell in Kobalt(III)-cyanidkomplexe $Co(CN)_6^{3-}$ über. Hieraus fällt KOH kein $Co(OH)_3$ (im Gegensatz zu Ni).

5. *Kaliumnitrit* gibt — im Überschuß schwach essigsauren Lösungen von Co^{2+} hinzugefügt — einen gelben Niederschlag von $K_3Co(NO_2)_6$ (siehe Kalium, Identitätsreaktionen).

Identitätsreaktionen

a) Kobalt kann mikroskopisch am besten nachgewiesen werden, indem man zu der verdünnten essigsauren Lösung einen Tropfen konzentrierter Lösung von $(NH_4)_2Hg(CNS)_4$ gibt. Dann entstehen intensiv blau gefärbte Nadeln oder Prismen von $CoHg(CNS)_4 . 1\ H_2O$. Nach KORENMAN[54] kann die Reaktion viel empfindlicher gemacht werden, wenn man vorher mit Zinksulfat versetzt. Man erhält dann Kristalle von $ZnHg(CNS)_4 \cdot 1\ H_2O$, die auch nur bei Spuren von Kobalt blau gefärbt sind. Die Reaktion ist spezifisch und in der letztgenannten Ausführung außerdem sehr empfindlich. Eisen(III) stört durch Rotfärbung und kann mit NaF oder $SnCl_2$ unschädlich gemacht werden.

b) Eine alkoholische Lösung von Co^{2+}-Salzen ist an sich meistens schon blau gefärbt. Sie wird durch Versetzen mit festem KCNS oder NH_4CNS (SKEY[55]-VOGEL[56]) sehr intensiv hellblau. Die Reaktion wird auf der Tüpfelplatte ausgeführt. Zu einem Tropfen der zu untersuchenden Lösung wird eine dreifache Menge Äthylalkohol gegeben. Der Gebrauch von Amylalkohol macht die Reaktion zwar etwas empfindlicher, ist jedoch meistens überflüssig. Ein Körnchen festes Rhodanid gibt dann eine Blaufärbung. Statt Äthyl- oder Amylalkohol kann nach DITZ[57] auch Aceton mit Erfolg als Lösungsmittel verwendet werden. Auf der Tüpfelplatte wird zu einem Tropfen der zu untersuchenden Lösung ein Tropfen einer 5%igen Lösung von KCNS in Aceton gegeben. Dann tritt eine grünlichblaue Farbe auf. Die Reaktion ist, auf diese Art ausgeführt, sehr empfindlich; Grenzkonzentration etwa 1 : 200000. Die Reaktion ist für Co spezifisch. Eisen(III) stört durch Rotfärbung. Die Störung kann aber stark herabgesetzt werden durch Versetzen mit $SnCl_2$, NaF oder Tartraten.

c) Nach ILINSKY und VON KNORRE[58] gibt α-Nitroso-β-naphthol mit Co^{2+}-Lösungen in essigsaurem Milieu eine rotbraune Farbe, die 2 *n* HCl verträgt. Die Reaktion wird auf Filtrierpapier ausgeführt. Man gibt erst einen Tropfen von höchstens schwach saurer Co^{2+}-Lösung darauf, danach einen Tropfen Reagens (1% in 50%iger Essigsäure); ein rotbrauner Fleck entsteht, der mit 2 *n* HCl zwar etwas verblaßt, aber nicht verschwindet. Fe^{3+}, UO_2^{2+} und Cu^{2+} (und Pd^{2+}) geben analoge Farben; das Auftreten der beiden ersteren wird durch Versetzen mit Phosphat, das der Cu^{2+}-Farbe durch Reduktion mit HJ verhindert. Die Reaktion ist recht empfindlich; beim Ausführen auf Filtrierpapier ist die Grenzkonzentration etwa 1 : 200000.

Nickel. In saurer Lösung hauptsächlich zweiwertig; Ionen Ni^{2+}, Nickel(II), grün.

1. *Alkalihydroxyde* geben einen grünen Niederschlag von $Ni(OH)_2$, unlöslich in einem Überschuß Lauge. Er oxydiert an der Luft nicht (im Gegensatz zu Co). Mit KOH und Brom oder Chlor (nicht mit H_2O_2) bildet er — genau wie Co — das schwarze $Ni(OH)_3$.

2. *Ammoniak* fällt aus nicht zu verdünnten Lösungen von Ni^{2+} und bei Abwesenheit von viel NH_4-Salzen gleichfalls $Ni(OH)_2$, das in einem Überschuß NH_4OH unter Bildung blauer $Ni(NH_3)_4{}^{2+}$-Kationen leicht löslich ist. Mit sehr viel KOH kann hieraus wieder $Ni(OH)_2$ gefällt werden. Der Komplex wird durch Luftsauerstoff nicht oxydiert (im Gegensatz zu Co).

3. *Schwefelwasserstoff* gibt mit neutralen oder schwach sauren Na-Acetat enthaltenden Ni^{2+}-Lösungen einen schwarzen Niederschlag von NiS, der sehr starke Neigung zeigt, als braunes Sol in kolloidaler Lösung zu bleiben. Durch Kochen in essigsaurer Lösung wird es ausgeflockt. Dieses Sulfid bildet sich auch mit $(NH_4)_2S$. Obgleich es nicht aus stark sauren Lösungen gefällt wird, ist es — einmal gefällt — nur sehr schwer in verdünnter Salzsäure löslich, weil es — genau wie CoS — nach der Fällung sehr schnell in eine weniger lösliche Modifikation übergeht. In HCl mit etwas H_2O_2 ist es leicht löslich.

4. *Kaliumcyanid* gibt einen Niederschlag von $Ni(CN)_2$, der in einem Überschuß Reagens unter Bildung von $Ni(CN)_4{}^{2-}$-Anionen gut löslich ist. Diese werden in alkalischem Milieu durch Cl_2 und Br_2 zersetzt, unter Bildung von Ni^{2+}-Salzen und CNCl bzw. CNBr, also nicht unter Bildung von Ni^{3+}-CN-Komplexen. Durch Versetzen mit KOH und Br_2 wird schwarzes $Ni(OH)_3$ gefällt (im Gegensatz zu Co).

5. *Kaliumnitrit* gibt mit reinen Ni^{2+}-Salzen keinen Niederschlag, dagegen wohl, wenn gleichzeitig Erdalkalimetalle, im besonderen Sr^{2+}-Salze, vorhanden sind; in dem Fall wird K-Sr-Ni-Tripelnitrit gefällt (siehe Strontium, Identitätsreaktionen).

Identitätsreaktionen

a) Die hier unter *b*) beschriebene Reaktion kann sehr gut zum mikroskopischen Nachweis von Nickel angewendet werden. Man führt sie dann jedoch besser in essigsaurer und nicht in ammoniakalischer Lösung durch, wodurch viel größere Kristalle gebildet werden. Die Nickellösung wird auf dem Objektträger trockengedampft, in einem Tropfen verdünnter Essigsäure aufgenommen, bis zum Kochen erhitzt und dann schnell ein Tropfen einer gesättigten alkoholischen Lösung von Dimethylglyoxim hinzugefügt. Es entstehen feine rote Nadeln. Die Reaktion ist empfindlich und spezifisch. (Aufpassen bei Palladium, siehe dort.)

b) Nach Tschugaeff[59] geben Ni^{2+}-Salze mit Dimethylglyoxim, $CH_3 \cdot CNOH \cdot CNOH \cdot CH_3$, in verdünnter ammoniakalischer oder Na-Acetat-haltiger Lösung einen roten kristallinen Niederschlag. Die Reaktion wird auf der Tüpfelplatte ausgeführt. Zu der zu untersuchenden Lösung wird ein Tropfen NH_4OH und dann ein Tropfen Reagens (1% in Alkohol) hinzugefügt. Es bildet sich ein roter Niederschlag. Fügt man danach einen Tropfen Amylalkohol hinzu, so konzentriert sich dort der Niederschlag. Der rote *Niederschlag* darf nicht mit der roten *Farbe*, die Eisen(II) mit dem Reagens gibt (siehe dort), verwechselt werden. Pd gibt einen Niederschlag in schwach saurem oder neutralem Milieu. Co^{2+} bildet hellbraune Komplexe, die stören, wenn es in großem Überschuß vorhanden ist. In diesem Fall wird vor dem Reagens statt NH_4OH erst Weinsäure, dann H_2O_2 und schließlich festes Na_2CO_3 hinzugefügt, wodurch das Co^{2+} in einen grünen Co^{3+}-Komplex übergeführt wird. Der rote Niederschlag ist darin leicht zu sehen (FEIGL, mündliche Mitteilung). Die Reaktion ist empfindlich; Grenzkonzentration auf der Tüpfelplatte etwa 1 : 100000.

c) Mit Dithioxamid (Rubeanwasserstoff) gibt Ni nach Entwickeln mit NH_3 eine blaue Farbe (RÂY und RÂY[60]). Die Durchführung geschieht wie bei Cu, Identitätsreaktion, *c*). Die Reaktion ist besonders empfindlich; Grenzkonzentration auf Papier etwa 1 : 3 000 000. Sie ist allerdings nicht spezifisch, da Cu und Co analog reagieren. Manchmal gelingt es, durch die unterschiedliche Diffusionsgeschwindigkeit die blaue Ni-Farbe neben der braunen Co-Farbe und der grünen Cu-Farbe zu beobachten.

Mangan. Zweiwertig, Mangan(II), Ionen Mn^{2+}, hellrosa; dreiwertig, Mangan(III), hauptsächlich in Komplexen, u. a. mit Phosphationen, stärker rosa als Mn^{2+}; vierwertig, Manganite, Ionen MnO_3^{2-}, farblos; sechswertig, Manganate, Ionen MnO_4^{2-}, grün; siebenwertig, Permanganate, Ionen MnO_4^-, intensiv rotviolett.

1. *Alkalihydroxyde* geben einen fast weißen Niederschlag von $Mn(OH)_2$, unlöslich in einem Überschuß Lauge; an der Luft wird er braun durch Bildung von $MnMnO_3$.

2. *Ammoniak* gibt keinen Niederschlag, wenn genügend NH_4-Salze vorhanden sind. Aus der Lösung fällt aber doch nach einiger Zeit durch Oxydation $MnMnO_3$ aus. Falls Fe, Cr oder Al vorhanden sind, werden deren Manganite gefällt.

3. *Ammoniumcarbonat* gibt auch bei Anwesenheit von NH_4-Salzen einen Niederschlag von $MnCO_3$ (im Gegensatz zu Mg).

4. *Ammoniumsulfid* gibt einen salmfarbigen Niederschlag von MnS, in verdünnten Säuren sehr leicht löslich. Wenn es einige Zeit mit $(NH_4)_2S$ gekocht wird, wird es in eine graugrüne Modifikation verwandelt.

5. Wenn irgendeine Manganverbindung mit Soda oder NaOH und einem Oxydationsmittel wie KNO_3 oder zur Not nur mit Luftsauerstoff geschmolzen wird, bildet sich eine grüne Schmelze von Manganaten, die sich mit einer grünen Farbe in Wasser lösen. Auf die Dauer zersetzt sich die Lösung unter Abscheidung von MnO_2 aq. und Bildung von Permanganat.

6. Durch Erhitzen mit starker Salpetersäure und $KClO_3$ geben Mangan(II)salze MnO_2 aq., das in HNO_3 unlöslich ist. So ist Mn^{2+} von zahlreichen anderen Metallen zu trennen. Man beschränke die Anwendung der Reaktion wegen der Gefahr von ClO_2-Bildung auf Ausführung im Mikromaßstab.

7. *Starke Oxydationsmittel*, z. B. PbO_2 und konzentrierte Salpetersäure, NaOCl (nicht NaOBr) unter katalytischem Einfluß von Cu^{2+}-Salzen, Natriumbismutat in verdünnter Salpetersäure und Peroxydisulfate in sehr verdünnter schwefelsaurer Lösung unter katalytischem Einfluß von Ag^{+}-Salzen oxydieren das Mn^{2+}-Ion zu dem intensiv rotvioletten MnO_4^--Ion.

8. *Kaliumbromat* oxydiert in phosphorsaurer, weniger gut in schwefelsaurer Lösung zu dem intensiv rosa gefärbten Mn^{3+}-Ion. Das Chlorat tut das nur in phosphorsaurer Lösung durch Komplexbildung. Für Perjodat siehe Identitätsreaktion, *c*).

Identitätsreaktionen

Wenn beim Erwärmen des zu untersuchenden Stoffes auf einem Objektträger mit HNO_3 und $KClO_3$ ein brauner Rückstand entstanden ist, so ist das wahrscheinlich MnO_2 aq. Für die mikroskopische Identifizierung wäscht man es mit Wasser aus und führt es durch Erwärmen mit konzentrierter Salzsäure in $MnCl_2$ über. Man dampft dieses zur Trockne ein und nimmt es in Wasser auf. In der jetzt entstandenen neutralen Lösung kann man eine der zwei folgenden Reaktionen anwenden:

a) Man versetzt mit einem Körnchen Oxalsäure. Es entstehen Bündel dicker Nadeln mit gerader Auslöschung der Zusammensetzung $MnC_2O_4 \cdot 3\,H_2O$.

b) Man versetzt mit einem Tropfen auf dem Objektträger selbst hergestellter gesättigter Lösung von Cyanursäure in 1 *n* NH_4OH; es entstehen farblose Nadeln von Mangan(II)cyanurat (MENKE[61]). Die Struktur von Cyanursäure ist:

```
HOC — N
 ‖    ‖
 N    COH.
 |    |
HOC = N
```

c) Nach WILLARD und GREATHOUSE[62] wird das Mn^{2+}-Ion durch festes KJO_4 in verdünnter Phosphorsäure (1 : 3) oxydiert zu einem intensiv rotvioletten Produkt, das entweder $HMnO_4$ oder irgendein Mn^{3+}-Komplex ist. Wir wollen annehmen, daß es $HMnO_4$ ist. Die Reaktion wird auf einer Porzellanscherbe durchgeführt. Zu einem Tropfen der zu untersuchenden Lösung gibt man einen Tropfen starker Phosphorsäure und zwei Tropfen Wasser, dann ein sehr kleines Körnchen KJO_4 und erhitzt kurz über einer Mikroflamme. Rotfärbung — meist nur vorübergehend — tritt auf, danach Abscheidung von MnO_2 aq. Die Reaktion ist spezifisch für Mn, leider allerdings etwas unverläßlich. Besonders empfindlich ist sie nicht; Grenzkonzentration etwa 1 : 30000.

d) Nach FEIGL[63] kann von der Autooxydation des $Mn(OH)_2$ Gebrauch gemacht werden. Sie kann an die des Benzidins gekoppelt werden, das dabei ein intensiv blaues Oxydationsprodukt ergibt. Man gibt zu einem Tropfen der zu untersuchenden Lösung auf der Tüpfelplatte einen Tropfen

2 *n* KOH. Die oben befindliche Flüssigkeit wird mit einem Stück Filtrierpapier größtenteils weggesaugt, um einen möglichen Überschuß störender Chloride zu entfernen. Dann werden ein Tropfen Benzidinacetat (1 g Benzidin in 3 ml Essigsäure lösen, dann mit Wasser auf 100 ml auffüllen) und noch ein Tropfen 2 *n* Essigsäure hinzugefügt: Blaufärbung. Falls Co vorhanden ist, wird vor dem Reagens ein Tropfen einer 5%igen Weinsäurelösung zugefügt. Die Reaktion ist empfindlich; Grenzkonzentration auf der Tüpfelplatte etwa 1 : 100000. Sie ist nicht spezifisch; Ag^+, Co^{2+}, Ce^{3+}, Tl^+ und zahlreiche Oxydationsmittel (aber nicht H_2O_2) zeigen die gleiche Reaktion.

e) Eine gleichfalls sehr empfindliche, obgleich etwas unverläßliche Manganreaktion ist die von Fulton[64] mit NH_4OH, H_2O_2 und Aspirin, das ist Acetylsalicylsäure, o-$C_6H_4 \cdot COOH \cdot OCOCH_3$. Auf der Tüpfelplatte wird sie wie folgt ausgeführt: Man gibt zuerst etwa einen Tropfen 4 *n* NH_4OH darauf, dann einen Tropfen 3%iges H_2O_2, dann einen Tropfen einer sehr verdünnten Manganlösung (z. B. 1 : 50000) und schließlich in dieses Gemisch etwas festes Aspirin. Rund um dieses Körnchen tritt dann eine rotbraune Farbe auf. Die Reaktion ist spezifisch und sehr empfindlich; Grenzkonzentration etwa 1 : 1000000. Sie hat nur Sinn für Spuren Mn, da größere Mengen auch ohne Aspirin mit NH_4OH und H_2O_2 eine Braunfärbung geben.

Zink. Zweiwertig; Ionen Zn^{2+} und $ZnO_2{}^{2-}$, farblos.

1. *Alkalihydroxyde* geben einen weißen Niederschlag von $Zn(OH)_2$, leicht löslich in einem Überschuß Lauge unter Bildung von Zinkaten. Hieraus fällt NH_4Cl nicht wieder $Zn(OH)_2$ (im Gegensatz zu Al). Bei vorsichtiger Neutralisation mit verdünnter Salzsäure auf Thymolblau (Farbumschlag blau-gelb, pH = 8,5) kann es für die meisten qualitativen Zwecke genügend vollständig gefällt werden. Aus verdünnten Zinkatlösungen wird $Zn(OH)_2$ durch Kochen bereits teilweise gefällt.

2. *Ammoniak* gibt nur einen Niederschlag von $Zn(OH)_2$ aus ziemlich konzentrierten Lösungen und auch nur dann, wenn sie nicht zu viele NH_4-Salze enthalten. $Zn(OH)_2$ ist leicht löslich in einem Überschuß NH_4OH unter Bildung komplexer $Zn(NH_3)_4{}^{2+}$-Kationen.

3. *Schwefelwasserstoff* gibt in neutralen Na-Acetat-haltigen Zn^{2+}-Lösungen einen weißen Niederschlag von ZnS, löslich in verdünnten Mineralsäuren, unlöslich in Essigsäure. Ammoniumsulfid gibt das gleiche Sulfid, allerdings in viel weniger filtrierbarer Form.

4. *Kaliumhexacyanoferrat(II)* gibt einen hellgelben Niederschlag von $K_2Zn_3[Fe(CN)_6]_2$, in Essigsäure und sehr verdünnten Mineralsäuren unlöslich. Durch Oxydation, z. B. mit Bromwasser, bildet es braunes Hexacyanoferrat(III), das wohl in verdünnten Mineralsäuren löslich ist.

Identitätsreaktionen

a) Die mikroskopische Reaktion mit $(NH_4)_2Hg(CNS)_4$ ist die Hauptreaktion einer ganzen Gruppe, der wir bereits bei Hg und Cu begegnet sind. Zu der neutralen oder höchstens sehr verdünnt sauren Zinklösung fügt man einen kleinen Tropfen einer konzentrierten Lösung des Reagens. Es entstehen farblose, schwarz scheinende Federn, Kreuze oder gezahnte Sterne von $ZnHg(CNS)_4 \cdot H_2O$. Die Reaktion kann durch Zusetzen von Spuren Co oder Cu noch empfindlicher gemacht werden. Zusammen mit der folgenden mikroskopischen Reaktion ist sie unserer Meinung nach die beste Identitätsreaktion von Zink.

b) Man gibt einen Tropfen konzentrierte Lösung von Ammoniumorthophthalat auf einen Objektträger, säuert schwach mit Essigsäure an, gibt dann ein Körnchen festes $TlNO_3$ zu, dann einen Tropfen höchstens schwach saure Zinklösung und erwärmt leicht. Es bilden sich gut gezeichnete, unregelmäßige Sechsecke und Rhomben von Zink-thallo-orthophthalat. Gute Reaktion, aber nicht spezifisch, weil Cadmium eine analoge Reaktion gibt. Die dabei auftretenden Kristalle sind allerdings meist viel größer.

c) Mit $(NH_4)_2Hg(CNS)_4$ geben Zinksalze einen weißen, kristallinen, meist federförmigen Niederschlag von $ZnHg(CNS)_4 \cdot H_2O$ (Behrens[65]). Die Fällung mit $K_2Hg(CNSe)_4$ (Benedetti-Pichler und Spikes[66]) ist noch etwas empfindlicher. Der Niederschlag wird deutlicher sichtbar, wenn eine Spur Co^{2+} hinzugefügt wird, und zwar so wenig, daß es selbst nicht mit dem Reagens gefällt wird (Kuhlberg[67]). Die Reaktion kann unter dem Mikroskop oder auf der Tüpfelplatte ausgeführt werden. Im letzteren Fall gibt man einen Tropfen des Reagens darauf (30 g $HgCl_2$, 33 g NH_4CNS in 100 ml Wasser) und einen Tropfen einer 0,02%igen $CoCl_2$-Lösung. Fügt man dann einen Tropfen der schwach sauren Zn-Lösung hinzu, entsteht kein weißer, sondern ein blauer Niederschlag. Vergleiche das analoge Verhalten von Cu^{2+}-Salzen (siehe dort). Die Reaktion ist für Zn spezifisch und ziemlich empfindlich; Grenzkonzentration auf der Tüpfelplatte etwa 1 : 100000. Eisen(III) und viel Mn stören. Die Reaktion von Eisen(III) mit den CNS^--Ionen kann durch $SnCl_2$ verhindert werden, der Säuregrad darf jedoch nicht zu hoch werden.

d) „Dithizon", das ist Diphenylthiocarbazon, $S=C(NH \cdot NHC_6H_5)(N:NC_6H_5)$, das mit verschiedenen Schwermetallen typische Färbungen ergibt (Fischer[68]), gibt mit Zinkaten, in alkalischer Lösung also, eine rote Farbe. Die Reaktion wird auf der Tüpfelplatte ausgeführt. Ein besonders kleines Körnchen Dithizon wird in einem Tropfen CCl_4 zu einer grünen Lösung gelöst und die Zinkatlösung hinzugefügt. Die CCl_4-Lösung färbt sich dann rot. Die auf diese Weise ausgeführte Reaktion ist ziemlich empfindlich; Grenzkonzentration etwa 1 : 100000. Sie ist allerdings keineswegs spezifisch. In saurer oder neutraler Lösung werden auch zahlreiche Metalle (auch Zn) gefärbt; in alkalischer Lösung nur Pb und Zn, während Cu und Hg^{2+} stören. Von der völlig analogen Pb^{2+}-Reaktion, gleichfalls weinrot, ist die von Zn zu unterscheiden, weil die Pb-Färbung wohl, die von Zn dagegen nicht gegen KCN beständig ist. Es bleibt jedoch immer erwünscht, bei Anwendung dieser Reaktion Zn erst über ZnS und Zinkat zu isolieren. Al^{3+} stört nicht.

e) Zinkionen können CN^--Ionen stark komplex binden. Feigl[69] macht davon auf folgende Weise Gebrauch: eine Lösung von $K_2Ni(CN)_4$ reagiert nicht mit Dimethylglyoxim, $Ni(CN)_2$ jedoch wohl. Fügt man zu dem ersteren Zn^{2+} hinzu, reagiert es auch. Auf der Tüpfelplatte mischt man 3 Tropfen einer 5%igen $K_2Ni(CN)_4$-Lösung, 2 Tropfen einer gesättigten alkoholischen Lösung von Dimethylglyoxim und 2 Tropfen konzentriertes Ammoniumhydroxyd. Von dieser Lösung gibt man 2 Tropfen mit einer Ballonpipette in die zu untersuchende Lösung, wodurch sie ammoniakalisch werden muß; roter Niederschlag.

Alle Stoffe, die CN^- stark binden können, reagieren analog: Cd^{2+}, festes AgCl, AgBr, AgJ, AgCNS, Aldehyde usw.

Magnesium. Zweiwertig; Ionen Mg^{2+}, farblos.

1. *Alkalihydroxyde* fällen $Mg(OH)_2$ nur dann ziemlich vollständig, wenn keine NH_4-Salze vorhanden sind, Bariumhydroxyde gleichfalls.

2. *Ammoniak* fällt $Mg(OH)_2$ niemals vollständig, auch nicht bei Abwesenheit von NH_4-Salzen.

3. *Ammoniumcarbonat* fällt aus nicht zu sehr verdünnten Lösungen $MgCO_3$ nur, wenn keine anderen NH_4-Salze vorhanden sind. Bei deren Abwesenheit gibt ein Überschuß Natriumcarbonat eine etwas vollständigere Fällung von $MgCO_3$. Dieses Carbonat ist auch in reinem Wasser für die meisten qualitativen Zwecke unlöslich genug.

4. Das *Sulfat* und das *Oxalat* von Mg sind in Wasser gut löslich (im Gegensatz zu Ca, Sr und Ba).

5. *Ammoniumphosphat* gibt in verdünnten ammoniakalischen Lösungen einen weißen Niederschlag von $MgNH_4PO_4$, auch bei Anwesenheit von viel NH_4-Salzen. Nach einiger Zeit wird es kristallin (6 aq.) und ist dann mikroskopisch in Form gezahnter Nadeln, die meist zu Kreuzen und Sternen verwachsen sind, einfach zu erkennen.

6. *8-Oxychinolin* (Oxin) fällt Mg auch neben vielen NH_4-Salzen in verdünnter ammoniakalischer Lösung vollständig. Keineswegs selektive Reaktion!

Identitätsreaktionen

a) Mikroskopisch wird Magnesium fast immer als $MgNH_4PO_4 \cdot 6\ H_2O$ nachgewiesen. Man fügt erst einen Tropfen NH_4Cl, dann einen Tropfen NH_4OH und schließlich ein kleines Körnchen Na_2HPO_4 zu der zu untersuchenden Lösung hinzu. Es bilden sich Federn, oftmals in X-Form gekreuzt. Bei sehr langsamer Kristallisation entstehen manchmal kleine, scharf gezeichnete „Dächer". Lithium gibt eine analoge Reaktion. Ist außer Mg Calcium vorhanden, kann durch Hinzufügen von Zitronensäure die Fällung von Ca-Phosphat verhindert werden. Ba und Sr können als Sulfat entfernt werden. Wenn Lithium vorhanden ist, muß Mg erst mit einem Überschuß $Ba(OH)_2$ isoliert werden.

b) Wenn eine Suspension von $Mg(OH)_2$ oder von $MgCO_3$ oder von $MgNH_4PO_4$ in verdünnter Kalilauge mit Titangelb (das ist Azidingelb 5 G, ein sehr komplizierter Farbstoff) oder mit dessen Homolog, Clayton-Gelb, aufgekocht wird, dann färbt sich der Niederschlag rotviolett, während die Lösung die alkalische Farbe des Reagens, braungelb, soweit sichtbar, behält (KOLTHOFF[70]). Die Reaktion wird am besten in einem Zentrifugenröhrchen ausgeführt; man kocht 1 bis 2 ml der genannten Suspension mit einigen Tropfen des Reagens (0,05% in Alkohol) auf und zentrifugiert dann ab. Die Rotfärbung des Niederschlags ist dann besser zu sehen. Die Reaktion ist ziemlich empfindlich; mit einer Suspension des Hydroxyds in 2 *n* KOH ist die Grenzkonzentration etwa 1 : 100000. NH_4-Salze dürfen natürlich nicht vorhanden sein. Die Reaktion ist keineswegs selektiv; zahlreiche andere Hydroxyde reagieren analog; die von Ca, Sr, Ba und Li und deren Carbonate und Phosphate zeigen die Färbung allerdings nicht.

c) Nach WEISSELBERG[71]) zeigt das p-Nitrobenzol-azo-resorcinol („Magneson") mit der Struktur

$$O_2N-C_6H_4-N=N-C_6H_3(OH)_2$$

eine analoge Adsorptionsreaktion. Man gibt auf die Tüpfelplatte einen Tropfen der zu untersuchenden Lösung und 1 oder 2 Tropfen des Reagens, das wegen seiner starken Eigenfarbe (alkalisch rotviolett) in sehr verdünnter Lösung angewendet werden muß (1 mg in 200 ml 2 *n* KOH). Je nach der Menge des vorhandenen Mg entsteht ein blauer Niederschlag oder nur ein Farbumschlag nach blau. Die Reaktion ist empfindlicher als die mit Titangelb, doch genau wie diese nur zum Nachweis von Mg neben Ca, Sr, Ba und Li zu gebrauchen, nicht zur Unterscheidung von anderen Metallen.

d) Für die Reaktion mit Chinalizarin, die neben der obengenannten wenig Sinn hat, sei auf Beryllium, Identitätsreaktion *b*), verwiesen.

Calcium, Strontium und Barium. Alle zweiwertig; Ionen Ca^{2+}, Sr^{2+} und Ba^{2+}, farblos. Die Eigenschaften dieser drei Metalle gleichen einander derart, daß nicht die prinzipiellen, sondern die graduellen Unterschiede am interessantesten sind. Eine gemeinsame Behandlung liegt auf der Hand.

1. *Alkalihydroxyde* geben, wenn die verwendete Lauge carbonatfrei ist, nur in sehr konzentrierten Lösungen einen Niederschlag. Carbonatfreie Alkalihydroxyde sind allerdings selten. Die Löslichkeit der Hydroxyde und einiger der wichtigsten schwer löslichen Salze ist in der untenstehenden Tabelle zusammengefaßt, zu der auch Magnesium zum Vergleich hinzugefügt wurde:

Löslich: 1 Teil des Salzes in n Teilen Wasser bei 20° C:

	Mg	Ca	Sr	Ba
Hydroxyd	111000	600	100	26
Carbonat	10000	110000	180000	56000
Sulfat	—	500	9000	420000
Fluorid	—	43000	6500	470
Chromat	—	4	700	270000
Oxalat	—	150000	22000	8000

Diesen Zahlen darf keine allzu exakte Bedeutung beigemessen werden, weil sie nur sehr ungenau bekannt sind. Nur ihre Größenordnung ist wichtig. Um die Analogie mit den Angaben von Grenzkonzentrationen beizubehalten, sind die Löslichkeiten hier als die Anzahl Gramme reines Wasser angegeben, das nötig ist, um 1 g Salz bei 20° zu lösen. Man vergleiche diese Zahlen mit denen der Löslichkeitsprodukte aus Tab. 4.

2. *Ammoniak* fällt die Hydroxyde nicht, wohl aber die Carbonate, wenn das verwendete Reagens eine Zeitlang dem CO_2 der Luft ausgesetzt war.

3. *Ammoniumcarbonat* gibt im allgemeinen einen Niederschlag der Carbonate; bei Anwesenheit von viel NH_4-Salzen ist die Fällung allerdings merkbar unvollständig, vor allem bei Ba. Da das normal käufliche sogenannte Ammoniumcarbonat sehr wesentliche Mengen NH_4HCO_3 und $H_2N \cdot CO \cdot ONH_4$ (Ammoniumcarbamat) enthält, die den pH-Wert beträchtlich niedriger machen, als der Zusammensetzung $(NH_4)_2CO_3$ entsprechen würde, ist es nötig, um eine ziemlich vollständige Fällung der Erdalkalicarbonate zu erhalten, ein wenig NH_4OH zuzufügen und dann auf 60° bis 70° zu erwärmen.

4. *Sulfate* geben aus Ca^{2+}-Lösungen nur einen Niederschlag, wenn sie ziemlich konzentriert sind, aus Sr^{2+}-Lösungen besser, und aus Ba^{2+}-Lösungen, auch wenn sie sehr verdünnt sind. Bei allen drei Sulfaten ist die Abscheidung mit großer Verzögerung verbunden. In Alkohol, auch verdünnt 1 : 1, sowohl Äthyl- als auch Methylalkohol, sind sie bedeutend weniger löslich als in Wasser. $CaSO_4$ ist in Mineralsäuren und in NH_4-Salzen viel besser löslich als in Wasser. Bei $SrSO_4$ und $BaSO_4$ ist das zwar auch der Fall, vor allem beim letzteren ist die Erscheinung jedoch durch große Unlöslichkeit weniger merkbar. $SrSO_4$ und $BaSO_4$ sind, besonders wenn sie alt oder in mineralischem Zustand sind, in Königswasser unlöslich. $CaSO_4$ scheidet sich sehr leicht kristallin ab und ist dann mikroskopisch zu erkennen (siehe bei den Identitätsreaktionen). $SrSO_4$ und $BaSO_4$ können aus warmer starker Schwefelsäure umkristallisiert werden und sind dann auch — obgleich weit weniger gut als $CaSO_4$ — mikroskopisch zu erkennen.

5. *Fluoride* geben in Ca^{2+}-Lösungen einen schwer filtrierbaren, gallertartigen Niederschlag von CaF_2, in Essigsäure fast unlöslich, und falls alt oder in mineralischem Zustand, auch in starken Mineralsäuren nur sehr langsam löslich. SrF_2 wird sehr unvollständig gefällt; BaF_2 nur aus konzentrierten Lösungen. Letzteres ist sogar in NH_4Cl leicht löslich.

6. *Oxalate* verhalten sich ungefähr wie Fluoride; Ca^{2+}-Salze geben einen fast vollständigen Niederschlag von CaC_2O_4 (im Gegensatz zu Mg), in Essigsäure unlöslich, Sr^{2+} wird weniger vollständig und Ba^{2+} sehr unvollständig gefällt. BaC_2O_4 ist in Essigsäure — jedenfalls bei Erwärmung — recht gut löslich.

7. *Chromate* geben in essigsaurer Lösung mit Ba^{2+}-Salzen eine vollständige Fällung von $BaCrO_4$, nicht nur unlöslich in Essigsäure, sondern auch in KOH (im Gegensatz zu Pb); Dichromate nur, wenn der pH-Wert durch Zufügen von Na-Acetat erhöht wird. Der Säuregrad kann

so gewählt werden, daß Sr nicht mitgefällt wird. Fügt man dann NH_4OH genau bis zur neutralen Reaktion und danach ein gleiches Volumen Alkohol zu und erwärmt leicht, um dem Mitausfallen von K_2CrO_4 vorzubeugen, wird $SrCrO_4$ gefällt. Ca gibt mit Chromaten keinen Niederschlag. Auf dieses Verhalten ist eine viel verwendete Trennungsmethode der Erdalkalien von CARON und RAQUET[72] begründet.

8. Mit *Kaliumhexacyanoferrat(II)* und NH_4Cl geben vor allem Ca^{2+}, in weit geringerem Maß auch Sr^{2+} und Ba^{2+}, einen Niederschlag eines Doppel-hexacyanoferrats(II), allerdings nur in neutraler oder schwach ammoniakalischer Lösung. Man kann diese Reaktion zur Not zur Unterscheidung von Ca^{2+} von Sr^{2+} und Ba^{2+} anwenden.

9. Während die *Chloride* und *Nitrate* von Ca, Sr und Ba alle in Wasser sehr gut löslich sind, ist das in organischen Lösungsmitteln und in konzentrierter Salzsäure und Salpetersäure nicht bei allen der Fall. Hierauf sind verschiedene Trennungen der Erdalkalimetalle begründet. Frl. DULFER[73] hat eine gute Übersicht hierüber gegeben. In *absolutem* Äthylalkohol sind z. B. $SrCl_2$, $CaCl_2$ und $Ca(NO_3)_2$ recht gut löslich; $BaCl_2$, $Ba(NO_3)_2$ und $Sr(NO_3)_2$ wenig oder gar nicht. Mit Gemischen von Alkohol und Äther und mit Amylalkohol erhält man ähnliche Unterschiede. Die Durchführung von Trennungen, die hierauf beruhen, ist schwierig, weil die anzuwendenden Lösungsmittel vollkommen wasserfrei sein müssen und daher schwer haltbar sind. Die Trennungen mit konzentrierter Salzsäure und Salpetersäure sind daher einfacher im Gebrauch. Frl. DULFER (loc. cit.) gibt die nachfolgenden Zahlen für die Löslichkeit in mg wasserfreiem Salz in 100 ml Lösung bei 20° C:

In HNO_3,	(1,40) :	19000 mg	$Ca(NO_3)_2$,	das ist 1 : 5
		18,4 mg	$Sr(NO_3)_2$	1 : 5400
		11,5 mg	$Ba(NO_3)_2$	1 : 8700
In HCl,	(1,19) :	29000 mg	$CaCl_2$	1 : 3,5
		135 mg	$SrCl_2$	1 : 740
		0 mg	$BaCl_2$	1 : ∞

Die Zahlen lassen erkennen, daß die Extraktion wasserfreier Chloride mit konzentrierter Salzsäure eine vollständige Trennung von Ca und Ba ermöglicht. Keine der anderen Extraktionen vermag eine vollkommene Trennung zu geben. Dennoch ist die Extraktion der *wasserfreien* Nitrate mit HNO_3 (1,4) das beste heutzutage bekannte Trennungsmittel für Ca von Sr. Wir werden bei der systematischen Analyse davon Gebrauch machen.

Identitätsreaktionen

Auf **Barium:**

a) Der fast amorphe Niederschlag von $BaCrO_4$, den man bei der systematischen Analyse erhält, kann in 2 *n* HCl gelöst werden und daraus durch langsame Erwärmung zur Randkristallisation gebracht werden. Es bilden sich feine Nadeln.

b) Aus einer schwach sauren Bariumlösung bilden sich mit einem Körnchen $(NH_4)_2SiF_6$ Stäbchen, Nadeln und Kreuze mit Endflächen (Domas) unter 45° und gerader Auslöschung. Ca und Sr geben diese Reaktion zwar selbst nicht, stören aber die Bariumreaktion, wenn sie in etwas größeren Mengen vorhanden sind.

c) Nach DENIGÈS[74] gibt ein Tropfen einer neutralen Bariumlösung mit einer 10%igen HJO_3-Lösung büschelartige Nadelgruppen. Strontium gibt moosartige Kristalle, Calcium schiefe Bipyramiden. Die Reaktion ist zum Unterscheiden dieser drei Elemente gut, nicht aber zum Nachweis nebeneinander.

d) Nach FEIGL[75] geben neutrale Lösungen von Ba^{2+}-Salzen einen rotbraunen Niederschlag mit dem Dinatriumsalz der Rhodizonsäure von nebenstehender Struktur, der gegen 0,5 *n* HCl beständig ist. Die Reaktion wird auf Filtrierpapier ausgeführt. Darauf wird ein Tropfen der zu untersuchenden Lösung gegeben und dann ein Tropfen einer frisch hergestellten Lösung eines Körnchens festen Rhodizonats in Wasser. Es entsteht ein braunroter Fleck. Gibt man einen Tropfen 0,5 *n* HCl darauf, wird der Fleck rot und weniger intensiv. Er verschwindet allerdings nicht (nur auf Papier nicht!), im Gegensatz zu dem von Sr, das analog reagiert, dessen Farbe aber mit HCl ganz verschwindet. Die Reaktion ist recht empfindlich; Grenzkonzentration etwa 1 : 100000. Außer Sr geben auch zahlreiche andere Metalle, unter anderem Blei, gefärbte Niederschläge. Ca zeigt diese Reaktion nicht. Das Reagens ist besonders kostspielig und in Lösung nicht haltbar.

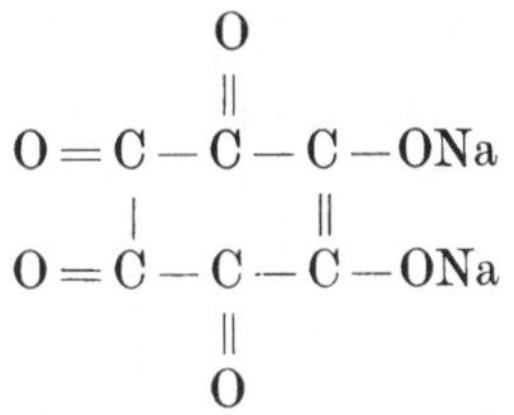

```
          O
          ‖
O = C  —  C  —  C — ONa
    |           ‖
O = C  —  C  —  C — ONa
          ‖
          O
```

e) Statt Rhodizonat kann auch das Dinatriumsalz von Tetraoxychinon verwendet werden (GUTZEIT jr.[76]). Hierbei treten auch in bezug auf Sr ganz dieselben Erscheinungen auf. Das Reagens ist weniger kostspielig, es wird in warmer gesättigter Lösung in Wasser angewendet; auch diese Lösung ist nicht haltbar. Die Empfindlichkeit ist etwas geringer als mit Rhodizonat; Grenzkonzentration etwa 1 : 50000.

f) Die Reaktion von Ba^{2+}-Salzen mit SO_4^{2-} in saurem Milieu kann deutlicher sichtbar gemacht werden durch Hinzufügen von $KMnO_4$, das mit $BaSO_4$ violette Mischkristalle bildet, die gegen Oxalsäure beständig sind (FEIGL und AUFRICHT[77]). Die Ausführung dieser Reaktion wird in Kapitel III auf S. 98 bei den Identitätsreaktionen der Sulfate behandelt. $PbSO_4$ gibt eine analoge Reaktion; Grenzkonzentration etwa 1 : 5000.

Auf **Strontium:**

a) Mikroskopisch kann Strontium nach ADAMS, BENEDETTI-PICHLER und BRYANT[78] als K-Sr-Cu-Tripelnitrit nachgewiesen werden. Ein Tropfen der Sr^{2+}-Lösung wird auf einem Objektträger zur Trockne eingedampft.

Auf den Rückstand gibt man einen Tropfen einer 2%igen Lösung von Kupfer(II)acetat und dampft wieder vorsichtig gerade bis zur Trockne ein; dann Aufnehmen in sehr verdünnter Essigsäure (0,05 bis 0,1 *n*) zu einer klaren Lösung. Dazu gibt man ein kleines Körnchen festes KNO_2; nach einiger Zeit, nach vorsichtigem Erwärmen rascher, bilden sich bis zur beginnenden Randkristallisation die dunkelgrünen *Kuben* des K-Sr-Cu-Tripelnitrits. Grenzkonzentration etwa 1 : 10000. Ba und Ca geben auch Tripelnitrite; die von Ba sind allerdings rechteckig oder rhombenförmig, die von Ca hexagonal. Es müssen daher eindeutig Kuben vorliegen. Diese Reaktion ist zum Unterscheiden des Sr von Ca und Ba gleichwohl nicht sehr geeignet; sie ergibt jedoch eine gute Identitätsreaktion auf einmal isoliertes Sr. Blei gibt dunkelrote bis schwarze Kuben.

b) Wenn Sr in starker Salpetersäure während der systematischen Analyse als $Sr(NO_3)_2$ abgetrennt worden ist, kann das auch mikroskopisch gut erkannt werden (Rawson[79]). Etwas von dem Nitrat wird zur Trockne eingedampft, in HNO_3 (1,2) aufgenommen und vorsichtig erwärmt bis zur gerade beginnenden Randkristallisation. Es bilden sich Wachstumsformen, Oktaeder, Sechsecke und Dreiecke von $Sr(NO_3)_2$. Grenzkonzentration etwa 1 : 10000. Gute Reaktion neben Ca und Mg; Ba und Pb geben analoge Kristallformen.

c) Die mikroskopische Reaktion mit HJO_3 siehe unter Barium, ebenso die Tüpfelreaktionen mit Rhodizonsäure und Tetraoxychinon. Nach Feigl[80] kann man mit Hilfe von Na-Rhodizonat Sr neben Ba nachweisen, wenn man Filtrierpapier verwendet, das mit einer gesättigten Lösung von Kaliumchromat imprägniert und danach getrocknet worden ist. Eine Ba-Lösung bildet damit $BaCrO_4$, das so unlöslich ist, daß es nicht mehr mit Rhodizonat reagiert; $SrCrO_4$ ist dagegen weit löslicher und reagiert wohl, aber natürlich nur, wenn der Säuregrad nicht zu hoch ist. Da Chromat im Überschuß vorhanden bleiben muß, darf die Ba-Lösung nicht zu konzentriert sein.

Auf **Calcium:**

a) Die einzige typische — glücklicherweise aber auch gute — mikroskopische Identitätsreaktion auf Ca ist die von Behrens[81]. Ein Tropfen der zu untersuchenden Lösung wird auf einem Objektträger zur Trockne eingedampft, bei sehr exakter Arbeit am besten auf Quarzglas. Man nimmt in einem Tropfen Wasser auf und fügt eine Spur 2 *n* H_2SO_4 zu. Nach Erwärmen bis zur gerade beginnenden Randkristallisation scheiden sich lange Nadeln von $CaSO_4$ 2 aq. ab, oftmals zu Büscheln vereinigt, manchmal als Prismen mit schiefen Endflächen und schiefer Auslöschung. Für reine Ca^{2+}-Lösungen ist die Empfindlichkeit sehr groß. Grenzkonzentration etwa 1 : 300000. Neben einem sehr großen Überschuß Sr, Ba und Mg ist die Empfindlichkeit gering. Pb stört nur in großem Überschuß; La, Ce und Th geben analoge Reaktionen.

b) Ein bereits sehr lange bekanntes Reagens von BEILSTEIN[82], Murexid (Ammoniumpurpurat, untenstehender Struktur), wird heutzutage wieder viel als Indikator bei der Härtebestimmung von Wasser mit „Complexon" angewendet (das ist Äthylendiamintetraessigsäure), das unter anderem mit Ca^{2+} einen festen Komplex bildet. Zum Nachweis von Ca^{2+} löst man sehr wenig, weniger als ein Stecknadelkopf ausmacht, festes Murexid auf der Tüpfelplatte in einem Tropfen 2 *n* KOH und einigen Tropfen Wasser. Daraus entsteht eine blauviolette Lösung, die nicht aufbewahrt werden kann. Fügt man ein wenig einer Ca^{2+}-haltigen Lösung hinzu, wird die Farbe orangerot. Fügt man danach ein Körnchen festes Complexon zu, kehrt die blauviolette Farbe wieder zurück. Die Reaktion ist recht empfindlich (ungefähr 1 : 250000), allerdings keineswegs selektiv. Mg und Ba zeigen sie jedenfalls nicht. Sr ist zweifelhaft.

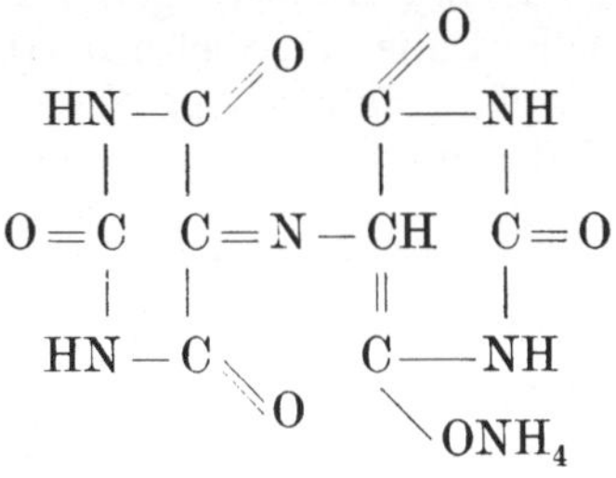

```
                  O         O
                 //        //
        HN — C           C —— NH
        |    |           |     |
    O = C    C = N — CH        C = O
        |    |           ||    |
        HN — C           C —— NH
                 \\        \
                  O         ONH4
```

Spektralanalyse:

Zum Nachweis von Spuren eines der Erdalkalimetalle neben großen Mengen der übrigen kann man eigentlich nur spektralanalytisch verfahren, und zwar in diesem Fall vorzugsweise unter Verwendung des Gleichstrombogens für trockene Salze (sehr empfindlich) oder des Funkens (weniger empfindlich, besser zur quantitativen Auswertung geeignet, auch für Lösungen brauchbar).

Man achte dabei vor allem auf folgende Linien:

für *Calcium*: 4 rote Linien von 6600 bis 6400 Å, eine starke, breite orangefarbige Linie bei 6160 Å, die violetten Linien bei 4227 und 3934 Å und die ultravioletten Linien bei 3179 und 3159 Å;

für *Strontium:* eine breite rote Linie bei 6380 Å, gelbe Banden bei 6000 Å, eine blaue Linie bei 4607 Å, eine violette Linie bei 4078 Å und eine ultraviolette Linie bei 3351 Å;

für *Barium:* eine rote Linie bei 6497 Å, ein orangefarbiges Band von 6200 bis 6300 Å; grüne Banden bei 5300, 5150 und 5000 Å, eine blaugrüne Linie bei 4934 Å und eine ultraviolette Linie bei 3072 Å.

Im ultravioletten Gebiet des Spektrums muß man spektrographisch (also mit Hilfe einer photographischen Platte) vorgehen; im sichtbaren Gebiet kann man entweder spektrographisch oder spektroskopisch (also visuell) arbeiten.

Natrium. Einwertig; Ionen Na^+, farblos.

1. Während von allen bisher behandelten Metallen mindestens ein großer Teil der Salze in Wasser unlöslich ist, sind fast alle Natriumsalze löslich. Ausnahmen bilden: Natriumhydropyroantimonat, Natriumzinktriuranylacetathexahydrat, Natriumuranat, Natriumbismutat und

von den weniger allgemein vorkommenden Elementen das Zirkonat und das Niobat.

2. Die intensiv gelbe Flammenreaktion von Na und die doppelte gelbe Linie im Spektrum (bei 5896 und 5890 Å) ist derart empfindlich (10^{-10} g), daß sie eigentlich nur für den Spurennachweis dieses Elementes Bedeutung hat; dazu eignet sie sich auch besonders gut.

Identitätsreaktionen

a) Nach KOLTHOFF[83] wird von der schon von STRENG[84] gefundenen Unlöslichkeit des Natriumzinktriuranylacetats Gebrauch gemacht. Die Reaktion wird am besten auf einem Objektträger mit schwarzem Papier als Unterlage ausgeführt. Man gibt nebeneinander einen Tropfen der höchstens sehr schwach sauren zu untersuchenden Lösung und einen Tropfen des Reagens (10 g Uranylacetat in 6 ml 30%iger Essigsäure lösen, auf 50 ml auffüllen; 30 g Zinkacetat und 3 ml 30%ige Essigsäure auf 50 ml auffüllen. Gleiche Volumina beider Lösungen mischen, einen Tag stehenlassen und filtrieren). Man verbindet dann die beiden Tropfen mit einem Stäbchen. Nach kurzer Zeit bildet sich ein blaßgelber Niederschlag. Unter dem Mikroskop erscheint er in Form wenig lichtbrechender hellgelber Sechsecke. Grenzkonzentration etwa 1 : 5000. Es wird daher häufig nötig sein, die zu untersuchende Lösung erst durch Eindampfen zu konzentrieren. Mg, Erdalkalien, K und NH_4 stören nur bei größerer Konzentration als 1 : 200. Lithium zeigt dieselbe Reaktion. K und NH_4 können mit $HClO_4$ ausreichend entfernt werden, Li durch Extraktion der trockenen Chloride mit Äther-Alkohol.

Die Reaktion ist, unter dem Mikroskop ausgeführt, bei Erwärmung bis zur beginnenden Kristallisation viel empfindlicher, Grenzkonzentration dann etwa 1 : 500000 in reiner Natriumlösung.

b) Auch die Reaktion mit $K_2H_2Sb_2O_7$ kann nach BÖTTGER[85] am besten unter dem Mikroskop ausgeführt werden, indem man festes NaCl — durch Trockendampfen erhalten — mit einem Tropfen einer frisch hergestellten, gesättigten Lösung von $K_2H_2Sb_2O_7$ bedeckt. Mit festem NaCl entstehen bei Anwesenheit von nur wenig Na Kristalle in Weidenblattformen, manchmal Bipyramiden.

c) Der Nachweis als Na-UO_2-Acetat ist nur unter dem Mikroskop brauchbar. Als Reagens verwendet man eine ungefähr halb gesättigte Lösung von Uranylacetat in 6 *n* Essigsäure, die man selbst auf dem Objektträger herstellt. Man dampft eine Lösung des Natriumsalzes bis zur Trockne ein und gibt einen Tropfen Reagens darauf. Nach kurzer Zeit (eventuell eindampfen) entstehen Tetraeder, oftmals auch dreieckige Sterne. Ein großer Überschuß K und NH_4 stören. Li, Rb und Cs geben die gleiche Reaktion.

Kalium. Einwertig; Ionen K^+, farblos.

1. Die meisten Kaliumsalze sind, genau wie bei Natrium, in Wasser gut löslich. Die Zahl der Ausnahmen ist hier allerdings viel größer. Das NH_4^+-Ion zeigt jedoch die darauf basierten Reaktionen in der Regel

genau wie das K^+-Ion. Dann ist es notwendig, die Ammoniumsalze erst durch leichtes Glühen vollkommen zu entfernen.

2. In Wasser wenig löslich sind: Kaliumfluorosilikat, Kaliumhydrogentartrat, Kaliumpikrat, Kaliumperchlorat, Kaliumperrhenat, Kaliumhexachloroplatinat, Kaliumnatriumhexanitrokobaltat(III) und einige andere Tripelnitrite (K-Cu-Pb, K-Sr-Cu), Kaliumwismutthiosulfat und Kaliumdipikrylaminat. Alle diese Unlöslichkeiten können mehr oder weniger empfindlichen makroskopischen oder mikroskopischen Reaktionen zugrunde gelegt werden. NH_4-Perchlorat und -Fluorosilikat sind recht gut löslich.

3. Die violette Flammenreaktion von K ist so schwach, daß sie neben Na, Ca, Li oder gleichartigen Metallen gar nicht oder nur schlecht zu sehen ist. Sie wird deutlicher sichtbar, wenn man sie durch ein blaues Kobaltglas betrachtet. Dieser Kunstgriff hat allerdings nur Sinn, um K neben Na, nicht um es neben anderen Metallen zu erkennen. Die spektroskopische Untersuchung ist dagegen die beste Art, um Spuren von K neben anderen Alkalimetallen nachzuweisen. Man achte dabei besonders auf die doppelte rote Linie bei 7699 und 7665 Å und auf die violette Linie bei 4044 Å im Flammenspektrum.

Identitätsreaktionen

a) Mit einer Lösung von H_2PtCl_6 gibt Kalium in nicht zu verdünnter Lösung (mehr als 1%ig) einen gelben kristallinen Niederschlag von K_2PtCl_6. Die Reaktion wird wie folgt ausgeführt: Auf einem Objektträger fügt man zu einem Tropfen der zu untersuchenden Lösung, die, falls erforderlich, durch Trockendampfen von zu viel Säure befreit ist, einen kleinen Tropfen Reagens (10%ig in Wasser) hinzu. Nach einer Weile scheidet sich K_2PtCl_6 in Form gelber Oktaeder ab. Leichtes Erwärmen kann die Abscheidung beschleunigen; Grenzkonzentration etwa 1 : 50000 nach Eindampfen durch Erwärmen. NH_4-Salze ergeben genau dieselbe Reaktion. Rb und Cs geben ein feineres Kristallmehl. Na und Li zeigen die Reaktion nicht, stören aber ihre Empfindlichkeit sehr, wenn sie im Überschuß vorhanden sind.

b) Nach POLUEKTOW[86] geben Kaliumsalze mit Dipikrylamin (Hexanitrodiphenylamin, siehe untenstehende Struktur) einen roten Niederschlag. Diese Reaktion kann auch sehr gut mikroskopisch ausgeführt werden[87]. Ein Tropfen der zu untersuchenden Lösung wird auf einem Objektträger zur Trockne eingedampft. Nach Abkühlung gibt man auf diesen Rückstand einen kleinen Tropfen Wasser und einen Tropfen Reagens (200 mg Dipikrylamin, 2 ml 1 *n* Na_2CO_3 und 20 ml Wasser). Es entstehen rote Kristalle, die vor allem bei niedriger Kaliumkonzentration sehr typische, hexagonale Formen annehmen. Grenzkonzentration etwa 1 : 500000. NH_4^+-Salze ergeben dieselbe Reaktion; Na^+-Salze stören nicht. Rb reagiert fast auf dieselbe Weise wie K; Cs gibt entweder analoge Kristalle oder Bündel feiner Nadeln.

NO_2 NO_2
O_2N—⟨ ⟩—NH—⟨ ⟩—NO_2
NO_2 NO_2

c) Nach DE KONINCK[88] gibt $Na_3Co(NO_2)_6$ mit Kaliumsalzen einen gelben Niederschlag von $K_2NaCo(NO_2)_6$. Die Reaktion wird am besten auf einem Objektträger ausgeführt, der auf einem Stück schwarzem Papier liegt. Man gibt darauf nebeneinander einen Tropfen der neutralen oder sehr schwach sauren zu untersuchenden Lösung und dann eine frisch hergestellte Lösung des festen Reagens in einem Tropfen Wasser. Verbindet man die beiden Tropfen mit einem Rührstab, entsteht ein blaßgelber Niederschlag. Die Reaktion ist recht empfindlich; Grenzkonzentration bei Abwesenheit anderer Metalle etwa 1 : 100000. Ag^+, Tl^+, NH_4^+ und Li^+ geben analoge Reaktionen. Na^+ und Mg^{2+} vermindern die Empfindlichkeit sehr beachtlich. Hinzufügen einer Spur Ag^+ erhöht die Empfindlichkeit.

d) Kaliumsalze geben nach WITTIG[89] mit einer Lösung von Tetraphenylbornatrium, $(C_6H_5)_4BNa$, einen weißen nichtkristallinen Niederschlag. Man löst auf einem Objektträger oder auf einer schwarzen Tüpfelplatte sehr wenig des festen Reagens in einem Tropfen Wasser. Dann wird ein Tropfen der ungefähr neutralen Kaliumlösung hinzugefügt; es entsteht ein weißer Niederschlag. Die Reaktion ist ziemlich empfindlich (Grenzkonzentration ungefähr 1 : 50000). Rb, Cs und NH_4 geben dieselbe Reaktion, Li und Mg nur in sehr großen Konzentrationen. Starke Mineralsäuren dürfen nicht vorhanden sein, weil sonst Tetraphenylborwasserstoff gefällt würde.

Ammonium. Einwertig; Ionen NH_4^+, farblos.

1. Die Ammoniumsalze zeigen eine sehr weitgehende Analogie mit den Kaliumsalzen, auf die verwiesen wird. $(NH_4)_2SiF_6$ und NH_4ClO_4 sind, im Gegensatz zu den entsprechenden Kaliumverbindungen, recht gut löslich. Zum Nachweis von NH_4-Salzen wird dann auch fast immer erst NH_3 daraus freigemacht und abgesondert.

2. Aus allen NH_4-Salzen wird NH_3 entwickelt, wenn sie mit KOH, NaOH oder $Ca(OH)_2$ gekocht werden. Umgekehrt darf man aus der NH_3-Entwicklung nicht mit Sicherheit auf die Anwesenheit von NH_4-Salzen schließen, weil Cyanide und Cyanate mit starken Basen auch NH_3-Entwicklung geben. Letzteres kann jedoch vermieden werden, wenn man $HgCl_2$ zugibt, das die Bildung des nicht zu verseifenden $Hg(CN)_2$ bewirkt.

3. Mit dem Reagens von NESSLER[90], einer alkalischen Lösung von K_2HgJ_4, geben NH_4-Salze in kleinen Konzentrationen eine gelbe bis rotbraune Färbung, in größeren Konzentrationen einen braunen Niederschlag von OHg_2NH_2J. Die Reaktion ist außerordentlich empfindlich; Grenzkonzentration etwa 1 : 20000000 bei Ausführung in einem Kolorimeterglas. Cyanide und Sulfide stören.

Identitätsreaktionen

a) Man kann Ammonium ebenso wie Kalium unter dem Mikroskop mit H_2PtCl_6 nachweisen. Die gebildeten Kristalle sind fast nicht von denen von Kalium zu unterscheiden. Die Reaktion wird jedoch für Ammonium spezifisch, wenn man mittels NaOH NH_3 daraus verdampfen läßt, z. B. in einem sogenannten „Mikroexsiccator“ nach SCHROEDER VAN DER KOLK, und dieses mit einem Tropfen Reagens reagieren läßt.

b) Das Reagens von DENIGÈS[91], eine 10%ige HJO_3-Lösung, ist viel billiger und mindestens ebenso gut. Auch hier treibt man NH_3 aus und läßt es mit einem Tropfen des Reagens reagieren. Es entstehen Vierecke oder sechseckige Prismen, die besonders charakteristisch sind.

c) Nach RIEGLER[92] reagiert NH_3 mit p-Nitrobenzoldiazoniumchlorid unter Bildung einer intensiv rot gefärbten Verbindung, dem NH_4-Salz des p-Nitrophenylnitrosamins. Das Reagens ist nicht haltbar und wird jedesmal aus p-Nitralin und $NaNO_2$ frisch hergestellt. Die Reaktion wird in einem kleinen Reagenzglas oder in einem Proberöhrchen ausgeführt. Man gibt zwei Tropfen der zu untersuchenden Lösung und dann eine kleine Tablette NaOH hinein. Durch leichtes Erwärmen entsteht NH_3, das man an einem Stück Papier entlangziehen läßt; das Papier ist mit einem Tropfen einer gesättigten p-Nitranilinhydrochloridlösung und einem Tropfen 10%iger $NaNO_2$-Lösung befeuchtet. Rotfärbung weist auf NH_3. Befeuchtet man den roten NH_3-Fleck mit 2 *n* KOH, wird er rotviolett und behält diese Farbe bei.

Diese Reaktion hat gegenüber dem Nachweis von NH_3 mit einem feuchten roten Lackmuspapier den Vorteil, daß NH_3 von Spritzern NaOH unterschieden werden kann, die von dem Wasserdampf mitgerissen worden sind; diese geben direkt die rotviolette Farbe, wenn gleichzeitig NH_3 vorhanden ist. Läßt man Wasserdampf entlangziehen, werden die NaOH-Flecke hellgelb. Diese Reaktion ist recht empfindlich; Grenzkonzentration etwa 1:200000. Sie ist für NH_3 und flüchtige Amine spezifisch. Freie Halogene stören.

d) ZENGHELIS[93] bezieht sich auf die Tatsache, daß $AgNO_3$ durch Formaldehyd in Anwesenheit von NH_4OH reduziert wird. Die zu untersuchende Lösung wird mit NaOH in einem dazu geeigneten Apparat im Wasserbad leicht erwärmt. Die entwickelten NH_3-Dämpfe ziehen an einem Tropfen Reagens entlang, der an einem Glasstab darüberhängt. Das Reagens besteht aus 20%iger $AgNO_3$-Lösung, der 5 Tropfen 40%iges Formaldehyd und einige Tropfen 2 *n* NaOH pro 10 ml zugefügt worden sind; danach wird filtriert. Nach 5 Minuten wird der Tropfen Reagens auf Filtrierpapier abgestrichen. Ein schwarzer Fleck weist auf NH_4-Salze. Die Empfindlichkeit dieser Reaktion ist sehr groß; Grenzkonzentration etwa 1:1000000. Sie ist spezifisch für NH_4-Salze und einige flüchtige Amine, jedenfalls dann, wenn NH_3 in der oben beschriebenen Weise erst ausgetrieben wird.

Hydroxylamin und Hydrazin.

An die Behandlung des Ammoniumions schließt sich gut die der zwei anderen wichtigen anorganischen, nicht von Metallen abgeleiteten Kationen an, und zwar des einwertigen Hydrazinions $H_2N\text{-}NH_3^+$ und des gleichfalls einwertigen Hydroxylaminions $HONH_3^+$, beide farblos.

1. Fast alle Salze des Hydroxylamins und des Hydrazins sind genau wie die von K, Na, und NH_4 in Wasser gut löslich.

2. Beide sind im allgemeinen, sowohl in saurem als auch alkalischem Milieu, starke *Reduktionsmittel*, wobei Hydroxylamin N_2, N_2O oder NO, Hydrazin meist das freie N_2 bildet. Hydroxylamin kann manchmal auch oxydierend wirken, z. B. auf Eisen(II) in alkalischem Milieu.

3. *Goldchlorid* wird in schwach saurem Milieu zwar durch Hydrazinsalze, aber nicht durch Hydroxylaminsalze zu metallischem Gold reduziert. In alkalischem Milieu reduzieren beide zu kolloidalen Goldsolen.

4. *Quecksilber(II)hydroxyd*, d. h. $HgCl_2$ und KOH, werden durch beide zu grauem Hg reduziert.

5. *Jodsäure* wird in schwach saurem Milieu durch Hydrazinsalze (ebenso wie durch HCNS) zu Jod reduziert. Die weitere Reduktion von Jod zu Jodid erfolgt nur in Bicarbonatlösung, also in ungefähr neutralem Milieu.

6. FEHLINGsche Lösung wird durch beide zu rotem Cu_2O aq. reduziert.

7. Mit *Diacetylmonoxim* in ammoniakalischer Lösung und einem Ni^{2+}-Salz gibt Hydroxylamin einen roten Niederschlag von Ni-Dimethylglyoxim (HIRSCHEL und VERHOEFF[94]).

8. Hydrazin entwickelt mit *Äthylnitrit* und KOH das giftige und explosive N_3H, das mit Fe^{3+} durch Rotfärbung nachgewiesen werden kann (siehe bei Azid).

Identitätsreaktionen

Auf **Hydroxylamin:**

a) Nach BAMBERGER[95] wird zu der schwach sauren Lösung des Hydroxylaminsalzes ein Überschuß Na-Acetat und eine Spur Benzoylchlorid hinzugefügt. Dann wird ungefähr eine Minute geschüttelt, danach verdünnte Salzsäure und einige Tropfen $FeCl_3$ hinzugefügt. Dann tritt eine Violettfärbung auf, durch die gebildete Benzhydroxamsäure (C_6H_5CO-NHOH) verursacht, die sich mit $FeCl_3$ färbt. Grenzkonzentration etwa 1 : 200000, jedenfalls bei Abwesenheit von NH_4OH, sonst weniger empfindlich.

b) Die spezifische, oben genannte Reaktion von HIRSCHEL und VERHOEFF kann als Identitätsreaktion erfolgreich angewendet werden. Grenzkonzentration auf Papier etwa 1 : 50000.

Auf **Hydrazin:**

a) In sehr verdünntem schwefelsaurem Milieu gibt Benzaldehyd — genau wie verschiedene andere aromatische Aldehyde — mit Hydrazinsalzen einen gelben kristallinen Niederschlag von Benzaldazin, $C_6H_5 \cdot CH = N - N = CH \cdot C_6H_5$ (CURTIUS und JAY[96]). Grenzkonzentration etwa 1 : 100000.

b) Zum mikroskopischen Nachweis von Hydrazin kann Hydrazinsulfat verwendet werden. Es kristallisiert in scharf gezeichneten rhombischen Säulen. Die Reaktion ist wenig empfindlich, weil das Salz ziemlich gut löslich ist.

III. Reaktionen der Anionen

Chlorid. Ion Cl^-.

1. *Silbernitrat* gibt in verdünnter salpetersaurer Lösung einen weißen Niederschlag von AgCl, löslich in NH_4OH, KCN und $Na_2S_2O_3$ und merklich löslich in kochendem Ammoniumcarbonat. Es kann leicht aus NH_4OH umkristallisiert werden. AgCl ist weniger unlöslich als AgBr und AgJ und dadurch leichter als diese zu reduzieren, z. B. mit Na_3AsO_3. AgCl wird durch 0,5 *n* KOH zersetzt, jedoch nicht durch H_2SO_4.

2. *Konzentrierte Schwefelsäure* oxydiert HCl nicht, HBr und HJ wohl.

3. *Starke Oxydationsmittel* oxydieren HCl zu freiem Chlor. HNO_2 und $FeCl_3$, die HJ oxydieren, und PbO_2 in verdünnter Essigsäure, das HBr oxydiert, greifen HCl nicht merklich an.

4. *Konzentrierte Schwefelsäure und festes Kaliumdichromat* geben bei Erhitzung mit festen Chloriden eine Entwicklung von Chromylchlorid, braune Dämpfe, die nach Zersetzung mit Wasser mittels Diphenylcarbazid als Chromsäure nachgewiesen werden können. Auch Fluoride zeigen dieselbe Reaktion. Nitrate stören durch Bildung von Nitrosylchlorid. Sie können durch alkalische Reduktion zu NH_3 entfernt werden. Ein Überschuß Jodid muß entfernt werden.

Identitätsreaktionen

a) Mikroskopisch kann das Chloridion als AgCl auf dieselbe Weise, wie bei Silber beschrieben, erkannt werden. Es ist kaum von dem Bromidion zu unterscheiden, obgleich jenes im allgemeinen kleinere Kristalle gibt.

b) Der Nachweis als TlCl ist besser. Man fügt zu der zu untersuchenden Lösung einen Tropfen $TlNO_3$ hinzu. Aus einer konzentrierten Lösung eines Chlorids entstehen dann Sterne, aus verdünnter Lösung oder nach Umkristallisation aus warmem Wasser mehr Sechsecke, die stark lichtbrechend sind. Zu starke Säure kann mit Natriumacetat abgestumpft werden. Auch hier sind die mit Bromid erhaltenen Kristalle kleiner als die des Chlorids, sie sind außerdem in warmem Wasser viel weniger löslich. Auch hier ist die Unterscheidung schwierig, so daß empfohlen wird, das Bromid und das Jodid vorher mit PbO_2 und 2 *n* Essigsäure auszutreiben.

c) Durch starke Oxydationsmittel, z. B. MnO_2 und H_2SO_4, wird das Chlorid zu freiem Chlor oxydiert, das mit Anilin und o-Toluidin nach Villiers und Fayolle[97] nachgewiesen werden kann. Das Reagens wird hergestellt, indem man 100 ml einer gesättigten, farblosen wäßrigen Lösung von Anilin (das ist 3,5%) mit 20 ml einer gesättigten wäßrigen

Lösung von o-Toluidin (das ist 1,5%) und 30 ml Eisessig mischt. Das Reagens ist nicht lange haltbar und wird auf Papier angewendet. Mit Cl_2 entsteht ein blauvioletter Fleck. Grenzkonzentration 1 : 100000. Spezifische Reaktion für Cl_2. Leider wird sie durch freies Brom und Jod gestört, falls in gleichen oder größeren Mengen vorhanden. Bromid und Jodid müssen also vorher durch Abdampfen mit PbO_2 und 2 *n* Essigsäure entfernt werden.

Bromid. Ion Br^-.

1. *Silbernitrat* gibt in verdünnter salpetersaurer Lösung einen hellgelben Niederschlag von AgBr, etwas löslich in NH_4OH, unlöslich in $(NH_4)_2CO_3$, gut löslich in KCN und in $Na_2S_2O_3$. Es wird weder durch Na_3AsO_3 reduziert noch durch 0,5 *n* KOH zersetzt.

2. *Konzentrierte Schwefelsäure* oxydiert HBr teilweise zu freiem Brom.

3. *Schwache Oxydationsmittel*, wie HNO_2 und $FeCl_3$, oxydieren HBr nicht, HJ wohl. HBr kann im Gegensatz zu HCl durch Chlorwasser oder durch PbO_2 in verdünntem (ungefähr 2 *n*) essigsaurem Milieu oxydiert werden.

Identitätsreaktionen

a) Die mikroskopische Reaktion auf Brom mit Metaphenylendiaminhydrochlorid (0,5 g davon, 100 ml Wasser, 5 kleine Tropfen H_2SO_4) ist gut. Mit Brom ergibt es feine, stark doppelbrechende Nadeln mit gerader Auslöschung. Die Reaktion ist spezifisch, aber nicht besonders empfindlich.

b) Durch Oxydation mit PbO_2 und 2 *n* Essigsäure bilden Bromide freies Brom, das ausgekocht und mit Fluoresceinnatrium nach BAUBIGNY[98]-GANASSINI[99] nachgewiesen werden kann. Die Oxydation wird in einem Proberöhrchen ausgeführt, der entwickelte Dampf wird auf einem Stück Papier aufgefangen, das mit einer schwach alkalischen 0,1%igen Lösung von Fluorescein und verdünntem Alkohol (1 : 1) durchtränkt ist. Mit Brom tritt durch Bildung von Eosin eine rote Farbe auf. Jodid stört, und muß, falls vorhanden, erst mit einem Tropfen $Fe_2(SO_4)_3$ entfernt werden. Grenzkonzentration ungefähr 1 : 200000. Spezifische Reaktion, auch neben einem großen Überschuß Cl^- und sauerstoffhaltigen Halogensäuren.

Jodid. Ion J^-.

1. *Silbernitrat* gibt in verdünnter salpetersaurer Lösung einen gelben Niederschlag von AgJ, unlöslich in NH_4OH und in $(NH_4)_2CO_3$, löslich in KCN und in $Na_2S_2O_3$; er wird durch 0,5 *n* KOH oder durch Na_3AsO_3 nicht angegriffen.

2. *Schwache Oxydationsmittel* oxydieren bereits das Jodid zu freiem Jod, so z. B. $FeCl_3$ und HNO_2, die Bromide nicht merklich angreifen.

3. *Konzentrierte Schwefelsäure* oxydiert Jodid fast völlig zu Jod.

4. *Chlorwasser* oxydiert Jodid zu einem Gemisch von Jod und Jodat.

5. Mit *Palladium(II)chlorid* ($PdCl_2$) geben die Jodide einen dunkelbraunen Niederschlag von PdJ_2, der in verdünnten Mineralsäuren unlöslich

ist. Das Br^-- und das Cl^--Ion zeigen diese Reaktion nicht [das Br^--Ion wohl mit $Pd(NO_3)_2$!]. Man verwechsle diese Reaktion allerdings nicht mit der, welche CO (und auf die Dauer auch H_2) mit PdJ_2 geben, nämlich einen schwarzen Niederschlag von Pd. Die Reaktion läßt sich sehr bequem auf Papier ausführen. Sie ist ziemlich empfindlich, Grenzkonzentration 1 : 50000, auch neben einem großen Überschuß Br^- und Cl^-. Sulfidionen stören.

Identitätsreaktionen

a) Man wird das J^--Ion wohl niemals als solches identifizieren — außer mit obenstehender Reaktion als PdJ_2 —, sondern es zu freiem Jod oxydieren, das mit einer intensiv violetten Farbe in CCl_4, $CHCl_3$ oder CS_2 löslich ist und damit auch sehr gut extrahiert werden kann; außerdem reagiert es sehr empfindlich mit Stärke unter Blaufärbung, letzteres nach Wunsch auch unter dem Mikroskop mit Stärkekörnchen, die kurz in warmem Wasser eingeweicht worden sind.

Hypochlorit. Ion ClO^-.

1. Die freie Säure HClO ist in salzsaurer Lösung mit freiem Chlor im Gleichgewicht nach der Gleichung: $HClO + HCl \rightleftharpoons Cl_2 + H_2O$. Bei Anwesenheit von HCl gibt es also auch alle Reaktionen von Cl_2; im besonderen auch die Identitätsreaktionen von VILLIERS und FAYOLLE. Da umgekehrt in chlorhaltigem Wasser auch immer HClO vorkommt, ist übrigens nicht mit Sicherheit zu sagen, ob die Reaktion dem Cl_2 oder HClO, das merkbar flüchtig ist, zuzuschreiben ist.

2. *Silbernitrat* gibt in neutraler oder schwach saurer Lösung einen Niederschlag von AgCl, während gleichzeitig das lösliche $AgClO_3$ gebildet wird. Die zugrunde liegende Reaktion $3\,ClO^- \rightarrow 2\,Cl^- + ClO_3^-$ verläuft vor allem in warmen Lösungen schnell und ist eine der Ursachen der geringen Haltbarkeit der Hypochlorite.

3. Die Hypochlorite sind starke Oxydationsmittel. Sie oxydieren z. B. die gefärbten Hydroxyde von Co^{2+} und Ni^{2+} zu den schwarzen Hydroxyden der dreiwertigen Form dieser Elemente.

Identitätsreaktionen

a) Siehe die von freiem Chlor bei der Besprechung des Cl^--Ions.

b) Freies HClO gibt mit metallischem Quecksilber ein braunes basisches Quecksilber(II)chlorid, während Chlorwasser Hg_2Cl_2 entstehen läßt.

Chlorat. Ion ClO_3^-.

1. Die Chlorate sind vor allem in saurem Milieu Oxydationsmittel, allerdings nicht so stark wie die Hypochlorite.

2. Feste Chlorate geben mit *konzentrierter Schwefelsäure* ClO_2, eine orangefarbige Flüssigkeit mit gelbem Dampf und einem typischen Geruch, die *äußerst explosiv* ist. Die Reaktion darf daher nur mit einem kleinen Körnchen Stoff ausgeführt werden.

3. *Salzsäure* wird außer in sehr konzentrierten Lösungen nur bei Siedetemperatur und auch dann nur langsam durch Chlorsäure oxydiert (im Gegensatz zu den Hypochloriten).

4. *Reduktionsmittel*, z. B. SO_2, reduzieren die Chlorate langsam zu Chlorid, das mit $AgNO_3$ und HNO_3 nachgewiesen werden kann. Das ClO_3^--Ion selbst gibt mit $AgNO_3$ keinen Niederschlag. Merkwürdigerweise reduziert das Nitrition das Chlorat in saurer Lösung vollständig und schnell.

5. Bei mäßiger Erhitzung trockener Chlorate gehen diese in ein Gemisch von Perchlorat und Chlorid über.

6. Alle normalen Chlorate anorganischer Basen sind in Wasser gut löslich.

7. Chlorate oxydieren in stark phosphorsaurer Lösung $MnSO_4$ zu einem Mangan(III)phosphatkomplex, der rosa gefärbt ist, jedoch weniger intensiv als das MnO_4^--Ion (FEIGL[100]).

Eine gute selektive **Identitätsreaktion** auf Chlorate fehlt. Im allgemeinen wird man sie auf Grund der Tatsache identifizieren, daß sie nicht an sich, sondern erst nach der Reduktion mit $AgNO_3$ einen Niederschlag von AgCl geben. Die Reaktion mit konzentrierter Schwefelsäure ist für feste Chlorate sehr bezeichnend, in Gemischen jedoch wenig empfindlich.

Die Reaktion mit Anilin und konzentrierter Schwefelsäure ist ziemlich selektiv. Man gibt auf die Tüpfelplatte einen kleinen Tropfen einer Chloratlösung, dazu einen kleinen Tropfen Anilin und schließlich einen großen Tropfen konzentrierte Schwefelsäure, den man langsam zu den anderen fließen läßt. Es entsteht eine intensiv blaue Farbe. Nitrate und Nitrite zeigen diese Reaktion nicht, Dichromate, Bromate und Hypochlorite wohl.

Perchlorat. Ion ClO_4^-.

1. Eine konzentrierte Lösung von *Kaliumchlorid* gibt einen Niederschlag, *Silbernitrat* und *Bariumchlorid* nicht.

2. Perchloratlösungen sind nur mit besonders starken *Reduktionsmitteln* zu reduzieren. Mit Zn, SO_2 oder HJ werden Perchlorate nicht reduziert, wohl aber durch Lösungen von Titan(III)salzen oder Mo^{3+}-Verbindungen.

3. Perchlorate geben durch Erhitzen auf ungefähr 400° all ihren Sauerstoff ab. Bei Anwesenheit organischer Stoffe sind sie explosiv und daher *sehr gefährlich*.

Identitätsreaktionen

a) Perchlorate geben mit Methylenblau ein typisches Kristallpräzipitat (HOFFMANN[101]). Ein Tropfen der zu untersuchenden Lösung wird auf einem Objektträger mit Natriumacetat zur Trockne eingedampft. Der Rückstand wird dann in einem Tropfen einer 0,5%igen wäßrigen Lösung von Methylenblau aufgenommen. Neben einem flockigen Niederschlag entstehen gut geformte violette Nadeln. Zur Not bis zur Randkristallisation erwärmen. Empfindliche Reaktion, Grenzkonzentration 1 : 100000, nicht selektiv. Persulfat zeigt dieselbe Reaktion, kann jedoch immer durch Auskochen in saurer Lösung mit einer Spur $AgNO_3$ entfernt werden. Zahlreiche andere Ionen, darunter Chlorat, können, falls sie in ziemlich großen Mengen vorhanden sind, analoge, aber dann blaue Nadeln geben.

b) Mit dem Reagens von ZWIKKER [Kupfer(II)pyridinkomplex] geben Perchlorate nach WAGENAAR[102] eine gute mikroskopische Reaktion, und zwar violette bis hellblaue Rhomben und Sechsecke. Das Reagens erhält man, wenn man 4 ml einer 10%igen $CuSO_4$-Lösung, 1 ml Pyridin und 5 ml Wasser mischt. Chlorat zeigt diese Reaktion nicht und stört auch nicht.

Bromat. Ion BrO_3^-.

1. Bromsäure ist von den drei Säuren $HClO_3$, $HBrO_3$ und HJO_3 das stärkste Oxydationsmittel. Sie oxydiert Mangan(II)sulfat bereits in verdünnter Schwefelsäure zu Mangan(III)sulfat, das rosa gefärbt ist, jedoch weniger intensiv als das MnO_4^--Ion (VITALI[103]). Die komplexbildende Hilfe von H_3PO_4 ist hierbei nicht nötig, zum Unterschied von der Oxydation durch $HClO_3$.

2. Bromat kann durch einfaches Ansäuern immer neben Bromid nachgewiesen werden, wobei freies Brom entsteht. Erklärlicherweise reagieren zahlreiche Oxydationsmittel auf dieselbe Weise.

3. $AgBrO_3$ ist in HNO_3 nur sehr mäßig, in NH_4OH dagegen leicht löslich. Zum Lösen in HNO_3 wähle man es recht konzentriert, z. B. 1 : 1, und außerdem warm.

Identitätsreaktionen

a) Nach GUARESCHI[104] kann man Bromat neben Bromid, Chlorat, Perchlorat und Jodat nachweisen, weil von diesen Ionen nur Bromat SCHIFFS Reagens (0,1%ige wäßrige Lösung von Fuchsin, mit $NaHSO_3$ und HCl entfärbt) zu einer blauvioletten Farbe oxydiert. Perjodat reagiert genau so.

Jodat. Ion JO_3^-.

1. Die Jodate sind im Gegensatz zu den Chloraten, mit Ausnahme der Alkalijodate, in Wasser unlöslich. $AgJO_3$ ist nur in ziemlich starker warmer Salpetersäure einigermaßen löslich, in NH_4OH ist es leicht löslich.

2. Jodate gehen durch *Reduktionsmittel* in saurem Milieu in Jod oder weiter in Jodid über. Man erhält die Sicherheit, daß die Reduktion nicht weiter als bis zu Jod geht, wenn man mit HJ oder mit HCNS (FEIGL) reduziert. Jodat wird durch Zinkpulver auch in neutraler Lösung zu Jod reduziert.

3. Die Jodate verlieren durch vorsichtiges Glühen all ihren Sauerstoff. Bei den Alkalijodaten gibt man vorzugsweise etwas Kohlenstoff zu (Achtung vor Explosion!).

Eine selektive **Identitätsreaktion** auf Jodate fehlt. Im allgemeinen kann man sie durch die Jodbildung bei Reduktion mit HCNS am besten identifizieren. Perjodate werden gleichfalls dadurch reduziert.

Perjodat. Ionen JO_4^- und JO_6^{5-}.

1. Fast alle Perjodate sind in Wasser unlöslich, die der Alkalimetalle sind nur mäßig löslich. $AgJO_4$ ist in HNO_3 und in NH_4OH recht gut löslich.

2. Sie geben mit *Quecksilber(I)nitrat* einen rotbraunen Niederschlag, der in HNO_3 unlöslich ist. Die Jodate zeigen diese Reaktion nicht, sondern geben einen weißen oder hellgelben Niederschlag.

3. Perjodsäure oxydiert das Mn^{2+}-Ion in phosphorsaurer Lösung zu MnO_4^-; Jodsäure tut das nicht.

Identitätsreaktionen

a) Nach FEIGL und BALLABAN[105] oxydiert Perjodsäure ein Gemisch von $MnCl_2$ (10%ige Lösung) und Tetramethyldiaminodiphenylmethan (Tetrabase von Trillat, gesättigte Lösung in 2 *n* Essigsäure) zu blauer Farbe. Die Reaktion wird auf der Tüpfelplatte mit je einem Tropfen der zu untersuchenden Lösung und der beiden Reagenzien ausgeführt. Die Reaktion ist empfindlich (Grenzkonzentration 1 : 100000), aber nicht spezifisch. Chlorate, Bromate und Jodate zeigen diese Reaktion nicht.

Sulfid. Ionen S^{2-} und vor allem SH^-. Daneben fast immer Polysulfid S_n^{2-}.

1. *Silbernitrat* gibt in verdünnter salpetersaurer Lösung einen Niederschlag von schwarzem Ag_2S, das durch stärkere Salpetersäure (z. B. 1 : 1) vor allem bei Erwärmung oxydiert wird und dann in Lösung geht.

2. *Verdünnte Säuren* geben mit den löslichen und mit einigen der unlöslichen Sulfide H_2S-Entwicklung, die mit einem feuchten Bleiacetatpapier nachgewiesen werden kann. Für die Entwicklung von H_2S aus sehr unlöslichen Sulfiden und aus sulfidischen Erzen kann eine Methode von BÄHR[106] erfolgreich angewendet werden, nach welcher der Stoff in einem Proberöhrchen mit festem $(NH_4)_2HPO_4$ geschmolzen wird.

3. *Jod* oxydiert das Sulfidion in schwach saurer Lösung vollständig zu freiem Schwefel. In neutralem Milieu entsteht außerdem noch Sulfat.

4. *Konzentrierte Schwefelsäure* oxydiert bei Erwärmung Sulfide unter SO_2-Entwicklung zu Schwefel.

Identitätsreaktionen

a) Nach FISCHER[107] kann man Spuren H_2S durch Bildung von Methylenblau mit Dimethyl-p-phenylendiaminsulfat und $FeCl_3$ in etwa 4%iger salzsaurer Lösung nachweisen. Man bringt die Flüssigkeit auf diese Salzsäurekonzentration, fügt einige Körnchen des festen organischen Reagens und einige Tropfen $FeCl_3$ hinzu.

Sehr empfindliche und spezifische Reaktion, doch vielfach unzuverlässig, außer bei mehr Erfahrung.

b) Sulfide geben nach KRAL[108] in alkalischer, wäßriger Lösung mit Dinatriumnitrosylpentacyanoferrat, $Na_2FeNO(CN)_5$ (Nitroprussidnatrium), eine intensiv rote Farbe. Die Reaktion wird am besten auf der Tüpfelplatte ausgeführt. Sie ist spezifisch und ziemlich empfindlich (Grenzkonzentration 1 : 50000). Die Ionen $S_2O_3^{2-}$ und SO_3^{2-} stören nicht; SO_3^{2-} gibt allerdings, vor allem bei Anwesenheit von Zinkionen, eine rosa Farbe.

c) Nach FEIGL[109] kann man Sulfide sowohl in Lösung als auch in festem Zustand durch die katalytisch beschleunigende Wirkung nachweisen, die sie, wie auch alle anderen Verbindungen mit zweiwertigem Schwefel, auf die Reaktion von Natriumazid mit Jod ausüben: $2\,NaN_3 + 2\,J \rightarrow 2\,NaJ + 3\,N_2$. Ihre Geschwindigkeit ohne Katalysator ist zu vernachlässigen. Sind jedoch zweiwertige S-Verbindungen vorhanden, tritt schnelle Entwicklung von N_2 und Entfärbung von Jod auf. Man verwendet eine 2,5%ige Lösung NaN_3 in Wasser und 0,1 *n* Jod in KJ als Reagenzien.

Zur Untersuchung von Mineralen auf Aderung mit sulfidischen Erzen führt man die Reaktion am besten auf einem Schliff aus, indem man unter dem Mikroskop einen kleinen Tropfen jeder der Reagenzien daraufgibt. Bei anderen Produkten arbeitet man besser auf einem kleinen Uhrglas.

Die Reaktion ist empfindlich (Grenzkonzentration 1 : 100000) und spezifisch für die zweiwertigen S-, Se- und Te-Verbindungen. Man vergesse daher nicht, daß außer den Sulfiden auch die Thiosulfate und die Rhodanide diese Reaktion zeigen.

Sulfit. Ion SO_3^{2-}.

1. *Silbernitrat* gibt mit neutralen Lösungen von Sulfiten einen weißen Niederschlag von Ag_2SO_3, der in verdünnter Salpetersäure und in einem Überschuß Sulfit löslich ist. Bei Erwärmung scheidet sich Ag ab.

2. Die *Erdalkalisalze* sind in Wasser wenig, in verdünnter Mineralsäure gut löslich. Aus dieser Lösung wird durch Oxydation mit Luftsauerstoff vor allem bei Erwärmung $BaSO_4$ gefällt. Die verhältnismäßig geringe Löslichkeit von $SrSO_3$ (bei Zimmertemperatur ungefähr 1 : 30000) wird vielfach benützt, um Sulfite von Thiosulfaten zu unterscheiden und zu trennen.

3. Sulfite geben mit *Cadmiumsalzen* keinen Niederschlag (im Gegensatz zu den Sulfiden).

4. Sulfite geben durch Kochen mit nicht zu verdünnter Schwefelsäure schnelle Entwicklung von SO_2, das durch Geruch oder mit einem KJO_3-Stärkepapier oder auf andere Weise durch seine stark reduzierende Wirkung nachgewiesen werden kann.

5. Mit *Quecksilber(II)chlorid* in saurer Lösung entsteht bei Zimmertemperatur nur sehr langsam, bei Kochen schneller Hg_2Cl_2 und Hg. Mit *Quecksilber(I)nitrat* entsteht sowohl in schwach saurer als auch in neutraler Lösung direkt Hg.

Identitätsreaktionen

a) Sulfitlösungen entfärben bei pH = 8 Malachitgrün (0,025% in Wasser). Die Reaktion wird am besten auf der Tüpfelplatte ausgeführt. Sie ist nicht sehr empfindlich; Grenzkonzentration, je nach Vorhandensein von Fremdionen, 1 : 10 bis 20000. Sie ist außerdem keineswegs selektiv; auch S^{2-}, ClO^-, CN^-, CNO^- und Oxalate geben die gleiche Reaktion. Es ist daher meistens nötig, erst SO_2 auszutreiben, in NaOH aufzufangen und diese Lösung mit CO_2 zu Bicarbonat zu neutralisieren. Man bedenke, daß auch Thiosulfate mit Säure SO_2 entwickeln. Will man also mittels dieser Reaktion Sulfit neben Thiosulfat nachweisen, muß es vorher mit $Sr(NO_3)_2$ abgetrennt werden. Von Sulfiden kann es sehr bequem getrennt werden durch Schütteln mit festem $CdCO_3$ oder auf Papier, das vorher mit einer Lösung von $CdCl_2$ befeuchtet worden ist, das zwar Sulfid, aber kein Sulfit und Thiosulfat bindet (AUTENRIETH und WINDAUS[110]).

b) Die Anwesenheit sehr geringer Mengen SO_2 beschleunigt die Oxydation des grünen $Ni(OH)_2$ zu dem schwarzen $Ni(OH)_3$ durch Luftsauerstoff (gekoppelte Oxydationen [111], [112], [113]).

Das Reagens wird als Paste auf Papier aufgetragen; es wird aus $NiCl_2$ und NaOH hergestellt und gründlich in der Zentrifuge gewaschen. Es ist ein ausgezeichnetes und empfindliches Reagens auf gasförmiges SO_2. Nur H_2S stört durch Bildung von schwarzem NiS und muß daher mit $HgCl_2$ oder Bleiacetat zurückgehalten werden.

c) Bei der Reaktion zwischen Formaldehyd und einem Alkalisulfit werden OH^--Ionen frei: $HCOH + Na_2SO_3 + H_2O \rightarrow HCHOH(SO_3Na) + {} + NaOH$. Dieser Vorgang wird zum Nachweis von Sulfiten nach ROSENTHALER[114] angewendet. Von der zu untersuchenden Lösung und von einer etwa 1%igen Formaldehydlösung werden auf der Tüpfelplatte einige Tropfen getrennt auf Phenolphthalein neutralisiert. Werden sie danach gemischt, weist Rotfärbung auf Sulfit. Thiosulfat stört nicht. Grenzkonzentration auf der Tüpfelplatte etwa 1 : 5000.

Thiosulfat. Ion $S_2O_3^{2-}$.

1. *Silbernitrat* gibt in neutraler Lösung zuerst einen weißen Niederschlag von $Ag_2S_2O_3$, leicht löslich in einem Überschuß Thiosulfat. Sowohl der Niederschlag als auch die Lösung zersetzen sich ziemlich schnell unter Abscheidung von schwarzem Ag_2S.

2. *Bariumthiosulfat* ist in Wasser nur mäßig, Strontiumthiosulfat dagegen recht gut löslich (im Gegensatz zu Sulfit, siehe dort).

3. *Cadmiumthiosulfat* ist recht gut löslich (im Gegensatz zu Sulfid, siehe dort).

4. Thiosulfat bildet mit *Jod* Tetrathionat, mit *Chlor* und *Brom* Sulfat.

5. *Kupfer(II)salze* werden durch Thiosulfat zu Kupfer(I)salzen reduziert. In saurer Lösung und bei Erwärmung fällt hieraus schwarzes Cu_2S aus.

6. Bei Ansäuern tritt langsam eine Schwefelabscheidung unter H_2SO_3-Bildung auf.

Identitätsreaktionen

a) Eine der wenigen brauchbaren Identitätsreaktionen auf Thiosulfat ist die von SPACU[115] mit Nickel-Äthylendiaminkomplex. Das Reagens wird wie folgt hergestellt: 5 ml einer 10%igen Lösung von $Ni(NO_3)_2$ solange mit Äthylendiaminhydrat (einigen Tropfen) versetzen, bis die violette Farbe des Komplexes auch nach Schütteln bleibt. Ein ml der kalten neutralen oder schwach alkalischen Thiosulfatlösung in einem kleinen Reagenzglas mit 1 bis 2 ml des Reagens versetzen. Es entsteht ein violetter Niederschlag. Arbeitet man in siedender Lösung und läßt dann abkühlen, scheidet sich der Niederschlag gut kristallin ab, unter dem Mikroskop als scharf gezeichnete, sehr lange, stark doppelbrechende Prismen mit gerader Auslöschung. Grenzkonzentration etwa 1 : 25000. S^{2-}, SO_3^{2-}, SO_4^{2-}, $S_4O_6^{2-}$ und CNS^- stören nicht.

b) Im Gegensatz zu den Sulfiten beschleunigen Thiosulfate die Reaktion von Natriumazid mit Jod, genau wie Rhodanide und Sulfide; diese können als CdS abgetrennt werden.

Sulfat. Ion SO_4^{2-}.

1. *Silbernitrat* gibt in neutralem Milieu nur in konzentrierten Lösungen einen Niederschlag von Ag_2SO_4 (Löslichkeit bei Zimmertemperatur ungefähr 0,5%).

2. *Bariumchlorid* gibt in verdünnter mineralsaurer Lösung einen Niederschlag von $BaSO_4$. In konzentrierter Salzsäure und Salpetersäure ist dieses sehr merkbar löslich. Außerdem kann dann $BaCl_2$ oder $Ba(NO_3)_2$ ausfallen.

3. *Bleiacetat* gibt einen Niederschlag von $PbSO_4$ nur in nicht zu stark mineralsaurer Lösung und außerdem meist nur langsam. Hinzufügen von einem Überschuß Alkohol vermindert die Löslichkeit von $PbSO_4$ und beschleunigt die Abscheidung.

4. Im Gegensatz zu allen anderen Schwefelverbindungen zeigen Sulfate die *Heparreaktion* nur nach Reduktion mit Kohlenstoff.

Identitätsreaktionen

a) Der ausgezeichnete Calciumnachweis als $CaSO_4 . 2 H_2O$ kann auch zum Identifizieren des Sulfations angewendet werden. Er ist dann zwar nicht sehr empfindlich, wohl aber typisch. Da viel HCl und HNO_3 dabei stören, wird er am besten mit Calciumacetat ausgeführt.

b) Die mikroskopische Reaktion mit Benzidinacetat ist besser, allein schon deshalb, weil man bei guter Ausführung den Niederschlag von Benzidinsulfat deutlich in der kalten Lösung entstehen sieht. Er bildet sich direkt beim Versetzen eines Tropfens der Sulfatlösung mit einem Tropfen Reagens, ist dann aber meist fast amorph. Durch Umkristallisation aus warmem Wasser wachsen die Kristalle zu Bündeln feiner Nadeln und Blättchen mit gerader Auslöschung.

c) Man kann die Heparreaktion auch mit sehr unlöslichen Sulfaten sehr elegant nach einer der Varianten von DEUSSEN ausführen, z. B. nach der in Kapitel XII, S. 266 beschriebenen.

d) Um $BaSO_4$ von $BaSiF_6$, das gleichfalls in mineralsaurer Lösung mit angesäuertem $BaCl_2$ gefällt wird, und von anderen weißen Niederschlägen zu unterscheiden, kann man die Fällung als $BaSO_4$ in Gegenwart einer 1%igen Lösung von $KMnO_4$ ausführen, z. B. in einem Zentrifugenröhrchen. $KMnO_4$ bildet dann mit $BaSO_4$ Mischkristalle und färbt es violett bis schwarz. Diese Farbe wird durch H_2O_2 oder Oxalsäure nicht beseitigt, obwohl das nicht eingeschlossene Permanganat dabei reduziert wird (FEIGL und AUFRICHT[116]). Grenzkonzentration 1 : 20000. Das Fluorosilikat gibt diese spezifische Reaktion nicht. Cyanhaltige Ionen und Hypochlorite stören. Die Fällung muß in ausreichend saurer — z. B. in 4 *n* essigsaurer — Lösung geschehen, um das Mitfällen aller anderen Salze zu vermeiden.

Nitrit. Ion NO_2^-.

1. Nitrite geben mit *verdünnter Schwefelsäure* primär salpetrige Säure, die in kaltem Zustand langsam, bei Erwärmung jedoch sehr schnell in HNO_3 und NO zersetzt wird. Sie geben mit *konzentrierter Schwefelsäure* ein Gemisch von NO und NO_2.

2. Typisch für die Nitrite ist die Tatsache, daß sie in saurem Milieu sowohl *oxydierend* als auch *reduzierend* wirken können, in der Regel jedoch oxydierend. Unter anderem wirken sie auf $HMnO_4$ und auf $HClO_3$ reduzierend.

3. Alle Einzelnitrite anorganischer Basen sind in Wasser löslich, Silbernitrit jedoch nur mäßig (etwa 0,4%). Viele Doppel- und Tripelnitrite (u. a. K — Co^{3+}, K — Cu — Pb und K — Cu — Sr) sind unlöslich.

4. *Diphenylamin* in konzentrierter Schwefelsäure gibt mit Nitriten ebenso wie mit zahlreichen anderen Oxydationsmitteln (HNO_3, $HClO_3$, $FeCl_3$ usw.) eine blaue Farbe.

5. *Eisen(II)salze* geben mit Nitriten in *verdünnter* Schwefelsäure NO und Eisen(III)sulfat. NO ist mit einer braunen Farbe in einem Überschuß $FeSO_4$ löslich (Ringreaktion). Mit verdünnter Schwefelsäure ist die Reaktion spezifisch für Nitrite. Mit konzentrierter Schwefelsäure reagieren auch die Nitrate auf gleiche Weise.

6. Sowohl mit *Harnstoff* und verdünnter Schwefelsäure als auch mit *Natriumazid* und verdünnter Essigsäure zersetzen sich die Nitrite unter Stickstoffbildung. Letzteres Reagens wirkt schneller als das erstere. Man bedenke jedoch, daß HN_3 merkbar flüchtig und *äußerst giftig* ist.

Identitätsreaktionen

a) Nitrite in verdünnter Essigsäure oder schwefelsaurer Lösung reagieren bei Zimmertemperatur mit aromatischen Aminen unter Bildung von Diazoverbindungen. Diese reagieren wieder mit aromatischen Aminen (oder Phenolen) unter Bildung von Azofarbstoffen. Hierauf beruhen verschiedene empfindliche Nitritreaktionen, z. B. die von GRIESS[117], ILOSVAY VON ILOSVA[118], ROMIJN[119] mit α-Naphthylamin und Sulfanilsäure, die mit Weinsäure versetzt werden kann, um das eventuell vorhandene Eisen(III)ion zu binden. Einige Körnchen eines Gemisches von fester Sulfanilsäure und festem Naphthylamin werden auf der Tüpfelplatte in 4 *n* Essigsäure gelöst und ein kleiner Tropfen der zu untersuchenden Lösung hinzugefügt. Das Reagens muß im Überschuß vorhanden sein. Eine rosarote Farbe weist auf Nitrit. Die Reaktion ist für Nitrite spezifisch und äußerst empfindlich; Grenzkonzentration 1:5000000. Sie kann also zum Nachweis von Spuren NO_2^- z. B. in Trinkwasser angewendet werden.

b) Gleichfalls spezifisch und empfindlich ist die Nitritreaktion mit „Nitrin", das ist das o-Aminobenzalphenylhydrazon, $H_2N \cdot C_6H_4 \cdot CH = = N - NH \cdot C_6H_5$ nach PFEIFFER[209]. Die Reaktion wird auf der Tüpfelplatte ausgeführt. Man löst ein kleines Körnchen des festen Reagens in einem großen Tropfen Alkohol und einem kleinen Tropfen 2 *n* HCl; dazu gibt man einen Tropfen der Nitritlösung. Es tritt eine intensiv violette Farbe auf. Die Reaktion ist spezifisch. Auf der Tüpfelplatte ausgeführt, ist die Grenzkonzentration etwa 1 : 100000. Lösungen des Reagens sind wenig haltbar.

Nitrat. Ion NO_3^-.

1. Besonders bei Anwesenheit konzentrierter Schwefelsäure zersetzt sich die freie Salpetersäure langsam unter Bildung von NO_2 und HNO_2. Derartige Lösungen enthalten also immer neben dem NO_3^--Ion das NO_2^--Ion. Eine Lösung nur mit NO_3^--Ionen kann man also nur erhalten, wenn man alkalische oder neutrale Nitratlösungen verwendet oder diese höchstens mit sehr verdünnter Schwefelsäure ansäuert und sie dann sofort benützt.

2. *Verdünnte Salpetersäure* wirkt nur schwach oxydierend. Bei Anwesenheit von konzentrierter Schwefelsäure ist die oxydierende Wirkung viel stärker. Die Nitrate zeigen dann — weil sie NO bilden — die Ringreaktion (siehe Nitrit).

3. *Kaliumjodid* wird durch verdünnte Salpetersäure — wenn sie aus $NaNO_3$ und verdünnter Schwefelsäure frisch hergestellt ist — nicht oxydiert.

4. Alle normalen Nitrate anorganischer Basen sind in Wasser recht gut löslich.

5. *Diphenylamin* gibt in konzentrierter Schwefelsäure mit Nitraten ebenso wie mit zahlreichen anderen Oxydationsmitteln (HNO_2, $HClO_3$, $FeCl_3$ usw.) eine blaue Farbe.

6. *Zink* und *Kaliumhydroxyd* reduzieren das Nitrat (genau wie Nitrit) zu Ammoniak.

Identitätsreaktionen

a) Für den mikroskopischen Nachweis des Nitrations kann man das von BUSCH[120] eingeführte Reagens „Nitron“ mit der Struktur

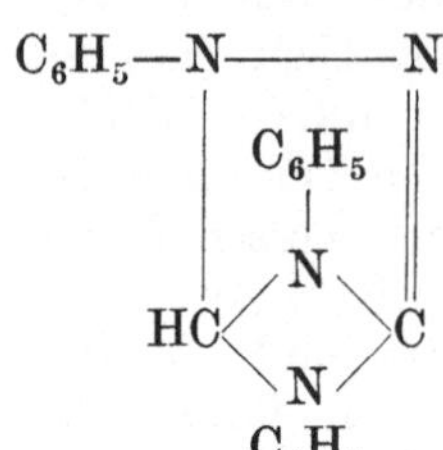

verwenden. Meistens wird es in essigsaurer oder ameisensaurer Lösung angewendet; es gibt mit einer großen Anzahl von Anionen unlösliche Salze. Sein Nitrat ist nach VISSER[121] zum mikroskopischen Nachweis sehr geeignet. Es kristallisiert in feinen Federn, die sehr typisch sind. Man bedenke jedoch, daß u. a. Nitrite eine analoge Reaktion zeigen.

b) Direkte spezifische Tüpfelreaktionen auf das Nitration, die eine wäßrige Lösung des Nitrits nicht gibt, sind uns nicht bekannt. Man kann die Nitrite allerdings mit Harnstoff und verdünnter Schwefelsäure oder mit Natriumazid und verdünnter Essigsäure entfernen. Auf diese Weise erhält man eine nitritfreie Lösung, in der man auf NO_3^- prüfen kann, indem man die Lösung mit Zinkstaub und Essigsäure (BLOM[122]) reduziert; dabei geht es in NO_2^- über, auf das man mit α-Naphthylamin und Sulfanilsäure prüfen kann. Die Reduktion und die Farbreaktion werden auf der Tüpfelplatte ausgeführt.

c) Eine sehr elegante Identifizierung des Nitrats beruht auf der Reduktion des Nitrations zu NH_3 nach COTTE und KAHANE[123] mittels KOH, Eisen(II)sulfat und etwas Silbersulfat als Katalysator. Man entfernt erst die Nitrite, die genau so reagieren. Man dampft zu diesem Zweck einen Tropfen der zu untersuchenden Lösung in einem Mikrotiegel mit 3 Tropfen 4 *n* Essigsäure und 3 Tropfen einer 2,5%igen NaN_3-Lösung zur Trockne ein. Den Rückstand gibt man in einen Mikroexsiccator nach SCHROEDER VAN DER KOLK zusammen mit einem Tropfen sehr konzentrierter $FeSO_4$-Lösung, einem Tropfen gesättigter Ag_2SO_4-Lösung und 2 Tropfen 40%igem Natriumhydroxyd. Das entwickelte NH_3 fängt man in einem Tropfen 10%igem HJO_3 auf, wie bei Ammonium beschrieben. Es ist zu empfehlen, den Mikroexsiccator einige Minuten an einem warmen Platz (z. B. 40 bis 50° C) stehen zu lassen.

Carbonat. Ionen CO_3^{2-} und HCO_3^-.

1. Alle Carbonate geben mit verdünnten Mineralsäuren CO_2-Entwicklung, die mit einem Tropfen klarem Kalk- oder Barytwasser nachgewiesen werden kann. Manche mineralische Carbonate, z. B. Magnesit, weisen bei Behandlung mit Säuren eine rasche CO_2-Entwicklung erst bei Erwärmung auf.

2. *Silbernitrat* und *Bariumchlorid* geben weiße Niederschläge, die in verdünnten Säuren leicht löslich sind. Ag_2CO_3 zersetzt sich durch Kochen mit Wasser unter Bildung von braunem Ag_2O aq.

Identitätsreaktionen

a) Zum mikroskopischen Nachweis von Carbonaten treibt man in einem Mikroexsiccator Kohlensäure mit irgendeiner Säure aus und fängt sie in einem großen Tropfen möglichst kohlensäurefreiem Natriumhydroxyd auf. Man fügt ein Körnchen festes oder einen Tropfen verflüssigtes Thallium(I)acetat hinzu. Es bilden sich gut geformte lange Nadeln von Tl_2CO_3, die stark doppelbrechend sind und eine schiefe Auslöschung von 5° zeigen. Gegen diese wie auch gegen alle anderen Kohlensäurereaktionen ist einzuwenden, daß Kohlensäure aus der Luft immer kleine Mengen finden läßt. Es ist also auf jeden Fall notwendig, daneben eine Blindprobe auszuführen und im Vergleich damit eine Schlußfolgerung zu ziehen (CHAMOT und MASON[124]).

b) Man entwickelt in einem Mikrotiegel CO_2 durch Erwärmen mit verdünnter Schwefelsäure, zu der etwas feingepulvertes $K_2Cr_2O_7$ hinzugefügt ist, um SO_2-Bildung zu vermeiden. Darüber hält man an einem Glasstäbchen einen Tropfen einer $NaHCO_3$-Lösung, die vorher mit Phenolphthalein und einer Spur NaOH gerade rot gefärbt worden ist (FEIGL und KRUMHOLZ[125]). Der Tropfen wird durch CO_2 entfärbt. Bei Anwesenheit von Nitriten, die NO_2-Entwicklung geben, ist es erwünscht, sie mit Anilinchlorhydrat zu fixieren.

c) Man kann das entwickelte CO_2 auch in einem Tropfen einer Lösung von Strontiumacetat und Natriumacetat auffangen, der auf einem Objektträger aufgebracht ist. Dann fällt $SrCO_3$ aus, das unter dem Mikroskop als Sphärolite und abgesonderte Nadeln erkannt werden kann.

Bei beiden Reaktionen ist es zu empfehlen, mit einer Blindprobe zu vergleichen, da Verunreinigung mit CO_2 aus der Luft kaum zu vermeiden ist.

Cyanid. Ion CN^-.

1. *Silbernitrat* gibt einen weißen Niederschlag von AgCN, leicht löslich in einem Überschuß KCN, in NH_4OH und in $Na_2S_2O_3$, unlöslich in Salpetersäure, falls sie nicht zu stark ist. Es wird durch warme starke Salzsäure und auch durch warme Schwefelsäure, 1 : 1 verdünnt, zersetzt.

2. Da HCN eine sehr schwache Säure ist, riechen die Alkalicyanide bereits deutlich nach freier Säure. Dennoch verläuft die Bildung von HCN aus Cyaniden mittels verdünnter Mineralsäuren sehr unvollständig, weil HCN dabei unter Bildung von Formamid, $HCONH_2$, Ameisensäure und sogar CO manchmal fast ganz verseift wird. Eine gute Methode, um aus Cyaniden HCN freizumachen, ist, sie mit einem Überschuß einer $NaHCO_3$-Lösung zu erwärmen und einen CO_2-Strom hindurchzuleiten. Auf diese Weise geben die Hexacyanoferrate (II und III) kein HCN ab. Das Durchleiten von CO_2 ist nicht unbedingt notwendig, vorausgesetzt daß man nicht zu stark und zu lange erwärmt.

3. Mit einem *Eisen(II)*- und einem *Eisen(III)salz*, am besten in alkalischem Milieu hinzugefügt und erst nach einigen Minuten angesäuert, entsteht Berliner Blau. Vor allem nicht zuviel $FeSO_4$ nehmen!

4. *Quecksilber(I)nitrat* gibt mit löslichen Cyaniden einen Niederschlag von Hg und Bildung von $Hg(CN)_2$.

5. *Alkalipolysulfide* bilden mit konzentrierten Lösungen der Cyanide Rhodanid, das nach Ansäuern mit HCl und $FeCl_3$ nachgewiesen werden kann.

Identitätsreaktionen

a) Man kann auf einem Objektträger die Lösung der Alkalicyanide direkt prüfen, wenn man mit einem Körnchen festem Alloxan (Mesoxalylharnstoff) und einem Tropfen 2 *n* NH_4OH versetzt. Es entstehen feine farblose Nadeln, vielfach zu Sternen vereinigt (DENIGÈS[126]). Die anderen cyanhaltigen Säuren stören nicht, Phosphate und Borate wohl. Diese Reaktion — katalytischer Art — ist typisch, aber wenig empfindlich; Grenzkonzentration ungefähr 1 : 5000.

b) Für größere Mengen Cyanid ist die oben unter 3. genannte Reaktion als Identitätsreaktion vollkommen brauchbar. Sie erfordert jedoch eine ziemlich *konzentrierte* Lösung des Cyanids, um gut zu gelingen, und ist daher für verdünnte Lösungen weniger geeignet. Beim Eindampfen kann HCN teilweise oder sogar völlig verlorengehen. Es muß daher mit $NaHCO_3$ (und CO_2) ausgetrieben werden und dann in einem oder in einigen Tropfen KOH gelöst werden.

c) Man benützt daher meistens lieber eine Identitätsreaktion auf das gasförmige HCN; z. B. die mit Kupfer(II)acetat und Benzidinacetat (MOIR[127]). Man entwickelt HCN aus dem Cyanid durch leichtes Erwärmen mit $NaHCO_3$ (und CO_2) und fängt den Gasstrom auf einem Stück Filtrierpapier auf, das in einer 3%igen Lösung von Kupfer(II)acetat und einer 1%igen Lösung von Benzidinacetat in verdünnter Essigsäure getränkt ist. Es tritt eine intensive Blaufärbung auf. Die Empfindlichkeit der Reaktion ist nicht sehr groß; Grenzkonzentration ungefähr 1 : 20000. Sie ist jedoch spezifisch. Nitrite stören durch NO_2-Bildung, wenn HCN mit einer verdünnten Mineralsäure ausgetrieben wird; sie stören jedoch nicht, wenn $NaHCO_3$ dafür verwendet wird.

Hexacyanoferrat (II), Ion $Fe(CN)_6^{4-}$; **Hexacyanoferrat (III)**, Ion $Fe(CN)_6^{3-}$.

1. *Silbernitrat* gibt mit Hexacyanoferrat(II) einen weißen Niederschlag von $Ag_4Fe(CN)_6$, unlöslich in verdünnter Salpetersäure und in NH_4OH; mit Hexacyanoferrat(III) gibt es einen gelbbraunen Niederschlag von $Ag_3Fe(CN)_6$, unlöslich in HNO_3, löslich jedoch in NH_4OH.

2. *Verdünnte Schwefelsäure* zersetzt auf die Dauer, vor allem bei Erwärmung, die Hexacyanoferrate (II und III) unter Bildung von HCN, das danach jedoch zum größten Teil verseift wird. Dennoch bleibt, außer in äußerst verdünnten Lösungen, immer genug unverseiftes HCN über, um damit (Geruch, Cu^{2+} und Benzidinacetat) die Anwesenheit der Hexacyanoferrate(II und III) festzustellen. Durch $NaHCO_3$ wird ohne Kochen kein HCN ausgetrieben.

3. *Konzentrierte Schwefelsäure* zersetzt in der Wärme alle, auch die sehr unlöslichen Hexacyanoferrate(II und III) unter Bildung von $(NH_4)_2SO_4$ und CO.

4. Von den Hexacyanoferraten(II) ist das *Bleisalz*, von den Hexacyanoferraten(III) ist das *Cadmiumsalz* in verdünnter Salpetersäure unlöslich (im Gegensatz zu HCN und zu HCNS).

5. Die Hexacyanoferrate(II) geben mit $FeCl_3$, die Hexacyanoferrate(III) mit $FeSO_4$ — beide in saurer Lösung — $MFeFe(CN)_6$ (M = = K, Na, NH_4), das sogenannte Berliner Blau, das in verdünnten Mineralsäuren unlöslich ist.

6. Sowohl mit *Kupfer(II)*- als auch mit *Uranylsalzen* gibt Hexacyanoferrat(II) einen braunen Niederschlag, unlöslich in Essigsäure.

7. Hexacyanoferrat(II) gibt mit *Thoriumnitrat* einen weißen Niederschlag, unlöslich in verdünnten Mineralsäuren; Hexacyanoferrat(III) gibt keinen Niederschlag.

Als **Identitätsreaktionen** werden in der Regel die unter 4. und 5. obengenannten ausreichen. Je nach Wunsch kann man sie (nicht gut nebeneinander) nach HYNES und YANOVSKY[128] unter dem Mikroskop mit Hexaminkobalt(III)nitrat, $[Co(NH_3)_6(NO_3)_3]$, unterscheiden. Hexacyanoferrate(II) geben sechseckige Plättchen und Sternchen, Hexacyanoferrate(III) stabförmige Kristalle, oftmals verzwillingt.

Rhodanid. Ion CNS^-.

1. *Silbernitrat* gibt einen weißen Niederschlag von AgCNS, unlöslich in verdünnter Salpetersäure, löslich in NH_4OH.

2. *Schwefelsäure* gibt je nach Konzentration verschiedene Produkte. Verdünnte Schwefelsäure, 1 : 1, gibt hauptsächlich $(NH_4)_2SO_4$ und COS (brennbares Gas); konzentrierte Schwefelsäure gibt allerlei Zersetzungsprodukte (COS, CO, CO_2, HCOOH, S und SO_2). H_2SO_4, 1 : 1, verseift auch AgCNS (genau wie AgCN) im Gegensatz zu AgCl, AgBr und AgJ.

3. Mit *Eisen(III)chlorid* entsteht in saurer Lösung eine dunkelrote Färbung von $FeFe(CNS)_6$, die mit zahlreichen organischen Flüssigkeiten, wie z. B. Äther, Amylalkohol oder Benzylalkohol, ausgeschüttelt werden kann.

4. Warme konzentrierte *Salpetersäure* oxydiert alle Rhodanide (inklusive AgCNS) zu Sulfaten.

5. Mit *Kupfer(II)sulfat* entsteht dunkelgrünes bis schwarzes $Cu(CNS)_2$, das nach Versetzen mit SO_2 in weißes $Cu_2(CNS)_2$ übergeht.

6. Bei *trockener Erhitzung* zersetzen sich alle Rhodanide unter Bildung verschiedener Produkte, wie $(CN)_2$, CS_2, N_2 und S.

Identitätsreaktionen

a) In der Regel wird die oben unter 3. genannte Reaktion genug Sicherheit geben. Grenzkonzentration 1 : 100000 in einem kleinen Reagenzglas. Nur Azide geben eine analoge Rotfärbung mit $FeCl_3$, die jedoch nicht durch organische Flüssigkeiten ausgeschüttelt wird. Bei Anwesenheit von Reduktionsmitteln wird $FeCl_3$ im Überschuß angewendet. Hexacyanoferrate(II und III) stören durch Blaufärbung, können aber mit Pb^{2+}- und Cd^{2+}-Salzen entfernt werden. Cyanide stören nicht.

b) Rhodanide geben als Verbindungen mit zweiwertigem S die Reaktion mit NaN_3 und J_2, die bei dem Sulfidion beschrieben ist.

c) Zur mikroskopischen Identifizierung des Rhodanidions kann man eine als Fällungsreaktion von SPACU[129] beschriebene Reaktion mit einer gesättigten Lösung von Kupfer(II)acetat in Pyridin anwenden. Auch sehr verdünnte Rhodanidlösungen geben damit direkt einen kristallinen Niederschlag, meistens in Feder- oder gezahnten X-Formen. Sehr empfindliche Reaktion.

Orthophosphat. Ionen $H_2PO_4^-$, HPO_4^{2-} und PO_4^{3-}.

1. *Silbernitrat* gibt einen gelben Niederschlag in neutralen Orthophosphatlösungen, aber nicht in sauren oder ammoniakalischen Lösungen (im Gegensatz zu Meta- und Pyrophosphaten, die weiße Niederschläge geben).

2. Die normalen tertiären Phosphate sind unlöslich in Wasser, außer denen von K, Na und NH_4. $AlPO_4$, $FePO_4$ und $Pb_3(PO_4)_2$ sind in Essigsäure unlöslich; $BiPO_4$ und $ZrOHPO_4$ sind sogar in 0,3 *n* HCl unlöslich. Die meisten primären und einige sekundäre Phosphate sind in Wasser löslich.

3. Phosphate geben mit *Metazinnsäure* und Zinn in konzentrierter Salpetersäure eine komplexe Phosphormetazinnsäure (?), die in HNO_3 unlöslich, in HCl jedoch merkbar löslich ist.

4. Eine Lösung von Ammoniummolybdat in konzentrierter Salpetersäure (*Molybdänreagens*) gibt einen gelben kristallinen Niederschlag (Knollenform) der Zusammensetzung $(NH_4)_3PO_4 \cdot 12\,MoO_3 \cdot 2\,HNO_3 \cdot 1\,H_2O$. Dieser Niederschlag ist in NH_4OH leicht löslich. Im allgemeinen fällt er nur langsam aus, daher ist leichte Erwärmung, z. B. auf 60° bis 70°, zu empfehlen. *Nur* eine Gelbfärbung der Lösung ist *kein* Beweis für Phosphat, sondern kann von Siliciummolybdänsäure stammen. Arsenate zeigen — jedoch nur bei Erwärmung — eine analoge Reaktion.

5. *Magnesiamixtur* ($MgCl_2$, NH_4Cl und NH_4OH) gibt einen weißen Niederschlag von $MgNH_4PO_4$, der beim Umrühren und Erwärmen kristallin wird (6 aq.) und dann unter dem Mikroskop leicht zu erkennen ist. Arsenate zeigen dieselbe Reaktion.

6. Wie die meisten Phosphorverbindungen, werden die trockenen Phosphate durch Erhitzung mit trockenem *Magnesiumpulver* in einem Glühröhrchen in Mg_3P_2 übergeführt, das mit Wasser oder verdünnter Salzsäure PH_3-Entwicklung gibt (Geruch). Sowohl das Phosphat als auch das Magnesiumpulver müssen vorher durch Erhitzen vollkommen entwässert sein, sonst können *sehr gefährliche Explosionen* auftreten.

Identitätsreaktionen

a) Das Phosphat kann mikroskopisch am besten mit Hilfe des Molybdänreagens identifiziert werden. Man dampft einen oder zur Not mehrere Tropfen auf dem Objektträger zur Trockne ein, löst den Rückstand in einem kleinen Tropfen HNO_3 (1 : 2). Dazu gibt man einige Körnchen festes Ammoniummolybdat; nach einiger Zeit, wenn nötig nach Impfstrich, erscheinen kleine knollenförmige gelbe Kristalle des Ammoniummolybdatophosphats. Man vergesse niemals, daß auch Arsenate diese Reaktion, wenngleich langsamer, zeigen, und daß die Reaktion also nur Sinn hat, wenn Arsen vorher als Sulfid entfernt worden ist. Einige Varianten dieser Reaktion mit Molybdänreagens sind auch als Tüpfelreaktionen in Gebrauch. Siehe *b*).

b) Phosphormolybdänsäure wird leichter als Molybdänsäure selbst z. B. durch Benzidinacetat reduziert (FEIGL[130]). Dasselbe gilt für ihr NH_4-Salz. Man gibt auf ein Stück Filtrierpapier einen Tropfen der sauren Phosphatlösung, einen Tropfen frisch hergestellter Ammoniummolybdatlösung und einen Tropfen Benzidinacetat. Dann hält man das Papier über ein Uhrglas, auf das etwas konzentriertes Ammoniumhydroxyd gegeben ist. Nach Neutralisation der Säure durch NH_3-Dämpfe tritt Blaufärbung auf.

Arsenate reagieren analog, in kaltem Zustand allerdings so langsam, daß sie kaum stören; Silikate reagieren auch auf analoge Weise. Die Reaktion mit Arsenaten und Silikaten ist jedoch durch Versetzen mit Weinsäure zu verhindern, welche die Phosphatreaktion zwar weniger empfindlich macht, jedoch nicht wesentlich stört. Es ist notwendig, die Reaktion dann sehr genau nach der Vorschrift auszuführen. Eine gute Ausführungsweise ist die nach GILLIS[131]; wir verweisen diesbezüglich auf Kapitel IX, § 5, S. 200.

c) Nach GRÉGOIRE[132] fällt man nicht das NH_4-Salz der Phosphormolybdänsäure, sondern deren Chininsalz. Als Reagens verwendet man 4 g Ammoniummolybdat und 0,1 g Chininsulfat, zusammen in 100 ml HNO_3 (1,4) gelöst. Mit einem gleichen Volumen der auf Phosphat zu untersuchenden Lösung gemischt und, falls notwendig, leicht erwärmt, gibt es einen gelben Niederschlag. Die Empfindlichkeit ist ungefähr fünfmal größer als mit dem NH_4-Salz; Grenzkonzentration im kleinen Reagenzglas 1 : 500000. Arsenate werden mit H_2S, Silikate mit HCl, letztere durch zweimaliges Eindampfen zur Trockne, entfernt.

Borat. Ionen BO_2^-, BO_3^{3-} und $B_4O_7^{2-}$, in Lösung fast nur BO_2^-.

1. *Silbernitrat* gibt einen weißen Niederschlag von $AgBO_2$, löslich in verdünnter Salpetersäure und in NH_4OH, das bei Erwärmung unter Bildung von braunem Ag_2O aq. hydrolysiert.

2. *Bariumchlorid* gibt mit nicht zu verdünnten Boratlösungen einen weißen Niederschlag von $Ba(BO_2)_2$, das bei Erwärmung gleichfalls hydrolisiert und dann $Ba(OH)_2$ bildet. Es ist in verdünnten Säuren, sogar in NH_4Cl, sehr leicht löslich und fällt bei Vorhandensein von genug NH_4-Salzen nicht aus.

3. Mit *Schwefelsäure* bildet sich freie Borsäure, die selbst sehr merkbar flüchtig ist, vor allem aber, wenn sie mit Methylalkohol zu Methylorthoborat verestert ist. Bezüglich der Ausführung siehe Kapitel VII, S. 166. Manche borhaltige Minerale werden besser erst durch Schmelzen mit NaOH auf einem Nickeltiegeldeckel aufgeschlossen.

4. Auch BF_3 ist sehr flüchtig. Vergleiche auch hiefür Kapitel VII, S. 166.

Identitätsreaktionen

a) Freie Borsäure kann als solche leicht unter dem Mikroskop erkannt werden (GRAVESTEIN und MIDDELBERG[133]). Man verflüchtigt sie zu diesem Zweck mit Wasserdampf, indem man Borat mit HCl in einem Mikrotiegel *leicht* erwärmt. Auf dem Tiegel liegt ein trockener Objektträger, ohne ihn völlig abzuschließen. Er wird erst naß und später von selbst wieder trocken. Dann sind auf dem Träger große trikline Sechsecke von H_3BO_3 wahrzunehmen. Ausgezeichnete Reaktion. Nur Fluoride stören; sind sie vorhanden oder will man jedenfalls auf ihre Anwesenheit Rücksicht nehmen, fügt man außerdem einige Körnchen $ZrOCl_2$ hinzu, das die Fluoridionen bindet.

b) Wenn man eine mit verdünnter Salzsäure angesäuerte Boratlösung auf Curcumapapier (das ist mit einer alkoholischen Lösung von Curcumin getränktes Papier) gibt und danach trocknet, entsteht ein rotbrauner Fleck. Konzentrierte Salzsäure, Eisen(III)-, Ti-, Zr-, Cu^{2+}-, Nb-, Ta- und Ni^{2+}-Verbindungen können eine ähnliche Färbung zeigen. Macht man das Papier jedoch danach mit KOH oder mit Na_2CO_3 alkalisch, wird der durch Borsäure verursachte Fleck dunkelgrün, die anderen aber nicht. Die Reaktion wird spezifisch, wenn man die Borsäure vorher in einem Proberöhrchen als Methylester abdampft und sie dann in einem Tropfen verdünnter Salzsäure auffängt.

c) Borsäure selbst ist eine so schwache Säure, daß sie rotes, also alkalisches Phenolphthalein nicht entfärbt. Fügt man α-Di- oder Polyhydroxy-Verbindungen hinzu, entstehen neue Säuren, die wesentlich stärker sind. Man kann davon Gebrauch machen, um spezifische Reaktionen auf Borsäure, z. B. nach HAHN[134] zu erhalten: Man neutralisiert eine 10%ige wäßrige Mannitollösung mit 0,01 *n* KOH sorgfältig auf Bromthymolblau, gerade bis zur schwach blauen Farbe. Die auf Borat zu untersuchende Flüssigkeit wird auf gleiche Weise neutralisiert. Dann mischt man die beiden Lösungen in einem kleinen Reagenzglas. Bei Vorhandensein von Borsäure wird die Farbe gelborange. Grenzkonzentration 1 : 50000. Nur Perjodate zeigen dieselbe Reaktion. Sie können durch Glühen mit Kohlenstoff einfach entfernt werden.

d) Schließlich vergesse man nicht die sehr typische Flammenreaktion des flüchtigen BF_3, das man aus Boraten mit $KHSO_4$ und CaF_2 erhält.

Silikat. Vermutlich überhaupt keine Ionen. $SiO_3{}^{2-}$, $SiO_4{}^{4-}$ usw. sind in Lösung vollkommen hypothetisch.

1. Streng genommen ist *jedes Silikat in Wasser unlöslich*, weil es sehr zweifelhaft ist, ob je Silikationen in merklichen Mengen in Lösung vorkommen. Alkalisilikate hydrolisieren vermutlich vollkommen zu Alkalihydroxyd und kolloidal gelöster Kieselsäure. Ammoniumsilikat (d. h. ein Alkalisilikat und NH_4Cl im Überschuß) scheidet gallertartiges SiO_2 aq. ab. Die übrigen Silikate sind in Wasser unlöslich. Calcium- und Magnesiumsilikat sind sozusagen „löslich" in Salzsäure, was in diesem Fall heißt, daß ihr Ca^{2+}- bzw. Mg^{2+}-Ion in Lösung gehen. SiO_2 geht einerseits als Sol in Lösung und bildet andererseits das gallertartige SiO_2 aq. Die meisten

übrigen Silikate, ganz besonders die Aluminium- und Alumosilikate, werden selbst durch warme starke Salzsäure nur wenig angegriffen; viele Silikate jedoch merkbar durch kochende Schwefelsäure. Sie müssen „*aufgeschlossen*“ werden, d. h. durch Schmelzen mit NaOH (in Nickel oder Silber) oder mit Na_2CO_3 (in Platin) in Produkte übergeführt werden, die teilweise (nämlich alles außer SiO_2) in HCl löslich sind.

2. Durch Eindampfen zur Trockne mit *konzentrierter Salzsäure*, am besten zweimal, wird Kieselsäure in einer Form abgeschieden, die in HCl nur sehr wenig kolloidal löslich ist. Die Löslichkeit wird noch geringer, wenn danach eine Stunde lang bei 120 bis 130° getrocknet wird. Auf diese Weise kann SiO_2 von den meisten anderen Stoffen immer getrennt werden, nicht aber von WO_3, TiO_2 und ZrO_2.

3. Alle Silikate bilden durch Erwärmen mit *Fluorwasserstoffsäure* und H_2SO_4 gasförmiges SiF_4. Mit HF allein, also ohne H_2SO_4, verflüchtigt sich auch TiF_4. Der Vorgang wird in einem flachen Bleitiegel ausgeführt mit einer minimal kleinen Flamme (Mikrobrenner, Flamme 1 cm) im Abstand von 8 bis 10 cm darunter. Das gebildete SiF_4, ein sehr schweres Gas, kann z. B. in einem Tropfen Wasser auf einer Cellonplatte aufgefangen werden und gibt darin eine Trübung von gallertartigem SiO_2 aq., wenn HF nicht in zu großem Überschuß vorhanden ist. Die Abtrennung von SiO_2 wird deutlicher sichtbar, wenn man SiF_4 auf angefeuchtetem schwarzem Filtrierpapier oder in einem Tropfen Wasser, der an einem schwarz gelackten Stäbchen hängt, auffängt. Den Tiegel deckt man in diesem Fall mit einem durchbohrten Bleiplättchen ab.

Statt HF kann man vorteilhafter NaF und H_2SO_4 anwenden, CaF_2 lieber nicht, da dieses selten frei von SiO_2 ist und dann noch höhere Erhitzung erfordert, wodurch mehr HF frei wird. Spezifische Reaktion.

Identitätsreaktionen

Man fängt immer damit an, Kieselsäure als SiF_4 zu isolieren (wie oben), aufzufangen und dann auf verschiedene Weisen zu identifizieren. BF_3 kann dabei stören, daher wird Borsäure — falls in großen Mengen vorhanden — mit Methylalkohol entfernt.

a) Nach BEHRENS[135] fängt man SiF_4, das in einem Platintiegelchen entwickelt wird, in einem Tropfen 1%iger NaCl-Lösung auf. Nach einigen Minuten bildet sich Na_2SiF_6, hellrosa tonnenförmige Kristalle, Rosetten und sechseckige Plättchen, die sehr charakteristisch sind. Statt SiF_4 in NaCl aufzufangen, kann man auch eine 1%ige $BaCl_2$-Lösung verwenden. Nach ungefähr fünf Minuten sieht man die linsenförmigen Kristalle von $BaSiF_6$, die bereits unter Barium beschrieben worden sind. Ausgezeichnete Reaktion bei einiger Übung. Borsäure und Oxydationsmittel müssen entfernt werden: Siehe oben.

b) Nach OBERHAUSER und SCHORMÜLLER[136] wird SiF_4 in einem Tropfen verdünnter frisch hergestellter NaOH-Lösung auf einem Cellonplättchen aufgefangen. Sie wird mit sehr verdünnter frischer Natronlauge in einen Mikrotiegel gebracht. Man fügt hinzu: 2 Tropfen einer frisch hergestellten starken (z. B. 10%igen) Ammoniummolybdatlösung und dazu 4 *n* Essigsäure bis zu schwach saurer Reaktion auf Lackmuspapier. Dann versetzt man mit 3 Tropfen einer frischen 5%igen $SnCl_2$-Lösung und genau soviel NaOH, um Zinn als Stannit in Lösung zu bringen. Bei Vorhandensein von Si trat bereits in der essigsauren Lösung des Molybdats Gelbfärbung der Siliciummolybdänsäure auf. Mit Stannit tritt dann eine Reduktion zu blauen Mo^{3+}-Verbindungen auf. Genau wie Phosphormolybdänsäure wird Siliciummolybdänsäure nämlich leichter reduziert als Molybdänsäure selbst, und zwar in diesem Fall durch Stannit in alkalischer Lösung. Phosphate und Arsenate zeigen eine analoge Reaktion, können jedoch in SiF_4 nicht vorhanden sein. Borsäure muß mit Methylalkohol entfernt werden.

Auch starke Oxydationsmittel, wie freie Halogene, können lästig sein. Man tut daher gut daran, sie vorher durch kurzes Erwärmen mit H_2SO_4 allein zu entfernen. Da alte Lösungen von NaOH, Ammoniummolybdat und $SnCl_2$ immer SiO_2 enthalten, müssen sie jedesmal wieder frisch hergestellt werden. Es ist sogar zu empfehlen, die von NaOH *nicht in Glas* herzustellen und aufzubewahren.

Fluorid. Ionen F^- und HF_2^-.

1. *Silbernitrat* gibt keinen Niederschlag im Gegensatz zu Cl^-, Br^- und J^-.

2. *Bariumchlorid* gibt nur in neutralen oder alkalischen Lösungen einen weißen Niederschlag von BaF_2, sehr leicht in Säuren und sogar in NH_4Cl löslich.

3. Die meisten Fluoride entwickeln mit *konzentrierter Schwefelsäure* bei leichter Erhitzung in einem Bleitiegel HF, das z. B. Glas ätzt (sogenannte Ätzprobe, wenig empfindlich). Verschiedene mineralische Fluorverbindungen geben ihr HF auf diese Weise nur sehr langsam ab. Sie müssen vorher mit NaOH aufgeschlossen werden.

4. Die meisten Fluoride entwickeln mit *konzentrierter Schwefelsäure* und *Quarzmehl* bei leichter Erhitzung in einem Bleitiegel SiF_4, das nachgewiesen werden kann, wie beim Silikation beschrieben. Auch hier ist es erwünscht, fluorhaltige Minerale vorher mit NaOH aufzuschließen. Man verwende Quarzmehl und nicht wasserhaltiges SiO_2, weil das zur Bildung des nicht flüchtigen $SiOF_2$ Anlaß geben kann.

Als **Identitätsreaktionen** kommen hauptsächlich in Betracht:

a) *und b*), die beiden beim Silikation genannten. Diese gehen nämlich von SiF_4 aus, das sowohl aus SiO_2 mit NaF und H_2SO_4 als auch aus Fluoriden mit Quarz und H_2SO_4 erhalten werden kann.

c) HF entfärbt nach DE BOER[137] den violettroten Lack, den Alizarin-S mit Zirkonylsalzen gibt. Man stellt das Reagenzpapier her, indem man reines Filtrierpapier in folgende Lösung taucht: Zu einer 0,1%igen $ZrOCl_2$-Lösung fügt man ein Fünftel Volumen konzentrierter Salzsäure und einen kleinen Überschuß einer 0,2%igen wäßrigen Lösung von Alizarin-S hinzu. Dieser Überschuß wird durch Ausschütteln mit Äther festgestellt, der sich gelb färbt. Bevor das Papier hineingetaucht wird, erwärmt man die Lösung 10 Minuten lang auf dem Wasserbad. Das Papier wird dann getrocknet. Zur Ausführung der Reaktion gibt man erst einen Tropfen 50%ige Essigsäure und dann einen Tropfen der auf F^- zu untersuchenden Lösung darauf. Bei Anwesenheit von F^- tritt ein gelber Fleck auf. Leichte Erwärmung in Dampf beschleunigt die Reaktion. Grenzkonzentration 1 : 10000. Sulfate, Borate und Phosphate zeigen in größeren Mengen analoge Reaktionen.

Fluorosilikat. Ion SiF_6^{2-}.

1. *Silbernitrat* gibt keinen Niederschlag.

2. *Bariumchlorid* gibt einen weißen Niederschlag von $BaSiF_6$, in Wasser nicht besonders löslich, aber ebenso unlöslich in verdünnten Mineralsäuren, wie außerdem nur $BaSO_4$.

3. *Kaliumchlorid* gibt in nicht zu verdünnten Lösungen einen Niederschlag von K_2SiF_6, löslich in NH_4Cl, unlöslich in verdünntem Alkohol 1 : 1.

4. Fluoride entstehen mit *KOH*, *NaOH*, *NH_4OH* oder *Soda* unter Abscheidung von Kieselsäure (mit NH_4OH) oder unter Bildung der Alkalisilikate (mit KOH, NaOH oder Soda).

5. Bei leichter Erwärmung mit *konzentrierter Schwefelsäure* in einem Bleitiegel entwickelt sich SiF_4.

6. Bei Erhitzung zersetzen sich alle Fluorosilikate zu Fluoriden und SiF_4.

Bezüglich der **Identitätsreaktionen** wird auf das Silikation verwiesen. Charakteristisch für das SiF_6^{2-}-Ion ist dabei, daß es bei Erwärmung mit Schwefelsäure auch *ohne* Hinzufügen von NaF oder Quarz SiF_4 entwickelt.

Einige organische Anionen

Wir müssen uns hierbei auf einige der allerwichtigsten organischen Anionen beschränken, die häufig in sonst anorganischen Produkten vorkommen, und zwar auf: **Formiate, Acetate** und **Oxalate.** Für die zahllosen anderen organischen Anionen wird auf die einschlägigen Handbücher, besonders auf SCHOORL, Organische Analyse, verwiesen.

1. Die meisten Oxalate und Acetate der Alkali- und Erdalkalimetalle zeigen wenig oder keine *Verkohlung* bei Erhitzung, vor allem nicht, wenn Kristallwasser oder freie Säure vorhanden ist.

2. *Ameisensäure* und *Essigsäure* sind flüchtig. Sie werden aus ihren Salzen mit verdünnter Schwefelsäure, 1 : 2, oder besser noch mit festem $KHSO_4$ abdestilliert. Bei Kondensation bilden sich also Tropfen, die beträchtliche Mengen NaOH verbrauchen. Mit Phenolphthalein kontrollieren; außerdem auf den Geruch beider Säuren achten.

3. *Konzentrierte Schwefelsäure* zersetzt Ameisensäure und Oxalsäure, jedoch nicht Essigsäure, unter Bildung von CO (und CO_2). Fügt man außerdem etwas Äthylalkohol hinzu, so entsteht also nur aus Essigsäure ein Äthylester, der einen charakteristischen Fruchtduft besitzt.

4. *Ameisensäure* und *Oxalsäure* sind Reduktionsmittel, z. B. $KMnO_4$ gegenüber, Essigsäure nicht. Ameisensäure reduziert in der Wärme eine neutrale Silbernitratlösung (nicht eine ammoniakalische), Oxalsäure tut

es nicht. Dasselbe gilt für eine Quecksilber(II)chloridlösung, wenn sie nicht zu viel HCl oder Alkalichloride enthält. Auf diese Weise können also Formiate, Oxalate und Acetate, falls nicht gemischt, voneinander unterschieden werden.

5. Von den drei genannten Anionen gibt nur Oxalat ein *Calciumsalz*, das in Essigsäure unlöslich ist.

6. Wasserfreie Alkaliacetate entwickeln bei Erhitzung mit festem As_2O_3 in einem Proberöhrchen Kakodyloxyd, $(CH_3)_2As\text{-}O\text{-}As(CH_3)_2$, das äußerst unangenehm riecht (Cadet, 1760!). Formiate und Oxalate zeigen diese Reaktion nicht, Propionate, Butyrate und Valerianate wohl.

Identitätsreaktionen

Mikroskopische:

a) Auf das **Formiat**-Ion: Ein oder mehrere Tropfen der zu untersuchenden Lösung werden auf einem Objektträger zur Trockne eingedampft. Der Rückstand wird in einem Tropfen einer 1%igen Cerium(III)-nitratlösung aufgenommen. Man erwärmt leicht und kühlt dann schnell ab. Nach kurzer Zeit bilden sich Pentagondodekaeder von Cerium(III)-formiat.

b) Auf das **Acetat**-Ion: Auf einem Objektträger löst man festes UO_3 in einem kleinen Tropfen 25%iger Ameisensäure, fügt dann genau soviel Natriumformiat hinzu, dampft vorsichtig bis beinahe trocken ein und nimmt den Rückstand wieder in einem kleinen Tropfen Wasser auf. Auf demselben Objektträger hat man einen oder mehrere Tropfen der zu untersuchenden Lösung zur Trockne eingedampft. Man gibt nun ein wenig dieses Rückstandes in den Tropfen Uranylformiat. Nach kurzer Zeit entstehen gelbe Tetraeder aus $Na\text{-}UO_2$-Acetat. Propionate zeigen diese Reaktion nicht.

c) Auf das **Oxalat**-Ion: Im Niederschlag der Zinksalze — wie man ihn bei der systematischen Anionenanalyse im Mikromaßstab erhält — kann man das Zinkoxalat unter dem Mikroskop häufig ohne weitere Behandlung direkt als kleine Quadrate oder Säulen erkennen. Diese Kristalle sind gegen $2\,n$ HNO_3 außerdem ziemlich beständig, im Gegensatz zu allen anderen gefällten Zinksalzen. Nachdem sie auf diese Weise isoliert worden sind, können sie noch als Oxalate identifiziert werden, indem sie in HNO_3-Lösung $KMnO_4$ entfärben.

Tüpfelreaktionen:

a) Auf das **Formiat**-Ion: Nach Denigès[138] fügt man zu einem ml der schwach sauren zu untersuchenden Lösung in einem kleinen Reagenzglas einen Tropfen einer wäßrigen 0,02%igen Methylenblaulösung hinzu und dann nicht zu wenig festes $NaHSO_3$. Bei leichter Erwärmung tritt bei Anwesenheit von Formiaten Entfärbung auf. Nach einiger Zeit kehrt die blaue Farbe in Kontakt mit der Luft wieder zurück. Keineswegs spezifische Reaktion, aber Acetate, Oxalate und Tartrate geben die Reaktion nicht. Grenzkonzentration 1 : 50000.

b) Auf das **Acetat**-Ion: Nach DAMOUR[139] gibt Lanthanacetat als gallertartiger Niederschlag mit Jod eine blaue Farbe, genau wie Stärke. Die Reaktion ist allerdings derart unverläßlich, daß sie als Acetatreaktion unserer Ansicht nach wertlos ist.

Eine brauchbare Reaktion ist die von FEIGL, SANCHEZ und SAPPERT[140]. Dampft man ein Acetat in einer Proberöhre zusammen mit Calciumcarbonat zur Trockne ein und erhitzt schwach nach, bildet sich Aceton. Läßt man den Dampf davon auf Papier einwirken, das mit einer frischen Lösung von o-Nitrobenzaldehyd in 2 *n* NaOH getränkt ist, bildet sich das blaue Indigo.

c) Auf das **Oxalat**-Ion: Nach EEGRIWE[141] reduziert man das Oxalat mit Mg und verdünnter Schwefelsäure zu Glycolsäure und weist es mit 2,7-Dihydroxynaphthalen nach. Man tut gut daran, das Oxalat erst nach BÖTTGER[142] mit einer $CaSO_4$-Lösung in neutralem Milieu zu isolieren. Der Niederschlag von CaC_2O_4 wird gewaschen und mit einem Tropfen warmer 2 *n* H_2SO_4 in einem kleinen Reagenzglas in Lösung gebracht. Man fügt etwas Magnesiumpulver hinzu und nach kurzer Zeit 2 ml Reagens (0,01 g 2,7-Dihydroxynaphthalen in 100 ml konzentrierter Schwefelsäure) und erwärmt 20 Minuten lang auf dem Wasserbad (Ausführung nach FEIGL[143]). Bei ursprünglicher Anwesenheit von Oxalat tritt eine violette Farbe auf. Die Reaktion ist ziemlich empfindlich; Grenzkonzentration 1 : 50000. Sie ist allerdings keineswegs spezifisch. Formiate zeigen auch eine Färbung, obgleich weniger stark und mehr rosa, dürfen aber in dem Ca-Niederschlag nicht vorhanden sein. Acetate reagieren nicht. Es ist zu empfehlen, das Reagens jedesmal frisch herzustellen und das Resultat mit einer Blindprobe zu vergleichen.

Einige seltener vorkommende Anionen

Cyanat: Ion CNO^-

In wäßriger Lösung zersetzen sich Cyanate auf die Dauer unter Bildung von Hydrogencarbonaten und NH_4OH. In saurer Lösung bilden sie also CO_2. AgCNO ist weiß und in Wasser unlöslich, in NH_4OH und in HNO_3 löslich.

Meta- und **Pyrophosphat:** Ionen PO_3^- und $P_2O_7^{4-}$.

Im Gegensatz zu den Orthophosphaten geben sowohl die Meta- als auch die Pyrophosphate mit $AgNO_3$ in neutraler Lösung einen weißen und nicht einen gelben Niederschlag. Zinksulfat gibt mit allen Phosphaten einen weißen Niederschlag, löslich in einem beträchtlichen Überschuß Essigsäure. Beim Kochen wird daraus nur Pyrophosphat wieder gefällt. Freies HPO_3 oder Metaphosphate mit Essigsäure koagulieren eine Eiweißlösung, H_3PO_4 und $H_4P_2O_7$ nicht. Durch Kochen in saurer Lösung gehen sowohl HPO_3 als auch $H_4P_2O_7$ in H_3PO_4 über. Eingehende Studien über den Nachweis der drei Phosphationen wurden von WURZSCHMIDT und SCHUHKNECHT[144] durchgeführt, auf deren Veröffentlichung verwiesen wird.

Phosphit und Hypophosphit: Ionen HPO_3^{2-} und $H_2PO_2^-$.

Beide sind starke Reduktionsmittel, die z. B. $AgNO_3$, jedenfalls bei Erwärmung, zu Ag reduzieren. Hypophosphit reduziert $CuSO_4$ zu Cu (oder sogar CuH_2). Phosphit reduziert SO_2 zu H_2S, beide reduzieren H_2SO_4 zu SO_2 und H_2S. Andererseits werden beide durch Zn und H_2SO_4 zu PH_3 reduziert. Die Alkalisalze geben bei trockener Erhitzung PH_3.

Azid: Ion N_3^-

Die Azide des Silbers und der anderen Schwermetalle sind in Wasser unlöslich und äußerst gefährlich explosiv. AgN_3 ist in HN_3 und in NH_4OH löslich. HN_3 und Alkaliazide sind nicht gefährlich explosiv. HN_3 ist jedoch flüchtig und sehr giftig. Mit $FeCl_3$ geben Azide in schwach saurer Lösung eine Rotfärbung, genau wie Rhodanide. Diese Farbe ist jedoch nicht mit organischen Lösungsmitteln zu extrahieren.

Peroxydisulfat: Ion $S_2O_8^{2-}$.

Peroxydisulfate sind auch in saurem Milieu auffallend starke Oxydationsmittel, die z. B. das Mn^{2+}-Ion zu MnO_4^- oxydieren. Die freie Säure ist unstabil; durch Kochen in wäßriger Lösung, vor allem bei Anwesenheit von Ag^+-Ionen, wird sie schnell zu Schwefelsäure und Sauerstoff zersetzt. Das Ba^{2+}-Salz ist löslich, zersetzt sich jedoch auch schnell zum unlöslichen Sulfat. Mit konzentrierter Schwefelsäure entsteht Peroxymonoschwefelsäure. In alkalischem Milieu verhalten sich Peroxydisulfate in mancher Beziehung wie H_2O_2, z. B. indem sie $Mn(OH)_2$ und $Pb(OH)_2$ oxydieren. Sie unterscheiden sich davon dadurch, daß sie weder mit $KMnO_4$ noch mit $Ti(SO_4)_2$ noch mit Dichromat reagieren. Hingegen reagieren sie mit Benzidin, im Gegensatz zu H_2O_2 und auch zu Peroxyboraten. Typische und gleichzeitig empfindliche Identitätsreaktionen fehlen. Mit Methylenblau geben sie eine den Perchloraten analoge Reaktion (siehe dort).

IV. Reaktionen einiger weniger allgemein vorkommender Elemente

Die Wahl der Elemente, deren Ionen in den Kapiteln II und III behandelt worden sind, ist mehr durch den allgemeinen Brauch als durch logische Erwägungen bestimmt. Sie entspricht vor allem keineswegs der Häufigkeit, mit der diese Elemente in dem uns bekannten Teil der Erdkruste vorkommen. Um einen Einblick in diese „*geochemischen Häufigkeiten*" zu geben, ist am Schluß dieses Buches Tab. 2 aufgenommen worden. Sie zeigt, daß Kupfer und Yttrium ungefähr dieselbe Häufigkeit haben, Vanadin eine sogar noch etwas größere, Scandium und Zinn liegen auf einer Linie. Wirkliche Raritäten sind Jod, Wismut und Quecksilber!

Die sogenannte „Seltenheit" von Elementen hängt mehr mit der Schwierigkeit zusammen, auf die man bei deren Abtrennung stößt. Sie kommen oft in Mischkristallen mit anderen, häufiger auftretenden Elementen vor, und nicht als mehr oder weniger reine direkt erkennbare Minerale. Die Schwierigkeiten sind daher auch größtenteils analytischer Art und man muß sogar annehmen, daß verschiedene Elemente ihren Ruf von Seltenheit nur der Tatsache zu verdanken haben, daß sie bewußt von den Analytikern totgeschwiegen worden sind. Eine gründlichere und angemessene Kenntnis ihrer analytischen Eigenschaften würde vermutlich ihrer Bedeutung für das menschliche Zusammenleben in hohem Maße zugute kommen.

Auch die industrielle Bedeutung hat die obengenannte Wahl nicht bestimmt. Wolfram und Molybdän, Gold und Platin, Cer und Thorium sind industriell mindestens ebenso wichtig wie z. B. Wismut, Cadmium, Kobalt und Jod, und dennoch schließt der Usus sie von den „gewöhnlichen" Elementen bei der chemischen Analyse aus.

Das Interesse an dieser Gruppe von Elementen ist um so mehr gerechtfertigt, als in Zukunft verschiedene von ihnen, oder jedenfalls deren Isotope, in steigendem Maß als Abfallprodukte von Kernreaktoren verarbeitet werden müssen. Ihr Entstehen in diesen Apparaten hängt nämlich nicht mit ihrer geochemischen Häufigkeit zusammen.

Wir werden die weniger allgemein vorkommenden, aber keineswegs immer seltenen Elemente in der Reihenfolge behandeln, in der sie bei der hier angewendeten Gruppentrennung auftreten, und uns dabei wieder mehr oder weniger willkürlich auf folgende Elemente beschränken:

a) In der HCl-Gruppe: Tl und W;

b) in der H_2S-Gruppe: W, Mo, Se, Te, Pt, die übrigen Pt-Metalle, Au, V, Nb, Ta und Ge;

c) in der NH_4OH-Gruppe: Th, Ce, La, Nd, Y, Er, Ga, In, U, Zr und Be;

d) in der $(NH_4)_2S$-Gruppe: Tl;

e) in der Carbonatgruppe: Mo und Li;

f) in der Alkaligruppe: Li, Rb und Cs.

Eine vollständige Trennung aller dieser Elemente, wenn sie neben den allgemeineren vorhanden sind, wird wohl niemals vorkommen und ist kaum möglich. Wenn wir es dennoch in Kapitel X versuchen, liegt es auf der Hand, daß wir nicht garantieren können, daß nicht doch noch Kombinationen denkbar wären, für welche die Vorschrift nicht ausreicht. Man bedenke außerdem immer, daß z. B. bei der Trennung der Lanthanide und der seltenen Alkalimetalle nur mühsam fraktionierte Kristallisationen und zu deren Nachweis nur spektrographische Methoden zu einem guten Resultat führen.

Zur weiteren Kenntnis der analytischen Reaktionen siehe einige spezielle Bücher hierüber, z. B.:

CURTMAN, The analytical chemistry of the rarer elements, 1922.

SCHOELLER and POWELL, The analysis of Minerals and Ores of the rare elements, 3rd ed. 1955.

MEYER und HAUSER, Die Analyse der seltenen Erden und Erdsäuren.

Thallium. Ein- und dreiwertig; Ionen Tl^+, Thallium(I), und Tl^{3+}, Thallium(III).

1. Die Thallium(I)verbindungen sind einerseits den Alkalisalzen, andererseits den Silber- und Bleisalzen ähnlich. TlOH ist eine starke lösliche Base. $Tl(OH)_3$ ist eine sehr schwache Base, so daß die Thallium(III)-salze sehr leicht hydrolisieren und, außer als Komplexe, in wäßriger Lösung kaum vorhanden sein können.

2. Thallium(I)chlorid ist genau wie $PbCl_2$ in kaltem Wasser nur wenig, in warmem Wasser dagegen gut löslich. Daher kann TlCl bei Abkühlung des Filtrats der HCl-Gruppe gefällt werden. Es ist mikroskopisch leicht zu erkennen als wenig durchsichtige Sternchen, meistens viereckig, manchmal als kleine Dreifüße. TlBr und TlJ (gelb) sind noch weniger löslich. Weder TlCl noch TlBr noch TlJ sind in NH_4OH löslich (im Gegensatz zu Ag). Tl_2SO_4 ist gut löslich (im Gegensatz zu Pb). Tl_2CrO_4 (gelb) ist in kalter verdünnter Salpetersäure bedeutend weniger löslich als $PbCrO_4$.

3. Thallium(I)phosphat ist recht gut löslich: wichtig für Trennungen.

4. Thallium(I) verhält sich hinsichtlich H_2PtCl_6 genau wie Kalium und Ammonium. Tl_2PtCl_6 ist noch weniger löslich als K_2PtCl_6 und $(NH_4)_2PtCl_6$.

5. Das braune Tl_2S wird, ebenso wie Zn, nicht in Mineralsäuren, wohl aber in essigsaurer Lösung mit H_2S gefällt. Es ist in $(NH_4)_2S$ und in KOH unlöslich.

6. Mit Oxydationsmitteln, wie H_2O_2, Br_2 und $K_3Fe(CN)_6$, wird in alkalischem Milieu braunes unlösliches $Tl(OH)_3$ gebildet.

Identitätsreaktionen

a) Thallium wird mikroskopisch als TlCl nachgewiesen; siehe Chloridion.

b) Thallium gibt mit Thioharnstoff und Salpetersäure eine mikroskopische Reaktion, die der Bleireaktion analog ist.

c) Die weitaus charakteristischeste und außerdem empfindlichste Reaktion ist die intensiv grüne Flammenfärbung durch Tl, vor allem, wenn sie spektroskopisch bestätigt wird (grüne Linie bei 5351 Å).

d) Thallium(I)salze geben mit $Na_3Co(NO_2)_6$ einen orangeroten Niederschlag, den Kaliumsalzen analog. Grenzkonzentration 1 : 10000.

Wolfram und Molybdän. Hauptsächlich sechs- und dreiwertig; wichtigste Ionen WO_4^{2-} und MoO_4^{2-}.

Um Wiederholungen zu vermeiden, behandeln wir diese beiden Elemente, die eine weitgehende Analogie zeigen, gemeinsam. Wir beschränken uns dabei auf die Verbindungen, die von sechswertigen Ionen abgeleitet sind.

1. Genau wie bei dem fünfwertigen Arsen, und sogar noch stärker als dort, liegt das Gleichgewicht $W^{6+} + 6\,OH^- \rightleftharpoons 2\,H_2O + WO_4^{2-} + 2\,H^+$ und das entsprechende für Mo extrem stark rechts. Wir haben also praktisch nur mit den Anionen WO_4^{2-} und MoO_4^{2-} zu tun und können daher bei der Fällung mit H_2S Schwierigkeiten erwarten, trotz der Tatsache, daß sowohl WS_3 als auch MoS_3 sehr unlöslich sind. Auf alle Fälle sind diese Niederschläge nur in stark saurem Milieu zu erwarten; dann haben wir allerdings noch mit hartnäckigen Verzögerungserscheinungen kolloidchemischer Art zu kämpfen. Normalerweise werden dann WS_3 und MoS_3 — bei Einleiten von H_2S in der üblichen Weise — gar nicht oder jedenfalls unvollkommen gefällt. W soll bereits bei der Vorbereitung der Analyse als WO_3 abgetrennt werden; Mo kommt dann vielleicht in die H_2S-Gruppe und, da MoS_3 (genau wie WS_3) sehr leicht in KOH und in $(NH_4)_2S$ löslich ist und in HCl 1 : 1 unlöslich ist, zu Arsen. Ein Teil des Mo entzieht sich bestimmt der Fällung mit H_2S, auch der mit NH_4OH, und auch wegen der sehr starken Rechtslage des Gleichgewichtes $MoS_3 + S^{2-} \rightleftharpoons MoS_4^{2-}$ der mit $(NH_4)_2S$, und taucht erst als MoS_3 (braun) auf, wenn das Filtrat der $(NH_4)_2S$-Gruppe mit Essigsäure angesäuert wird, um kolloidales NiS auszuflocken.

2. Sowohl Wolframate als auch Molybdate geben mit verdünnten Mineralsäuren Niederschläge von WO_3 aq. und MoO_3 aq. Während ersteres in warmer starker Salzsäure ganz unlöslich ist, ist letzteres in einem Überschuß sogar verdünnter Salzsäure, Salpetersäure oder Schwefelsäure leicht löslich. Hierauf beruht eine auf der Hand liegende Trennung dieser beiden Elemente. In kalter starker Salzsäure kann sich frisch gefälltes WO_3 aq. merklich lösen; bei Eindampfen zur Trockne mit HCl wird es auf alle Fälle ganz unlöslich.

3. Eine Lösung von MoO_3 in HCl und eine Suspension von WO_3 in kalter Salzsäure werden durch Zn zu intensiv hellblauen Verbindungen der drei- und fünfwertigen Elemente reduziert, wohl zu unterscheiden von der graublauen Farbe von Nb und der violetten Farbe, die Ti-Ver-

bindungen geben. Wenn man das Zink in Lösung läßt, geht die Farbe vor allem bei Mo (aber nicht ausschließlich bei Mo) in Braun über.

4. H_2SO_3 reduziert Molybdate nur in neutralen oder sehr schwach sauren Lösungen; $SnCl_2$ nur in salzsaurer, nicht wie Stannit in alkalischer Lösung (im Gegensatz zu Siliciummolybdänsäure). Von der Tatsache, daß komplexe Silicium-, Phosphor- und Arsenmolybdänsäuren leichter reduziert werden als Molybdänsäure selbst, wird Gebrauch gemacht, um Kieselsäure, Phosphorsäure und Arsensäure nachzuweisen.

5. Wenn eine Spur einer Mo-Verbindung in einem kleinen Reagenzglas mit einigen Tropfen konzentrierter Schwefelsäure gut aufgekocht wird, dann abgekühlt und danach mit einigen Tropfen Alkohol versetzt wird, tritt eine intensive Blaufärbung auf. W zeigt diese Reaktion nicht.

6. H_2O_2 färbt die ammoniakalische Suspension eines vorher trockengedampften Mo-haltigen Produktes rot. In saurer Lösung färbt es sich gelb. Die Reaktion ist allerdings so unempfindlich, daß sie die von H_2O_2 mit Ti und V kaum stört. W zeigt diese Reaktion nicht.

7. $K_4Fe(CN)_6$ gibt mit Molybdänsäure einen rotbraunen Niederschlag, der in verdünnten Mineralsäuren unlöslich ist. Im Gegensatz zu den analogen Niederschlägen von $K_4Fe(CN)_6$ mit Cu und mit U ist es in NH_4OH farblos löslich.

8. Molybdate geben mit konzentrierter Salpetersäure, einem Phosphat und NH_4^+-Ionen einen gelben kristallinen Niederschlag; siehe Phosphat. Wolframate zeigen diese Reaktion nicht.

9. Eisen(II)sulfat gibt in neutralen oder schwach sauren Wolframaten einen bräunlichen Niederschlag. Bei Versetzen mit HCl wird er nicht blau (im Gegensatz zu Mo).

Identitätsreaktionen

Mikroskopisch:

Sowohl Molybdän als auch Wolfram geben mit $TlNO_3$ eine gute mikroskopische Reaktion. Man entfernt die Chloride durch Abrauchen mit Schwefelsäure, nimmt in einem Tropfen verdünnter Kalilauge auf und läßt mit einem Körnchen festem $TlNO_3$ reagieren. Sowohl Tl_2WO_4 als auch Tl_2MoO_4 scheiden sich dann als hexagonale Plättchen oder Rosetten ab. In der Regel wird das Wolframat größere Kristalle als das Molybdat geben; auf Grund dessen ist jedoch keine gute Unterscheidung möglich.

Tüpfelreaktionen:

Auf **Molybdän:**

a) Fügt man zu einer sauren Molybdatlösung erst einige Tropfen KCNS und dann einige Tropfen $SnCl_2$ hinzu, tritt eine tiefrote Färbung auf, die genau wie bei Eisen(III)rhodanid mit Äther oder Amylalkohol ausgeschüttelt werden kann. W zeigt diese Reaktion nicht. Zur Unterscheidung von Eisen(III) kann Phosphorsäure zugefügt werden; die Fe-Farbe verschwindet dadurch, die Mo-Farbe nicht. Empfindliche und selektive Reaktion. W kann Blaufärbung geben.

b) Molybdate geben mit Kaliumäthylxanthogenat (hergestellt durch Schütteln von CS_2 mit alkoholischer Kalilauge) und verdünnter Salzsäure eine intensiv violette Farbe. Die Reaktion ist spezifisch und sehr empfindlich; Grenzkonzentration etwa 1 : 1000000, in einem kleinen Reagenzglas ausgeführt (Malowan[145]).

Auf **Wolfram:**

a) Nach Feigl[146] kann man Wolframate spezifisch fällen mit Diphenylinchlorhydrat, o-$HClH_2N - C_6H_4 - C_6H_4 - NH_2HCl$-p, mit dem sie einen weißen Niederschlag geben. Zwar spezifische, aber wenig typische und außerdem nicht sehr empfindliche Reaktion; Grenzkonzentration etwa 1 : 5000.

b) Die einzige uns bekannte, gut brauchbare Tüpfelreaktion auf Wolfram ist die von de Sousa[147]. Gibt man auf Filtrierpapier einen Tropfen Alkaliwolframat, darauf einen Tropfen einer 5%igen alkoholischen Lösung von Oxin und darauf wieder einen Tropfen starker Salzsäure, entsteht ein brauner Fleck. Die Reaktion ist spezifisch. Mo und V zeigen diese Reaktion also nicht. Sie ist nicht sehr empfindlich; die Grenzkonzentration ist etwa 1 : 5000. Eisen(III) gibt einen schwarzen Fleck, kann jedoch leicht abgetrennt werden.

Selen und Tellur. Zwei-, vier- und sechswertig; wichtigste Ionen SeO_3^{2-} und TeO_3^{2-}. Auch diese beiden Elemente zeigen eine derart weitgehende Analogie, daß es einfacher ist, sie zusammen zu behandeln.

1. Dem Nichtmetallcharakter von Se und Te entsprechend, treten die Anionen SeO_3^{2-} und TeO_3^{2-} mehr in den Vordergrund als die Kationen. Wir gedenken bei der Beschreibung der Reaktionen also von Selenit- und Telluritlösungen auszugehen, falls nicht anders angegeben.

2. H_2S gibt in kalten Se-Lösungen einen gelben Niederschlag von SeS_2, in KOH und $(NH_4)_2S$ löslich, in warmen Lösungen einen roten Niederschlag, vermutlich hauptsächlich ein Gemisch von Se und S, das allerdings auch in KOH und in $(NH_4)_2S$ löslich ist. Beide werden durch HCl 1 : 1 unter Abscheidung von Se und S zersetzt. Tellur gibt einen braunen Niederschlag von TeS_2, Te und S, der auch in KOH und in $(NH_4)_2S$ löslich ist.

3. Reduktionsmittel fällen vielfach Se (rot, amorph) und Te (schwarz), allerdings nur bei dazu geeignetem Säuregrad. Se wird am besten mit H_2SO_3 in HCl 1 : 1, ebenso mit $FeSO_4$ oder mit KJ gefällt, Te dagegen wird mit H_2SO_3 nur in sehr verdünnter Salzsäure gefällt, mit $FeSO_4$ oder mit KJ gar nicht. Mit Zink und HCl werden sowohl Se als auch Te völlig gefällt. Bei der systematischen Analyse macht man von dieser einfachen Möglichkeit gewöhnlich Gebrauch, um Se und Te durch Reduktion abzutrennen. Täte man das nicht, würden sie auf Grund der Reaktionen unter 2. zu der Gruppe As, Sb und Sn geraten und dort ernste Komplikationen verursachen. Die Abtrennung wird am sichersten mit H_2SO_3 durchgeführt. Gold wird dabei mitgefällt.

4. Selenite geben mit $BaCl_2$ einen Niederschlag, der in verdünnter Salzsäure löslich ist. Selenate geben $BaSeO_4$, das in verdünnter Salzsäure

unlöslich ist, jedoch durch warme Salzsäure unter Chlorbildung zersetzt wird (im Gegensatz zu Sulfaten). Auch Tellurate oxydieren HCl in der Wärme.

5. Selen- und Tellurverbindungen zeigen ebenso wie Schwefelverbindungen die Heparreaktion.

6. Selenverbindungen geben eine intensiv blaue Flammenreaktion. Auf einer in die Flamme gehaltenen Porzellanschale setzt sich rotes Selen ab. Tellur gibt eine grünliche Flammenbildung und auf Porzellan einen schwarzen Te-Beschlag.

7. Sowohl Selen- als auch Tellurverbindungen lassen sich bei Erhitzung schnell durch einen höchst unangenehmen Geruch erkennen. Die meisten Verbindungen sind außerdem sehr giftig, vor allem SeH_2 und TeH_2.

Identitätsreaktionen

Auf **Selen:**

a) Selenverbindungen geben mit einer frisch hergestellten Lösung von etwas Codein in konzentrierter Schwefelsäure eine grüne Farbe (DRAGENDORF[148]). Empfindliche, allerdings nicht spezifische Reaktion.

b) Die zuverlässigste Identifizierung von Selen ist die unter 6. genannte Flammenfärbung und der rote Beschlag.

Auf **Tellur:**

a) Tellur kann mikroskopisch als Cs_2TeCl_6 identifiziert werden. Ein Tellurniederschlag wird mit starker Salpetersäure zur Trockne eingedampft, der Rückstand in 4 *n* HCl aufgenommen und zu der warmen Lösung werden einige Körnchen festes CsCl zugefügt. Es entstehen zitronengelbe Oktaeder und Tetraeder von Cs_2TeCl_6, die der entsprechenden Zinnverbindung sehr stark ähneln.

b) Fein verteiltes metallisches Tellur, z. B. ein Beschlag auf einer Porzellanschale, löst sich mit weinroter Farbe in konzentrierter Schwefelsäure. Sehr empfindliche und selektive Reaktion. Se gibt Grünfärbung.

c) Wenn man einen feuchten Niederschlag von metallischem Tellur oder ein feuchtes, sehr fein gepulvertes Tellurerz auf der Tüpfelplatte mit einem sehr kleinen Stück Natrium (3 bis 4 mm^3 ist genug) mischt, tritt eine violette Färbung auf. Wenig empfindliche, aber spezifische Reaktion.

Platin. Zwei- und vierwertig; Ionen Pt^{2+}, Platin(II), und Pt^{4+}, Platin(IV); daneben oftmals komplexe Ionen, wie z. B. $PtCl_6{}^{2-}$. Wir beschränken uns auf die Platin(IV)verbindungen.

1. *Alkalihydroxyde* geben nur in konzentrierten Lösungen einen gelben Niederschlag von $Pt(OH)_4$, in einem Überschuß Reagens unter Platinatbildung löslich; wenig, aber merkbar löslich in NH_4OH.

2. *Schwefelwasserstoff* gibt einen dunkelbraunen Niederschlag von PtS_2, zudem, jedenfalls bei Fällung in warmer Lösung, immer mit etwas Pt vermischt. PtS_2 ist fast unlöslich in farblosem $(NH_4)_2S$ und in KOH; ziemlich löslich in $(NH_4)_2S_n$ und unlöslich in HNO_3 1 : 1. Platin gelangt dadurch, vorausgesetzt, daß die Sulfide mit KOH ausgezogen werden,

in die Gruppe von Hg, Cu usw. und davon dann zu Hg. Wird mit $(NH_4)_2S$ ausgezogen, kommt es zu Arsen und — sofern metallisches Pt gefällt ist — zu Hg.

3. *Kalium-* und *Ammoniumchlorid* geben in konzentrierten Lösungen von H_2PtCl_6 einen gelben kristallinen Niederschlag von K_2PtCl_6 bzw. $(NH_4)_2PtCl_6$. In 75%igem Alkohol sind diese beiden Stoffe bedeutend weniger löslich.

4. *Natriumjodid* gibt auch in verdünnten Lösungen eine violettrote bis violettbraune Färbung, vermutlich durch Bildung von PtJ_6^{2-}-Ionen, neben Jod und PtJ_4^{2-}-Ionen. Die Reaktion ist sehr empfindlich, wird jedoch durch Reduktionsmittel, wie H_2S und H_2SO_3, und durch $HgCl_2$ gestört.

5. *Reduktionsmittel* geben nicht so leicht Abscheidung von Metall, wie es bei Au der Fall ist. In saurem Milieu sind Oxalsäure, $FeSO_4$ und H_2SO_3 unwirksam, $SnCl_2$ reduziert dann zu dem orange gefärbten H_2PtCl_4. Natriumformiat reduziert zu Metall, jedoch nur in sehr schwach saurer Lösung. In alkalischem Milieu geben die meisten Reduktionsmittel Abscheidung von metallischem Pt, meistens in kolloidaler schwer filtrierbarer Form. Zn + HCl gibt flockiges Pt.

6. Fein verteiltes Pt, wie man es z. B. durch Glühen von H_2PtCl_6 oder K_2PtCl_6 auf einem Stück dünnem Asbestpapier erhält, glüht erneut auf, wenn es warm in einen Strom Leuchtgas mit Luft (von einem nicht angezündeten Bunsenbrenner) gebracht wird (CURTMAN und ROTHBERG[149]). Pd, Ir und Rh reagieren genau so.

Identitätsreaktionen

a) Man gibt ein kleines Körnchen festes KCl in eine möglichst nicht zu stark saure H_2PtCl_6-Lösung auf einem Objektträger. Falls erforderlich, dampft man bis zur Randkristallisation ein. Es bilden sich kleine, aber scharf geformte gelbe Oktaeder von K_2PtCl_6. Grenzkonzentration etwa 1 : 10000. Os zeigt eine analoge Reaktion; Ir gibt rote Oktaeder.

b) Ein Tropfen einer H_2PtCl_6-Lösung wird auf einem Objektträger mit NH_4OH schwach alkalisch gemacht; dann wird etwas festes NaJ hinzugefügt. Es bilden sich tiefrote Nadeln, meistens zu Bündeln vereinigt (WHITMORE und SCHNEIDER[150]).

Die übrigen Platinmetalle. An Platin schließen sich noch fünf andere Metalle an, und zwar die drei leichten Platinmetalle: *Ruthenium* (*Ru*), *Rhodium* (*Rh*) und *Palladium* (*Pd*) und die beiden anderen schweren Platinmetalle: *Osmium* (*Os*) und *Iridium* (*Ir*).

Alle sind durch hohe maximale Valenzen gekennzeichnet — bei Ru und Os achtwertig —, durch stark wechselnde Valenzen, durch gefärbte, meist komplexe Ionen, die auch halogenhaltig sind, wie XCl_5^{2-} und XCl_6^{2-}, und durch die Tatsache, daß sie alle durch Zn + HCl aus ihren Lösungen als fein verteiltes Metall gefällt werden. Auf diese Weise sind sie leicht zusammen mit Pt und Au von allen anderen Metallen abzutrennen. Keines davon ist in HCl löslich; in HNO_3 sind nur Pd und Os (wenig) löslich; in Königswasser sind sie alle löslich, vorausgesetzt, daß sie fein verteilt sind, Ir am wenigsten. Durch Kochen mit konzentrierter Salpetersäure verflüchtigt sich Os merklich als OsO_4. Man kann sie alle, auch die natürlichen Gemische, in Lösung bringen:

1. Durch Erhitzen mit einem Gemisch von BaO_2 und $Ba(NO_3)_2$ in einem Porzellantiegel und Ausziehen mit verdünnter Salzsäure. Os verflüchtigt sich hierbei nicht.

2. Durch Zusammenschmelzen mit einem Überschuß Zink, Ausziehen mit HCl und Lösen des Rückstandes der jetzt sehr fein verteilten Pt-Metalle in Königswasser.

Schwefelwasserstoff gibt mit allen in saurer Lösung Niederschläge. Nur Ir_2S_3 ist in $(NH_4)_2S$ recht gut löslich, der Rest nicht, oder jedenfalls nicht vollständig, wegen Beimischung von freiem Metall. Die Platinmetalle gelangen also, genau wie Pt und Au, während der systematischen Analyse sowohl zu Arsen als auch zu Quecksilber. Sie können immer von Quecksilber — durch dessen Verflüchtigung — getrennt werden; von Au, indem man es als $AuCl_3$ einige Male mit Äther extrahiert. Wir beschränken uns auf die Angaben einiger typischer Reaktionen dieser Elemente.

Ruthenium: K_2RuCl_5-Lösung.

1. Mit einem Tropfen konzentrierter Salzsäure und einigen Kristallen Thioharnstoff entsteht nach leichtem Erwärmen eine blaue Farbe. Os gibt eine rote Farbe; im übrigen eine ausgezeichnete, selektive und sehr empfindliche Reaktion. Grenzkonzentration 1 : 100000 (Wöhler und Metz[151]).

Rhodium: $RhCl_3$-Lösung.

1. Genau wie Co^{3+} gibt Rh^{3+} mit einer Lösung von KNO_2 nach einiger Zeit einen gelben Niederschlag von $K_3Rh(NO_2)_6$. Wenig empfindliche Reaktion.

Palladium: $PdCl_2$-Lösung.

1. Pd^{2+} gibt ebenso wie Ni mit Dimethylglyoxim einen Niederschlag. Er ist orangegelb gefärbt und entsteht, im Gegensatz zu dem von Ni, nur in neutralem oder sehr schwach saurem Milieu, während er in NH_4OH gerade löslich ist (Putnam c. s.[152]). Selektive Reaktion; die übrigen Pt-Metalle stören nicht; Au gibt eine analoge Reaktion; Grenzkonzentration 1 : 10000.

2. $PdCl_2$ gibt mit Kaliumjodid einen schwarzen Niederschlag von PdJ_2, in einem Überschuß KJ löslich unter Bildung einer rotbraunen Lösung.

Osmium: OsO_4-Lösung.

1. OsO_4 ist sehr merkbar flüchtig und dadurch am Geruch zu erkennen, der an die freien Halogene erinnert; es ist giftig.

2. Eine OsO_4-Lösung gibt mit einem Überschuß festem Thioharnstoff eine intensiv rote Farbe (Tschugaeff[153]). Ru gibt Blaufärbung. Spezifische und empfindliche Reaktion; Grenzkonzentration 1 : 100000.

Iridium: H_2IrCl_6-Lösung.

1. Beim Schütteln einer Ir^{4+}-Lösung mit festem KCl oder NH_4Cl bildet sich das wenig lösliche K_2IrCl_6 bzw. $(NH_4)_2IrCl_6$, beide dunkelrotbraun. Diese Stoffe sind in Alkohol noch beträchtlich weniger löslich. Auch als Reaktion unter dem Mikroskop geeignet.

Gold. Ein- oder dreiwertig; Ionen Au^+ und Au^{3+} und vor allem $AuCl_4^-$.

1. Die Gold(I)verbindungen sind durch unlösliche Halogenide wie AuCl gekennzeichnet.

2. Alkalihydroxyde geben in konzentrierten Gold(III)lösungen einen Niederschlag von $Au(OH)_3$, der in einem Überschuß Lauge unter Bildung von Auraten löslich ist.

3. Ammoniak gibt ebenfalls nur in konzentrierten Gold(III)lösungen einen gelben Niederschlag von „Knallgold", das in trockenem Zustand gefährlich explosiv ist.

4. Schwefelwasserstoff fällt in kalten sauren Gold(III)lösungen dunkelbraunes Au_2S_2, in warmen vermutlich nur ein Gemisch von Au und S, vielleicht auch Sulfide anderer Zusammensetzung. Beide Niederschläge sind teilweise löslich in $(NH_4)_2S$, besser in $(NH_4)_2S_n$, weil das freie Gold dadurch angegriffen wird; in KOH aber fast unlöslich. Trennt man die Metalle der H_2S-Gruppe also in zwei Untergruppen mit $(NH_4)_2S_n$, gerät Gold sowohl zu Hg usw. als auch zu As usw. Da wir mit KOH trennen, kommt Gold ganz zu Hg usw., und zwar dort zu Hg selbst, weil die Sulfidniederschläge von Au in warmer Salpetersäure 1 : 1 unlöslich sind.

5. Reduktionsmittel fällen sowohl aus saurem als auch — besser noch — aus alkalischem Milieu vielfach ein stark gefärbtes Goldsol (blauviolett bis rotviolett). So fällen z. B. $SnCl_2$, $FeSO_4$ und H_2SO_3 Gold auch aus ziemlich stark salzsaurer Lösung (im Gegensatz zu Pt, das in saurer Lösung nicht durch $FeSO_4$ und H_2SO_3 gefällt wird). Oxalsäure reduziert Gold(III)lösungen nur in schwach saurem Milieu. In alkalischem Milieu werden sie auch durch H_2O_2 reduziert.

Identitätsreaktionen

a) Man gibt auf einem Objektträger zu einer schwach salzsauren Gold(III)lösung einen Tropfen eines Gemisches von 1 Vol. Pyridin und 8 Vol. 40%iges HBr. Es bildet sich ein braunroter kristalliner Niederschlag, Stäbchen, die oft unter 60° verzwillingt sind (PUTNAM c. s.[154]). Grenzkonzentration etwa 1 : 40000. Ag, Hg_2^{2+} und Tl^+ und Pb in großem Überschuß stören die Reaktion. Pt gibt gelbe Kristalle von anderer Form, die nicht stören.

b) In einem kleinen Reagenzglas fügt man zu 1 ml nicht zu stark saurer, verdünnter $HAuCl_4$-Lösung erst einen Tropfen 2 *n* KOH und dann einen Tropfen 3%iges H_2O_2 hinzu. Wasserstoffperoxyd reduziert die Goldlösung zu einem Sol metallischen Goldes (VANINO und SEEMANN[155]), das in auffallendem Licht braun, in durchfallendem Licht blau ist. Spezifische und empfindliche Reaktion; Grenzkonzentration bei dieser Ausführung etwa 1 : 50000. Platin stört nicht.

Vanadin. Zwei- drei-, vier- und fünfwertig. Wichtigstes Ion VO_3^-.

1. Verdünnte Schwefelsäure und Salpetersäure fällen aus Vanadatlösungen orangebraunes V_2O_5 aq., das in einem Überschuß verdünnter Säure löslich ist. In verdünnten Lösungen entstehen intensiv orange gefärbte V_2O_5-Sole.

2. HCl, vor allem konzentriert und warm, fällt im Anfang gleichfalls V_2O_5 aq., wird jedoch bei längerem Erwärmen hierdurch zu Cl_2 oxydiert, während Vanadin in die vierwertige Form von Vanadylionen $(VO)^{2+}$ (blau) übergeht.

3. Reduktionsmittel, wie H_2SO_3, $SnCl_2$, Äthylalkohol, Oxalsäure, H_2S und HBr, reduzieren Vanadate in saurer Lösung gleichfalls zu blauem Vanadyl. HJ reduziert weiter zu den grünen Vanadin(III)ionen, V^{3+} (Jod auskochen!). Zink und verdünnte Schwefelsäure reduzieren schließlich zu den braunvioletten Vanadin(II)ionen, V^{2+}. Bei langsamer Reduktion unter Schütteln kann man die vollständige Farbveränderung von Orange über Blau und Grün zu Violett beobachten.

4. Schwefelwasserstoff gibt in sauren Vanadatlösungen nur sehr langsam, in alkalischen Lösungen gar keinen Niederschlag, sondern färbt nur durch Vanadylbildung blau. $(NH_4)_2S_n$ gibt rote Lösungen von Thiovanadaten (wenig empfindliche, aber sehr bezeichnende Reaktion), aus denen beim Ansäuern mit verdünnter Schwefelsäure braunes V_2S_5 ausfällt, das wieder mit brauner Farbe in KOH und in $(NH_4)_2S$ löslich ist.

Man kann also sowohl Vanadin als auch Molybdän aus dem gleichen Grund im Filtrat der $(NH_4)_2S$-Gruppe erwarten, aus dem es beim Ansäuern mit Essigsäure als Sulfid zum Vorschein kommt. Enthält die Lösung jedoch Erdalkalien, Mangan oder Eisen(III), wird es mit diesen Elementen als Vanadat in der NH_4OH-Gruppe gefällt. Wenn man absichtlich Eisen(III) hinzufügt, erhält man die Gewißheit, daß es dort vollständig als das sehr unlösliche Eisen(III)vanadat gefällt wird.

5. Eine saure Vanadatlösung gibt mit etwas H_2O_2 eine rote oder in verdünnten Lösungen eine bräunlichrosa Farbe, die von Monoperoxyvanadynilionen, $[V(O_2)]^{3+}$, stammt. Die Farbe verschwindet wieder mit einem Überschuß H_2O_2. Die rote Farbe kann nicht mit Äther extrahiert werden. Sie ist gegen NaF beständig (im Gegensatz zu Ti).

Identitätsreaktionen

a) Man weist Vanadat mikroskopisch mit einem Überschuß festem NH_4Cl nach. Es entstehen farblose lanzettförmige Kristalle von Ammoniummetavanadat.

b) Ein Vanadat auf der Tüpfelplatte in einem Tropfen konzentrierter Schwefelsäure suspendiert, gibt mit einem Körnchen Strychninsulfat eine rote Farbe, die auf die Dauer in Rosa übergeht (GREGORY[156]). Diese Reaktion ist zwar sehr empfindlich, jedoch nicht spezifisch.

c) EPHRAIM[157] verwendet die Tatsache, daß Vanadat in saurer Lösung das Cl^--Ion zu Chlor oxydiert und selbst in Vanadyl übergeht und daß Vanadyl Eisen(III) zu Eisen(II) reduziert, um darauf eine für Vanadate spezifische Reaktion zu basieren. Einige Tropfen Vanadat werden in einem kleinen Reagenzglas mit 0,5 ml konzentrierter Salzsäure aufgekocht, Chlor wird gut ausgetrieben, dann wird abgekühlt. Fügt man dann einen sehr kleinen Tropfen $FeCl_3$, einige Tropfen Dimethylglyoximlösung und so viel NH_4OH zu, daß die Lösung schwach alkalisch wird, tritt die rosa Eisen(II)dimethylglyoximfarbe auf, die vor allem nach Zentrifugieren neben dem gefälltenFe $(OH)_3$ gut zu sehen ist. Spezifische und empfindliche Reaktion; Grenzkonzentration etwa 1 : 50000.

d) Nach MONTEQUI und GALLEGO[158] und KOMAROWSKY und POLUEKTOW[159] wird V durch seine Komplexbildung mit 8-Oxychinolin (Oxin) identifiziert. In einem kleinen Reagenzglas werden einige Tropfen Vanadatlösung mit verdünnter Essigsäure angesäuert und dann mit einigen Tropfen Reagens (2,5% Oxin in 6%iger Essigsäure) und mit einigen Tropfen Chloroform geschüttelt. Letzteres färbt sich braunviolett bis blau. Sehr empfindliche Reaktion (Grenzkonzentration etwa 1 : 700000), allerdings nicht spezifisch. Ti, W und Mo geben analoge Komplexe. Sie müssen entfernt werden: Ti mit NH_4OH, W und Mo mit $BaCl_2$. Eisen(III) stört ebenfalls und wird durch langes Kochen von Eisen(III)-vanadat mit sehr starker Natronlauge entfernt.

Niob und Tantal. Fünfwertig; wichtigste Ionen NbO_3^- und TaO_3^- und $Nb_6O_{19}^{8-}$ und $Ta_6O_{19}^{8-}$. Diese beiden Elemente werden hier behandelt, obgleich sie mit H_2S keine Niederschläge bilden und daher nicht in die H_2S-Gruppe gehören. Da sie keiner einzigen Gruppe des Trennungsschemas angehören, lassen wir sie auf Vanadin folgen, dessen Atomhomologe sie im periodischen System sind.

1. Sowohl die sauren als auch die alkalischen Lösungen von Niob und Tantal werden auf die Dauer im kalten und im warmen Zustand immer leicht hydrolisiert. Klare Lösungen werden daher von selbst trübe unter Abscheidung von Nb_2O_5 aq. und Ta_2O_5 aq. Schneller geht es aus alkalischen Lösungen durch Hinzufügen von Säure und aus sauren Lösungen durch Hinzufügen von Alkalien.

2. Nb_2O_5 und Ta_2O_5 und die mineralischen Niobate und Tantalate können durch Abrauchen mit HF und H_2SO_4 und Aufnehmen in nicht zu verdünnter Schwefelsäure aufgeschlossen werden, allerdings erst nach völliger Abkühlung. Der Aufschluß kann auch mit $KHSO_4$ oder KOH ausgeführt werden, bei beiden durch anhaltendes Schmelzen. NaOH ist weniger geeignet, weil das Natriumhexaniobat, $Na_8Nb_6O_{19}$, in Wasser auffallend wenig löslich ist; vor allem verdünnte Natronlauge ist ungeeignet. Von den Tantalverbindungen ist K_2TaF_7 wenig löslich. Man erhält es nur, wenn man das Oxyd mit HF aufschließt und mit KOH versetzt, allerdings mit so wenig, daß die Lösung nicht alkalisch wird.

3. Frisch gefällte Niederschläge von Nb_2O_5 und Ta_2O_5 aq. sind in ziemlich starker, kalter Schwefelsäure und in konzentrierten kalten KOH-Lösungen merkbar löslich. Das In-Lösung-Bringen geht weitaus schneller, wenn man H_2O_2 hinzufügt.

4. Lösungen und Suspensionen von Niobaten werden durch Reduktion mit Zink und starker Salzsäure oder besser Phosphorsäure graublau gefärbt. Tantalate werden zwar reduziert, färben sich jedoch nicht dabei.

5. Durch Erwärmen mit Digallussäure (Tannin) und Ammoniumacetat in schwach alkalischer Lösung (NH_4OH und NH_4Cl) färben sich Niobate orangerot, Tantalate gelb (Powell und Schoeller[160]). Selektive Reaktionen (Ti färbt wie Nb; W färbt schokoladebraun) und empfindlich; Grenzkonzentration in einem Reagenzglas für Nb 1 : 80000; für Ta 1 : 25000.

Identitätsreaktionen

Auf **Niob.**

a) Wenn Ti und W nicht vorhanden sind, kommt die obengenannte Reaktion von Powell und Schoeller hauptsächlich in Betracht.

b) Nach Behrens[161] mikroskopisch. Zu der Lösung von Kaliumniobat wird ein Körnchen NaOH zugefügt. Natriumhexaniobat kristallisiert dann als große sechseckige Plättchen und stumpfe sechseckige Sterne. Wenig empfindliche und außerdem unverläßliche Reaktion, die erst nach einiger Übung gute Resultate ergibt.

Auf **Tantal.**

a) Nach Behrens[161] mikroskopisch. Auf einer Cellonplatte löst man Ta_2O_5 aq. in HF oder in HCl und NH_4F, und fügt ein Körnchen KCl hinzu. K_2TaF_7 kristallisiert dann in langen dünnen Prismen mit schwacher Doppelbrechung und gerader Auslöschung. Das Objektiv des Mikroskops muß hierbei in dünnes Cellonpapier verpackt werden. Gute und ziemlich empfindliche Reaktion.

Germanium. Hauptsächlich vierwertig; Ionen Ge^{4+} und vor allem GeO_3^{2-}.

1. Germanium ist Zinn in vieler Hinsicht ähnlich. Es ist durch die auffallend große Flüchtigkeit des $GeCl_4$ davon zu trennen, also durch Abdestillieren aus starker Salzsäure.

2. Schwefelwasserstoff gibt nur in stark saurer Lösung einen weißen Niederschlag von GeS_2, leicht löslich in KOH und in $(NH_4)_2S$. Ge gerät dadurch zu der As-Untergruppe der H_2S-Gruppe, und zwar zu As selbst, da GeS_2 in HCl 1 : 1 fast unlöslich ist, vorausgesetzt, daß es mit H_2S gesättigt ist.

3. Germaniumsäure verhält sich in bezug auf α-Dihydroxyverbindungen (Mannitol, Glycerol usw.) genau wie Borsäure und Perjodsäure, d. h. es verstärkt damit seine saure Eigenschaft (Poluektow[162]). Eine Lösung von Germaniumsäure — mit NaOH auf Phenolphthalein zu Hellrosa neutralisiert — wird demnach durch Versetzen mit Mannitol entfärbt.

4. Nach Hoste[163] reagiert Phenylfluoron (9-Phenyl-2,3,7-trioxy-6-fluoron) in saurem Milieu mit Ge^{4+} unter Bildung einer rosa gefärbten Verbindung, die gegen 6 *n* HNO_3 beständig ist. Die Reaktion wird auf Papier ausgeführt (Schleicher & Schüll, Nr. 589g), das mit einer 0,05%igen

Lösung von Phenylfluoron in Äthylalkohol, mit einigen Tropfen HCl 1 : 1 angesäuert, vorbehandelt worden ist. Auf das behandelte Papier, das haltbar ist, gibt man einen Tropfen der zu untersuchenden Lösung, die vorzugsweise zwischen 3 *n* und 6 *n* an HCl ist, und fügt dann 2 bis 3 Tropfen 6 *n* HNO_3 hinzu.

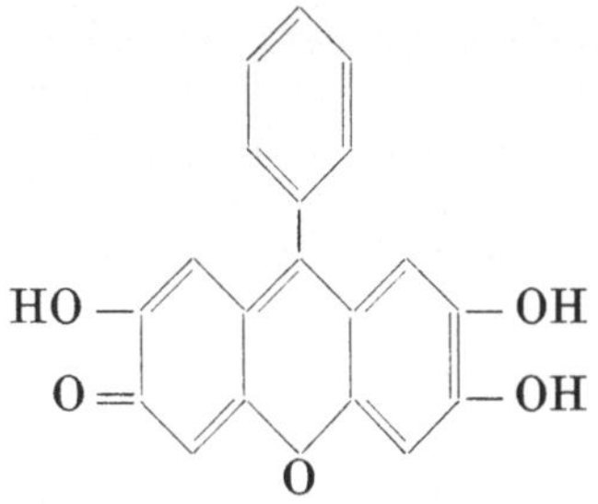

Bei Anwesenheit vierwertigen Germaniums entsteht ein rosa Fleck, der sich nach kurzer Zeit intensiver färbt. Die Reaktion ist spezifisch. Empfindlichkeit 1 : 500000.

Stark oxydierende Stoffe, wie Ce^{4+}, CrO_4^{2-}, MnO_4^- und weiter Ti^{3+}, verhindern die Reaktion und müssen daher vorher entfernt werden.

Identitätsreaktionen

a) Komarowsky und Poluektow[164] haben gefunden, daß Germaniumsäure, genau wie Phosphorsäure, Arsensäure und Kieselsäure, mit Molybdänsäure eine Heteropolysäure bildet, die einfacher reduziert wird als Molybdänsäure selbst, z. B. durch Benzidinacetat. Nach Feigl[165] isoliert man erst das Ge von allen genannten Elementen durch Verflüchtigen als $GeCl_4$ aus 4 *n* HCl — nachdem eventuell vorhandenes As und Se durch Versetzen mit NH_4OH und H_2O_2 und Eindampfen zur Trockne bestimmt in die nichtflüchtige höchste Oxydationsstufe übergeführt sind — und unter Hinzufügen einer Spur von festem $KMnO_4$, um Reduktion während der Destillation zu vermeiden. Mit einigen Tropfen Destillat führt man dann die Reaktion auf analoge Weise aus, wie in Kapitel III für Phosphat beschrieben; lieber nicht auf Papier, sondern auf der Tüpfelplatte. Neutralisieren mit Na-Acetat statt mit NH_3. Freies Chlor wird erst mit Na_2SO_3 entfernt.

Rhenium. Drei-, vier-, sechs- und siebenwertig. Wichtigstes Ion ReO_4^-. Wir beschränken uns auf die Angabe, daß Perrhensäure, $HReO_4$, in ihren Eigenschaften stark an Perchlorsäure erinnert. Kaliumperrhenat ist noch viel weniger löslich als Kaliumperchlorat. Es kristallisiert in hübschen Pfeilspitzen, wodurch $HReO_4$ ein ausgezeichnetes mikroskopisches Reagens auf Kalium ist. Re_2O_7, vorausgesetzt, daß es gegen Reduktion geschützt ist, ist leicht flüchtig. Es kann mit CO_2 bei 160° aus einer Lösung von H_2SO_4 und H_3PO_4 ausgetrieben werden. Das ist eine der besten Methoden für die Isolierung von Rhenium. Es kann von Molybdän — mit dem es zusammen vorkommt — getrennt werden, indem man das Reaktionsprodukt mit Kaliumäthylxanthogenat und Chloroform auszieht. Mo gelangt dann in die Chloroformschicht, Re in die Wasserschicht.

Das Element *Masurium*, welches bis vor kurzem über Rhenium im periodischen System vorkam, ist schließlich nicht anerkannt worden. Sein Platz wird jetzt durch das äußerst seltene *Technetium*, Tc, eingenommen.

Thorium. Vierwertig; Ionen Th^{4+}.

1. Thorium zeigt genau wie Scandium die Gruppenreaktion der Lanthanide, und zwar Unlöslichkeit des Oxalats in 0,3 *n* HCl, ohne übrigens in chemischem Sinn zu diesen Metallen zu gehören. In verdünnter salzsaurer Lösung fällt Th also mit Oxalsäure aus. Der Niederschlag ist in NH_4-Oxalat löslich; er bleibt beim Kochen gelöst, genau wie Zr, im Gegensatz aber zu Y; wird zu dieser Lösung HCl zugefügt, wird es, im Gegensatz zu Zr, wieder gefällt.

2. Alkalihydroxyde und Ammoniak geben einen weißen, gallertartigen Niederschlag von $Th(OH)_4$, in einem Überschuß der Reagenzien unlöslich.

3. Ammoniumcarbonat gibt einen weißen Niederschlag von $Th(CO_3)_2$, löslich in einem Überschuß Reagens unter Bildung von $Th(CO_3)_5^{6-}$-Anionen. Würde es bei der systematischen Analyse also nicht vorher als Oxalat isoliert, geriete es zu U.

4. Natriumthiosulfat und Natriumacetat fällen $Th(OH)_4$ in warmer Lösung (im Gegensatz zu Ce^{3+}).

5. Fluorwasserstoff gibt einen weißen Niederschlag von ThF_4 aq., der in kaltem Wasser fast unlöslich ist (im Gegensatz zu Al, Be, Zr und Ti).

6. Kaliumjodat gibt einen weißen Niederschlag von $Th(JO_3)_4$, der sogar in starker Salpetersäure kaum löslich ist, vor allem wenn ein Überschuß KJO_3 vorhanden ist.

7. Wasserstoffperoxyd gibt in sehr schwach sauren Lösungen einen weißen Niederschlag. Das Sulfat reagiert schnell, das Chlorid und Nitrat erst nach einiger Zeit. Die Fällung wird durch Kochen mit einigen Tropfen verdünnter Schwefelsäure beschleunigt.

Identitätsreaktionen

a) Die mikroskopische Reaktion als Thoriumthallium(I)carbonat (Behrens[166]) ist die einzige uns bekannte wirklich charakteristische und außerdem empfindliche Reaktion des Th. Ein Tropfen der Th-Lösung wird auf einen Objektträger gebracht, das Hydroxyd darin mit NH_4OH gefällt, der Niederschlag mit einigen Körnchen festem $(NH_4)_2CO_3$ gelöst und nach kurzem, leichtem Erwärmen ein kleines Körnchen festes $TlNO_3$ hinzugefügt. Dann entstehen kleine, doch sehr typische hellgelbe Rhomben. Nur U gibt eine Reaktion, die der Th-Reaktion ein wenig ähnelt, jedoch mühelos davon unterschieden werden kann.

Cer. Drei- und vierwertig; Ionen Ce^{3+}, Cer(III), farblos, und Ce^{4+}, Cer(IV), gelborangefarbig.

Cer(III)

1. Die Cer(III)salze und die diesen sehr ähnlichen Salze der Lanthanide (und von Th, Y und Sc) werden durch eine *Gruppenreaktion* gekennzeichnet, und zwar durch die Unlöslichkeit des Oxalats in verdünnten (z. B. 0,3 *n*) Mineralsäuren. In 0,3 *n* HCl werden sie also mit Oxalsäure gefällt (im Gegensatz zu Aluminium, dem sie übrigens stark ähneln, und zu Be, Ga und In). Das Oxalat ist in NH_4-Oxalat unlöslich (im Gegensatz zu Th, Y und Zr).

2. Alkalihydroxyde und Ammoniak geben einen weißen Niederschlag von $Ce(OH)_3$, unlöslich in einem Überschuß der Reagenzien, jedoch etwas löslich in kalter $(NH_4)_2CO_3$-Lösung. Das feuchte $Ce(OH)_3$ wird durch Luftsauerstoff langsam zu dem orangefarbigen $Ce(OH)_4$ oxydiert. Mit Benzidin zeigt es daher auch die gleiche Reaktion wie $Mn(OH)_2$.

3. Mit KOH und H_2O_2 oder Bromwasser oder vor allem mit Chlor wird direkt $Ce(OH)_4$ gebildet.

4. Weder Natriumthiosulfat noch Acetate geben mit Cer(III)salzen einen Niederschlag (im Gegensatz zu Al und Th).

5. Kaliumjodat gibt in neutralen Lösungen einen weißen Niederschlag von $Ce(JO_3)_3$, löslich in verdünnten Mineralsäuren (im Gegensatz zu Th).

6. Fluorwasserstoff gibt in neutralen oder schwach sauren Lösungen einen Niederschlag von CeF_3 aq., in einem Überschuß Reagens etwas löslich (im Gegensatz zu Al).

Cer(IV)

1. Da Cer(IV)hydroxyd eine äußerst schwache Base ist, weisen Cer(IV)salze in Wasser eine starke Hydrolyse auf, bei der das orangefarbige $Ce(OH)_4$ oder gelbe basische Salze gefällt werden. Auf diese Weise kann Ce von den übrigen Lanthaniden getrennt werden.

2. Cer(IV)salze sind in saurer Lösung starke Oxydationsmittel. Im Gegensatz zu $KMnO_4$ oxydieren sie das Cl^--Ion nur beim Kochen in konzentrierten Lösungen. Sie geben ebenso wie $KMnO_4$ mit H_2O_2 Sauerstoffentwicklung.

Identitätsreaktionen

a) Cer kann mikroskopisch als Cer(III)formiat nachgewiesen werden (siehe bei Formiat) oder besser als Cer(III)succinat. Einige Tropfen der zu untersuchenden Lösung werden auf dem Objektträger nacheinander bis zur Trockne eingedampft und in einem Tropfen 2 *n* Essigsäure aufgenommen. Zu der kalten Lösung fügt man einige Körnchen (Überschuß) Ammoniumsuccinat hinzu. Nach kurzer Zeit — eventuell nach leichtem Erwärmen — entstehen stark sphärolitische Kristalle des Cer(III)succinats, die später Rosetten bilden.

b) Wie oben bereits angegeben [Cer(III), unter 2], reagiert $Ce(OH)_3$ mit Benzidin genau wie $Mn(OH)_2$. Für die Ausführung der Reaktion wird darauf verwiesen. Die Reaktion ist nur für Ce kennzeichnend, wenn es vorher als Oxalat oder als Fluorid von allerlei analog reagierenden Kationen und Oxydationsmitteln isoliert worden ist, und ist eigentlich nur für ein Gemisch brauchbar, das sich ausschließlich aus Lanthaniden zusammensetzt. Die Reaktion ist sehr empfindlich, auf der Tüpfelplatte ist die Grenzkonzentration etwa 1 : 200000. Vermutlich reagiert Pr analog.

c) Mit einer 1%igen Lösung von Strychnin in konzentrierter Schwefelsäure gibt ein Eindampfrückstand von $Ce(OH)_3$ eine blauviolette Farbe, die schnell in Rot übergeht (Plügge[167]). Sehr empfindliche, aber nicht spezifische Reaktion.

d) Wenn man zu einer neutralen oder schwach sauren Ce^{3+}-Lösung erst einen Überschuß von 3%igem H_2O_2 und dann NH_4OH zufügt, entsteht ein orangebraunes Peroxyd (LECOQ DE BOISBAUDRAN[168]). Es wird bei leichtem Erwärmen gelb. Die Reaktion ist, in einem kleinen Tiegel ausgeführt, sehr empfindlich; Grenzkonzentration etwa 1 : 100000. Die Reaktion ist für Ce spezifisch, wenn es vorher mit den Lanthaniden isoliert worden ist. Eisen(III) stört durch Bildung von braunem Hydroxyd.

Lanthan und die Lanthanide. Fast alle ausschließlich dreiwertig; Ionen also La^{3+} usw.

Wie bereits gesagt, kann von einem normalen analytischen Nachweis und von einer Trennung dieser Elemente keine Rede sein; dafür sind die Unterschiede ihrer analytischen Eigenschaften viel zu gering. Trennungen sind nur durch fraktionierte Kristallisationen möglich. Zum Nachweis muß entweder das normale optische Absorptions- oder Emissionsspektrum oder das Röntgenemissionsspektrum zu Hilfe genommen werden.

Wir müssen uns daher hier darauf beschränken, von einigen der wichtigsten Eigenschaften und auch nur für die am meisten vorkommenden Elemente eine schematische Übersicht zu geben, und zwar in *Tabellenform*. Wir nehmen darin auch Cer(III) zum Vergleich auf. Mit Alkalihydroxyden und Ammoniak verhalten sie sich alle gleich: Bildung von Niederschlägen, die nicht amphoter sind und keine NH_3-Komplexe bilden. Auch HF, Acetat und Thiosulfat gegenüber verhalten sie sich qualitativ gleich: mit dem ersten Niederschlagsbildung, mehr oder weniger in HF und Mineralsäuren löslich; mit den beiden letzteren kein Niederschlag (im Gegensatz zu Al). Wir beschränken uns in der Tabelle auf die Reagenzien, die etwas Differenzierung zeigen.

	Cer	Lanthan	Neodym	Yttrium	Erbium
Farbe der Ionen	farblos	farblos	stark rosa	farblos	rosa
Oxalsäure in 0,3 *n* HCl	Niederschlag	Niederschlag	Niederschlag	Niederschlag löslich in warmem NH_4-Oxalat, aus dem es bei Abkühlung wieder ausfällt	Niederschlag
Kalte, gesättigte Lösung von K_2SO_4	Niederschlag	Niederschlag	Niederschlag	kein Niederschlag	Niederschlag löslich im Überschuß
$(NH_4)_2CO_3$	Niederschlag etwas löslich im Überschuß	Niederschlag unlöslich im Überschuß	Niederschlag unlöslich im Überschuß	Niederschlag löslich im Überschuß; nach einiger Zeit fällt es wieder aus	Niederschlag löslich im Überschuß

Neodym und Erbium zeigen charakteristische Absorptionsspektren, die auch mit einem einfachen Spektroskop gut beobachtet werden können. Lanthan ist das einzige Element dieser Gruppe außer Ce, das eine typische, spezifische Reaktion zeigt, und zwar die seines basischen Acetats, das mit Jod Blaufärbung zeigt. Yttrium kann mikroskopisch an seinem Oxalat als gut geformte tetragonale Pyramiden erkannt werden. In nicht zu komplizierten Gemischen der Lanthanide kann übrigens im allgemeinen die mikroskopische Untersuchung, vor allem der Succinate, Oxalate und Formiate gute Dienste erweisen. Siehe das Handbuch von BEHRENS-KLEY.

Scandium. Dreiwertig; Ion Sc^{3+}.

Wir beschränken uns auf die Feststellung, daß es analytisch auf Grund seines in verdünnter Salzsäure unlöslichen Oxalats zu den Lanthaniden gehört, obgleich es, ebenso wie Y und Th, einen eigenen Platz im periodischen System einnimmt.

Uran. Meist sechswertig; Ionen UO_2^{2+}, Uranyl, UO_4^{2-}, Orthouranat, und $U_2O_7^{2-}$, Pyrouranat, alle gelb. Außerdem vierwertige grüne Verbindungen.

1. In wäßriger Lösung wird das U^{6+}-Ion fast vollständig zu UO_2^{2+} hydrolysiert, woraus dann auch die meisten Salze abgeleitet werden.

2. Alkalihydroxyde und Ammoniak geben primär gelbe Niederschläge von UO_3 aq., das *zwar amphoter* ist, trotzdem aber nicht löslich ist in einem Überschuß Lauge oder in NH_4OH, mit denen es meist Pyrouranate bildet, die ebenso unlöslich wie Uransäure selbst sind.

3. Ammoniumsulfid gibt einen braunen Niederschlag von UO_2S, in verdünnten Mineralsäuren löslich.

4. Ammoniumcarbonat löst alle Uranylverbindungen inklusive Sulfid unter Bildung des besonders stabilen $UO_2(CO_3)_3^{4-}$-Komplexes. Nur durch anhaltendes Kochen mit ziemlich starker Salzsäure wird ihm CO_2 entzogen und der Komplex zersetzt.

5. Kaliumhexacyanoferrat(II) gibt einen braunen Niederschlag von $K_2UO_2Fe(CN)_6$. Es ist in warmer verdünnter Salzsäure löslich. Auch Kupfer gibt einen ähnlichen Niederschlag. Durch Versetzen mit NH_4OH wird der Uranniederschlag gelb unter Bildung des unlöslichen $(NH_4)_2U_2O_7$; der Kupferniederschlag löst sich zu einer blauen Lösung.

6. Dinatriumphosphat gibt einen blaßgelben Niederschlag von UO_2HPO_4, der in Essigsäure unlöslich ist. Bei Anwesenheit von Ammoniumsalzen fällt $UO_2NH_4PO_4$ aus, das noch weniger löslich ist.

7. In salzsaurer oder salpetersaurer Lösung werden sechswertige Uranverbindungen durch metallisches Zink zu grünen vierwertigen Verbindungen reduziert.

Identitätsreaktionen

a) Uran wird mikroskopisch am besten als Thallium(I)uranylcarbonat, $Tl_4UO_2(CO_3)_3$, nachgewiesen. Wenn man ein Körnchen festes Thallium(I)-nitrat in die mit Ammoniumcarbonat versetzte Uranyllösung gibt, entstehen hellgelbe Rhomben. Schönere Kristalle erhält man, wenn man umgekehrt ein Uranylsalz und festes $TlNO_3$ zusammen in einem Tropfen Wasser löst und einen Überschuß festes $(NH_4)_2CO_3$ dazugibt. Thorium zeigt eine sehr ähnliche Reaktion. Die Kristalle der Uranylverbindung können mit $K_4Fe(CN)_6$ braun gefärbt werden.

b) Nach FESSENKO[169] kann die Uranyllösung zur Trockne eingedampft werden, in einem Tropfen Wasser aufgenommen und dann ein Körnchen feste Anthranilsäure (das ist o-Aminobenzoesäure) hinzugefügt werden. Wenn man dann leicht erwärmt, entstehen farblose Nadeln oder dünne Prismen, manchmal auch Rosetten.

Tüpfelreaktionen mit organischen Reagenzien, die besser oder empfindlicher als die Reaktion mit $K_4Fe(CN)_6$ sind, sind uns nicht bekannt. Führt man die Reaktion auf Papier durch, so kann man die braune Uranylfarbe von der blauen Eisen(III)farbe unterscheiden. Die Uranylionen wandern dabei im allgemeinen schneller als die Eisen(III)ionen.

Eine Reaktion nach DAS-GUPTA[170] mit Resorcylsäure (3,4-Dihydroxybenzoesäure) ist brauchbar. In verdünnter wäßriger Lösung gibt diese nach Versetzen mit etwas Natriumacetat mit Uranylsalzen eine braune Farbe.

Zirkon. Vierwertig; Ionen ZrO^{2+}, Zirkonyl, und ZrO_3^{2-}, Zirkonat.

1. Zirkonhydroxyd ist zwar eine schwache Base, jedoch nicht so außerordentlich schwach wie Titanhydroxyd; daher sind die sauren Zr-Lösungen viel stabiler als die von Ti. Die Zirkonate, die durch Schmelzen von ZrO_2 oder $ZrSiO_4$ mit KOH oder NaOH entstehen, werden fast vollständig hydrolysiert und sind also in Wasser (scheinbar) unlöslich, vor allem das Na-Salz (im Gegensatz zu Si). In sauren Lösungen ist das Zr-Ion fast vollständig zu ZrO^{2+}, Zirkonyl, hydrolysiert, von dem die meisten Salze abgeleitet sind.

2. Alkalihydroxyde und Ammoniak geben einen Niederschlag von ZrO_2 aq., der, solange er frisch ist und aus einer kalten Lösung gefällt wird, in verdünnten Mineralsäuren wieder leicht löslich ist, jedoch nicht in KOH, NaOH oder in einem Überschuß NH_4OH. Kocht man ihn allerdings einige Minuten lang mit NH_4OH, ist er sogar in 0,3 *n* HCl fast unlöslich geworden. Auf diese Weise kann Zr leicht von den meisten Metallen (außer von Ti, Nb und Ta) getrennt werden.

3. Ammoniumcarbonat gibt einen Niederschlag eines basischen Carbonats, das in einem Überschuß kaltem Reagens leicht löslich ist (im Gegensatz zu Al).

4. Oxalsäure und NH_4-Oxalat geben einen Niederschlag von ZrO-Oxalat, der allerdings in einem Überschuß von jedem der Reagenzien sehr leicht löslich ist. Außerdem ist er leicht löslich in verdünnten Mineralsäuren (im Gegensatz zu den Lanthaniden).

5. Sulfationen bilden mit Zirkonylionen komplexe Anionen, wie z. B. $ZrO(SO_4)_2^{2-}$; darum zeigt eine Zirkonylsulfatlösung nicht alle Zr-Reaktionen, z. B. nicht die mit Oxalsäure.

6. Fluorwasserstoff gibt keinen Niederschlag (im Gegensatz zu den Lanthaniden).

7. Kaliumjodat gibt in nicht zu stark sauren Lösungen einen Niederschlag von $ZrO(JO_3)_2$ (im Gegensatz zu Al), der in warmer Salzsäure löslich ist (im Gegensatz zu Th).

8. Natriumacetat und Natriumthiosulfat fällen Zr aus warmen Lösungen vollständig als Hydroxyd.

9. Phosphate fällen aus verdünnter saurer Lösung $ZrOHPO_4$, oder in Gegenwart von NH_4-Salzen $ZrONH_4PO_4$, die beide in verdünnten Mineralsäuren (bis zu 0,3 *n* HCl) unlöslich und daher für die Abtrennung der Phosphate in saurem Milieu brauchbar sind (Curtman, Margulies und Plechner[171]). Außerdem kann der Überschuß des hiefür verwendeten $ZrOCl_2$ leicht durch Kochen mit einem Überschuß NH_4OH und Ausziehen mit 0,3 *n* HCl weggenommen werden. Die Arbeitsweise dieser Abtrennung der Phosphate wird in Kapitel VI, S. 155 beschrieben.

Identitätsreaktionen

a) Mikroskopisch wird Zirkon am besten als Kaliumzirkonoxalat identifiziert. Zu der möglichst neutralen Lösung, die mit einem Mikrotropfen 2 *n* H_2SO_4 angesäuert wird, fügt man ein Körnchen Kaliumhydrogenoxalat zu. Es entstehen quadratische oder rhombenförmige, scharf gezeichnete vierseitige Doppelpyramiden (keine Oktaeder!) von $K_4Zr(C_2O_4)_4 \cdot 4$ aq.

b) Nach de Boer[172] bilden die Zirkonylsalze mit Alizarin-S, und übrigens auch mit Alizarin selbst (Pavelka[173]), einen Beizfarbstoff, der sogar gegen 1 *n* HCl beständig ist. Die Reaktion wird in einem kleinen Reagenzglas ausgeführt. Zu 1 ml der schwach sauren ZrO^{2+}-Lösung fügt man einige Tropfen Reagens (0,2% Alizarin-S in Wasser, oder Alizarin selbst, 1% in Alkohol, mit verdünnter Salzsäure gerade entfärbt) hinzu und läßt kurz aufkochen. Zahlreiche Metalle ergeben dann rote Lacke; fügt man danach 1 ml 1 *n* HCl hinzu, bleibt nur der rotviolette Zr-Lack übrig. Spezifische Reaktion (jedenfalls, wenn man nicht mit Hf rechnet) und ziemlich empfindlich; Grenzkonzentration etwa 1 : 50000. Fluoride, Oxalate, Phosphate, Sulfate und andere komplexbildende Ionen setzen die Empfindlichkeit herab. Daher ist es zu empfehlen, Zr erst als ZrO_2 aq. zu isolieren. Al, Ti, Be und Th stören nicht.

c) Nach Belluci und Savoia[174] geben Zirkonylsalze mit β-Nitroso-α-naphthol in ziemlich stark salzsaurer Lösung eine rote Farbe. Die Reaktion wird auf Papier ausgeführt, das man vorher in eine Lösung des Reagens (2% in Alkohol) taucht und dann trocknet. Darauf gibt man einen Tropfen der zu untersuchenden Lösung und einen Tropfen 2 *n* HCl; es entsteht eine intensiv rote Farbe. Kobalt gibt eine analoge Reaktion, allerdings nicht in reichlich saurem Milieu; ist das vorhanden, fügt man vorher HCl zu der zu untersuchenden Lösung hinzu. Komplexbildende Anionen (siehe oben) stören. Grenzkonzentration etwa 1 : 200000.

Beryllium. Zweiwertig; Ionen Be^{2+}.

1. Alkalihydroxyde und Ammoniak geben einen weißen Niederschlag von $Be(OH)_2$, löslich in einem Überschuß kalter Kali- oder Natronlauge, nur sehr wenig löslich in einem Überschuß NH_4OH. Die Lösung in KOH oder NaOH (Beryllate) wird bei anhaltendem Kochen hydrolysiert und scheidet dann wieder unvollständig $Be(OH)_2$ ab, vor allem wenn nicht zuviel Lauge hinzugefügt ist und in verdünnter Lösung. Das dann abgeschiedene $Be(OH)_2$ ist weniger reaktiv als das primär in der Kälte gebildete; es ist in Lauge und in verdünnten Säuren schwerer löslich. Das frisch und kalt gefällte $Be(OH)_2$ ist in einem Überschuß $(NH_4)_2CO_3$ gut löslich (im Gegensatz zu Al). Auch diese Lösung wird wieder durch Kochen unter Abscheidung eines unlöslichen basischen Carbonats zersetzt.

2. Ammoniumsulfid gibt gleichfalls einen $Be(OH)_2$-Niederschlag.

3. Oxalsäure und Ammoniumoxalat geben keinen Niederschlag (im Gegensatz zu Zr, den Lanthaniden und Th).

4. Natriumacetat gibt einen Niederschlag eines basischen Salzes, Natriumthiosulfat nicht.

5. 8-Oxychinolin (Oxin) gibt in einer essigsauren, NH_4-Acetat enthaltenden Lösung keinen Niederschlag, im Gegensatz zu Al (Kolthoff und Sandell[175]).

6. Das trockene $BeCl_2$ ist in einem Gemisch, das zu gleichen Teilen aus konzentrierter Salzsäure und mit gasförmiger Salzsäure gesättigtem Äther zusammengesetzt ist, gut löslich, während $AlCl_3$ darin völlig unlöslich ist (Havens[176]).

Identitätsreaktionen

a) Be kann mikroskopisch sehr gut nach Behrens[177] als K-Be-Oxalat identifiziert werden. Ein Niederschlag von $Be(OH)_2$ wird auf einem Objektträger in möglichst wenig 4 *n* Essigsäure oder verdünnter Salzsäure gelöst, am besten so, daß keine freie Salzsäure übrig bleibt (von einem Rest ungelöstem $Be(OH)_2$ trennen). Zu der Lösung fügt man dann nicht zu wenig festes Kaliumoxalat hinzu. Es entstehen stark brechende, scharf gezeichnete spulen- und keilförmige Kristalle. Fe, Al und Mg stören nicht; freie Mineralsäuren dagegen wohl.

b) Nach Fischer[178] gibt Be in schwach alkalischer Lösung mit Chinalizarin (1-2-5-8-Tetrahydroxyanthrachinon) eine blaue Farbe, die im Gegensatz zu der von Mg, Cd und La, die gleichfalls blau färben, gegen Bromwasser beständig ist. Auf der Tüpfelplatte fügt man zu dem vorher als $Be(OH)_2$ isolierten Beryllium einen Tropfen Reagens (0,05%ig in 1*n* NaOH) hinzu, dessen violette alkalische Farbe hellblau wird. Fügt man Bromwasser hinzu, wird die Farbe weniger intensiv, verschwindet jedoch nicht. Empfindliche Reaktion; Grenzkonzentration etwa 1 : 300000. Sie wird durch zahlreiche Metalle gestört, unter anderem durch Fe^{3+} und durch NH_4-Salze. $Be(OH)_2$ muß also erst isoliert werden. Al^{3+} stört nicht; Th, In und Zr stören.

Indium. Meist dreiwertig; Ionen In^{3+}.

1. Indium steht in der Spannungsreihe auf einem edleren Platz als die übrigen Elemente dieser Gruppe. So wird es durch Zink in sehr verdünnter saurer Lösung metallisch abgeschieden.

2. In bezug auf KOH und NaOH verhalten sich In-Salze wie Cr^{3+}- und Be-Salze. Sie geben einen Niederschlag, der in der Kälte in einem Überschuß Lauge löslich ist, beim Kochen aber wieder ausfällt. Er ist in NH_4OH, das gleichfalls $In(OH)_3$ fällt, unlöslich.

3. Indiumsulfid, gelb, verhält sich in bezug auf Säuren ungefähr wie ZnS. Es wird also in neutraler oder essigsaurer Lösung bereits mit H_2S gefällt, ist aber in verdünnten Mineralsäuren löslich. Ammoniumsulfid fällt ein weißes Produkt.

4. Indium wird mit Oxalsäure aus saurer Lösung nicht gefällt, in alkalischer Lösung nur aus konzentrierten Lösungen.

Identitätsreaktionen

a) Die einfachste und eigentlich auch die beste Identitätsreaktion besteht in der sehr starken blauen Flammenfärbung und den zwei intensiven blauen Linien bei 4511 und 4101 Å im Flammenspektrum.

b) In kann nach Huysse[179] mikroskopisch als Cs_3InCl_6 aq. identifiziert werden, indem man auf einem Objektträger zu etwas in möglichst wenig verdünnter Salzsäure gelöstem $In(OH)_3$ ein Körnchen CsCl hinzufügt. Es entstehen sehr stark doppelbrechende Rhomben und Prismen. Sehr gute, doch keineswegs spezifische Reaktion.

Gallium. Meist dreiwertig; Ionen Ga^{3+} und GaO_3^{3-}.

1. Alkalihydroxyde und Ammoniak geben einen weißen, gallertartigen Niederschlag von $Ga(OH)_3$, der in einem Überschuß Lauge leicht, aber in NH_4OH nicht löslich ist. Ga verhält sich also in dieser Beziehung und auch sonst wie Al.

2. Schwefelwasserstoff gibt mit Ga^{3+} in verdünnten sauren Lösungen keinen Niederschlag. Dennoch wird das weiße Ga_2S_3 erheblich mitgefällt, wenn Metalle der H_2S-Gruppe vorhanden sind. Auch Ammoniumsulfid gibt nur einen Niederschlag, wenn andere Metalle, die gefällt werden können, vorhanden sind.

3. Gallium(III)chlorid, $GaCl_3$, ist auch aus salzsaurer Lösung sehr merkbar flüchtig. Aus einer solchen Lösung kann es mit Äther extrahiert werden (im Gegensatz zu Al).

4. Kaliumhexacyanoferrat(II) gibt in Ga^{3+}-Lösungen einen weißen Niederschlag, der in kalter verdünnter Salzsäure fast unlöslich, ja darin sogar weniger löslich als in Wasser ist (im Gegensatz zu Al, Trennungsmöglichkeit von Al).

Identitätsreaktionen

a) Gallium kann mikroskopisch als Cs-Ga-Alaun nach Chamot und Mason[180] identifiziert werden. Ga wird zu diesem Zweck erst von Al und In mit $K_4Fe(CN)_6$ getrennt, der Niederschlag gründlich mit warmer, verdünnter Salzsäure ausgewaschen, dann in Königswasser gelöst, alle Stickstoffoxyde werden ausgetrieben, der Rest wird in verdünnter Salzsäure und Na-Acetat aufgenommen und dann das Eisen mit Essigsäure und α-Nitroso-β-naphthol gefällt. In dem Filtrat wird $Ga(OH)_3$ durch Kochen mit NH_4OH gefällt. Es wird ausgewaschen, in einer minimalen Menge verdünnter Schwefelsäure gelöst, und schließlich wird die Lösung auf einem Objektträger mit einem Körnchen Cs_2SO_4 versetzt. Es treten oktaedrische Kristalle mit typischem Alaunhabitus auf. Gute Reaktion, jedoch keineswegs spezifisch.

Lithium. Einwertig; Ionen Li^+.

1. Die Eigenschaften des Li^+-Ions liegen im allgemeinen zwischen denen des Ca^{2+}- und des Na^+-Ions. Außer der Flammenreaktion zeigt es einen so wenig typischen Charakter, daß es kaum Sinn hat, auf dieses Element mit Fällungsreaktionen zu prüfen, ohne es vorher auf die hier unter 4. genannte Weise isoliert zu haben.

2. Li unterscheidet sich von K, Na und NH_4 dadurch, daß das Carbonat, das Fluorid und das Phosphat in Wasser wenig löslich sind. Für eine vollständige Abscheidung ist deren Löslichkeit allerdings noch zu groß:

für Li_2CO_3 bei 20° 1 : 75 Teile Wasser (bei 100° nur 1 : 140),
für LiF bei 20° 1 : 360 Teile Wasser,
für Li_3PO_4 bei 20° 1 : 2500 Teile Wasser.

Daher werden die beiden ersten immer unvollständig und in Milieus mit zu niedrigem pH gar nicht gefällt; NH_4Cl verhindert bereits ihre Fällung, für die des Li_3PO_4 ist die Anwesenheit von ziemlich viel KOH oder NaOH notwendig; NH_4OH reicht dafür noch nicht aus.

3. Li unterscheidet sich von K, Rb und Cs dadurch, daß mit H_2PtCl_6 und mit Hydrogentartrat keine unlöslichen Salze gebildet werden. Mit $Na_3Co(NO_2)_6$ entsteht nur in ziemlich konzentrierten Lösungen ein Niederschlag.

4. Die einzige gute Trennung des Li von Na, K, Rb und Cs beruht auf der Löslichkeit von LiCl in verschiedenen organischen Flüssigkeiten, in denen NaCl, KCl, RbCl und CsCl praktisch unlöslich sind. Als solche können verwendet werden: ein Gemisch 1 : 1 von Äthylalkohol und trockenem Äther, Isoamylalkohol, Pyridin, Aceton, Dioxan oder Benzylalkohol, alle wasserfrei.

5. Lithiumsalze zeigen eine sehr starke weinrote Flammenreaktion, die der von Sr sehr ähnlich ist, jedoch schon mit einem sehr einfachen Handspektroskop davon zu unterscheiden ist. Man achte dabei besonders auf die intensive rote Linie bei 6708 Å, bei höherer Wellenlänge also, als die starken Sr-Linien zeigen, und auf die orangefarbene Linie bei 6103 Å.

Identitätsreaktionen

a) Nach VAN NIEUWENBURG und UITENBROEK[181] kann Lithium mikroskopisch als $LiClO_4 \cdot 3\,H_2O$ nachgewiesen werden. Zu einem Trockenrückstand von LiCl, erhalten durch Extraktion der Alkalichloride mit

Dioxan, Benzylalkohol oder ähnlichen organischen Flüssigkeiten, gibt man einen Tropfen einer 5%igen $HClO_4$-Lösung. Man erwärmt bis zur Randkristallisation. Dann erscheinen sehr lange Nadeln von $LiClO_4 \cdot 3\,H_2O$, stark doppelbrechend mit gerader Auslöschung. K, Na, Rb und Cs zeigen diese Reaktion nicht, wohl aber Mg und NH_4, daher müssen die letzteren mit KOH entfernt werden.

b) Lithiumlösungen geben mit einem Tropfen einer Ammoniumcarbonatlösung nach Erwärmung bis zur Randkristallisation dünne Nadeln und Prismen von Li_2CO_3, die oft zu Sternen verwachsen sind.

c) Mit einem Überschuß von festem NH_4F entstehen blasse, viereckige und rechteckige Rosetten von LiF. Die Reaktion ist viel weniger auffällig als die mit Perchlorat unter *a*); Mg und NH_4 zeigen diese Reaktion aber nicht.

d) GEILMANN[182] empfiehlt als mikroskopische Reaktion, die Li-Lösung erst mit einem Tropfen 15%iger Urotropinlösung (= Hexamethylentetramin) und dann mit etwas festem $K_3Fe(CN)_6$ zu versetzen. Es entsteht ein guter kristalliner Niederschlag von großen, gelben Oktaedern. Es ist eine sehr einfache und sehr deutliche Reaktion, die leider nicht sehr empfindlich ist. Außerdem zeigen NH_4Cl und $MgCl_2$, die ebenso wie LiCl in organischen Lösungsmitteln löslich sind, eine analoge Reaktion, wenngleich weniger schön.

e) Nach PROČKE und UZEL[183] gibt Li mit Eisen(III)perjodatkomplexen einen Niederschlag. In einem kleinen Reagenzglas fügt man zu einigen Tropfen der zu untersuchenden Lösung erst einige Tropfen einer gesättigten NaCl-Lösung und dann etwas mehr von dem Reagens (2 g KJO_4 in 10 ml 2 *n* KOH auf 50 ml verdünnen, 3 ml 10%ige $FeCl_3$-Lösung hinzufügen, dann mit 2 *n* KOH auf 100 ml verdünnen). Man hält das Reagenzglas 15 bis 20 Sekunden lang in ein Wasserbad von 40 bis 50° C. Ein weißer Niederschlag weist dann auf Li. Grenzkonzentration etwa 1 : 150000. Neben viel Na und K ist die Reaktion weniger empfindlich. Es bleibt daher erwünscht, LiCl mit Alkoholäther zu extrahieren. NH_4-Salze stören, Rb- und Cs-Salze wenig oder gar nicht. Bei 100° fällt auch Na aus. Zahlreiche andere Metallionen, vor allem die der Schwermetalle, zeigen eine analoge Reaktion und müssen daher entfernt werden.

Rubidium und Caesium. Beide einwertig; Ionen Rb^+ und Cs^+.

1. Die Rb- und Cs-Salze zeigen eine so große Ähnlichkeit mit den Kaliumsalzen, daß eine befriedigende Analyse ihrer Gemische tatsächlich nur spektrographisch möglich ist. Die Unterschiede in der Löslichkeit sind nur graduell, und zwar sind die Rb-Salze im allgemeinen weniger löslich als die K-Salze und die Cs-Salze wieder weniger löslich als die von Rb: so z. B. bei den Alaunen, den Chloroplatinaten und den Hexanitrokobaltaten(III); die Hydrogentartrate verhalten sich umgekehrt. Daher der vielfältige Gebrauch von Cs-Salzen bei der mikroskopischen Analyse.

2. Caesiumcarbonat ist in absolutem Äthylalkohol recht gut löslich, während Rb_2CO_3 und vor allem K_2CO_3 darin schwer löslich sind. Die

Schwierigkeit, andere Salze in die Carbonate überzuführen, setzt die analytische Bedeutung dieses übrigens typischen Unterschiedes in den Eigenschaften herab.

3. Wenn die gemischten Chloride KCl, RbCl und CsCl auf einem Objektträger zur Trockne eingedampft und dann mit einem Tropfen einer H_2SnCl_6-Lösung [10 g Na_2SnCl_6 in 100 ml HCl (1,19) kochen, mit 100 ml Wasser verdünnen und von gefälltem NaCl abfiltrieren] bedeckt werden, geben Rb und Cs einen kristallinen Niederschlag, K nicht. Werden sie mit einem Tropfen einer H_2SbCl_5-Lösung [1 g $SbCl_3$, 200 ml HCl (1,19), 100 ml Wasser] bedeckt, gibt nur Cs einen kristallinen Niederschlag. Es ist notwendig, sich genau an die angegebenen Arbeitsvorschriften zu halten.

4. Sowohl Rb als auch Cs zeigen eine blauviolette Flammenreaktion, die mit bloßem Auge nicht oder nur kaum von der von K zu unterscheiden ist. Bei der Spektralanalyse, die entweder mit den Flammenspektren oder mit dem Hochspannungsfunken ausgeführt werden kann, achte man besonders auf die folgenden Linien:

für *Rubidium:* die doppelte violette Linie bei 4215 und 4202 Å und
für *Caesium:* die doppelte blaue Linie bei 4593 und 4555 Å.

Identitätsreaktionen

Typische Reaktionen des **Rubidiums,** die das Caesium nicht zeigt, sind nicht bekannt. Vermutlich ist zum Nachweis von Rb neben Cs — außer spektrographisch — das größere Ausmaß und das spätere Entstehen des Chloroplatinats noch die relativ zuverlässigste Methode.

Für **Caesium** sind einige Reaktionen bekannt, die das Rb nicht zeigt, zum Beispiel:

a) Nach GRAVESTEIN[184] reagiert CsCl mikroskopisch typisch mit einer Lösung von AgJ in konzentriertem NaJ. Man dampft auf einem Objektträger einen Tropfen einer CsCl-Lösung zur Trockne ein und gibt darauf einen Tropfen Reagens (zu 5 g $AgNO_3$ in 20 ml Wasser 20 g NaJ hinzufügen und schütteln) und dann einen Tropfen Alkohol. Es bilden sich charakteristische gelbe Nadeln. Kalium und Natrium reagieren nicht, Rubidium gibt entweder keinen Niederschlag oder — wenn in größeren Mengen vorhanden — einen körnigen Niederschlag. Grenzkonzentration bei reinem CsCl etwa 1 : 1000000. Neben viel K und Na ist die Empfindlichkeit weitaus geringer.

b) Nach KUBLI[185] geben Lösungen von Cs-Salzen, am besten das Nitrat, nach Eindampfen zur Trockne auf einem Objektträger und Versetzen mit einem Tropfen einer Bleihexacyanoferrat(III)lösung (Gemisch gleicher Volumina gesättigter $K_3Fe(CN)_6$-Lösung und gesättigter Pb-Acetatlösung) eine orangerote Kristallfällung von viereckigen Plättchen. Der Niederschlag ist in warmem Wasser löslich, in Alkohol unlöslich. Grenzkonzentration etwa 1 : 250000. Keine der übrigen Alkalimetalle zeigen diese Reaktion.

V. Die Vorprüfung; Analyse auf trockenem Weg

Pozzi-Escot[186], ein bekannter französischer Analytiker, sagt in der Einführung zu seinen "Leçons élémentaires de Chimie analytique": "... les examens préliminaires manifestent toujours la capacité de celui qui sait les mettre à profit."

Tatsächlich zeigt kein anderer Teil der chemischen Analyse so deutlich die Fähigkeit oder Unfähigkeit des Chemikers, scharf wahrzunehmen und richtige Schlüsse aus den beobachteten Erscheinungen zu ziehen, als gerade die Vorproben mit sehr einfachen Hilfsmitteln. Vermutlich ist das auch der Grund, daß verschiedene Analytiker von Ruf sich mit ausgesprochener Vorliebe für diesen Teil interessiert haben.

Die Untersuchung auf trockenem Weg, besonders die „Blasrohranalyse", zieht seit Jahr und Tag die spezielle Aufmerksamkeit der Mineralogen auf sich, und das mit Recht, denn sie sind häufiger als die Chemiker gezwungen, die chemische Untersuchung ihrer Produkte mit Hilfe eines tragbaren und deshalb sehr primitiven Instrumentariums durchzuführen, z. B. auf Expeditionen. In ihren Handbüchern wird diese Methodik deshalb auch sehr eingehend beschrieben. Den Chemikern wird jedoch empfohlen, sie mit großer Vorsicht zu Rate zu ziehen, da der Mineraloge sich selbstverständlich auf Produkte beschränkt, die im Boden vorkommen. Er berücksichtigt begreiflicherweise nicht die ganz anderen Verbindungen, denen ein Chemiker in industriellen Produkten begegnen kann, so daß dieser, falls er ausschließlich auf mineralogischen Spuren wandelt, leicht zu völlig falschen Schlußfolgerungen kommen würde.

Die Vorprüfung bezweckt, einen ersten orientierenden Hinweis auf die Zusammensetzung des zu untersuchenden Stoffes zu geben; wichtig dabei ist allerdings auch festzustellen, was sicher *nicht vorhanden ist.* Diese Ermittlungen werden bei der später zu verrichtenden definitiven Untersuchung, der systematischen Analyse, viel überflüssige Arbeit ersparen. Bei den Vorproben sei man daher auch immer bestrebt, möglichst viele Tatsachen mit Sicherheit festzustellen, positive sowie negative, und behalte das Gefundene gut im Gedächtnis!

Die Vorproben werden mit *festem Stoff* ausgeführt. Ist der zu untersuchende Stoff eine Lösung, wird sie erst zur Trockne eingedampft. Für exakte Arbeit ist es notwendig, die Dämpfe mit Hilfe eines Kühlers zu kondensieren und zu untersuchen, ob sie aus reinem Wasser oder aus einer anderen Flüssigkeit bestehen und ob sie vielleicht flüchtige anorganische Stoffe ($HgCl_2$, $AsCl_3$, $SnCl_4$, flüchtige Säuren oder deren Zersetzungsprodukte) enthalten.

Der wichtigste Teil der Vorprüfung ist zweifellos das Beobachten des Stoffes mit *bloßem Auge*, mit einer *Lupe* und mit dem *Polarisationsmikroskop*, und dennoch wird kein Teil der Analyse von Chemikern so vernachlässigt wie gerade dieser. Es gibt keinen einzigen stichhaltigen Grund anzunehmen, warum eine gute mikroskopische Analyse mit Bestimmung der Brechungsexponenten und der Art einer eventuellen Doppelbrechung nur bei Mineralogen zu guten Resultaten führen sollte und nicht auch bei Chemikern. Zwar lassen Art und Umfang dieses Lehrbuches nicht zu, hier eine Beschreibung der in der Mineralogie und Petrographie angewendeten Methoden zu geben; mit Nachdruck möge jedoch darauf hingewiesen werden, daß in zahlreichen Fällen eine mikroskopische Analyse entweder mit vollem Erfolg an Stelle der sogenannten chemischen Analyse treten kann oder wenigstens sehr wichtige Hinweise dafür verschaffen kann.

Auf alle Fälle versäume man niemals, jedes zu untersuchende feste Produkt wenigstens mit einer Lupe aufmerksam zu betrachten und aus den Wahrnehmungen Schlußfolgerungen zu ziehen. Man achte darauf, ob der Stoff homogen oder ein Gemisch zu sein scheint und ob er kristallin oder amorph ist, oder ob er eine deutlich organisierte Struktur zeigt und daher vermutlich Pflanzen- oder Tierteile enthält. Außerdem achte man besonders darauf, ob er gefärbt ist oder nicht, und wenn ja, auf welche Verbindungen das deuten kann. Ist er farblos, stelle man fest, was also bestimmt nicht vorhanden ist.

Die Vorprüfung besteht dann hauptsächlich weiter aus der *Blasrohranalyse auf der Kohle, den Flammenreaktionen, dem Herstellen von Borax- und/oder Phosphorsalzperlen* und dem *Erhitzen des Stoffes in einem Glühröhrchen.*

Um einen guten Einblick in das, was bei der Blasrohranalyse geschehen kann, zu gewinnen, ist es nützlich, das Wesen einer *Flamme* erst zu erfassen. In Abb. 1 ist eine *Blasrohrflamme* schematisch wiedergegeben. Bei *d* hat sie einen leuchtenden Teil, in dem noch glühende Kohlenstoffteilchen vorkommen, dann einen Innenkegel von *b* bis *c*, in dem die brennbaren Gase des Brennstoffes (Leuchtgas oder Kerzenfett) mit einer Menge Luftsauerstoff reagieren, die für die völlige Verbrennung nicht ausreichend ist, und schließlich einen Außenmantel von *b* bis *a*, in dem der Rest CO, H_2 und CH_4 mit von außen nach innen diffundierendem Luftsauerstoff verbrennt.

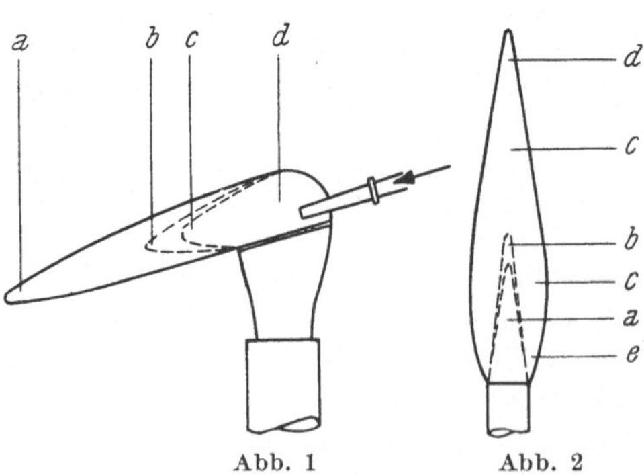

Abb. 1 Abb. 2

Dieselben Strukturelemente findet man in Abb. 2 an der nichtleuchtenden *Bunsenflamme:* bei *a* der noch unverbrauchte Brennstoff (Leuchtgas), ein Innenkegel *b*, in dem unvollkommene Verbrennung mit der Luft auftritt, die im Brenner selbst angesogen wird, und ein Außenmantel *c* bis *d*, in dem der Rest der brennbaren Gase langsam mit nach innen diffundierendem Luftsauerstoff verbrennt.

Es ist klar, daß die Teile *d*, *c* und *b* in der Blasrohrflamme *reduzierend* wirken werden, *c* am stärksten, weil die Temperatur dort höher ist als bei *d*, während der Teil bei *a* wegen Luftüberschuß *oxydierend* sein wird. In der Bunsenflamme finden wir bei *b* reduzierende und bei *e* und *d* oxydierende Wirkung, die höchste Temperatur ungefähr bei *c*.

Die Blasrohrflamme erhält man mittels eines dazu geeigneten *Gasbrenners* oder einer *Kerzenflamme*. Für chemische Laboratorien ziehen wir den ersteren vor; nur bei Reaktionen auf Schwefelverbindungen ist eine Kerze vorzuziehen.

Früher war es gebräuchlich, die ganze Vorprüfung — außer den Flammenfärbungen — mit der Blasrohrflamme auszuführen, also auch die Herstellung von Perlen und die Erhitzung im Glührohr. Die heutzutage erheblich verbesserte Konstruktion der Gasbrenner, vor allem der Typen nach Teclu und Mékèr, hat die Blasrohrflamme für Perlen überflüssig gemacht, während die Erhitzung der Glühröhrchen besser, d. h. ruhiger, mit Hilfe eines Mikrobrenners geschieht.

I. Prüfung auf der Kohle

Der feingepulverte Stoff, mit ungefähr der doppelten Menge wasserfreier Soda vermischt, wird in eine kleine Vertiefung auf ein Stück Holzkohle gegeben. Die Vertiefung macht man mit einem Taschenmesser ungefähr 3 mm breit und 2 mm tief. Der Stoff wird gut hineingedrückt und von der Kohleoberfläche abgewischt. Er wird dann ungefähr 2 Minuten lang mit einer *reduzierenden* Blasrohrflamme erhitzt; man muß sich darin üben, während der Zeit *ununterbrochen* zu blasen, also beim Atmen mit den Backenmuskeln weiterzublasen.

Es können dann auftreten:

a) Metallkörner und Beschläge

Metallkörner sind natürlich nur von jenen Metallen zu erwarten, deren Sauerstoffverbindungen durch Kohlenstoff reduziert werden, d. h. von den meisten schweren, vor allem von den edleren Metallen, aber z. B. *nicht* von Mn, Cr und U und auch nicht von den Leichtmetallen, wie Al, Mg, Erdalkalien und Alkalien. Für die Bildung eines Metallkornes muß außerdem noch zwei Forderungen entsprochen werden, und zwar: der *Schmelzpunkt* muß niedrig genug sein, um die durch Reduktion entstandene Metallmasse gut zum Zusammenschmelzen zu bringen, und der *Siedepunkt* des Metalls muß hoch genug liegen, um dafür zu sorgen, daß nicht alles Metall verdampft. Bei den meisten Metallen tritt einige Verdampfung bei der Blasrohrarbeit auf. Der gebildete Metalldampf verbrennt dann meistens (nicht bei Ag und Au) außerhalb der Flamme zu Oxyd und wird dann teilweise auf der Kohle als sogenannter *Beschlag* gefällt, je flüchtiger das Metall, desto stärker der Beschlag. Das Oxyd selbst ist nur ausnahmsweise flüchtig (z. B. bei As, Sb und Bi), gewöhnlich findet der Transport aus der Vertiefung zu Stellen in einiger Entfernung davon über die Reduktion zu Metall, dann Verdampfen und danach wieder Verbrennen statt.

Wie stark das Auftreten von Metallkörnern und Beschlägen durch den Schmelzpunkt und den Siedepunkt der Metalle bestimmt wird, ist aus untenstehender Tabelle ersichtlich, in der gleichzeitig einige typische Eigenschaften der Körner und Beschläge zusammengefaßt sind.

Wenn man Hinweise findet, daß das Metall zwar schmelzen will, jedoch schwer zu einem oder zu einigen Körnern zusammenschmilzt (Sn, Ag, Cu), tut man gut daran, den Versuch noch einmal zu wiederholen, doch dann statt Soda Kaliumoxalat oder Kaliumcyanid zu verwenden, welche sowohl die Reduktion als auch den Schmelzvorgang fördern. Letzteres wäre Soda immer vorzuziehen, wenn es nicht so giftig wäre. Es muß daher mit größter Vorsicht benutzt werden und darf nicht unnötig herangezogen werden. Vor allem die Dämpfe nicht einatmen!

Hat man Körner erhalten, werden sie aus der Sodaschmelze isoliert, mit warmem Wasser auf einem kleinen Uhrglas oder auf einem kleinen

Körner und Beschläge:

Metall	Schmelzpunkt	Siedepunkt	Gruppe	Korn	Beschlag
Arsen ...	subl.	615°	I: kein Korn, dicker Beschlag	—	weiß, sehr flüchtig, Geruch
Cadmium	321°	767°		—	braun-gelb-blau (Pfauenschwanz)
Zink	419°	907°		—	warm gelb; kalt weiß
Zinn	232°	2270°	II: Korn und Beschlag	walzbar	weiß, wenig flüchtig
Wismut .	271°	1470°		nicht walzbar	gelbbraun-hellgrün
Blei	327°	1613°		walzbar, schreibt auf Papier	gelb mit weißem Saum
Antimon	630°	1380°		nicht walzbar	weiß-hellblau, sehr flüchtig
Silber ..	960°	1950°	III: nur bei hoher Temperatur Korn; fast kein Beschlag	walzbar, weiß	—
Gold ...	1063°	2600°		walzbar, gelb	—
Kupfer..	1083°	2310°		walzbar, gelbrot; schwer zusammenzuschmelzen	—
Nickel ..	1452°	2900°	IV: Metallstaub, kein Korn, kein Beschlag	Metallstaub	—
Kobalt ..	1480°	2900°		magnetisch, vor allem Fe	—
Eisen ...	1535°	3000°			—

Porzellandeckel gewaschen und dann summarisch chemisch untersucht. Sie werden zu diesem Zweck in einem Tropfen starker Salpetersäure unter leichtem Erwärmen gelöst; ein weißes unlösliches Produkt weist auf Sn, vielleicht auch auf Sb hin. Die Lösung wird fast zur Trockne eingedampft und dann in Wasser aufgenommen. Ein weißer Niederschlag weist auf Sb oder Bi hin. Eine blaue Lösung deutet auf Cu; mit K_2CrO_4 und Na-Acetat wird auf Pb, mit HCl auf Ag untersucht. Ein Goldkorn schließlich löst sich in HNO_3 überhaupt nicht.

b) Grüne oder gelbe Schmelze oder Ammoniakentwicklung

Die ersteren sind nur interessant, wenn der ursprüngliche Stoff *nicht* grün oder gelb ist; sie sind dann Manganaten oder Chromaten zuzuschreiben. Man überzeugt sich davon, daß sie auch mit grüner oder gelber Farbe in Wasser löslich sind. NH_3-Entwicklung weist auf Ammoniumsalze.

c) Verpuffen

Wenn man Hinweise hat, daß die Sodaschmelze den Kohlenstoff heftig oxydiert, wiederholt man das Erhitzen auf der Kohle, jetzt aber *nur* mit dem ursprünglichen Stoff, also ohne Soda. Verpuffen — nicht zu verwechseln mit dem Dekrepitieren, d. h. in Stücke springen einiger Salze — weist auf Stoffe, die Sauerstoff abgeben, wie Nitrate, Chlorate, Jodate usw.

d) Die Heparreaktion

Bei der Erhitzung auf der Kohle mit Soda werden alle Schwefelverbindungen ohne Ausnahme in ein Gemisch von Stoffen übergeführt, zu denen auf jeden Fall auch Natriumsulfid gehört. Die Sulfate tun es nur bei der Reduktion mit Kohlenstoff, fast alle übrigen Schwefelverbindungen auch bei Erhitzung in einem Proberöhrchen nur mit Soda, ohne Kohlenstoff.

Zum Nachweis von Schwefel nimmt man das auf der Kohle gebildete und zurückgebliebene Produkt in einem oder zwei Tropfen Wasser auf, die sich auf einem Plättchen blank gescheuertem Silber, zur Not auf einer silbernen Münze, befinden. Man zerdrückt das Produkt in dem Wasser und läßt es dann 5 Minuten ruhig liegen. Dann wischt man es ab und spült das Silber sauber. Ein bleibender braunschwarzer Fleck weist auf Schwefel. Die Reaktion ist für Schwefel, Selen und Tellur spezifisch. Man vermeide Verwechslungen mit dem hellbraunen Fleck, den Jodide geben können.

Da das meiste Stadtgas ausreichend Schwefel enthält, um auf diese Weise nachgewiesen zu werden, ist es vernünftiger, bei der Heparreaktion keine Gasflamme, sondern eine *Kerzenflamme* zu gebrauchen, aber selbst dann bleibt eine Blindprobe erwünscht.

II. Die Boraxperlen

Die Metaborate und die Meta- und Orthophosphate verschiedener Schwermetalle werden durch eigene typische Farben gekennzeichnet und außerdem durch die Tatsache, daß sie beim Erstarren aus geschmolzenem Zustand meist nicht kristallisieren, sondern in eine glasartige Form übergehen. Man stellt sie durch Zusammenschmelzen sauerstoffhältiger

Verbindungen mit Borax, $Na_2B_4O_7$ oder Phosphorsalz, $NaNH_4HPO_4$ her; sie reagieren dabei nach folgendem Schema:

$$Na_2B_4O_7 + CuO \rightarrow 2\,NaBO_2 + Cu(BO_2)_2$$
$$NaNH_4HPO_4 + MnO \rightarrow NH_3 + H_2O + NaMnPO_4.$$

Das Schmelzen geschieht in einer sehr heißen Bunsenflamme, in die das Gemisch des zu untersuchenden Stoffes mit einem großen Überschuß Borax oder Phosphorsalz gebracht wird; es liegt in einer Öse aus Platindraht (runde Öse von zirka 2 mm Durchmesser). In Ermanglung eines Platindrahtes kann notfalls ein Magnesiastäbchen benützt werden, wie sie zum Unterstützen von Glühstrümpfen gebraucht wurden. Man gibt meist zuerst nur das Salz in die Flamme und schmilzt es zu einer klaren Perle, dann erst fügt man eine Spur des zu untersuchenden Stoffes hinzu, glüht erneut und achtet auf die Färbung, die entsteht, sowohl wenn die Perle noch warm ist als auch nach Abkühlung. Manchmal erweist es sich auch als unterschiedlich, ob die Perle in einem reduzierenden oder in einem oxydierenden Teil der Flamme geschmolzen wird. Man stellt dann entweder zwei Perlen her oder schmilzt zweimal.

Bis auf einige Ausnahmen sind die Farben der Borax- und Phosphorsalzperlen gleich. Wir sehen daher keinen Grund, beide herzustellen, und ziehen die *Boraxperle* vor.

Die Phosphorsalzperle hat vor dieser den Vorteil, daß sie einige Hinweise auf Kieselsäure ermöglicht. Viele Silikate geben darin nämlich das sogenannte *Kieselsäureskelett*. Man bedenke aber, daß zahlreiche Silikate, z. B. die Zeolithe, es kaum oder gar nicht tun und daß auch SnO_2 und manche andere Oxyde eine analoge Erscheinung zeigen.

Sulfide, besonders sulfidische Erze, sind in Borax oder Phosphorsalz äußerst langsam löslich. Sie müssen also erst durch Verbrennung in Oxyd übergeführt werden.

Die verschiedenen Farben der Boraxperlen sind in nachfolgender Tabelle zusammengefaßt:

Boraxperlen

Metall	oxydierend		reduzierend	
	warm	kalt	warm	kalt
Wismut	schwach gelb	farblos	grau	grau
Antimon	schwach gelb	farblos	grau	grau
Titan	schwach gelb	farblos	grau	schwach violett
Uran	organgegelb	schwach gelb	schwach grün	schwach grün
Eisen	organgegelb	schwach gelb	grün	grün
Chrom	gelbgrün	gelbgrün	grün	grün
Cer	gelbbraun	gelb	farblos	farblos
Molybdän	schwach gelb	farblos	braun	braun
Wolfram	schwach gelb	farblos	gelb	gelbbraun
Vanadin	gelbbraun	gelbgrün	fahlgrün	grün
Silber	gelb	opalisierend	grau	grau
Kobalt	blau	blau	blau	blau
Nickel	braunviolett	rotbraun	grau	violettgrau
Kupfer	grün	blau	farblos	undurchsichtig rot
Mangan	violett	braunviolett	farblos	farblos
Gold	rosaviolett	rosaviolett	rot	schwach violett

Manche Schwermetalle, u. a. Pb, Bi, Ag und Cd, können eine graue bis schwarze Metallabscheidung geben, vor allem wenn sie in zu großen Mengen vorhanden sind. Es ist übrigens zu empfehlen, mit sehr wenig Substanz anzufangen. Wenn die entstandene Farbe zu schwach ist, kann man immer noch mehr hinzufügen.

Es gibt Meinungsverschiedenheiten über die Frage, ob die zu untersuchende Substanz in festem Zustand oder in salzsaurer Lösung zu der klaren Boraxperle gegeben werden muß (im letzteren Fall durch kurzes Eintauchen der etwas abgekühlten Perle). Wir ziehen ersteres vor. Die Reaktion verläuft dann zwar langsamer, es geht aber weniger durch Verflüchtigung verloren. Die Empfindlichkeit der Perlenreaktion ist sehr unterschiedlich: die auf Vanadin, Kobalt und Mangan ist sehr empfindlich, die auf Chrom, Titan, Molybdän und Wolfram sehr unempfindlich.

III. Die Flammenreaktionen

Wenn flüchtige Verbindungen verschiedener Elemente in eine farblose Bunsenflamme gegeben werden, senden sie Licht aus, das durch ein Linien- und Bandenspektrum gekennzeichnet ist. Fällt ein beträchtlicher Teil in das sichtbare Gebiet des Spektrums, färben sie also die Flamme.

Man führt den Versuch durch, indem man eine Lösung oder Suspension der Substanz in starker Salzsäure in die Öse eines Platindrahts bringt und sie *in* oder *nahe* der Basis des äußeren Mantels der Flamme hält. In Ermanglung eines Platindrahts kann auch ein gerader Draht von Ni-Cr oder V_2A verwendet werden; ein derartiger Draht muß nach jedem Gebrauch sauber gescheuert werden. Ein Platindraht kann durch Ausglühen gereinigt werden.

Durch die starke Salzsäure wird der Stoff jedenfalls teilweise in ein Chlorid übergeführt, von dem man annehmen darf, daß es flüchtig genug ist. Nur bei $BaSO_4$ und bei $SrSO_4$, für welche die Flammenreaktion gerade so besonders wichtig ist, gelingt es nicht ausreichend. Diese Stoffe werden daher an dem Draht erst in eine stark rußende Flamme gehalten und so zu Sulfiden reduziert. Erst danach werden sie mit starker Salzsäure angefeuchtet. Sulfidische Erze werden am besten erst kurz geröstet, Silikate vorzugsweise durch Schmelzen mit KOH (nicht NaOH!) auf einem kleinen Nickeldeckel aufgeschlossen.

Die erhaltenen Flammenfärbungen sind in der Tabelle auf S. 144 zusammengefaßt.

An die Untersuchung der Flammenreaktion schließt sich die *spektroskopische Untersuchung* in natürlicher Weise an, da sie schließlich deren physikalische Vervollkommnung darstellt. Vor allem für die Untersuchung der Alkalimetalle, besonders von K, Rb und Cs und der Erdalkalimetalle, ist auch für die einfachste Untersuchung ein Spektroskop als ein unentbehrliches analytisches Hilfsmittel zu betrachten. Man kann in der Regel mit einem kleinen, geradeausgerichteten Spektroskop ohne besondere Vorrichtungen auskommen, das am besten in ein Stativ montiert ist, so daß

Flammenfärbungen

Stoff	Farbe	Stoff	Farbe
Natrium	gelb	Kupfer	
Kalium..........	schwach violett	(oxyd. Verb.) .	smaragdgrün
Rubidium	schwach violett	Phosphorsäure ..	schwach gelbgrün
Caesium	schwach violett	Salpetersäure ...	bronzegrün
Lithium	weinrot	Zinkmetall	schwach blaugrün
Strontium	weinrot	Kupferhalogenide	azurblau
Calciumfluorid ...	leuchtend rot	Indium	blauviolett
Calcium	backsteinrot	Blei	schwach blau
Barium..........	gelbgrün	Selen	leuchtend blau
Molybdän	gelbgrün	Arsen	schwach blaugrau
Tellur	schwach grün	Antimon	schwach blaugrau
Borium..........	leuchtend grün	Wismut	schwach blaugrau
Thallium	leuchtend grün		

man beide Hände frei hat. Man betrachtet die Flamme, die auf normale Weise — mit dem Stoff in einem Platindraht also — gefärbt wird.

Natürlich kann das mit vollkommeneren Spektroskopen und vor allem mit vollkommeneren Lichtquellen unvergleichlich empfindlicher und genauer geschehen. Insbesondere ist dann auch die Möglichkeit gegeben, das Spektrum photographisch zu registrieren (Spektrographen). Wir verweisen diesbezüglich auf die Spezialbücher.

Für jene Fälle, die analytisch besonders wichtig sind, sind die Wellenlängen der meisten intensiven Linien in den verschiedenen Spektren bei den Reaktionen der Elemente in den Kapiteln II und IV angegeben.

IV. Erhitzen in einem Proberöhrchen

Die verwendeten Proberöhrchen sind Röhrchen aus schwer schmelzbarem Glas mit einem inneren Durchmesser von etwa 6 mm und etwa 6 cm Länge. Sie werden am besten und billigsten mit einer sogenannten Wäscheklammer festgehalten und, außer wenn anders angegeben, immer über einem Mikrobrenner erhitzt. Man fängt an, leicht zu erhitzen, ungefähr 1 cm über dem Stoff, schreitet dann mit der Erhitzung fort bis zum Stoff selbst und erhitzt erst am Schluß möglichst stark.

Wenn der zu untersuchende Stoff in Lösung vorhanden ist, wird er erst zur Trockne eingedampft. Ist er feucht, wird er in einem Proberöhrchen selbst vorsichtig getrocknet und das frei gewordene Wasser ganz aus der Röhre ausgetrieben.

Bei der Erhitzung können allerlei Erscheinungen auftreten, und zwar:

a) Farbveränderungen

Sie können einen so verschiedenen Ursprung haben, daß es kaum möglich ist, sie alle aufzuzählen. SnO_2, ZnO, ZnS, Sb_2O_3 und TiO_2 sind im warmen Zustand gelb, im kalten weiß; organische Stoffe werden braun oder schwarz durch Verkohlung. Cu-, Ni-, Co-, Mn-, U-, Ag- und Fe-Salze können braune oder schwarze Oxyde geben. Bi- und Cd-Oxyde sind mehr orangebraun, PbO ist gelb. Die Braunfärbung durch Verkohlung ist meistens mit einem typischen (sogenannten empyreumatischen) Geruch verbunden, die durch Oxydbildung nicht.

b) Sublimate

weiß: von NH_4-Salzen, As_2O_3 (Geruch), Sb_2O_3, Chloride von Al, Zn, Cd, Hg, Sn und Pb; TeO_2 (schmelzbar, Geruch);

gelb: von Schwefel, As_2S_3, HgJ_2 (kalt rot), PbJ_2, $NiCl_2$, $FeCl_3$ (mehr braun);

rot: $CrCl_3$, Sb_2S_3; mehr violettrot: J_2, $CuCl_2$;

blau: $CoCl_2$;

schwarz: As, Hg (Tropfen, Lupe), HgS; mit braunem Saum: Cd; mit rotem Saum: Se (Geruch).

c) Gasentwicklung

I. *Farblos: Sauerstoff*, auf sehr unempfindliche Weise nachzuweisen mit einem glühenden Holzspan, aus Nitraten, Nitriten, Chloraten, Bromaten, Jodaten, Perjodaten, Peroxyden und vielen anderen Oxydationsmitteln;

Kohlensäure, nachzuweisen mit einem Tropfen Kalkwasser, aus Carbonaten, Oxalaten und vielen organischen Stoffen; nicht mit SO_2 verwechseln;

Kohlenoxyd, brennt mit blauer Flamme, aus Oxalaten und Formiaten;

Schwefeldioxyd, am Geruch und mit einem KJO_3-Stärkepapier zu erkennen, aus Sulfiden, Sulfiten und den Sulfaten mancher Schwermetalle;

Schwefelwasserstoff, am Geruch und mit einem Pb-Acetatpapier zu erkennen, aus feuchten Sulfiden und Thiosulfaten;

Chlorwasserstoff, scharfer Geruch, mit einem Tropfen angesäuertem $AgNO_3$ nachweisbar, aus wasserhaltigen Chloriden;

HCN und $(CN)_2$ aus Cyaniden, CS_2 und $(CN)_2$ aus Rhodaniden, SiF_4 aus Fluorosilikaten, *Essigsäure* aus feuchten Acetaten, NH_3 aus Ammoniumsalzen, Cyaniden, Rhodaniden usw.

II. *Farbig:* NO_2 aus Nitraten und Nitriten, Br_2 aus mancherlei Bromverbindungen, CrO_2Cl_2 aus festen Chromaten, Chloriden und Bisulfaten; Cl_2, J_2, S, As usw.

Wenn die *Heparreaktion* bei der Untersuchung auf der Kohle positiv ausgefallen ist, wiederholt man sie hier im Proberöhrchen, in dem der Stoff, jetzt *mit Soda vermischt*, erhitzt wird. Ist das Ergebnis auch hier positiv, weist es auf Schwefelverbindungen, außer Sulfaten. Ist es negativ, bei positiver Reaktion auf der Kohle, weist das mit fast völliger Sicherheit auf Sulfate.

Beim Erhitzen mit Soda in einem Proberöhrchen achte man weiter auf die NH_3-Entwicklung (Ammoniumsalze), Metallspiegel (Hg mehr in Tropfen; As mit typischem Knoblauchgeruch; Cd mit braunem Saum, bei sehr hoher Erhitzung auch Zn) und auf Gelb- oder Grünfärbung (Cr bzw. Mn-Verbindungen).

V. Erhitzen mit Schwefelsäure

Je nach der zur Verfügung stehenden Menge Substanz, führt man diese Erhitzung in einem kleinen Reagenzglas oder in einem Proberöhrchen aus, manchmal auch mit Erfolg in einem kleinen Porzellantiegel. Man prüft zweimal, und zwar zuerst mit

a) **verdünnter Schwefelsäure** (2 *n*), und achte auf die Bildung von:

CO_2 aus Carbonaten, Cyanaten und Cyaniden;

O_2 aus Peroxyden und Per-Salzen;

SO_2 aus Sulfiten und Thiosulfaten;

H_2S, *HCN*, *Essigsäure*, *Ameisensäure;*

NO_2 aus Nitriten;

Br_2, J_2, Cl_2, zusammen aus Halogeniden und Oxydationsmitteln;

danach mit

b) **konzentrierter Schwefelsäure,** und achte auf die Bildung von:

HCl, *HBr*, Br_2, *HF* (Ätzen von Glas), SiF_4 (macht einen Tropfen Wasser trübe), SO_2 (aus Sulfiten und Thiosulfaten, hier aber auch durch Reduktion von H_2SO_4 durch manche Schwermetalle, S, C, organische Stoffe, Hg_2Cl_2), $SO_2 + S$ (aus Thiosulfaten und aus Rhodaniden), *CO* und CO_2 (organischer Stoff), ClO_2 (orangefarbiges Öl, *sehr gefährlich explosiv*, aus Chloraten), NO_2 (hier aus Nitriten *und* aus Nitraten), CrO_2Cl_2, J_2, *HJ*, Mn_2O_7 violett, *sehr explosiv*, aus Permanganaten usw.

VI. Reduzieren mit Zink und HCl

Man bringt einige Tropfen eines Extraktes des zu untersuchenden Stoffes mit HCl 1 : 1 auf die Tüpfelplatte und fügt ein kleines Körnchen Zink hinzu. Dann können *Farbveränderungen* auftreten, und zwar:

Von *farblos* bis *blau:* Mo und W (Mo wird ziemlich schnell grün und braun, W erst nach sehr langer Zeit). Auch Nb.

Von *gelb* bis *grün:* (später grauviolett): V.

Von *gelb* bis *grün:* Chromat; Uranyl.

Von *farblos* bis *violett:* Ti.

Von *gelb* bis *schwach grün:* Fe.

Wir verweisen außerdem noch auf eine Erweiterung der Vorprüfung, besonders in bezug auf die Anionenuntersuchung in Kapitel VII, S. 162. Die oben angeführten Proben mit verdünnter und konzentrierter Schwefelsäure sind übrigens hauptsächlich für den Anionennachweis als wichtig anzusehen.

Im Laufe der Jahre hat man noch verschiedene andere einfache Untersuchungsmethoden vorgeschlagen, die bei der Vorprüfung anzuwenden wären. Ohne zu leugnen, daß alle an sich nützliche Hinweise geben können, sind wir doch der Meinung, daß ihr Nutzeffekt mit der besonders darauf aufzuwendenden Zeit und Mühe nicht im Einklang steht.

Wir nennen noch:

1. Das Erhitzen in einem an beiden Seiten *offenen* Glühröhrchen, das in einem stumpfen Winkel gebogen ist. Vor allem für sulfidische Erze und Metalle kann dieses Abrösten wertvoll sein. Siehe hierfür besonders das Lehrbuch von BILTZ[187].

2. Das Reduzieren wasserfreier Stoffe mit Mg, Na oder Al (HEMPEL[188]). Vorher muß, jedenfalls bei Gebrauch von Na oder Mg, das Präparat und eventuell auch das Mg völlig entwässert werden, sonst können heftige Explosionen auftreten. Phosphate bilden vor allem mit Mg leicht Phosphid, das mit Wasser PH_3 gibt. Die Erhitzung mit Na kann mit einem kleinen dünnen Plättchen dieses Metalls, das zusammen mit dem Stoff in Filtrierpapier eingerollt ist, geschehen. Alle Verbindungen der Schwermetalle bilden freies Metall, eventuell als Körnchen. Siehe bezüglich Einzelheiten dieser eleganten Technik die Originalliteratur von HEMPEL und das Lehrbuch von BÖTTGER[189].

VI. Systematische Analyse der Kationen

1. Schematische Übersicht

I. Die systematische Kationenanalyse geht davon aus, daß die **Vorprüfung** sorgfältig ausgeführt worden ist. Dazu gehören auf alle Fälle die Blasrohrprobe auf der Kohle, die Boraxperlen in einer reduzierenden und in einer oxydierenden Flamme, die Flammenfärbungen, das Erhitzen des Stoffes in einem Proberöhrchen ohne Soda und die Untersuchung mit verdünnter und mit konzentrierter Schwefelsäure.

Es führt zu einer erheblichen Ersparung an Zeit und Mühe, wenn man erst dann mit der systematischen Analyse anfängt, nachdem man sich sorgfältig vergewissert hat, welche Kationen wohl und welche sicher nicht in bedeutenden Mengen vorhanden sind und in welchen Punkten die Analyse Gewißheit geben muß, wo die Vorprüfung noch Zweifel gelassen hat.

II. Der Vorprüfung folgt die **Vorbereitung des Stoffes für die systematische Analyse.** Genau so wenig wie jedes andere System kann das hier angewendete alle denkbaren Störungen und Komplikationen berücksichtigen, die sich ergeben können. Es ist daher vernünftig, vorher die Möglichkeit zu untersuchen, ob Schwierigkeiten auftreten werden. Man wird besonders untersuchen müssen, ob *Silikate* vorhanden sind, weil sie das In-Lösung-Bringen des Stoffes erschweren, und ob *Fluoride, Oxalate* und *komplexe Cyanide* vorhanden sind, die durch allerlei Komplexbildungen den Nachweis einer Reihe von Metallen unmöglich machen. Sollte das der Fall sein, müssen diese *störenden Anionen entfernt werden.*

Da die eigentliche systematische Analyse der Kationen mit einer Lösung ausgeführt wird, wird es im allgemeinen nötig sein, zuerst *den zu untersuchenden Stoff in Lösung zu bringen.*

III. Dann erst folgt die **eigentliche systematische Analyse,** deren Arbeitsgang in großen Züge so aussieht:

A. Salzsäuregruppe

Wenn man für das In-Lösung-Bringen keine Salzsäure gebraucht hat, wird sie jetzt zu der warmen Lösung zugefügt. $\mathbf{Hg_2^{2+}}$ und $\mathbf{Ag^+}$ werden gefällt. Sie werden mit NH_4OH getrennt und dann einzeln identifiziert.

Ein Niederschlag nach Abkühlung kann aus $PbCl_2$ bestehen.

B. Schwefelwasserstoffgruppe

Auf das warme Filtrat der HCl-Gruppe wird H_2S geleitet, zuerst in 2 *n* HCl, danach in 0,2 *n* HCl. Der Niederschlag wird mit warmer 2 *n* Kalilauge ausgezogen und abzentrifugiert:

a) Filtrat: **As, Sb** und **Sn,** eventuell auch Hg. Sie werden einzeln nachgewiesen.

b) Rückstand: Hg, Cu, Bi, Pb und Cd.

Der Rückstand wird mit warmer Salpetersäure 1 : 1 ausgezogen. **HgS** bleibt zurück.

Das Filtrat wird mit NH_4OH versetzt. Die Lösung wird auf **Cu** und **Cd,** der Niederschlag auf **Bi** und **Pb** untersucht.

C. Ammoniakgruppe

Nachdem auf Phosphate geprüft worden ist, und sie, falls nötig, entfernt worden sind, wird zu dem Filtrat der H_2S-Gruppe NH_4Cl und NH_4OH zugefügt und leicht erwärmt. Der Niederschlag wird mit KOH und H_2O_2 ausgezogen und leicht erwärmt. Die Lösung wird auf **Al** und **Cr,** der Niederschlag auf **Fe, Ti** und **Mn** untersucht.

D. Ammoniumsulfidgruppe

Auf das Filtrat der NH_4OH-Gruppe wird erneut H_2S geleitet, so daß frisches $(NH_4)_2S$ entsteht. Der Niederschlag wird in HCl und H_2O_2 gelöst und in der erhaltenen Lösung wird direkt auf **Co, Ni** und **Mn** geprüft. In einem anderen Teil der Lösung wird auf **Zn** untersucht, nachdem es mit warmer, konzentrierter Natronlauge (und, falls nötig, H_2O_2) von den übrigen Metallen dieser Gruppe getrennt worden ist.

E. Carbonatgruppe

Diese kann auf zwei verschiedene Arten abgetrennt werden:

E. I

Das Filtrat der $(NH_4)_2S$-Gruppe wird nach Entfernung von Resten Ni und Mn zur Trockne eingedampft und leicht geglüht. Der Rückstand wird in Essigsäure aufgenommen und mit warmem NH_4Cl, NH_4OH und $(NH_4)_2CO_3$ versetzt. Dann fallen die Carbonate von **Ca, Sr** und **Ba** aus.

E. II

Für sehr genaue Arbeit, aber viel umständlicher:

Das Filtrat der $(NH_4)_2S$-Gruppe wird mit Oxalsäure zur Trockne eingedampft, leicht geglüht, dann mit $(NH_4)_2CO_3$ nochmals zur Trockne eingedampft, wieder leicht geglüht und schließlich mit Wasser ausgezogen. Der Rückstand enthält **Mg, Ca, Sr** und **Ba** als Carbonat. In einem Teil davon wird auf **Mg,** in einem anderen Teil auf **Ca, Sr** und **Ba** geprüft.

F. Alkaligruppe

Der wäßrige Extrakt der Carbonate aus Gruppe E enthält **K** und **Na,** teilweise als Carbonat, und wenn man Methode E. I angewendet hat, auch **Mg.**

Statt des unter E. I, E. II und *F beschriebenen* kann auch ein anderer Weg verfolgt werden, wenn ein gutes *Spektroskop* zur Verfügung steht.

Das Filtrat der $(NH_4)_2S$-Gruppe wird nach Entfernung der Reste Ni und Mn zur Trockne eingedampft und leicht geglüht. Der Rückstand wird in sehr verdünnter Salzsäure aufgenommen. Ein Teil der Lösung wird für die spektroskopische Untersuchung auf **Ba, Sr, Ca, Na** und **K** gebraucht, ein anderer Teil für die Reaktion auf **Mg** und eventuell für Reaktionen auf einige der genannten Elemente zur Unterstützung der spektroskopischen Untersuchung, besonders bei ungünstigen Konzentrationsverhältnissen.

G.

Schließlich wird in dem ursprünglichen Stoff auf $\mathbf{NH_4^+}$ geprüft.

2. Vorbereitung des Stoffes für die systematische Analyse

a) Prüfen auf und Entfernen von SiO_2 *und* F^-.

Das geschieht auf die in Kapitel III, S. 107 beschriebene Weise in einem Bleitiegelchen mit NaF bzw. Quarzpulver. SiF_4 wird mit Hilfe der Reaktion mit $(NH_4)_2MoO_4$ und $SnCl_2$ und bei positivem Ergebnis noch als Na_2SiF_6 unter dem Mikroskop identifiziert.

Sind Silikate vorhanden, werden sie als SiO_2 aq. durch zweimaliges Zur-Trockne-Eindampfen mit starker Salzsäure, das zweite Mal bei einer Endtemperatur von 120°, abgeschieden. Der Eindampfrückstand wird dann mit 2 *n* HCl für die weitere Analyse ausgezogen.

Sind Fluoride vorhanden, werden sie durch Abrauchen mit konzentrierter Schwefelsäure in einem Platin- oder Goldtiegel entfernt. Der Rückstand wird — wenn reichlich Nebel entweicht — nach Abkühlung in Wasser aufgenommen.

Man muß hier daran denken, daß beim Abrauchen mit HCl auch WO_3 unlöslich zurückbleibt und beim Abrauchen mit H_2SO_4 die Sulfate von Sr, Ba und Pb. Man tut daher gut daran, den ersten Rückstand mit Zn und HCl auf W zu untersuchen und den letzten mit der Flammenreaktion auf Sr und Ba und mit $(NH_4)_2S$ auf Pb.

b) Prüfen auf und Entfernen von komplexen Cyaniden und Oxalaten.

Der Stoff wird 10 Minuten lang mit 2 *n* Na_2CO_3 gekocht. Die so erhaltene Lösung wird untersucht auf:

1. *komplexe Cyanide* durch Versetzen mit $FeCl_3$ und $FeSO_4$ und Ansäuern. Wenn Cyanide vorhanden sind, werden sie durch Kochen mit ziemlich starker Schwefelsäure entfernt. Bedenke, daß auch hierbei Sr, Ba und Pb als Sulfate abgeschieden werden können: siehe oben.

2. *Oxalate*, indem man mit Essigsäure ansäuert und mit $CaCl_2$ versetzt. Wenn Hexacyanoferrate(II) und/oder Fluoride vorhanden sind, geben auch sie einen Niederschlag mit Essigsäure und $CaCl_2$. Hexacyanoferrate(II) können mit H_2O_2 oxydiert werden; wenn Fluoride vorhanden sind, wird die Anwesenheit von Oxalat im Niederschlag durch Anwendung von $KMnO_4$ in warmer, verdünnter schwefelsaurer Lösung nachgewiesen.

Oxalate werden durch Glühen gerade bis zur Rotglut entfernt; falls flüchtige Metalle diese Bearbeitung unerwünscht machen, können die

Oxalate durch Abrauchen zu SO_3-Nebel mit HNO_3 2 : 1 und 4 *n* H_2SO_4 zersetzt werden.

c) Prüfen auf W und Mo, indem man — nach Kochen des Stoffes mit 2 *n* Na_2CO_3 — reichlich mit HCl ansäuert und mit Zn reagieren läßt. Blaufärbung weist auf W oder Mo. Tritt sie auf, wird der Stoff mit starker Salzsäure vollkommen zur Trockne eingedampft und in verdünnter Salzsäure aufgenommen, WO_3 bleibt dann eventuell mit TiO_2, ZrO_2, Nb_2O_5 und Ta_2O_5 gelb zurück. Es wird nochmals mit HCl und Zn identifiziert. Mo gelangt in Lösung. Es kommt bei der weiteren Untersuchung vielleicht teilweise zu As, sicher aber in das Filtrat der $(NH_4)_2S$-Gruppe.

d) Das In-Lösung-Bringen des Stoffes.

Zweck dieses Arbeitsganges ist, falls irgend möglich, eine verdünnte salzsaure Lösung des ursprünglichen Stoffes zu erhalten, die möglichst viele der darin vorhandenen Metalle enthält.

1. Ist der ursprüngliche Stoff offensichtlich ein *Metall,* wird es unter leichter Erwärmung mit HNO_3 1 : 1 versetzt. *Unlöslich* darin sind Au und Pt und verschiedene moderne, u. a. rostfreie Legierungen, vor allem von Fe, Ni und Cr. Weiter auch Mo und W. Gold und Platin sind in warmem Königswasser löslich; die genannten Legierungen gehen in Verbindungen über, die in HCl löslich sind, indem man sie mit Na_2O_2 leicht erwärmt, bis es gerade schmilzt. Mo und W sind in einem Gemisch von HNO_3 und HF löslich.

Bei der Behandlung mit HNO_3 geben Sn und vielleicht Sb ein *weißes unlösliches Produkt.* Es wird abzentrifugiert und nach den Anweisungen in Kapitel VIII untersucht.

Die übrigen Metalle bilden in Wasser lösliche Nitrate. Sie werden zweimal nacheinander mit starker Salzsäure eingedampft und so in Chloride übergeführt.

2. Die systematische Untersuchung basiert auf dem Gedanken, daß der Stoff ein *Salz* ist, oder jedenfalls ein anorganischer Stoff, der bei Behandlung mit den gebräuchlichen Aufschlußmitteln in ein solches übergeht. Es kann also Sinn haben, sich davon zu überzeugen, daß wir es z. B. nicht mit einem organischen Stoff zu tun haben, der nach Verkohlung völlig verbrennt, oder mit einer organischen Flüssigkeit, die ohne Zersetzung überdestilliert werden kann und sich oft durch den Geruch verrät. Anorganische Flüssigkeiten, außer Wasser und Säuren, sind vornehmlich die Säurehalogenide, die an der Luft Nebel bilden. H_2O_2 wird bei der speziellen Anionenvorprüfung gefunden.

3. Beim In-Lösung-Bringen ist es gebräuchlich, erst zu versuchen, ob der Stoff in Wasser vollständig löslich ist; wenn nicht, dann in verdünnter und in starker Salzsäure. Gelingt auch das nicht, wird er schließlich mit Königswasser (frisch hergestellt durch Mischen von einem Vol. HNO_3 1 : 1 und drei Vol. HCl 1 : 1) zur Trockne eingedampft und in warmer verdünnter Salzsäure aufgenommen.

Es gibt jetzt zwei Möglichkeiten; man kann den wäßrigen Extrakt von dem in Wasser nicht gelösten abtrennen und für sich untersuchen, dann das nicht gelöste Produkt mit HCl extrahieren und, was dann löslich ist, wieder eingehend untersuchen usw. Oder aber man kann versuchen, den Stoff in Königswasser *vollständig* lösen zu lassen und dann *eine* Lösung der systematischen Kationenuntersuchung zu unterziehen oder, falls das nicht gelingt, eine Lösung und einen in Königswasser unlöslichen Rückstand.

Die erste Möglichkeit gibt nicht selten Einsicht in die Art, in der die Kationen und die Anionen zu Salzen vereinigt sind, was uns bei der zweiten Arbeitsweise entgeht. Außerdem ist die erste Möglichkeit im Gegensatz zu den Erwartungen Unerfahrener meistens kürzer. Wir können sie jedoch nur für jene Fälle aus der analytischen Praxis empfehlen, in denen die Hauptbestandteile des zu untersuchenden Produkts bereits bekannt sind. Für Unterrichtszwecke halten wir uns an die zweite Arbeitsweise.

Der Stoff wird also mit warmem Wasser extrahiert. Man untersucht mit Lackmuspapier, ob die Lösung vielleicht alkalisch oder neutral reagiert. Ist das der Fall, säuert man vorsichtig tropfenweise mit verdünnter Salpetersäure an. Dabei kann aus Polysulfiden oder Thiosulfaten Schwefel gefällt werden, As_2S_3 und ähnliche Verbindungen aus Thiosalzen, $Al(OH)_3$ aus Aluminaten und ähnlichen Substanzen, Kieselsäure aus Silikaten, Borsäure aus konzentrierten Boratlösungen, WO_3 aq. aus Wolframaten usw. Diese Niederschläge werden abfiltriert und einzeln gelöst und untersucht.

Danach wird zu dem Gemisch des Stoffes mit Wasser etwas konzentrierte Salzsäure hinzugefügt. Falls sich noch nicht alles löst, fügt man ein doppeltes Volumen konzentrierter Salzsäure hinzu und erwärmt anhaltend. Man bedenke, daß hierbei AgCl und Hg_2Cl_2 abgeschieden werden können. Diese Stoffe werden so untersucht, wie bei der Salzsäuregruppe angegeben ist. Man bedenke weiter, daß manche Chloride, besonders NaCl und $BaCl_2$, zwar in Wasser und in verdünnter Salzsäure gut, in konzentrierter Salzsäure hingegen sehr wenig löslich sind und daher jetzt ausfallen können.

Bleibt auch nach anhaltendem Erwärmen mit starker Salzsäure ein unlöslicher Rückstand, *kann* es Sinn haben, noch ein Drittel Volumen HNO_3 (1 : 1, das ist D. 1,2) hinzuzufügen, damit zur Trockne einzudampfen und in verdünnter Salzsäure aufzunehmen. Das hat allerdings nur Sinn, wenn der zu untersuchende Stoff entweder ein Metall oder eine sulfidische Verbindung oder Hg_2Cl_2 sein kann. Für die anderen weißen Stoffe ist die oxydierende Wirkung des Königswassers ohne Bedeutung.

3. Die eigentliche systematische Kationenanalyse

Sie wird mit einer Lösung ausgeführt, die keine oder jedenfalls sehr wenig Nitrate enthält. Falls notwendig, werden sie durch zweimaliges Abrauchen mit konzentrierter Salzsäure und Aufnehmen in verdünnter Salzsäure entfernt.

Allgemeine Bemerkungen zur systematischen Kationenuntersuchung

In der Praxis der Analyse kommen die Schwermetalle der ersten vier Gruppen erheblich weniger vor als die Leichtmetalle. Es kann daher häufig viel Zeit ersparen, vorher zu einem kleinen Teil der in saure Lösung gegebenen Probe frisches $(NH_4)_2S$ in kleinen Tropfen zuzufügen. Gibt das keinen Niederschlag, kann man direkt zur Untersuchung der Carbonatgruppe übergehen, falls nötig nach Entfernung von Phosphat.

A.

Wenn für das In-Lösung-Bringen des Stoffes kein HCl zugesetzt worden ist, wird jetzt zu der *erwärmten* Lösung 2 *n* HCl hinzugefügt, bis kein weiterer Niederschlag mehr entsteht. Schütteln fördert die Niederschlagsabsetzung. Er kann aus AgCl und Hg_2Cl_2 bestehen. In der Zentrifuge wird er gründlich gewaschen und dann auf ein kleines Uhrglas gegeben und mit etwas 4 *n* NH_4OH übergossen. Wird er dadurch schwarz, weist das eigentlich schon mit Sicherheit auf $\mathbf{Hg_2}^{2+}$. Je nach Wunsch kann man es noch als solches durch Oxydation mit konzentrierter Salpetersäure identifizieren und als Hg^{2+}, wie dort beschrieben, nachweisen.

Geht der Niederschlag in 4 *n* NH_4OH völlig in Lösung, war nur **AgCl** vorhanden. Die Identifizierung geschieht am schnellsten mittels der Reaktion von Tananaeff mit $MnSO_4$ und KOH. Zur Vermeidung von Störungen durch Quecksilber, das analog reagiert, muß das AgCl aus der ammoniakalischen Lösung gefällt werden, indem mit HNO_3 eben angesäuert wird; danach gibt man einen Teil des gut ausgewaschenen Niederschlags auf Filtrierpapier und fügt nacheinander zu einem Tropfen $MnSO_4$ einen Tropfen 4 *n* NH_4OH und einen Tropfen 2 *n* KOH hinzu.

B.

Das Filtrat der HCl-Gruppe wird, falls erforderlich, mit HCl zur Trockne eingedampft, um starke Oxydationsmittel zu zersetzen, und dann mit einer kleinen Menge gesättigtem Bromwasser versetzt, um Sn^{2+} in Sn^{4+} überzuführen; dessen Überschuß wird durch kurzes Auskochen ausgetrieben. Der Säuregrad wird dann auf ungefähr 2 *n* HCl gebracht, um gutes Fällen von As_2S_3 zu fördern und die Bildung von SbOCl zu vermeiden. Dann wird H_2S 5 Minuten lang in einem geschlossenen Kolben und bei mäßiger Erwärmung (nicht kochen) aufgeleitet. Nach 5 Minuten wird H_2S ausgeblasen und der Säuregrad durch tropfenweise zugefügtes Ammoniumhydroxyd auf ungefähr 0,2 *n* HCl erniedrigt, um sicher zu sein, daß PbS und CdS völlig gefällt werden. Der Säuregrad wird mit Methylviolettpapier kontrolliert, das bei 0,2 *n* HCl gerade eine grünblaue Übergangsfarbe zeigt. Mit einer Standardlösung vergleichen! Dann wird nochmals 15 Minuten lang H_2S bei mäßiger Erwärmung aufgeleitet. Es können gefällt werden:

As_2S_3, Sb_2S_3, SnS_2, HgS, PbS, CuS, CdS und Bi_2S_3.

Der Niederschlag wird abzentrifugiert, einmal mit einer sehr verdünnten NH_4NO_3-Lösung ausgewaschen und dann mit warmer 1 *n* Kalilauge ausgezogen.

α) Die *Lösung* enthält dann gemischte Thio- und Oxosalze von As^{3+}, Sb^{3+} und Sn^{4+} und bei Anwesenheit dieser Elemente auch merkliche Mengen Hg^{2+}. Nur wenn beim Versetzen mit KOH der ganze H_2S-Niederschlag in Lösung gelangt, steht fest, daß sich in KOH überhaupt etwas gelöst hat. Ist das nicht der Fall, untersucht man, ob Sulfide gelöst sind, indem man einen kleinen Teil des KOH-Extraktes mit Essigsäure gerade ansäuert. Ein hellgelber Niederschlag kann entweder Schwefel oder Sulfid sein. Man prüft durch Aufschütteln mit Benzol. Schwefel bleibt in der Wasserschicht; Sulfide konzentrieren sich durch Flotation stärker gelb an der Trennungsfläche zwischen Wasser und Benzol.

Ist aus der Probe ersichtlich, daß Sulfide gelöst sind, wird der Rest des KOH-Extraktes mit Essigsäure gerade angesäuert und kurz leicht erwärmt, wodurch sie wieder abgeschieden werden. Nach Abzentrifugieren wird der Niederschlag unter leichter Erwärmung mit HCl 1 : 1 ausgezogen. SnS_2 und Sb_2S_3 werden gelöst, während As_2S_3 zurückbleibt, gelb ohne Beimischung von HgS, braun, wenn dieses beigemischt ist. Ohne daß die Anwesenheit von HgS stört, kann **As** nach Abzentrifugieren des Niederschlages durch alkalische Reduktion mit Al und Untersuchung auf AsH_3 mit $HgCl_2$-Papier dann nachgewiesen werden. Die klare salzsaure Lösung, die $SbCl_3$ und $SnCl_4$ enthalten kann, wird vorher durch reichliches Auskochen von H_2S befreit, weil das den Nachweis von Sn und vielleicht auch von Sb stören kann.

Dann werden einige Tropfen der Lösung mit Rhodamin-B nach Oxydation mit $NaNO_2$ auf **Sb** untersucht. Der Rest der Lösung wird auf **Sn** untersucht, und zwar durch Reduktion mit Al-Spänen; abfiltrieren (nicht zentrifugieren) und mit Kakothelin prüfen!

β) Der Rückstand der KOH-Extraktion enthält HgS, PbS, CuS, CdS und Bi_2S_3. Er wird mit warmer, nicht kochender Salpetersäure 1: 1 (1,2) versetzt und wieder zentrifugiert.

a) Dabei werden *gelöst:* Pb^{2+}, Cu^{2+}, Cd^{2+} und Bi^{3+}. Diese Lösung wird mit einem bescheidenen Überschuß NH_4OH versetzt und, falls dadurch ein Niederschlag entsteht (Pb^{2+} und Bi^{3+}), abzentrifugiert. Die klare Lösung (Cu und Cd) wird auf **Cu** untersucht, zuerst durch Feststellung, ob eine blaue Farbe auftritt, weiter, nach leichtem Ansäuern mit Essigsäure, durch Versetzen mit $ZnSO_4$ und $(NH_4)_2Hg(CNS)_4$ nach geeigneter Verdünnung, und auf **Cd** durch Versetzen mit Cadion und KOH.

Der Niederschlag von Pb^{2+} und Bi^{3+} wird auf **Bi** untersucht, indem man einen kleinen Teil davon mit KOH und $SnCl_2$ reagieren läßt und, falls Bi vorhanden ist, mit verdünnter Schwefelsäure weiterbehandelt; das gebildete $PbSO_4$ wird abzentrifugiert und zweimal mit sehr verdünnter Schwefelsäure ausgewaschen; danach wird mit Na_2O_2 auf **Pb** geprüft. Oder $PbSO_4$ wird in einer konzentrierten Lösung von Ammoniumacetat gelöst und mit Kaliumchromat nachgewiesen.

b) In HNO_3 1 : 1 ist HgS zurückgeblieben, das, falls Cu vorhanden war, beinahe immer mit CuS verunreinigt ist. Es wird nach Auswaschen in der Zentrifuge auf **Hg** untersucht, indem man es in Bromwasser löst, dann mit Diphenylcarbazid oder bei Anwesenheit von Cu, das jetzt bekannt ist, mit $SnCl_2$ und Anilin versetzt.

C.

Das Filtrat der H_2S-Gruppe wird zuerst durch *gründliches* Auskochen von H_2S befreit und dabei gleichzeitig etwas eingedampft.

Dann wird eine kleine Probe mit Molybdänreagens daraufhin untersucht, ob *Phosphate* vorhanden sind, die die Fällungen in der NH_4OH-, $(NH_4)_2S$- und Carbonatgruppe stören und die Untersuchung der Alkaligruppe erschweren würden. Ist das tatsächlich der Fall, müssen sie entfernt werden, ohne der Lösung Kationen zu entziehen, d. h. in saurer Lösung. Hierfür bestehen verschiedene Methoden, die wir in den Kapiteln II und IV und bei den in Säuren unlöslichen Phosphaten von Sn, Pb, Bi, Fe und Zr erwähnt haben. Sie alle haben ihre Vor- und Nachteile; wir ziehen die mit Sn und HNO_3 vor (REYNOSO), die billig ist, bei der aber viele Kationen, u. a. Ca^{2+} und Al^{3+}, sehr stark absorbiert werden und die viel Zeit erfordert, ferner das Verfahren mit Zirkonylchlorid (CURTMAN c. s.), das zwar sehr gut und schnell, auf die Dauer jedoch ziemlich kostspielig ist.

α) *Mit Sn und HNO_3*: Die Lösung wird mit HNO_3 beinahe bis zur Trockne eingedampft, dann werden einige kleine Körnchen Sn und noch einige ml konzentrierter Salpetersäure zugefügt; es wird wieder zur Trockne eingedampft und schließlich in verdünnter Salpetersäure (nicht in verdünnter Salzsäure!) aufgenommen.

β) *Mit Zirkonylchlorid:* Die Lösung wird, falls erforderlich, auf zirka 50 ml eingedampft. Danach werden 1 g festes NH_4Cl zugefügt und dann für jede 100 mg PO_4^{3-}, die vorhanden sein können, 5 ml einer 10%igen $ZrOCl_2$-Lösung; danach wird bis zum Sieden erhitzt. Man fügt dann einige Tropfen Methylrot zu, dann NH_4OH in geringem Überschuß und kocht einige Minuten lang, um das jetzt gefällte $ZrO_2 \cdot aq.$ in verdünnter Salzsäure unlöslich zu machen. Dann wird mit verdünnter Salzsäure neutralisiert und danach tropfenweise 10 ml 2 *n* HCl zugefügt und wieder einige Minuten gekocht. Nun löst sich alles, außer $ZrONH_4PO_4$ und $ZrO_2 \cdot aq$. Die warme Lösung wird abfiltriert und weiter untersucht. Titan wird teilweise in den Niederschlag gelangen und kann darin nach Lösen in *kalter* 4 *n* H_2SO_4 mit H_2O_2 und anschließender Entfärbung mit NaF nachgewiesen werden.

In dem jetzt phosphatfreien Filtrat der H_2S-Gruppe wird eventuell vorhandenes Eisen(II) mit einigen Tropfen gesättigtem Bromwasser zu Eisen(III) oxydiert, der Überschuß Brom ausgekocht, dann pro 10 ml Flüssigkeit 0,2 g festes NH_4Cl und schließlich ein bescheidener Überschuß NH_4OH zugefügt und leicht erwärmt, ohne zu kochen*. Dann können gefällt werden: $Al(OH)_3$, $Cr(OH)_3$ (nicht ganz vollständig), $Fe(OH)_3$,

* Hier soll auf die Trennung der NH_3-Gruppe von der $(NH_4)_2S$-Gruppe mit Urotropin nach LOHRER[190] verwiesen werden.

$TiO_2 \cdot aq.$ und eventuell etwas Mn; letzteres nur dann, wenn die zuerst genannten Verbindungen gefällt werden.

Der Niederschlag wird heiß abzentrifugiert, einmal mit heißem Wasser ausgewaschen und dann unter leichter Erwärmung mit 10 ml 2 *n* KOH und 5 ml 3%igem H_2O_2 ausgezogen. Danach wird filtriert und mit warmer, verdünnter Kalilauge ausgewaschen. Der Rückstand enthält Fe, Ti und Mn, die Lösung Al, Cr und Spuren Ti.

Im Rückstand wird nach Lösen in *kalter* 4 *n* Schwefelsäure auf **Fe** mit NH_4CNS, auf **Ti** mit H_2O_2 (Eisenfarbe mit H_3PO_4 wegnehmen) mit anschließender Entfärbung des gebildeten $TiO_2 \cdot H_2O_2 \cdot aq.$ mit NaF und auf **Mn** durch Überführung in MnO_4^- mit Perjodat und H_3PO_4 geprüft.

Bei Anwesenheit von Ti und Abwesenheit von Fe werden in der Lösung, in der Al und Cr nachgewiesen werden müssen, zuerst die Spuren Ti mit 2 bis 3 Tropfen $FeCl_3$ entfernt*; danach wird filtriert. In einem Teil der titanfreien Lösung wird nach Ansäuern mit H_2SO_4 und nach Auskochen von H_2O_2 mit Diphenylcarbazid oder mit Äther und H_2O_2 auf **Cr** geprüft.

Aus dem anderen Teil wird Al als $Al(OH)_3$ mit HCl gefällt, und zwar durch tropfenweises Zufügen von Thymolblau bis zum Farbumschlag von Blau nach Gelb (pH 8,5), oder, wenn die Anwesenheit von Chromat das Wahrnehmen dieses Niederschlages verhindert, durch Kochen mit einem Überschuß von in fester Form zugefügtem NH_4NO_3. Es wird einmal ausgewaschen, in einer minimalen Menge 2 *n* H_2SO_4 gelöst und das Al mittels Alizarin-S identifiziert oder, wenn durch Entfernen der Phosphate mit $ZrOCl_2$ oder aus einem anderen Grund Zr vorhanden sein kann, als Cs-Al-Alaun unter dem Mikroskop nachgewiesen.

D.

Auf das warme Filtrat der NH_4OH-Gruppe wird nun 10 Minuten lang H_2S geleitet; das ist besser, als $(NH_4)_2S$ hinzuzufügen, das, wenn es nicht ganz frisch ist, durch Oxydation immer Sulfate enthält und daher der Lösung Ba und Sr entziehen könnte. Dann können NiS, CoS, MnS, ZnS und Reste $Cr(OH)_3$ ausfallen.

Der Niederschlag wird abzentrifugiert, einmal ausgewaschen und dann in möglichst wenig konzentrierter Salzsäure gelöst. Geht das nicht gut, werden einige Tropfen 3%iges H_2O_2 zugefügt. Der größte Teil HCl wird entfernt, indem man die Lösung beinahe bis zur Trockne eindampft und dann in Wasser aufnimmt. In der auf diese Weise erhaltenen Lösung werden nachgewiesen:

Co mit Aceton und KCNS und nach Wunsch auch mit α-Nitroso-β-naphthol;

Mn sowohl mit KOH und Benzidinacetat (wenn Co vorhanden ist, nach Hinzufügen von Weinsäure) als auch mit H_3PO_4 und KJO_4;

Ni mit Dimethylglyoxim, nachdem (falls notwendig) Co in den grünen Co^{3+}-Tartrat-Komplex übergeführt worden ist, und schließlich

* Titan wird durch das ausfallende $Fe(OH)_3$ völlig gebunden („Kollektor"-Wirkung).

Zn durch Kochen mit einem geringen Überschuß 30%iger NaOH-Lösung und, wenn Co vorhanden ist, mit einigen Tropfen 3%igem H_2O_2; entsteht dabei ein Niederschlag von Ni, Co oder Mn, wird er abfiltriert; die klare Lösung wird mit Essigsäure eben neutralisiert (Thymolblau, Farbumschlag Blau—Gelb, pH = 8,5); ein Niederschlag weist dann bereits auf $Zn(OH)_2$. Er wird abzentrifugiert, einmal ausgewaschen und dann entweder in einigen Tropfen verdünnter Schwefelsäure aufgenommen und mit $CoCl_2$ und $(NH_4)_2Hg(CNS)_4$ oder mit $K_2Ni(CN)_4$, Dimethylglyoxim und Ammoniak nachgewiesen oder in einigen Tropfen verdünnter Kalilauge aufgenommen und mit Dithizon nachgewiesen.

Falls kein **Cr** in der NH_4OH-Gruppe gefunden worden ist, wird hier nochmals auf Cr geprüft, wie dort beschrieben.

E.

Das Filtrat der $(NH_4)_2S$-Gruppe wird nun mit 4 *n* Essigsäure angesäuert und das noch vorhandene H_2S durch gutes Auskochen ausgetrieben. Bei diesem Vorgang flockt gleichzeitig eventuell noch kolloidal gelöstes NiS aus. Ist das der Fall, wird es durch Abzentrifugieren oder zur Not durch Filtrieren entfernt und auf die oben beschriebene Weise identifiziert.

Wenn in der $(NH_4)_2S$-Gruppe Mn gefunden worden ist, kann es erforderlich sein, dessen letzte Reste durch Zufügen von NH_4OH und H_2O_2 und Abfiltrieren zu entfernen, was dem Zentrifugieren des gebildeten $MnO_2 \cdot$ aq. vorzuziehen ist.

Von hier aus gibt es drei Möglichkeiten zur Abscheidung der Carbonatgruppe, und zwar eine von alters her gebräuchliche und für einfache Arbeit gut verwendbare (E. I), eine andere, die viel umständlicher ist, dann aber auch ermöglicht, viel kleinere Mengen der Erdalkalimetalle zu finden (E. II), und eine *spektroskopische* Methode, wie auf S. 159 beschrieben.

E. I

Das von allfälligen Resten Ni und Mn befreite Filtrat der $(NH_4)_2S$-Gruppe wird zur Trockne eingedampft und leicht geglüht, bis alle Ammoniumsalze ausgetrieben sind. Der Glührest wird in verdünnter Essigsäure aufgenommen und, falls notwendig, abzentrifugiert. Zu der klaren Lösung wird ein reichlicher Überschuß NH_4Cl, NH_4OH und $(NH_4)_2CO_3$ zugefügt und 5 Minuten lang leicht erwärmt, um Hydrogencarbonate und Carbamate zu zersetzen. Der Niederschlag kann enthalten: $\mathbf{CaCO_3}$, $\mathbf{SrCO_3}$ und $\mathbf{BaCO_3}$.

Magnesium bleibt in Lösung!

Der Niederschlag wird abzentrifugiert, mit NH_4Cl- und NH_4OH-haltigem Wasser ausgewaschen und dann in verdünnter Essigsäure gelöst. Die Kohlensäure wird ausgekocht. Eine Lösung des Reagens nach Caron und Raquet (Ammoniumdichromat, Essigsäure und Ammoniumacetat) fällt hieraus **Ba** als Chromat. Mittels der grünen Flammenfarbe oder mit Rhodizonat bestätigen! Das Filtrat wird mit NH_4OH neutralisiert, bis die gelbe Farbe der CrO_4^{2-}-Ionen auftritt. Dann fügt man ein gleiches Volumen 60%iges Äthanol zu, wartet eine halbe

Stunde, während man ab und zu mit einem Glasstab an der Gefäßwand kratzt. Dann fällt $SrCrO_4$ aus. Auch dieses wird mittels der Flammenfarbe nachgewiesen oder nach Wunsch auch, indem man den Niederschlag durch Kochen mit Na_2CO_3 wieder in Carbonat überführt und dieses mit Rhodizonat auf K_2CrO_4-Papier nachweist. Das Filtrat des $SrCrO_4$-Niederschlages enthält **Ca**, das mit Hilfe der Murexidreaktion oder unter dem Mikroskop als $CaSO_4 \cdot 2H_2O$ nachgewiesen werden kann.

E. II

Die unter E. I beschriebene Methode hat den Nachteil, daß sehr kleine Mengen Ca, Sr und Ba sich der Beobachtung entziehen und daß Magnesium auf diese Weise zu den Alkalimetallen gelangt, während es, allgemein chemisch gesehen, doch vielmehr zu den Erdalkalien gehört. Beide Nachteile werden durch eine andere, zwar umständlichere, aber für Spuren Erdalkalien sicher zuverlässigere Methode beseitigt, deren Grundlagen von SCHEINKMANN[191] angegeben wurden und die in Einzelheiten u. a. von Frl. DULFER[192] ausgearbeitet wurde. In einer Probe des Filtrats der $(NH_4)_2S$-Gruppe wird nach den obengenannten Reinigungen zuerst auf die Anwesenheit von Sulfaten mit $BaCl_2$ und HCl geprüft. Sind sie tatsächlich vorhanden — in diesem Fall sind sicher kein Ba und höchstens Spuren Sr vorhanden —, werden sie mit einem möglichst kleinen Überschuß $BaCl_2$ und HCl entfernt. Die sulfatfreie Flüssigkeit wird dann in einer Porzellan- oder, für sehr exakte Arbeit, in einer Silber-, Platin- oder V_2A-Schale zur Trockne eingedampft und leicht geglüht, um die NH_4-Salze zu entfernen. Dann wird feste reine Oxalsäure (für analytische Zwecke) zugefügt, im Abzug erhitzt, bis alle Oxalsäure ausgetrieben ist, und dann gerade bis zur Rotglut erhitzt. Bei diesem Vorgang gehen die Oxalate in Carbonate über, $CaCO_3$ allerdings auch schon merklich in CaO, das sich nachher in Wasser lösen würde. Daher wird noch etwas $(NH_4)_2CO_3$-Lösung (für analytische Zwecke) zugefügt, wieder zur Trockne eingedampft und jetzt nicht höher erhitzt, als notwendig ist, um die NH_4-Salze völlig zu verflüchtigen. Der Rückstand wird jetzt in Wasser mit einigen Tropfen NH_4OH aufgenommen. Dann gelangen K und Na in Lösung, teilweise als Chloride, teilweise als Carbonate. In Wasser unlöslich bleiben zurück $MgCO_3$, $BaCO_3$, $SrCO_3$ und $CaCO_3$.

Das Entfernen der Sulfate ist notwendig gewesen, weil sie bei dem oben beschriebenen Vorgang nur unvollständig in Carbonat übergeführt werden. Schneller, aber viel teurer, kann das durch Erhitzen des trockenen Stoffes mit Hydrazinchlorid nach MYLIUS[193] erreicht werden.

Das in Wasser nicht gelöste Carbonatgemisch wird einmal mit Wasser ausgewaschen, dann in möglichst wenig verdünnter Essigsäure gelöst (CO_2 wird ausgekocht, in Essigsäure nicht gelöste Verunreinigungen werden, falls nötig, abzentrifugiert) und dann in zwei ungleiche Teile *a* und *b* geteilt:

a) *In dem kleineren Teil* wird auf **Mg** durch Zufügen von 2 *n* KOH geprüft, das am besten vorher mit etwas $BaCl_2$ von Carbonaten befreit wurde. Erst dann weist ein auftretender Niederschlag direkt auf $Mg(OH)_2$. Er wird abzentrifugiert und in dem Zentrifugenröhrchen nach einmaligem

Auswaschen mit sehr verdünnter Kalilauge und einigen Tropfen Titangelb aufgekocht und wieder zentrifugiert. Rotfärbung des Niederschlages weist auf Mg.

b) Im größeren Teil wird auf die Anwesenheit von Ca, Sr und Ba geprüft, auf letzteres nur, wenn noch keine Sulfate gefunden wurden. In dem Fall ist außerdem die Menge des möglicherweise vorhandenen Sr so gering, daß es eigentlich nur noch spektroskopisch leicht zu finden ist.

In einer Probe wird auf **Ba** mit Na-Acetat und Kaliumdichromat geprüft. Der Nachweis erfolgt durch die Flammenreaktion und ein Handspektroskop. Ist Ba vorhanden, wird der ganze Teil mit Na-Acetat und Dichromat versetzt. $BaCrO_4$ wird abfiltriert, die Lösung mit festem Na_2CO_3 neutralisiert und etwas mehr Soda zugefügt. Damit wird 5 Minuten lang gekocht, wodurch $SrCO_3$ und $CaCO_3$ wieder gefällt werden. Sie werden abzentrifugiert und in etwas verdünnter Salpetersäure aufgenommen. Nun wird mikroskopisch auf **Sr** mit Cu-Acetat und KNO_2 untersucht und der Nachweis durch die Flammenreaktion und ein Handspektroskop bestätigt (man denke an die Möglichkeit von Li!). Der Rest der Lösung wird zur Trockne eingedampft. War Sr nicht vorhanden, wird in Wasser aufgenommen und mit einer Spur verdünnter Schwefelsäure mikroskopisch auf **Ca** als $CaSO_4 \cdot 2$ aq. geprüft; war Sr vorhanden, wird es als Nitrat durch Eindampfen zur Trockne in einem kleinen Tiegel von Ca getrennt und mit kalter, starker Salpetersäure (1,4) extrahiert, wobei Ca als Nitrat in Lösung gelangt. Nach Abdampfen von HNO_3 wird dann wie oben auf Ca untersucht.

Wenn sehr viel Mg vorhanden ist, können kleine Mengen Ca nur gefunden werden, indem man sie vorher als Oxalat isoliert.

F. I

Hat man für die Carbonatfällung die Methode E. I angewendet, enthält das Filtrat Mg, K und Na. Es wird in zwei ungleiche Teile geteilt:

Im kleineren Teil wird auf **Mg** durch Versetzen mit Ammoniumphosphat und kurzes Aufkochen geprüft. $MgNH_4PO_4 \cdot 6\,H_2O$ wird gefällt; der Niederschlag kann allerdings durch Phosphate mit Resten Ca, Sr oder Ba verunreinigt sein. Die Bildung eines Niederschlages ist also kein völliger Beweis für Mg. Er wird daher zuverlässiger als Mg-Verbindung identifiziert, indem man ihn — nach Abzentrifugieren — kurz mit verdünnter Kalilauge und einigen Tropfen Titangelb kocht. Mg färbt sich dann rotviolett, Ca, Sr und Ba nicht.

Der größere Teil wird auf die Anwesenheit von K und Na untersucht. Er wird zu diesem Zweck in einer kleinen Porzellanschale zur Trockne eingedampft und leicht geglüht, bis *alle* Ammoniumsalze entfernt sind. Der Rückstand wird in wenig Wasser aufgenommen und, falls nötig, durch Zentrifugieren geklärt. Die Lösung wird in zwei Teile geteilt:

In einem Teil prüft man auf **K** mit einer frisch hergestellten Lösung von $Na_3Co(NO_2)_6$ oder mit Dipicrylamin.

Im anderen Teil prüft man auf einer schwarzen Tüpfelplatte auf **Na** mit einer Lösung von Zinkuranylacetat.

F. II

Hat man für die Carbonatgruppe die Methode E. II angewendet, enthält das Filtrat nur K und Na, und höchstens Spuren Mg, Ca, Sr und Ba, welche die Untersuchung auf K und Na nicht stören.

Die Lösung wird in zwei Teile geteilt:

a) In einem Teil wird auf **K** untersucht, indem man nochmals zur Trockne eindampft, schwach glüht, in wenig Wasser aufnimmt, sehr schwach mit Essigsäure ansäuert und dann mikroskopisch mit Dipicrylamin prüft.

b) Im anderen Teil wird auf **Na** untersucht, indem man, falls nötig, die Lösung erst durch Eindampfen konzentriert und dann mikroskopisch mit Uranylacetat prüft. Wenn sehr viel K vorhanden ist, kann es notwendig sein, es erst mit $HClO_4$ zu fällen, abzuzentrifugieren, die Lösung völlig zur Trockne einzudampfen und dann in Wasser aufzunehmen.

G.

Schließlich wird in dem ursprünglichen Stoff auf die Anwesenheit von NH_4-Salzen durch Erwärmen mit 2 *n* KOH untersucht. Zum Nachweis des gebildeten NH_3 werden in der Regel der Geruch und ein feuchtes rotes Lackmuspapier ausreichen. Für sehr kleine Mengen ist die Reaktion mit p-Nitranilinhydrochlorid und $NaNO_2$ vorzuziehen.

Hydrazin- und Hydroxylaminsalze werden auch am besten im ursprünglichen Stoff durch ihr Reduktionsvermögen und die bei diesen Ionen beschriebenen Identitätsreaktionen nachgewiesen.

VII. Systematische Analyse der Anionen

Die systematische Untersuchung auf Anionen hat schon darum einen völlig anderen Charakter als die auf Kationen, weil zum Unterschied von den Kationen zahlreiche Anionenkombinationen „inkompatibel" sind. Man wird nämlich niemals stark oxydierende Anionen, wie NO_2^-, ClO^-, BrO_3^-, neben reduzierenden, wie S^{2-}, SO_3^{2-}, J^- usw., antreffen. Daher kann nicht genug darauf hingewiesen werden, wie notwendig es gerade hier ist, mit Überlegung zu arbeiten, und daß es zwecklos ist, viel Zeit an das Aufsuchen von Ionen zu verwenden, von denen längst festgestellt sein sollte, daß sie nicht vorhanden sind.

Hinzu kommt, daß bereits zahlreiche Resultate aus den Vorproben und der systematischen Kationenanalyse als Hinweise für die Anwesenheit, vor allem aber für die Abwesenheit von verschiedenen Anionen vorliegen. Außerdem sind durch H_2S eine Reihe metallhaltiger Anionen reduziert worden, andere sind in saurer Lösung zu Kationen geworden. Man denke an Chromate, Permanganate, Zinkate, Thiosalze und dergleichen.

Diese Überlegungen veranlassen uns, vor der Anionenuntersuchung eine Pause einzulegen und das bereits Gefundene kritisch zu überschauen. Die An- bzw. Abwesenheit folgender Anionen muß mit mehr oder weniger Sicherheit bekannt sein:

Nitrate, Nitrite, Carbonate, Sulfide, Sulfite, Thiosulfate, Cyanide, Bromide, Jodide, Fluoride, Chlorate, Borate, Silikate, Oxalate (Vorprüfung);

weiter: Phosphate und die Anionen von As, Sb, Cr, Al, Zn, Mn usw. (Kationenuntersuchung).

Wenn diese letzte Gruppe vorhanden ist, muß man jedesmal erwägen, inwieweit sie störend wirken kann. Sollte das dann tatsächlich der Fall sein, muß sie — meistens mit H_2S oder $(NH_4)_2S$ — entfernt werden.

Diese Überlegungen mögen ausreichend verdeutlichen, daß die Anionenuntersuchung in der Regel viel weniger „systematisch" als die auf Kationen ausgeführt wird. Statt der scharfen Gruppentrennung gibt es eine Reihe einzelner Reaktionen, jedesmal auf bestimmte Anionen, die man aber nicht ausführt, wenn bereits feststeht, daß die Reaktion überflüssig ist. Für die Fälle, in denen umgekehrt bereits feststeht, daß ein Anion bestimmt oder sehr wahrscheinlich vorhanden ist, empfehlen wir, die nachfolgenden Reaktionen wohl auszuführen und ihnen dadurch wieder mehr den Charakter von *Identitätsreaktionen* zu geben. Schließlich verweisen wir auf Kapitel XI, in dem einige mehr systematische

Anionentrennungen besprochen werden. Es möge allerdings im voraus darauf hingewiesen werden, daß sie entweder sehr umständlich sind und sehr viel Substanz erfordern oder aber wenig befriedigen.

Unsere Anionenanalyse zerfällt — nach den oben bereits genannten kritischen Betrachtungen aller schon erreichten Resultate — in drei Teile, und zwar:

A. eine kurze, speziell auf Anionen gerichtete *Erweiterung der Vorprüfung*;

B. eine Reihe von Reaktionen auf Anionen, *die mit dem ursprünglichen Stoff ausgeführt werden,* und

C. eine Reihe von Reaktionen auf Anionen, *die in einem Sodaextrakt ausgeführt werden.*

Wir werden in unserem Schema die eventuelle Anwesenheit folgender Anionen berücksichtigen:

Chlorid, Bromid, Jodid, Hypochlorit, Chlorat, Perchlorat, Bromat, Jodat, Perjodat, Sulfid, Sulfit, Thiosulfat, Sulfat, Nitrit, Nitrat, Carbonat, Cyanid, Hexacyanoferrat(II und III), Rhodanid, Orthophosphat, Borat, Silikat, Fluorid, Fluorosilikat, Formiat, Acetat und Oxalat.

A. Erweiterung der Vorprüfung zugunsten der Anionen

I. Das Verhalten gegenüber Kaliumjodid und Jod

Um einen Eindruck von der oxydierenden oder reduzierenden Art der vorhandenen Anionen zu erhalten, kocht man ein wenig des ursprünglichen Stoffes mit einer Sodalösung eine Minute lang in einem Zentrifugenröhrchen, zentrifugiert dann, falls nötig, von einem Rest ab, gibt die klare Flüssigkeit, ohne auszuwaschen, in einen kleinen Tiegel und säuert mit 4 *n* Essigsäure an. Auf der Tüpfelplatte wird je ein Tropfen der erhaltenen Lösung mit einem Tropfen Kaliumjodidstärkelösung und mit einem Tropfen Jod-Kaliumjodidstärkelösung vereinigt. Durch erstere sind fast alle oxydierenden Ionen zu erkennen, und zwar: ClO^-, BrO_3^-, JO_3^-, JO_4^-, $Fe(CN)_6^{3-}$ und NO_2^-, durch letztere die meisten reduzierenden Ionen, und zwar: S^{2-}, SO_3^{2-}, $S_2O_3^{2-}$ und $Fe(CN)_6^{4-}$.

II. Reaktion auf flüchtige Säuren

Nach einer in Einzelheiten von Karaoglanov[194] ausgearbeiteten Idee erwärmt man etwas von dem festen Stoff in einem kleinen Reagenzglas mit 4 *n* Essigsäure. Über den Rand des Glases hängt man zwei schmale Streifen Reagenzpapier, die mit angesäuerter KJ-Stärke und mit Jodstärke getränkt sind. Weiter achte man auf den Geruch von HCN, H_2S, NO_2, Cl_2 und SO_2 und halte an einem Glasstab einen Tropfen klares Kalkwasser in die Öffnung des Reagenzglases. Bei dieser Behandlung können destillieren oder sich in gasförmige Produkte zersetzen: H_2CO_3, HCN, H_2S, H_2SO_3, $H_2S_2O_3$, HNO_2 und HClO (und $H_2S_2O_8$, das hier nicht nachgewiesen wird). Man wird auf H_2CO_3 durch Kalkwasser aufmerksam gemacht, auf HCN und H_2S durch den Geruch, auf letzteres auch durch Jodstärke, auf HNO_2 sowie auf HClO durch den Geruch und KJ-Stärke, auf H_2SO_3 und $H_2S_2O_3$ durch den Geruch und Jodstärke.

Man vergleicht die hier erhaltenen Resultate mit den bei Erwärmung mit verdünnter Schwefelsäure in der Vorprüfung (Kapitel V, S. 146) erhaltenen Ergebnissen.

III. Reaktionen mit Indikatoren

Man zieht den Stoff mit Wasser aus, indem man ihn in einem Zentrifugenröhrchen kurz damit kocht, zentrifugiert dann und gibt einige Tropfen der klaren Lösung in zwei Vertiefungen auf der Tüpfelplatte. In eine davon gibt man einen sehr kleinen Tropfen Thymolblau, in die andere sehr wenig Methylrot. Wird die erste Lösung blau, reagiert der wäßrige Extrakt offensichtlich recht alkalisch; wird die zweite rot, reagiert er ziemlich sauer. Ersteres weist auf freie Alkalihydroxyde, Erdalkalihydroxyde, Ammoniak oder Alkalisalze sehr schwacher Säuren (H_2CO_3, HCN, H_2S, Kieselsäure, tertiäre Phosphate, Borate usw.), letzteres auf freie Säuren oder auf Salze starker Säuren mit schwachen Basen.

Wenn die Lösung alkalisch oder neutral reagiert, säuert man sie mit verdünnter Salpetersäure schwach an. Ein Niederschlag kann auf Silikate, Thiosulfate, Polysulfide, eventuell auf Wolframate oder Borate weisen; Entwicklung freier Halogene auf Kombinationen von Halogeniden mit Oxydationsmitteln; ein Niederschlag, der in einem Überschuß HNO_3 löslich ist, auf Aluminate, Zinkate usw.

B. Mit dem ursprünglichen Stoff ausgeführte Reaktionen

Während diese Reaktionen ausgeführt werden, macht man den Sodaextrakt nach **C** fertig, weil das ziemlich viel Zeit erfordert.

Mit dem ursprünglichen Stoff wird auf die folgenden Anionen geprüft, *soweit das nicht bereits geschehen ist oder sich die Überflüssigkeit einer solchen Prüfung nicht deutlich genug gezeigt hat.* Bezüglich Einzelheiten der Ausführung der Reaktionen siehe Kapitel IV.

I. Sulfide

Wenn der Stoff ein mineralisches Naturprodukt ist, prüft man mit Jod und NaN_3, möglichst auf einer geschliffenen Fläche und unter dem Mikroskop bei auffallendem Licht.

Bei künstlichen Produkten mit positiver Heparreaktion kocht man den Stoff mit 2 *n* Schwefelsäure und untersucht mit Bleiacetatpapier. Ist der Stoff in Wasser löslich, kann man das Sulfid mit Dinatriumnitrosylpentacyanoferrat (Nitroprussidnatrium) identifizieren. Enthält er Schwermetalle und ist die Farbe derart, daß Sulfide vorhanden sein könnten, kann man H_2S nach VORTMANN-BÄHR mit $(NH_4)_2HPO_4$ (siehe S. 94) austreiben.

II. Sulfite

Bei Stoffen mit positiver oder zweifelhafter Heparreaktion, und wenn man bei den Vorproben irgendeinen — sei es auch zweifelhaften — Hinweis auf Sulfit erhalten hat, tut man gut daran, die Prüfung mit dem ursprünglichen Stoff auszuführen, da kleine Mengen solcher Verbindungen beim Herstellen des Sodaextraktes durch Oxydation an der Luft leicht völlig verschwinden können. Wo es hier also ausschließlich um sehr kleine Mengen geht, wende man am besten die Reaktion mit $Ni(OH)_2$ an. Man bedenke aber, daß das Ausführen der Reaktion hier nur Sinn hat, wenn wirklich nach Spuren gesucht wird.

Auf größere Mengen von Sulfiten und auf Thiosulfate und Sulfate prüft man besser im Sodaextrakt, weil dann auch die unlöslichen Sulfate in Ionen übergeführt sind.

III. Rhodanide

Wenn nicht die Heparreaktion zweifellos negativ war, prüft man auf die Anwesenheit von Rhodanid, indem man den Stoff auf der Tüpfelplatte mit 2 *n* H_2SO_4 versetzt und dann einen Tropfen $FeCl_3$ zufügt. Tritt eine Rotfärbung auf, überzeugt man sich davon, daß die Farbe mit Amylalkohol extrahiert werden kann, um Verwechslungen mit Aziden vorzubeugen. Wenn reduzierende Stoffe vorhanden sind, muß so viel $FeCl_3$ zugefügt werden, daß auf alle Fälle etwas davon übrig bleibt. Wenn Blaufärbung auftritt, sind vermutlich Hexacyanoferrate(II und III) vorhanden, die mit Pb^{2+}- und Cd^{2+}-Salzen entfernt werden können.

IV. Cyanide

Gewöhnlich wird man sie entweder bei der allgemeinen oder bei der Anionenvorprüfung bereits am Geruch von HCN erkannt haben. Bei dem geringsten Hinweis in diese Richtung untersucht man jetzt definitiv auf CN^--Ionen durch Austreiben des HCN mit einer Lösung von $NaHCO_3$ und Versetzen mit Kupfer(II)acetat und Benzidinacetat.

V. Hexacyanoferrate(II und III)

Auch sie müssen bereits während der Vorprüfung mit verdünnter Schwefelsäure durch HCN-Entwicklung erkannt worden sein. Wenn HCN wahrgenommen oder vermutet wird, prüft man nacheinander auf Hexacyanoferrate(II) bzw. (III) in saurer Lösung mit $FeCl_3$ bzw. $FeSO_4$. Sollten gleichzeitig Rhodanide vorhanden sein, kann man die dadurch verursachte rote Farbe mit Äther extrahieren oder man kann zum Identifizieren der komplexen Cyanide von der mikroskopischen Reaktion mit Hexaminokobalt(III)nitrat Gebrauch machen. Die Folgerungen können noch bestätigt werden, indem Hexacyanoferrate(II) mit Pb^{2+}-Salzen und Hexacyanoferrate(III) mit Cd^{2+}-Salzen in verdünnter Salpetersäure unlösliche Verbindungen geben. Weder Cyanide noch Rhodanide stören dabei.

VI. Nitrat und Nitrit

In einem kleinen Reagenzglas mischt man etwas von dem Stoff mit 0,5 ml konzentrierter Schwefelsäure und läßt vorsichtig eine Lösung von $FeSO_4$ darauffließen. Tritt kein brauner Ring auf, sind weder Nitrat noch Nitrit vorhanden. Tritt der Ring auf, ist eines der beiden oder sind beide vorhanden. In diesem Fall wiederholt man die Ringreaktion mit verdünnter Schwefelsäure. Ist auch diese positiv, weist das mit Sicherheit auf Nitrit; Bestätigung nach Wunsch noch durch eine Azofarbstoffreaktion.

Sind Nitrite vorhanden, werden sie mit Harnstoff und Essigsäure ausgekocht, ein Teil des Restes auf der Tüpfelplatte wird mit Zinkstaub in essigsaurer Lösung reduziert und dann wird wieder auf Nitrit, z. B. mit Sulfanilsäure und α-Naphthylamin, geprüft. Hat sich jetzt Nitrit gebildet, weist das auf Nitrat in dem ursprünglichen Stoff.

Komplexe Cyanide und viel Halogenide — deren Anwesenheit bei der Vorprüfung gefunden worden sein muß — stören die Ringreaktion. Sie müssen mit einer Silbersulfatlösung unter leichtem Erwärmen entfernt werden.

Auch viel Chlorat stört die Reaktion mit $FeSO_4$. Es kann durch anhaltendes Erwärmen mit SO_2 und Anwendung von etwas mehr $FeSO_4$ unschädlich gemacht werden.

VII. Acetat und Formiat

Wenn Sulfit oder Thiosulfat vorhanden ist, was auch wieder aus der Vorprüfung bekannt sein muß, oxydiert man mit nicht mehr Jod, als dafür erforderlich ist. Dann destilliert man den festen Stoff in einem kleinen Reagenzglas mit verdünnter Schwefelsäure 1 : 2, wobei man versucht, einige Tropfen Destillat oben in der Röhre zu sammeln. Das geht noch besser, wenn man statt verdünnter Schwefelsäure festes Kaliumhydrogensulfat gebraucht. Die kondensierten Tropfen sind dann nicht so stark mit Wasser verdünnt. Diese saugt man in einer feinen Pipette auf und gibt sie auf die Tüpfelplatte. Zu allererst achte man auf den Geruch von Essig- und Ameisensäure. Vermutet man Essigsäure, wiederholt man die Destillation mit Schwefelsäure, jetzt nach Zufügen einiger Tropfen Äthylalkohol, und achte dann auf den Geruch von Äthylacetat. Nitrite können den Geruch verdecken.

Von dem Destillat auf der Tüpfelplatte stellt man fest, ob es mit Phenolphthalein oder Thymolblau als Indikator reichlich NaOH aufnehmen kann. Ist Essigsäure gefunden, dampft man einen Tropfen der neutralisierten Flüssigkeit zur Trockne ein und führt damit die Kakodylreaktion aus. Das Restdestillat untersucht man daraufhin, ob es $HgCl_2$ und $KMnO_4$ reduziert; wenn ja, weist dies auf Formiat, dessen Anwesenheit — zur Not in einer neuen Portion Destillat — durch die Reaktion mit Methylenblau und $NaHSO_3$ bestätigt wird.

VIII. Hypochlorit

Man prüft auf dieses Ion, ohne es von freiem Chlor zu unterscheiden, indem man den Stoff mit verdünnter Schwefelsäure leicht erwärmt und das entwickelte Chlor durch den Geruch, in Zweifelsfällen mit Anilin und o-Toluidin, identifiziert. Kochen oder zu langes Erwärmen ist nicht erwünscht, weil dann auch gleichzeitig vorhandene Chloride und Chlorate eine geringe Chlorentwicklung geben könnten.

IX. Phosphat

Wenn aus irgendwelchen Gründen bei der Kationenuntersuchung noch nicht auf Phosphate untersucht wurde, geschieht das jetzt mit Molybdänreagens in einem HNO_3-Extrakt des ursprünglichen Stoffes. Wenn Arsenate in ziemlich bedeutenden Mengen vorhanden sind — was jetzt bekannt sein soll —, stören sie und müssen mit H_2S entfernt werden, das selbst auch wieder sorgfältig ausgetrieben werden muß. Denke daran, daß gelbe Farbe allein, also kein Niederschlag, nicht mit Sicherheit auf Phosphat weist, sondern durch Kieselsäure verursacht sein kann.

Bei zweifelhaftem Resultat der Reaktion mit Molybdänreagens, oder wenn man nach Spuren Phosphat sucht, kann die Reaktion mit Chininsulfat und Molybdänsäure oder die mit Benzidinacetat angewendet werden.

X. Borat

Wenn die Flammenreaktion auf Borsäure bei der Vorprüfung noch nicht ausgeführt worden ist, geschieht das jetzt, und zwar, wenn kein Kupfer vorhanden ist, indem man die Substanz mit feingepulvertem CaF_2 und $KHSO_4$ mischt und dann in einer Öse eines Platindrahtes dicht an (aber nicht in) die Basis einer Bunsenflamme hält. Grünfärbung weist auf BF_3, also auf Borate.

War viel Kupfer vorhanden, mischt man in einem Proberöhrchen etwas von dem Stoff mit 5 Tropfen Methylalkohol und 2 Tropfen starker Schwefelsäure, erhitzt leicht und hält die Öffnung der Röhre hin und wieder nahe an die Flamme.

Um ganz sicher zu sein, kann die Borsäure auch in einem kleinen Reagenzglas mit Methylalkohol und Schwefelsäure als Methylborat ausgetrieben werden, dann in einem Tropfen sehr verdünnter Salzsäure aufgefangen werden und damit entweder die Reaktion mit Curcuma oder die mit Mannitol ausgeführt werden. Mineralische Produkte werden sicherheitshalber erst auf einem kleinen Nickeldeckel mit einem kleinen Stück festem Natriumhydroxyd aufgeschlossen.

XI. Silikat, Fluorid und Fluorosilikat

Da es kaum denkbar ist, daß das Ermitteln dieser Anionen in diesem Stadium noch nötig sein sollte, möge hier nur der Vollständigkeit halber wiederholt werden, daß für alle drei primär eine Überführung in SiF_4 gebräuchlich ist. Die Reaktion geschieht in einem kleinen Bleitiegel oder in einem kleinen Platintiegelchen („Löffelchen"), indem man einige Tropfen konzentrierter Schwefelsäure zusetzt und Quarzpulver, wenn Fluorid, bzw. NaF, wenn Silikat vorhanden ist. Wird in einem Einzelversuch deutlich, daß weder Quarz noch NaF für die SiF_4-Bildung notwendig ist, weist das auf Fluorosilikat oder jedenfalls auf gleichzeitige Anwesenheit von Silikaten und Fluoriden in dem festen Stoff. Ein solches Gemisch von Fluorosilikaten kann nur mikroskopisch mit Bestimmung der Brechungsexponenten gut unterschieden werden.

Eventuell vorhandene Oxydationsmittel, wie freie Halogene, Nitrate, Chromate usw., werden vorher durch leichtes Erwärmen mit H_2SO_4 allein entfernt.

Für die SiF_4-Absorption gebraucht man sehr verdünnte, frisch hergestellte Natronlauge oder eine 1%ige NaCl-Lösung, je nachdem, ob man das Produkt mit Molybdänsäure oder als Na_2SiF_6 weiter prüfen will.

Mineralische Fluoride werden sicherheitshalber erst auf einem kleinen Nickeldeckel mit einem kleinen Stück festem Natriumhydroxyd aufgeschlossen. Für Silikate ist das nicht notwendig.

XII. Carbonat

Der Nachweis des Carbonations bildet eigentlich den am wenigsten befriedigenden Teil der Anionenuntersuchung, da das Ermitteln kleiner Mengen dieses Ions kaum anders möglich ist als auf die bekannte quantitative Weise. Man darf annehmen, daß große Mengen Carbonat bei der Vorprüfung ohne viel Mühe bei Versetzen mit verdünnter Schwefelsäure durch Trübewerden des Kalkwassers gefunden werden. Wenn noch Zweifel möglich sind, kann man den Versuch noch einmal wiederholen, und zwar mit einem Tropfen einer $NaHCO_3$-Lösung (als Absorbens für CO_2), der Phenolphthalein gegenüber gerade alkalisch gemacht worden ist, und vor allem durch Vergleichen des Resultats mit einer Blindprobe. Bleiben dennoch Zweifel, wird die mikroskopische Reaktion mit Strontiumacetat oder Thallium(I)acetat entscheiden müssen.

C. Mit einem Sodaextrakt ausgeführte Reaktionen

Zum Nachweis einiger übriggebliebener Anionen ist es erwünscht, sicher zu sein, daß sie in einem in Wasser gelösten Zustand vorhanden sind und daß die Kationen ihre Reaktionen nicht stören können. Dazu kocht man die ursprüngliche Substanz eine halbe Stunde lang mit einer 2 *n* Sodalösung. Man darf annehmen, daß dann beinahe alle Salze MX nach der Gleichung $MX + Na_2CO_3 \rightarrow Na_2X + MCO_3$ reagiert haben, d. h. daß alle Anionen in Lösung gelangt sind, auch die aus sehr wenig löslichen Salzen. Die Silberhalogenide und Quecksilber(II)cyanid bilden hiervon eine Ausnahme, wie auch manche Phosphate.

Der Sodaextrakt wird dann abfiltriert und mit verdünnter Salpetersäure auf Lackmuspapier neutralisiert oder jedenfalls soweit mit Säure versetzt, bis ein bleibender Niederschlag auftritt. Mit diesem Extrakt wird dann weiter gearbeitet.

Wenn der ursprüngliche Stoff bei der Vorprüfung sub A III ganz in Wasser löslich war, ist die Extraktion mit Soda überflüssig. Reagierte er sauer, wird er auf Lackmuspapier mit Soda neutralisiert, reagierte er alkalisch, wird er mit HNO_3 neutralisiert und dann für die folgenden Reaktionen verwendet:

I. Sulfate, Sulfite und Thiosulfate

Da jetzt auch die SO_4^{2-}-Ionen aus $SrSO_4$, $BaSO_4$ und $PbSO_4$ in Lösung gebracht sind, hat es mehr Sinn, auf dieses Ion zu prüfen. Man tut das, ohne das eventuell negative Resultat der Heparreaktion auf Kohle zu beachten, weil diese sehr wenig empfindlich ist. Der neutralisierte Sodaextrakt wird mit 2 *n* HCl angesäuert und kurz erwärmt, wobei häufig noch etwas CO_2 entweicht. Wenn beim Ansäuern Schwefel aus Thiosulfaten oder Polysulfiden bzw. $SiO_2 \cdot aq.$ aus Silikaten gefällt wird, wird der Niederschlag zunächst abgetrennt. Dann wird etwas

$BaCl_2$-Lösung zu der warmen Lösung hinzugefügt. Ein weißer Niederschlag weist auf Sulfat, da Fluorosilikate — deren Ba-Salz gleichfalls in Säure unlöslich ist — durch Kochen mit Soda zersetzt wurden. Wenn das Resultat zweifelhaft sein sollte, wiederholt man die Fällung in Anwesenheit von $KMnO_4$, das mit $BaSO_4$ dunkle Mischkristalle bildet.

Die Entwicklung von SO_2 mit Säuren muß bereits bei der Vorprobe auf Sulfit oder Thiosulfat gewiesen haben. Man prüft nun definitiv auf beide. Falls nötig, wird das Sulfid vorher durch Schütteln mit $CdCO_3$ entfernt. Ist kein Rhodanid vorhanden, untersucht man auf Thiosulfat mit der Reaktion mit NaN_3 und Jod. War Rhodanid vorhanden, muß man sich mit $AgNO_3$ in sehr schwach saurer Lösung behelfen, das einen weißen Niederschlag gibt, der bald braun bis schwarz wird, und mit der Reaktion mit Ni-Äthylendiamin.

Schließlich weist man Sulfit mit Malachitgrün nach; wenn Thiosulfat auch vorhanden war, wird das Sulfit erst auf Papier fixiert, indem man dieses in $SrCl_2$ taucht und dann einen Tropfen der sulfithaltigen Lösung daraufgibt. Es bildet dann unlösliches $SrSO_3$, das nicht wegdiffundiert.

II. Oxalate

Zu einem anderen Teil des neutralisierten Sodaextraktes fügt man etwas Na-Acetat zu, um sicher zu sein, daß keine freie Salpetersäure vorhanden ist, dann ein Viertel Volumen 4 *n* Essigsäure und schließlich eine $CaCl_2$-Lösung. Ein Niederschlag deutet auf Oxalat [und/oder Fluorid und Hexacyanoferrat(II)]. Wenn Hexacyanoferrat(II) vorhanden war, wird die Lösung vorher mit H_2O_2 oxydiert. War Fluorid vorhanden, fällt man es mit dem Oxalat zusammen als Ca-Salz und weist die Anwesenheit von Oxalat in dem gemischten Niederschlag dadurch nach, daß es nach Lösen in verdünnter Schwefelsäure $KMnO_4$ entfärbt. Bei zweifelhaftem Ergebnis kann man entweder CaC_2O_4 mikroskopisch erkennen oder es durch Reduktion zu Glycolsäure und Versetzen mit 2,7-Dihydroxynaphthalen identifizieren.

III. Chloride, Bromide und Jodide

Sie werden durch ihre Silbersalze gekennzeichnet, die in verdünnter Salpetersäure unlöslich sind. Sie werden also mit HNO_3 und $AgNO_3$ gefällt. Damit werden jedoch auch Rhodanide, Cyanide, Hexacyanoferrate(II und III) und Sulfide gefällt; außerdem auch Jodate und vor allem Bromate, weil deren Ag-Salze nur sehr mäßig in HNO_3 löslich sind, vor allem das des Bromats. Auf die beiden letzteren, deren Anwesenheit in einigermaßen großen Mengen aus den Vorproben dieses Kapitels sub A I bekannt sein muß, wird vorher mit Mangan(II)sulfat und H_2SO_4 1 : 1 (Bromat) und durch Reduktion mit verdünnter Schwefelsäure und KCNS (Jodat, Reduktion zu Jod) untersucht. Wir kommen später darauf zurück, wie man verfahren muß, wenn eines der beiden vorhanden ist.

Die durch Sulfide, Cyanide und Hexacyanoferrate(II und III) verursachte Komplikation wird nach einer von TING PING CHAO (siehe S. 260) vorgeschlagenen Arbeitsweise umgangen, indem man diese vier

Salze — aber nur wenn bereits festgestellt ist, daß sie vorhanden sind! — in neutraler Lösung mit reinem, vor allem chloridfreiem $Ni(NO_3)_2$ fällt, und zwar mit so viel, daß kein weiterer Niederschlag mehr entsteht. Die Salze der Halogenoxysäuren werden hierbei nicht gefällt. Man kocht kurz auf, kühlt wieder ab, zentrifugiert den Niederschlag ab und wirft ihn weg. Wenn Sulfid vorhanden war, wird NiS teilweise kolloidal in Lösung bleiben. Es wird nach dem ersten Abzentrifugieren durch Erwärmen mit Essigsäure ausgeflockt und dann abgeschieden.

Zu der dann klaren Lösung fügt man etwas verdünnte Salpetersäure hinzu und achtet auf die eventuelle Entwicklung freier Halogene, besonders auf Brom und Jod, die wieder ein Hinweis für die Anwesenheit von Bromat neben Bromid oder von Bromat, Jodat oder Perjodat neben Jodid sein können. Sie werden auf die bekannte Weise identifiziert: Jod mit Stärke, Brom mit Fluoresceinnatrium, und danach ausgekocht. Wenn mit Essigsäure angesäuert wurde, um NiS auszuflocken, achte man dabei auf Halogenbildung.

Erst dann fügt man $AgNO_3$ hinzu. Dann können AgCl, AgBr, AgJ und AgCNS ausfallen. Man überzeugt sich davon, daß genug $AgNO_3$ hinzugefügt worden ist, schüttelt kräftig, um das Ausflocken zu fördern, zentrifugiert den Niederschlag ab und wäscht ihn mit sehr verdünnter Salpetersäure aus.

Wenn oben Bromat oder Jodat gefunden worden ist, beugt man der Fällung von $AgBrO_3$ und $AgJO_3$ durch Arbeiten in stärkerer Salpetersäure, ungefähr 1 Volumen HNO_3 (1,4) auf 1 Volumen der Lösung, und außerdem durch Erwärmen vor.

Wenn Rhodanide vorhanden waren, was jetzt bekannt sein soll, wird der Niederschlag der Silbersalze eine Stunde lang auf dem Wasserbad mit H_2SO_4 1 : 1 versetzt, AgCNS wird dann völlig verseift. Der Rückstand wird abzentrifugiert.

Der rhodanidfreie Niederschlag von AgCl, AgBr und AgJ wird dann in zwei Portionen geteilt:

a) Ein Teil wird zum Nachweis von Br^- und J^- durch Aufschließen mit Zinkgrieß und 2 *n* H_2SO_4 gebraucht. Alle drei Halogenide werden dadurch zu Silber reduziert und die Halogenionen gelangen in Lösung. Man zentrifugiert wieder ab, dampft die Flüssigkeit, falls nötig, etwas ein und untersucht dann mit $NaNO_2$ und Stärke oder Chloroform auf Jodid. Das abgetrennte Jod wird ausgekocht. Dann fügt man festes PbO_2 zu — nachdem man die Hauptmasse der Säure mit NaOH abgestumpft hat —, erwärmt und prüft mit Fluoresceinnatrium auf Brom.

b) Der andere Teil wird gebraucht, um auf Chlorid zu prüfen. Man behandelt den Niederschlag der Silberhalogenide zu diesem Zweck mit einer ungefähr 5%igen Lösung von Na_3AsO_3 eine Viertelstunde lang auf dem Wasserbad. Dadurch wird — von den drei Halogeniden — nur das Chlorid zu metallischem Silber reduziert. Man zentrifugiert ab und versetzt die klare Flüssigkeit mit HNO_3 und $AgNO_3$. Ein weißer Niederschlag weist auf Chlorid. Er kann nach Umkristallisieren aus 4 *n* NH_4OH mikroskopisch identifiziert werden.

Man bedenke jedoch dabei, daß die Schlußfolgerung auf Anwesenheit von Chlorid im ursprünglichen Stoff nur dann gerechtfertigt ist, wenn Na_2CO_3 und HNO_3 und $Ni(NO_3)_2$ und Na_3AsO_3 völlig chloridfrei waren, was nur selten der Fall ist. Man muß sich auf alle Fälle davon überzeugen und, falls nötig, versuchen, eine Bestätigung der Anwesenheit von Chlorid in dem zu untersuchenden Stoff durch Destillation als Chromylchlorid mit Kaliumdichromat und konzentrierter Schwefelsäure zu erhalten.

IV. Halogenoxysäuren

Jetzt müssen in dem neutralisierten Sodaextrakt noch die Ionen ClO_3^-, ClO_4^-, BrO_3^-, JO_3^- und JO_4^- nachgewiesen werden.

Man denke vor allem daran, daß das Suchen nach den drei letzteren überflüssig ist, wenn bei der Untersuchung, wie in diesem Kapitel sub AI beschrieben, mit HJ keine Jodbildung erhalten wurde. Zeigte der ursprüngliche Stoff außerdem ohne Soda auf der Kohle erhitzt keine Verpuffungserscheinungen, sind sie alle nicht vorhanden. Mit dem Vorhandensein von J^- und Br^- ist das Vorkommen von BrO_3^-, JO_3^- und JO_4^- in saurer Lösung unvereinbar.

Wir werden die Möglichkeit, daß alle vorhanden sind, nicht erläutern. Das würde ein sehr ausführliches besonderes Studium erfordern. Wir werden uns daher mit einer mehr summarischen Untersuchungsweise für einfache Kombinationen und ohne Anwesenheit störender Fremdionen zufrieden geben.

Von den fünf genannten Ionen werden vier, und zwar ClO_3^-, BrO_3^-, JO_3^- und JO_4^-, in verdünnter salpetersaurer Lösung sowohl durch Zinkgrieß als auch durch HNO_2 reduziert; ClO_4^- nicht. Letzteres kann am einfachsten mit Titan(III)sulfat reduziert werden, das hergestellt wird, indem man eine 1- bis 2%ige $Ti(SO_4)_2$-Lösung in verdünnter Schwefelsäure mit Zinkgrieß zu tiefvioletter Farbe reduziert und dann abfiltriert. Kocht man eine $HClO_4$-Lösung kurz hiermit auf, reagiert sie mit $AgNO_3$ leicht auf Cl^--Ionen.

Man prüft nun erst auf Br- und J-Verbindungen, indem man beobachtet, ob Br^-, J^-, Br_2 oder J_2 durch Reduktion mit Zinkgrieß in verdünnter Salpetersäure auftreten oder — soweit es J-Verbindungen betrifft — durch Reduktion mit KCNS in verdünnter Salpetersäure.

Sind beide nicht vorhanden, untersucht man auf ClO_3^- in dem festen Stoff durch Versetzen mit konzentrierter Schwefelsäure und durch Reduktion mit HNO_2 und Nachweis als AgCl. Danach prüft man auf ClO_4^-, indem man jetzt mit $Ti_2(SO_4)_3$ reduziert. Tritt dabei *erneut* Bildung von Cl^- auf, weist es auf ClO_4^-, das außerdem durch die Reaktion mit Methylenblau identifiziert werden kann.

Waren Br- oder J-Verbindungen vorhanden, prüft man auf die Anwesenheit von BrO_3^- und/oder JO_4^- entweder mit dem Reagens von

Schiff oder mit $MnSO_4$ in 1 *n* H_2SO_4. Letzteres wird dann nur durch BrO_3^- zu dem hellroten Mangan(III)sulfat oxydiert. JO_4^- oxydiert zu MnO_4^- in starker Schwefelsäure, besser in H_3PO_4 1 : 1; ClO_3^- gibt nur in H_3PO_4 1 : 1 Oxydation zu dem hellroten Mangan(III)phosphatkomplex, ClO_4^- zeigt diese Reaktion nicht. So ist also auch JO_3^- von JO_4^- zu unterscheiden. Außerdem kann das mit einer Lösung von $Hg_2(NO_3)_2$ geschehen, die mit JO_3^- einen weißen oder hellgelben, mit JO_4^- aber einen braunen Niederschlag bildet. Schließlich wird BrO_3^- von JO_4^- durch Reduktion mit Zinkgrieß in verdünnter Salpetersäure unterschieden, wobei das erstere Br^-, das letztere J^- bildet, die nach Abfiltrieren wieder zu Br_2 und J_2 oxydiert und so nachgewiesen werden können.

VIII. Analyse des in Königswasser unlöslichen Restes

Dieser Teil der qualitativen Analyse ist einer der schwierigsten des ganzen Gebietes. Man hat ihn zwar schematisiert unter der Voraussetzung, daß nur eine sehr beschränkte Zahl von Stoffen in Königswasser unlöslich sei, und dann Untersuchungsmethoden vorgeschlagen, die überhaupt keine Schwierigkeiten bieten; in Wirklichkeit ist jedoch die Zahl dieser Stoffe viel größer. Von zahlreichen Stoffen stellt sich nämlich heraus, daß sie, vor allem wenn sie bei hoher Temperatur hergestellt oder geglüht worden sind, auch zu dieser Klasse von Verbindungen gerechnet werden können. Die *Lösungsgeschwindigkeit*, nicht die tatsächliche *Löslichkeit*, wird dann meistens sehr gering; mit ausreichender Geduld sind sie zwar in Lösung zu bringen, nicht selten dauert das aber Wochen. Man kann dieses Verhalten bei kompakten Oxyden antreffen, und zwar auch bei anderen als den „offiziell“ als unlöslich anerkannten, z. B. bei NiO und CoO, Uranoxyden und Manganoxyden, weiter bei Metallen, wie Mo und W und bei verschiedenen Fe-Cr-Legierungen und analogen rostfreien und deshalb sehr resistenten Metallen. Ein äußerst feines Verteilen führt hier manchmal, aber nicht immer zum Ziel. Dasselbe gilt für verschiedene mineralische Produkte, sowohl sauerstoffhältige Verbindungen als auch sulfidische Erze, und schließlich auch für manche Nitride und Carbide, die heutzutage nicht nur von zunehmender industrieller Bedeutung sind, sondern auch bei der präparativen Arbeit bei hoher Temperatur nicht selten durch Reaktionen von Luftstickstoff oder Kohlenwasserstoffen aus dem Leuchtgas entstehen. Wenn sich derartige Produkte dann noch — wie es häufig der Fall ist — *in* einer Glaswand oder in einer Porzellanglasur absetzen, können sie von den chemischen Reagenzien fast nicht angegriffen werden.

Wie üblich, werden wir uns auch nicht mit allen diesen Fällen beschäftigen, sondern annehmen, daß der in Königswasser unlösliche Rest gebildet werden kann durch:

SiO_2 und sehr viele natürliche *Silikate;*

Al_2O_3, Cr_2O_3, Fe_2O_3 und Fe_3O_4, entweder als Mineral oder hoch geglüht, und verschiedene rein oxydische Minerale, wie z. B. $FeCr_2O_4$ und geschmolzenes $PbCrO_4$;

SnO_2 entweder als Metazinnsäure oder als mineralisches SnO_2; manchmal auch Sb_2O_5 als Meta-Antimonsäure;

$SrSO_4$, $BaSO_4$ und $PbSO_4$, das letztere wieder nur als Mineral oder hochgeglüht;

CaF_2, außer wenn frisch aus einer Lösung gefällt;

AgCl, *AgBr* und *AgJ*; in geringerem Maß auch *AgCN*;

Einige *komplexe Cyanide*, vor allem $KFeFe(CN)_6$, wenigstens wenn gealtert;

S, *C*, *Si* und *SiC*; ersterer nur, wenn er nicht fein verteilt ist.

In bezug auf freien *Schwefel* und *Kohlenstoff* können wir uns kurz fassen. Ersterer läßt sich in einer Proberöhre direkt bei Erwärmung erkennen, weil er destilliert. Er ist auf diese Weise — übrigens auch durch Ausziehen mit CS_2 — leicht zu entfernen. Auch Kohlenstoff erkennt man in der Regel an der Farbe, die nur mit Fe_3O_4 verwechselt werden könnte. Chromit und andere Minerale können zwar bei auffallendem Licht mehr oder weniger schwarz aussehen, nicht aber bei durchfallendem Licht unter dem Mikroskop. Glüht man den Stoff leicht, verschwindet der Kohlenstoff; Fe_3O_4 bleibt schwarz oder wird braun. Will man Kohlenstoff wirklich identifizieren, muß der Stoff in einem Schiffchen in einer Quarzröhre in einem Sauerstoffstrom erhitzt werden und CO_2 durch Gewichtszunahme von Natronasbest nachgewiesen werden, nachdem SO_2 mit PbO_2 bei 200° oder mit einer konzentrierten Lösung von Chromsäure zurückgehalten wurde.

I. Man wird sich viel mehr als bei der systematischen Kationen- und Anionenuntersuchung durch das führen lassen, was bereits aus der Vorprüfung oder aus anderen Gründen von dem zu untersuchenden Stoff bekannt ist.

Ist er ein mineralisches Naturprodukt, besteht große Wahrscheinlichkeit, daß er entweder ein Silikat oder ein sulfidisches Erz ist. Man wird also — sofern das nicht bereits geschehen ist — auf Kieselsäure prüfen über SiF_4 und auf Sulfidschwefel unter dem Mikroskop mit NaN_3 und Jod. Findet man SiO_2, wird der Stoff aufgeschlossen, indem man ihn in einem Nickeltiegel 10 Minuten lang bei etwa 400° mit geschmolzenem Natriumhydroxyd erhitzt, dann in Wasser aufnimmt und zweimal mit konzentrierter Salzsäure zur Trockne eindampft, das letztemal bei einer Temperatur von etwa 120°. Das erhaltene Produkt wird mit verdünnter Salzsäure extrahiert und darin die vollständige Kationenuntersuchung ausgeführt. Auf Natrium wird dann geprüft, indem man eine neue Probe des Stoffes mit HF und H_2SO_4 aufschließt (eine halbe Stunde auf dem Wasserbad in einem Platin- oder Goldtiegel), dann H_2SO_4 abraucht, bis die Nebel fast verschwunden sind, den letzten Rest H_2SO_4 mit K_2CO_3 neutralisiert und schließlich mit Zn-UO_2-Acetat versetzt. Da wenig K neben viel Na schwierig nachzuweisen ist, wird man Kalium auch meist auf analoge Weise nachweisen müssen. Man neutralisiert dann den beinahe völlig abgerauchten Rückstand mit Na_2CO_3 und untersucht mit $Na_3Co(NO_2)_6$ auf K.

Werden sulfidische Erze gefunden, schmilzt man etwas davon mit wenig Na_2O_2 auf einer Porzellanscherbe (vorsichtig!), nimmt in verdünnter Salzsäure auf und führt dann auch die vollständige Kationenuntersuchung aus, allerdings ohne die der Alkalien.

Weiß man z. B. aus den Flammenreaktionen, daß vermutlich Sulfate von Ba oder Sr vorhanden sind, oder aus der Flammenreaktion und der

Reaktion auf Fluor, daß man es höchstwahrscheinlich mit CaF_2 zu tun hat, wird man durch Schmelzen mit Soda auf einem Platindeckel aufschließen. Nach dem Ausziehen mit Wasser kann man in der Lösung nochmals auf Sulfat bzw. Fluorid prüfen und in dem gut ausgewaschenen Rückstand auf Sr, Ba, Pb oder Ca.

Weist die Farbe auf Cr_2O_3 oder ist der Stoff ein dunkelfarbiges feuerfestes Material, bei dem also mit der Möglichkeit, Chromit zu finden, gerechnet werden muß, liegt wieder das Aufschmelzen mit Na_2O_2 oder mit NaOH und $NaNO_3$ auf der Hand. Es bildet sich dann Chromat, das in Wasser löslich ist.

Hat man bei den Vorproben auf der Kohle, am besten mit K-Oxalat, ein Sn-Körnchen gefunden, weist das jetzt auf SnO_2, das durch Schmelzen mit Na_2CO_3 und S oder NaOH und S in lösliche Produkte übergeführt wird. Das mineralische SnO_2 kann kaum auf irgendeine andere Weise einigermaßen vollständig aufgeschlossen werden. Kann man sich mit ziemlich unvollständigem Aufschließen zufrieden geben, kann Erwärmen mit einer konzentrierten Lösung von NaOH und Na_2S in Betracht kommen.

Hat man ein Silberkörnchen — auch mit K-Oxalat — gefunden, sind vermutlich Silberhalogenide vorhanden, die mit Zinkgrieß und verdünnter Schwefelsäure oder durch Schmelzen mit einem kleinen Stück Natrium aufgeschlossen werden. Nach dem Aufnehmen in Wasser und Abzentrifugieren wird der Rückstand als Silber identifiziert, nachdem gut ausgewaschen worden ist; in der Lösung wird auf Cl^-, Br^- und J^- untersucht.

Läßt die Farbe Fe_2O_3 oder Fe_3O_4 vermuten oder weiß man, daß der Stoff ein hochfeuerfestes Produkt ist, wie Al_2O_3 oder Aluminiumsilikate des Typs Sillimanit, Andalusit, Cyanit, Disthen oder Mullit, ist die geeignetste Aufschlußmethode die durch Schmelzen mit $KHSO_4$ auf einem Platindeckel, bis keine SO_3-Nebel mehr entweichen. Die Metalle werden dann teilweise in Sulfate umgesetzt. Ergibt das — wie es bei sehr refraktären Produkten der Fall sein kann — noch kein ausreichendes Resultat, schließt man nacheinander mit Na_2CO_3 und mit $KHSO_4$ auf oder umgekehrt.

Weiß man schließlich, daß komplexe Cyanide bestimmt oder vermutlich vorhanden sind, liegt Aufschließen mit warmer konzentrierter Schwefelsäure auf der Hand. Zum Aufschluß natürlicher, nicht geglühter Tonsorten greift man zu demselben Hilfsmittel.

II. Die *am meisten umfassende* Aufschlußmethode, die wir daher auch für den Fall empfehlen, daß man sehr unzureichend über die Art des unlöslichen Restes orientiert ist und Gemische verschiedener Stoffe zu befürchten sind, ist die Methode durch *Schmelzen mit einer fünffachen Menge KOH auf einem Nickeldeckel.* Mit Rücksicht auf eventuell vorhandenes Sb_2O_5 ist NaOH vorzuziehen. Man hält das Präparat etwa 5 Minuten geschmolzen oder jedenfalls warm, um ganz sicher zu sein, daß ausreichend Carbonat in der Schmelze gebildet wird.

Der Aufschluß zahlreicher Produkte (z. B. Al_2O_3 als Korund, sehr refraktäre Aluminiumsilikate, SnO_2) ist durch diese Behandlung zwar keineswegs vollständig, *immer* aber doch so, daß die Bestandteile des unlöslichen Stoffes in der Schmelze mit den empfindlichen Reaktionen, die uns jetzt zur Verfügung stehen, nachgewiesen werden können.

Die Schmelze wird nach völligem Abkühlen mit recht viel *kaltem* Wasser ausgezogen (kalt wegen Ti, Nb und Ta) und dann in der Zentrifuge in eine Lösung **(A)** und einen Rückstand **(B)** getrennt; danach wäscht man den Rückstand gründlich, mindestens dreimal, in der Zentrifuge aus. Die Lösung und der ausgewaschene Rückstand werden einzeln untersucht.

A. *In der Lösung* können neben viel KOH und K_2CO_3 vorhanden sein:

Silikat, aus Silikaten, oder aus Si oder SiC, die beide unter Entwicklung von H_2 in KOH gelöst wurden;

Aluminat, aus Al_2O_3 oder aus vielen Silikaten;

Chromat, aus Cr_2O_3, $FeCr_2O_4$ oder $PbCrO_4$;

Stannat, aus SnO_2;

Antimonat, aus Sb_2O_5;

Sulfat, aus Sr-, Ba- oder $PbSO_4$;

Fluorid, aus CaF_2 oder F-haltigen Silikaten;

Chlorid, aus AgCl;

Bromid, aus AgBr;

Jodid, aus AgJ;

Cyanid, aus komplexen Cyanverbindungen.

Die Lösung wird in drei Teile *a*, *b* und *c* geteilt:

a) In einem Teil wird auf CN^-, Cl^-, Br^-, J^- und SO_4^{2-} geprüft, indem man die Lösung schwach mit HNO_3 ansäuert und von einem eventuellen Niederschlag von $SiO_2 \cdot aq.$ abzentrifugiert. In der klaren Lösung untersucht man auf:

CN^- durch leichtes Erwärmen und Auffangen auf Cu-Acetat und Benzidin;

Cl^- durch Zufügen von $AgNO_3$; den weißen Niederschlag aus NH_4OH umkristallisieren und unter dem Mikroskop identifizieren;

J^- mit $NaNO_2$ und Stärke oder Chloroform;

Br^- nach Entfernung eventuell vorhandenen Jods durch Erwärmen mit PbO_2 und Prüfen mit Fluoresceinpapier;

SO_4^{2-} durch Zufügen von $BaCl_2$, am besten nach Färbung mit $KMnO_4$, da Fluorosilikat vorhanden sein kann.

b) In einem anderen Teil wird auf SiO_2 und auf F^- über SiF_4 geprüft. Es spart Zeit, wenn man das Silikat und das Fluorid mit so viel $CaCl_2$ fällt, daß alles Carbonat aus der Lösung mitfällt, dann abzentrifugiert und den Niederschlag nach Trocknen für die beiden SiF_4-Prüfungen gebraucht.

c) Hat man unter *b*) Fluoride gefunden, wird der dritte Teil der Flüssigkeit mit H_2SO_4 eingedampft, bis reichlich SO_3-Nebel entweichen, um alles HF zu vertreiben; dann wird in Wasser aufgenommen. Darin müssen dann *Sn*, *Sb*, *Al* und *Cr* nachgewiesen werden. Nach Wunsch kann das mit der normalen Kationenuntersuchung geschehen. Man kann aber schneller direkt prüfen, und zwar auf:

Sn^{2+}, nach Reduktion mit Al, mit Kakothelin;

Sb^{5+}, nach Oxydation mit $NaNO_2$, mit Rhodamin-B;

Al^{3+}, mit Alizarin-S;

$Cr_2O_7^{2-}$, nach Oxydation mit KOH und Br_2, mit H_2SO_4, Phenol und Diphenylcarbazid.

B. In dem Rückstand können neben vielleicht viel unzersetzter Substanz vorhanden sein:

SiO_2 und *Silikate;*

Al_2O_3 und *Cr_2O_3* und *SnO_2*, die bereits alle in der Lösung nachgewiesen worden sind;

Fe_2O_3, jetzt wenigstens teilweise in HCl löslich geworden (durch Zersetzung von Ferriten);

$PbCO_3$ oder *$Pb(OH)_2$* aus $PbSO_4$ oder $PbCrO_4$;

$BaCO_3$, *$SrCO_3$* oder *$CaCO_3$* oder deren *Silikate*, aber dann auch in HCl löslich, aus $BaSO_4$ und $SrSO_4$ und aus CaF_2;

Ag aus den Silberhalogeniden und

Fe_3C aus komplexen Fe-haltigen Cyaniden.

Man fängt damit an, eine kleine Probe des Rückstandes mit warmer Salpetersäure auszuziehen und in der erhaltenen Lösung auf Ag zu prüfen. Der Rest wird mit starker Salzsäure zweimal zur Trockne eingedampft, das zweitemal bis 120°, um die Kieselsäure vollständig abzutrennen, und dann in verdünnter Salzsäure aufgenommen. Die Kationen von Pb, Fe, Ba, Sr und Ca, auf die noch untersucht werden muß, gelangen in Lösung ebenso wie die von Sn, Al und Cr, die bereits sub A gefunden worden sind. Die Untersuchung kann nach Wunsch auf die normale Weise der Kationenuntersuchung stattfinden. Es ist einfacher, mit $(NH_4)_2S$ auf Pb zu prüfen (Schwarzfärbung) und mit KCNS auf Fe (Rotfärbung), dann Pb, Fe, Sn, Al und Cr mit carbonatfreiem NH_4OH abzutrennen und in der zurückbleibenden Lösung auf eine der normalen Weisen auf Ba, Sr und Ca zu untersuchen.

III. Bei der Untersuchung von natürlichen, vor allem mineralischen Produkten ist es äußerst wahrscheinlich, daß ein in Säuren unlöslicher Rückstand aus SiO_2 oder Silikaten besteht, dann aber häufig — häufiger, als man meistens annimmt — mit TiO_2, ZrO_2, Nb_2O_5 oder Ta_2O_5 verunreinigt ist. In dem Fall wird nicht selten ein Aufschluß mit HF, entweder allein oder mit H_2SO_4 gemischt, dem mit KOH vorzuziehen sein. Der Aufschluß wird in einem kleinen Platin- oder Goldtiegel ausgeführt, und zwar fügt man erst sehr vorsichtig konzentrierte Flußsäure zu und rührt den sehr fein gemahlenen Stoff mit einem Platindraht darin auf. Erst dann fügt man etwas H_2SO_4 1 : 1 zu. Man erwärmt nun leicht auf einem Luftbad, und zwar so, daß die Hauptmenge der Flüssigkeit in ungefähr einer halben Stunde verdampft ist. Dann dampft man H_2SO_4 ab, bis dichte Nebel davon entweichen. Erst dann kann man sicher sein, daß alle Flußsäure ausgetrieben ist.

Das Arbeiten mit HF allein hat den Vorteil, daß man die Lanthanide als in Wasser unlösliche Fluoride zurückhält, es hat jedoch den Nachteil, daß die Fluoride in der Lösung die normale Analyse erschweren. Gewöhnlich arbeitet man daher auch mit H_2SO_4.

SiO_2 wird auf diese Weise völlig ausgetrieben; man konzentriert also in hohem Maße die Verunreinigungen wie Ti, Zr, Nb und Ta, die jetzt zu den übrigen Metallen des Silikates gelangen. Auf das weitaus wichtigste Element davon, auf Ti, kann ohne weitere Vorbereitungen direkt geprüft werden, nämlich mit H_2O_2, wobei man sich hinterher durch Zufügen von festem NaF (Entfärbung) davon überzeugt, daß keine Verwechslung mit Vanadin stattgefunden hat.

IV. Da in vielen Fällen aus der Herkunft des zu untersuchenden Materials bereits einige Hinweise in bezug auf die Art eines in HCl schwer löslichen Restes abgeleitet werden können, wird man in der Praxis oft mit einer *gerichteten Analyse* und Identifizierung auskommen können. FEIGL[195] hat einige Vorschläge hierfür gemacht:

1. *Unlösliche Sulfide:* viele natürliche Sulfide, wie Pyrit, Molybdänglanz usw.

Eine Spur davon in eine Lösung von Natriumazid und Jod geben: Stickstoffentwicklung (vor allem unter dem Mikroskop leicht zu beobachten!).

2. *Unlösliche Sulfate:* $PbSO_4$, $CaSO_4$, $SrSO_4$, $BaSO_4$.

Wenn nicht gleichzeitig Sulfid oder Schwefel vorhanden ist: Ein Körnchen in einem Glühröhrchen mit einem kleinen Stück mit Äther gereinigtem Natrium kurz rotglühend erhitzen, wobei die Erwärmung vom offenen Ende der Röhre ausgehen muß, und danach den Boden der Röhre in einen Tiegel abspringen lassen, in dem sich 5 Tropfen Wasser befinden. In der so erhaltenen Lösung Sulfid mit einer Jod-Azid-Lösung nach Überführen in CdS nachweisen.

Obengenannte Sulfate lassen sich wie folgt unterscheiden:

$PbSO_4$: etwa 1 mg des Stoffes in einem Porzellantiegel mit einer warmen Lösung von Ammoniumacetat und Essigsäure zusammenreiben, dann einen Streifen Filtrierpapier etwa 10 Minuten die Lösung aufsaugen lassen und danach mit H_2S-Wasser prüfen.

Unlösliche Erdalkalisulfate: einige Körnchen in einer Platinöse mit der drei- bis vierfachen Menge $NaKCO_3$ schmelzen, die Schmelze in einem kleinen Porzellantiegel in einigen Tropfen Wasser aufnehmen, zentrifugieren, die klare Lösung mit einem kleinen Tropfen 2 *n* HCl ansäuern und in dieser Lösung die Kationen nachweisen.

3. *Silberhalogenide:* AgCl, AgBr, AgJ und weiter: AgCN und AgCNS. Bei Versetzen mit einer Lösung von $K_2Ni(CN)_4$ wird sich die folgende Reaktion vollziehen:

$$2\,AgX + K_2Ni(CN)_4 \rightarrow 2\,KX + 2\,AgCN + Ni(CN)_2.$$

Das gebildete $Ni(CN)_2$ reagiert mit Dimethylglyoxim, vor allem in ammoniakalischem Milieu, $K_2Ni(CN)_4$ dagegen nicht. Wenn zu einer kleinen Menge der obengenannten Salze auf der Tüpfelplatte ein Tropfen

Reagens, aus einer Lösung von $K_2Ni(CN)_4$ + Dimethylglyoxim + NH_4OH bestehend, zugefügt wird, wird ein roter Niederschlag von Ni-Dimethylglyoxim entstehen. AgJ reagiert am langsamsten; man muß hierbei eine halbe Minute warten. Auf diese Weise kann man noch 0,1 μg Ag nachweisen. Die Reaktion ist allerdings keineswegs spezifisch für Ag^+; selbstverständlich werden andere Kationen, die mit Cyanid feste Komplexe bilden können, wie Hg^{2+}, Zn^{2+} und Cd^{2+}, und weiter organische Verbindungen wie Aldehyde, die leicht Cyanid binden können, auf dieselbe Weise reagieren.

Zur Unterscheidung obengenannter Silbersalze diene weiter, daß bei Erhitzung in einer Proberöhre AgCl oder AgBr ohne Zersetzung schmelzen, während AgCN oder AgCNS metallisches Silber zurücklassen, das nach Lösen in HNO_3 nachgewiesen werden kann. Auf AgJ kann man wie folgt prüfen: Einige mg auf einem Stück Filtrierpapier ausstreichen, mit Wasser anfeuchten, 1 bis 2 Minuten über kochendes Wasser halten und danach einen Tropfen einer 1%igen $PdCl_2$-Lösung zufügen. Bei weiterem Dampfen wird die Oberfläche von AgJ durch PdJ_2 braunschwarz gefärbt.

4. *Fe_2O_3*. Auch wenn es geglühtes Fe_2O_3 betrifft, ist kein Aufschließen nötig. Etwas Substanz, in einem Mikrotiegel mit einer schwefelsauren Lösung von KCNS oder NH_4CNS erwärmt, gibt Rotfärbung. Sogar die Verunreinigung von Al_2O_3 durch Fe_2O_3 kann auf diese Weise nachgewiesen werden.

5. *Al_2O_3*. Geglühtes Al_2O_3 in einem Platintiegelchen mit $KHSO_4$ zu $Al_2(SO_4)_3$ aufschließen. Danach in der wäßrigen Lösung mit NaOH das Aluminat isolieren und nach Ansäuern mit Essigsäure mit Morin oder Alizarin-S Aluminium nachweisen.

6. *Cr_2O_3 oder wasserfreies $CrCl_3$*. Etwas Substanz an einem Platindraht mit einem Gemisch von Na_2CO_3 und Na_2O_2 1 : 1 schmelzen, die Schmelze in H_2SO_4 lösen und in der schwefelsauren Lösung Chrom mit Diphenylcarbazid nachweisen. Sogar in dem natürlichen Chromit, $FeCr_2O_4$, kann Chrom auf diese Weise nachgewiesen werden.

Quecksilbersalze und Molybdate zeigen in saurer Lösung eine analoge Reaktion! Ist in dem zu untersuchenden Stoff auch Hg zu erwarten, die Probe vor dem Aufschluß eine Zeitlang glühen oder sonst die Schmelze nicht in H_2SO_4, sondern in HCl lösen, wodurch die nicht mehr reagierenden $HgCl_3^-$-Ionen entstehen. Die Reaktion, die Molybdän geben kann, wird durch Zufügen einiger Tropfen einer gesättigten Oxalsäurelösung maskiert.

7. *MnO_2 und PbO_2*. Pyrolusit, MnO_2, ist sogar gegen heiße konzentrierte Säuren beständig; PbO_2 gegen mäßig verdünnte Salzsäure und Salpetersäure. Beide Oxyde sind allerdings bereits bei Zimmertemperatur in 2 *n* HNO_3 + 1 Tropfen 3%igem H_2O_2 löslich. Etwas von dem schwarzen MnO_2 oder PbO_2 wird also hierdurch entfärbt!

PbO_2 und MnO_2 geben bei Erwärmung mit einer $Cr_2(SO_4)_3$-Lösung in konzentrierter Schwefelsäure Bildung von Dichromat, das sich mit Diphenylcarbazid nachweisen läßt. Man überzeuge sich mit einer Blindprobe davon, daß die $Cr_2(SO_4)_3$-Lösung die Reaktion mit Diphenylcarbazid nicht zeigt.

8. *WO_3*. WO_3 färbt sich bei Ansäuern mit einer stark salzsauren $SnCl_2$-Lösung intensiv blau. Will man WO_3 in Mineralien nachweisen, zuerst mit Na_2O_2 aufschließen und das Reagens zu der Schmelze hinzufügen!

9. *Metallisches W und Mo.* Zum Beispiel bei Drähten von Glühbirnen oder Spezialstahlsorten gelingt die Umwandlung in Alkaliwolframat bzw. -molybdat, wenn man das Material in geschmolzenes KNO_2 in einem Porzellantiegel gibt. Metallisches W und Mo sind darin innerhalb einiger Minuten löslich, während andere Metalle als Oxyde zurückbleiben. Die Schmelze mit Wasser ausziehen und in der Lösung auf Wolframat und Molybdat prüfen.

10. *SiO_2 (Silikate) und Si (bzw. Silizide).* SiO_2 und Silikate in einer Platinöse mit $NaKCO_3$ aufschließen. Die Schmelze in einem *Platintiegel* in eine warme, salpetersaure Ammoniummolybdatlösung geben: gelbe Lösung von Siliciummolybdänsäure (ein gelber *Niederschlag* in einer *farblosen* Lösung weist auf Phosphate). Mit einem Tropfen Benzidinlösung Siliciummolybdänsäure nachweisen: Blaufärbung.

Zum Überführen von Si und Siliziden in Silikat mit einem Gemisch von Na_2CO_3 und Na_2O_2 1 : 1 auf einem Ag- oder Ni-Deckel schmelzen. Die abgekühlte Schmelze in einer Platinöse in HNO_3 geben und danach die Siliciummolybdatreaktion ausführen.

11. *Sb_2O_5*. Geglühtes Sb_2O_5 kann mit einem Tropfen einer mineralsauren, stärkehaltigen KJ-Lösung nachgewiesen werden: Reduktion von Sb^{5+} zu Sb^{3+} und Bildung freien Jods, an der Blaufärbung des Tropfens erkenntlich.

Bei Anwesenheit von MnO_2 oder PbO_2 kann diese Reaktion nicht angewendet werden!

12. *Unlösliche Fluoride: CaF_2 und ThF_4*. Sie können nachgewiesen werden, indem man ein Körnchen in einem Mikrotiegel mit 1 bis 2 Tropfen des Reagens nach DE BOER (siehe S. 108) leicht erwärmt: Gelbfärbung.

Man kann den Stoff auch mit SiO_2 und konzentrierter Schwefelsäure reagieren lassen, wodurch SiF_4 gebildet wird, das nach Auffangen in Wasser mit der Siliciummolybdänreaktion nachgewiesen werden kann.

13. *Metazinnsäure und Zinn(IV)phosphat.* Einige mg des Stoffes mit KCN schmelzen, das entstandene Sn in HCl zu $SnCl_2$ lösen und einen Tropfen davon auf ein Stück Papier geben, das mit Kakothelin imprägniert ist: Rotviolettfärbung. Sehr kleine Mengen lassen sich noch mit der Reaktion nach SCHMATOLLA und MEISSNER (siehe S. 54) nachweisen.

V. Die Aufschlußmethode von VORTMANN[196]-BÄHR[197] ist besonders auf die Untersuchung der in Königswasser unlöslichen Stoffe gerichtet, und zwar durch Schmelzen mit $(NH_4)_2HPO_4$. Die Methode ist zum Auffinden der Anionen solcher Verbindungen sehr geeignet. Man erwärmt den zu untersuchenden Stoff in einem Proberöhrchen mit ungefähr der dreifachen Menge $(NH_4)_2HPO_4$, und zwar bis das Phosphat gerade schmilzt;

dabei beginnt man über dem Gemisch zu erhitzen und geht dann langsam nach unten weiter. Statt Diammoniumhydrogenphosphat kann zur Not auch $NaNH_4HPO_4$, Phosphorsalz, verwendet werden, das jedoch erst entwässert werden muß.

Enthielt der Stoff Chlorid oder Sulfat, setzt sich dieses bei geeigneter Ausführung des Versuchs als Sublimat von NH_4Cl oder $(NH_4)_2SO_4$ oben in der Röhre ab. Der Nachweis des Anions bietet dann keine Schwierigkeiten mehr.

Enthielt der Stoff ein Sulfid, auch in sehr unlöslicher mineralischer Form, entweicht H_2S, das mit einem Bleiacetatpapier nachgewiesen wird.

VI. Eine andere Methode zum Aufschluß der in Königswasser unlöslichen Stoffe stammt von CALEY und BURFORD[198]. Sie fanden, daß SnO_2, die unlöslichen Sulfate, die Silberhalogenide und Calciumfluorid alle durch Erwärmen mit einer konzentrierten Lösung von HJ angegriffen werden. Im Gegensatz zu der vorigen eignet sich diese Methode mehr zum Auffinden der Kationen. Man gebraucht die käufliche konzentrierte Lösung von HJ (1,7), die durch Zufügen von 1- bis 2%igem H_3PO_2 stabilisiert ist; Braunfärbung durch Jodabscheidung wird dadurch vermieden.

Für die Ausführung erwärmt man die in Frage kommenden Stoffe mit einer kleinen Menge dieser Lösung auf etwa 100° C, kocht aber besser nicht.

SnO_2 bildet dann das orangerote SnJ_4, bereits als solches leicht zu erkennen und auf alle Fälle für weitere Untersuchungen in verdünnter Säure löslich.

Die unlöslichen Sulfate von Ca, Sr, Ba und Pb werden seltsamerweise zu H_2S reduziert. Es entweicht also ein Gemisch von H_2S, HJ und Jod, in dem ersteres wegen Anwesenheit von Jod am besten mit Nitroprussidpapier und nicht mit Bleiacetat nachgewiesen wird. Bei $BaSO_4$ ist der Aufschluß nicht vollständig, aber doch schnell genug, um deutliche qualitative Reaktionen zu erhalten. $PbSO_4$ wird nur bei Erwärmung zu H_2S reduziert. Bei Zimmertemperatur vollzieht sich einfach eine doppelte Umwandlung zu PbJ_2, das mit HJ zu $HPbJ_3$ gelöst wird.

Die Silberhalogenide gehen als H_3AgJ_4 schnell in Lösung; Calciumfluorid weniger vollständig als CaJ_2 und HF.

Die refraktären Oxyde von Al, Fe und Cr und SiO_2 und die Silikate werden durch HJ nicht angegriffen.

VII. In der Praxis kommt häufig der Fall vor, daß man bei der Untersuchung einen unbedeutenden, in Königswasser unlöslichen Rest findet, der offensichtlich Verunreinigungen zuzuschreiben ist. Selbstverständlich kann dann die rein mikroskopische Analyse gute Dienste leisten. Für die dann anzuwendende Arbeitsweise verweisen wir auf Kapitel IX.

IX. Vollständige Kationen- und Anionenanalyse in Mikro-Ausführung

Die in den letzten Kapiteln besprochene Arbeitsweise kann mit Recht als eine Semi-Mikromethode betrachtet werden. Wir zeigen jetzt eine systematische Kationen- und Anionenanalyse im eigentlichen Mikro-Maßstab. Die hiefür benötigte Apparatur ist im Kapitel „Allgemeine Einführung" sub D angeführt worden.

§ 1. Bemerkungen allgemeiner Art

1. Die Kationenuntersuchung wird mit 5 bis 10 mg Stoff ausgeführt. Solange man diese Menge nicht ohne Hilfsmittel schätzen kann, ist es ratsam, ungefähr 20 mg Stoff abzuwiegen, z. B. auf einer Torsionswaage auf einem kleinen Stück Cellonpapier.

Zu allererst beobachtet man das Gemisch sorgfältig mit einer starken Lupe (z. B. Feldstecherlupe, 10fach) und notiert alles, was man beobachtet.

Erst danach wird das Gemisch in einem Mikromörser zerkleinert und homogenisiert. Davon verwendet man die Hälfte. Der Rest wird für eine eventuelle Wiederholung der Untersuchung oder für die Anionenuntersuchung aufbewahrt.

2. Die Vorgänge werden möglichst immer in *Zentrifugenröhren* (später als ZR abgekürzt) ausgeführt, und zwar in zwei Größen. Man benützt ein *kleines* Zentrifugenröhrchen mit 8 mm Durchmesser und 80 mm Länge (Inhalt gut 3 ml, man fülle jedoch nicht weiter als bis ungefähr 2,5 ml) und ein *großes* mit 17 mm Durchmesser und 110 mm Länge (Inhalt ungefähr 13 ml, nicht weiter füllen als bis 1,5 cm unter dem Rand). Diese Röhrchen dürfen *nicht über der freien Flamme* erwärmt werden. Zu diesem Zweck dient ein *Wasserbad*, das auf ungefähr 95° C gehalten wird.

Beim Zentrifugieren, das nur ausnahmsweise länger als eine Minute dauern soll, achte man darauf, daß einander gegenüberstehende Röhrchen gleich schwer sind, was mit einer dazu eingerichteten Waage zu kontrollieren ist.

3. Es ist notwendig, die bei der Analyse erwünschte Azidität bzw. Alkalität möglichst genau einzuhalten. Zu diesem Zweck werden die genau hergestellten Lösungen von HCl 1 : 1, HCl 4,0 *n*, KOH 2,0 *n* und NH_4OH 4,0 *n* in abgemessenen Mengen aus *Büretten* zugefügt; genau so H_2O und 0,1%iges NH_4NO_3 zum Verdünnen und Auswaschen.

4. Das Überführen von Flüssigkeitsmengen, die zu klein sind, um abgegossen zu werden, geschieht möglichst immer mit *Tüpfelpipetten* (an einem Ende dünn ausgezogene Glasröhrchen). Wenn ein Tropfen

Flüssigkeit dicht über einem Niederschlag in einer ZR aufgenommen wird, läßt man ihn, ohne zu saugen, durch Kapillarwirkung in einer besonders dünn ausgezogenen Tüpfelpipette aufsteigen. Durch leichtes Blasen kann man dann den Tropfen auf einen Objektträger oder auf eine Tüpfelplatte bringen.

Das Überführen von Niederschlägen aus Zentrifugenröhrchen auf einen Objektträger, auf die Tüpfelplatte oder auf ein Stück Filtrierpapier geschieht als Suspension mit Hilfe einer Ballonpipette.

5. Die mikroskopischen Reaktionen werden auf Objektträgern von ungefähr 28 × 48 mm ausgeführt, und zwar nahe einer der *Ecken*, niemals in der Mitte, sonst springen die Gläser beim Erhitzen, das durch Hin- und Herbewegen *über*, nicht *in* einer Mikroflamme von höchstens 10 mm Höhe geschieht. Wenn Schwefelsäure, Perchlorsäure oder eine organische Flüssigkeit abgedampft werden muß, erhitzt man das Glas durch eine kreisförmige Bewegung *um* den Tropfen herum und nicht den Tropfen selbst, sonst läuft er fort. Ein Objektträger kann schnell abgekühlt werden, indem man ihn auf eine Messing- oder Nickelplatte drückt.

6. Man sorge dafür, die gesamte Apparatur so *ordentlich* und *sauber* wie irgend möglich zu halten. Das gilt besonders für das *Mikroskop* und die *Zentrifuge*. Wenn diese Apparate trotzdem verunreinigt sind, müssen sie *gründlich* sauber gemacht werden. Alles benützte Glaswerk wird nach dem Gebrauch unter den Wasserhahn gehalten und einmal mit destilliertem Wasser nachgespült.

7. Bei allen Vorgängen achte man gut auf die quantitativen Verhältnisse. Zu große Mengen Reagenzien hindern die Reaktion vielfach und verursachen Zeitverlust. Außerdem soll jede qualitative Analyse eigentlich semiquantitativ sein, so daß man einen Unterschied zwischen Hauptbestandteilen, Nebenbestandteilen und Spuren machen kann.

8. Der Untersuchung auf Kationen hat eine Untersuchung auf Anwesenheit *störender Anionen*, Fluorid, Oxalat, Cyanid, Silikat, voranzugehen. Das geschieht nach den Vorschriften 27, 29, 33 und 28. Sind solche vorhanden, können sie durch Abdampfen mit einem Tropfen konzentrierter Schwefelsäure in einem Platintiegel zerstört bzw. abgetrennt werden.

Auf Phosphate wird während der Untersuchung geprüft.

9. *Es ist notwendig, sich mit allen anzuwendenden Identitätsreaktionen vorher vertraut zu machen, indem man sie ausführt, von* 1%*igen Lösungen ausgehend. Hierfür wird auf die Übungen verwiesen, die in* § 5 **Ausführungsvorschriften** *aufgenommen sind. Es ist selbstverständlich, daß man bei einer Untersuchung viel kleinere Konzentrationen vorfinden kann, so daß dringend empfohlen wird, die Übungen mit Lösungen immer kleinerer Konzentrationen zu wiederholen.*

§ 2. Untersuchung auf Kationen

Trennungsschema für: Ag, As, Sb, Sn, Cu, Hg, Bi, Pb, Cd, Fe, Al, Cr, Ti, Mn, Zn, Ni, Co, Ba, Sr, Ca, Mg, K, Na und NH_4.

1. 4,0 *n* HCl zufügen und erwärmen; dabei werden Hg_2^{2+} und Ag gefällt. Trennen mit NH_4OH.

2. H_2O_2 zufügen, wodurch $Sn^{2+} \rightarrow Sn^{4+}$ und Ti $\rightarrow TiO_2 \cdot H_2O_2 \cdot aq$.

3. H_2S bei 65° C einleiten. Niederschlag mit warmer 2,0 *n* KOH ausziehen.

a) Filtrat: As, Sb, Sn (Hg). Erneutes Fällen der Sulfide durch Ansäuern mit HCl. Die Sulfide mit HCl 1 : 1 ausziehen. In der Lösung auf Sb und Sn, im Rückstand auf As prüfen.

b) Rückstand: Hg, Cu, Bi, Pb und Cd. Ausziehen mit warmer Salpetersäure 1 : 1. Rückstand: HgS; Filtrat: Cu, Bi, Pb und Cd. Das Filtrat mit NH_4OH versetzen. In der Lösung auf Cu und Cd prüfen, in einem Niederschlag auf Bi und Pb.

4. H_2O_2 zufügen, wodurch $Fe^{2+} \rightarrow Fe^{3+}$ und Ti $\rightarrow TiO_2 \cdot H_2O_2 \cdot aq$. Auf Phosphate untersuchen und sie, falls vorhanden, mit $ZrOCl_2$ entfernen.

5. NH_4OH zufügen und erwärmen; dabei werden gefällt: Al, Fe, Cr, Ti, (Mn). Niederschlag in HCl lösen. In der Lösung auf Fe prüfen. Wenn vorhanden, mit Äther entfernen. Die eisenfreie Lösung mit HNO_3 zur Trockne eindampfen; den Rückstand mit HNO_3 und $KClO_3$ oxydieren und danach mit Wasser ausziehen. In dem Extrakt auf Cr und Al und im Rückstand nach Abrauchen mit H_2SO_4 auf Ti (und Mn) prüfen.

6. H_2S bei 65° C in die ammoniakalische Lösung einleiten; dabei werden gefällt: Co, Ni, Mn und Zn. In HCl und H_2O_2 lösen und auf Co, Ni und Mn (und Cd) untersuchen. Zn durch Kochen mit 1 *n* NaOH isolieren.

7. Nach Ansäuern mit Essigsäure reinigen, zur Trockne eindampfen, glühen, Glührest mit HCl anfeuchten, wieder zur Trockne eindampfen, danach in 1 ml Wasser aufnehmen und auf Ba und/oder Sr mit Na-Rhodizonat prüfen.

8. *a*) Ba und/oder Sr nicht vorhanden: In einzelnen Tropfen auf Ca, Mg, K und Na prüfen.

b) Ba und/oder Sr vorhanden: $(NH_4)_2SO_4$ zufügen, wodurch Ba, Sr (und Ca) gefällt werden.

In einzelnen Tropfen der Lösung auf Ca, Mg, K und Na prüfen.

Den Niederschlag mit Hydrazinhydrochlorid schmelzen. Die Schmelze mit 2 *n* Essigsäure extrahieren und $K_2Cr_2O_7$ zu dem Extrakt zufügen, wodurch Ba gefällt wird. Die Lösung mit Soda versetzen, bis sie reichlich alkalisch wird, wodurch Ca und Sr als Carbonate gefällt werden. Die Carbonate in trockene Nitrate überführen und diese mit HNO_3 (1,4) ausziehen. In der Lösung auf Ca und in dem Rückstand auf Sr prüfen.

9. In dem ursprünglichen Stoff auf NH_4^+ untersuchen.

Analysevorgang

Gruppentrennung

1. Von dem homogenisierten Stoff 5 bis 10 mg in eine trockene große ZR geben, aus einer Bürette 1,0 ml 4,0 *n* HCl zufügen und 2 Minuten lang im Wasserbad von 95° C erhitzen:

a) Der Stoff löst sich vollständig. Die Lösung nach **(2)** behandeln;

b) Ein Niederschlag entsteht oder ein Rückstand bleibt zurück.

Zentrifugieren:

b_1) Die Lösung in eine andere, trockene, große ZR übergießen; den Niederschlag zweimal auswaschen mit 1,0 ml 2,0 *n* HCl (0,5 ml 4,0 *n* HCl + 0,5 ml Wasser), die Waschflüssigkeit zu der klaren Lösung geben. (Sehr kleine Mengen Silber können nämlich durch Komplexbildung in Lösung verbleiben.) Sie hat jetzt ein Volumen von 3 ml, darin 8 mÄq HCl, und wird nach **(2)** behandelt.

b_2) Die ZR mit dem ausgewaschenen Niederschlag nach Bezeichnung wegsetzen [später nach **(10)** behandeln].

2. Zu der Lösung einen kleinen Tropfen 30%iges H_2O_2 zufügen, wodurch Zinn(II) zu Zinn(IV) oxydiert wird und Titan in den braungelb gefärbten Komplex $TiO_2 \cdot H_2O_2 \cdot aq.$ übergeht, der gegen Erwärmung ziemlich beständig ist. Das Auftreten dieser Färbung ist ein erster Hinweis für die Anwesenheit von Ti. Um sicher zu sein, fügt man einige Körnchen NaF zu einem Tropfen der Lösung auf der Tüpfelplatte, wodurch Entfärbung auftreten muß.

Die Lösung unter anhaltendem Rühren mit einem Glasstäbchen mit mattiertem Ende 2 Minuten lang im Wasserbad von 95° C erhitzen. Der Überschuß H_2O_2 muß dann zersetzt sein, was am Aufhören der Mikrogasbläschen zu erkennen ist. Die Lösung weiter nach **(3)** behandeln.

3. Zu der Lösung aus einer Bürette 1,0 ml Wasser zufügen, um den Säuregrad auf 2,0 *n* zu bringen, und danach die Lösung in ein Wasserbad von 65° C stellen, das sich zusammen mit dem H_2S-Apparat im Abzug befindet. Nach 2 Minuten den H_2S-Zufuhrhahn voll aufdrehen, *warten, bis eine reichliche Gasentwicklung in dem Apparat zu sehen ist*, dann H_2S nicht länger als 30 Sekunden lang einleiten. Das Einleitungsrohr unter Durchleiten von H_2S auswaschen, erst in dem Becherglas mit HCl 1 : 1 (mit roter Marke versehen), dann in dem Becherglas mit Wasser, danach mit einem Tuch abtrocknen, und *schließlich den H_2S-Zufuhrhahn schließen.*

Während der Einleitung von H_2S die Niederschlagsbildung gut beobachten, da verschiedene Hinweise daraus abzuleiten sind. Den Abzug erleuchten!

Während die ZR in das Wasserbad von 65° C gehalten wird, durch Einleiten eines Luftstroms H_2S *völlig* ausblasen. Kontrollieren: Geruch oder Bleiacetatpapier!

Danach den Säuregrad der Lösung auf 0,2 *n* bringen, indem man unter gutem Rühren aus einer Bürette tropfenweise 4,0 *n* NH_4OH zufügt. Den Säuregrad mit einem Methylviolettpapier (Filtrierpapier, einmal in ein Bad einer 0,1%igen Lösung von Methylviolett in Wasser getaucht und danach an der Luft getrocknet) durch Vergleichen mit der Farbe, die mit einer Standard-0,2 *n*-HCl-Lösung erhalten wurde, kontrollieren.

Die ZR mit der jetzt 0,2 *n* sauren Lösung wieder in das im Abzug befindliche Wasserbad von 65 ° C setzen und auf dieselbe Weise, wie oben angegeben, erneut H_2S einleiten, jetzt allerdings so, daß das Einleitungsrohr zuerst weit über den bereits vorhandenen Niederschlag gehalten wird, wodurch kontrolliert werden kann, ob sich ein neuer Niederschlag bildet. Durch Einleiten eines Luftstroms, während die ZR in das Wasserbad von 65° C gehalten wird, wieder H_2S *völlig* ausblasen. Danach mit Methylviolettpapier kontrollieren, ob der Säuregrad der Lösung verändert ist. Ist die Lösung sauer geworden, wird sie, um CdS völlig fällen zu können, mit einem oder mehreren Tropfen 4,0 *n* NH_4OH wieder auf 0,2 *n* eingestellt; es wird erneut H_2S eingeleitet und dessen Überschuß danach wieder bei 65° C völlig ausgeblasen.

4. Die H_2S-freie Lösung zentrifugieren:

a) Die klare Lösung in eine große ZR übergießen und weiter nach **(5)** behandeln.

b) Zu dem Niederschlag 2 ml 0,1%iges NH_4NO_3 zufügen, die ZR in das Wasserbad von 95° C setzen und den Niederschlag unter kräftigem Rühren auswaschen.

Zentrifugieren: die Waschflüssigkeit in ein kleines Becherglas abgießen und erst danach weggießen; die ZR mit dem ausgewaschenen Niederschlag nach Bezeichnung vorläufig wegsetzen [später nach **(11)**, **(12)** und **(13)** behandeln].

5. Zu der klaren Lösung einen kleinen Tropfen 30%iges H_2O_2 zufügen, um Fe^{2+} in Fe^{3+} und Ti in $TiO_2 \cdot H_2O_2 \cdot aq.$ überzuführen; danach nach Vorschrift 10, Seite 200 auf Phosphate prüfen:

a) Falls Phosphate vorhanden, die Lösung in eine Eindampfschale bringen und die Phosphate nach Vorschrift 11, Seite 201, entfernen; die phosphatfreie Lösung in eine große ZR übergießen und nach **(6)** behandeln.

b) Falls Phosphate nicht vorhanden, die Lösung nach **(6)** behandeln. Ist ihr Volumen durch Beimischung von Waschflüssigkeit der HCl-Gruppe — siehe **(1)** — größer als 3 ml, wird sie erst in einer Eindampfschale auf 3 ml eingedampft, danach wieder in eine große ZR übergegossen und nach **(6)** behandelt.

6. Zu der Lösung 1,5 ml 4,0 *n* NH_4OH zufügen und 2 Minuten lang im Wasserbad von 95° C erhitzen. *Heiß* zentrifugieren (Cr!):

a) Die heiße klare Lösung in eine große ZR übergießen und nach **(7)** behandeln.

b) Zu dem Niederschlag erst einen Tropfen 4,0 *n* NH_4OH zufügen, dann 2 ml 0,1%iges NH_4NO_3, danach die ZR in das Wasserbad von 95° C setzen und den Niederschlag unter kräftigem Rühren auswaschen. *Heiß* zentrifugieren: die Waschflüssigkeit in ein kleines Becherglas abgießen und erst dann weggießen. Die ZR mit dem ausgewaschenen Niederschlag nach Bezeichnung vorläufig wegsetzen [später nach **(14)** und **(15)** behandeln].

7. Die klare Lösung in das Wasserbad von 65° C stellen, das zusammen mit dem H_2S-Apparat im Abzug steht, und nach 2 Minuten auf die unter **(3)** beschriebene Weise 30 Sekunden lang H_2S einleiten, wobei die Niederschlagsbildung gut beobachtet wird. Zentrifugieren:

a) Die Lösung in eine große ZR übergießen und nach **(8)** behandeln.

b) Zu dem Niederschlag 2 ml 0,1%iges NH_4NO_3 zufügen, die ZR in das Wasserbad von 95° C setzen und den Niederschlag unter kräftigem Rühren auswaschen. Zentrifugieren: die Waschflüssigkeit in ein

Becherglas abgießen und erst dann weggießen; zu dem Niederschlag, wenn er schwarz gefärbt ist, *direkt* 1 ml HCl (1,19) und 1 Tropfen 30%iges H_2O_2 zufügen, die ZR im Wasserbad von 95° C erhitzen, bis der Niederschlag gelöst ist, und dann nach Bezeichnung vorläufig wegsetzen [später nach **(16)** behandeln].

Ist der Niederschlag nicht schwarz gefärbt, den ausgewaschenen Niederschlag in 1 ml 4,0 *n* HCl lösen und die ZR nach Bezeichnen vorläufig wegsetzen [später nach **(16)** behandeln].

8. Die Lösung mit konzentrierter Essigsäure gerade ansäuern (mit Lackmuspapier kontrollieren!), die ZR in das im Abzug befindliche Wasserbad von 65° C setzen und durch Einleiten eines Luftstromes H_2S völlig austreiben. Es werden sich Reste NiS abscheiden. Zentrifugieren zur Reinigung:

a) Die klare Lösung in eine Eindampfschale übergießen;

b) Zu dem Niederschlag 0,5 ml HCl (1,19) und 1 Tropfen 30%iges H_2O_2 zufügen, die ZR in dem Wasserbad von 95° C erhitzen, bis der Niederschlag gelöst ist, und die Lösung danach in die ZR mit der früher erhaltenen Lösung des $(NH_4)_2S$-Niederschlages übergießen [siehe **(7)**].

9. Die Lösung in der Eindampfschale bis zur Trockne eindampfen, den Trockenrest in einen Porzellantiegel setzen und leicht glühen, bis die Ammoniumsalze völlig ausgetrieben sind. Den Glührest mit 2 Tropfen 4,0 *n* HCl anfeuchten, erneut zur Trockne eindampfen und danach unter leichtem Erwärmen in 1 ml Wasser aufnehmen. Mit einer auf der Tüpfelplatte frisch hergestellten Lösung von Natriumrhodizonat auf die Anwesenheit von Ba und/oder Sr nach Vorschrift 21 b prüfen:

a) Ba und/oder Sr nicht vorhanden: das Tiegelchen mit der Lösung vorläufig für die Untersuchung auf Ca, Mg, Na und K wegsetzen [später nach **(17)** behandeln].

b) Ba und/oder Sr vorhanden: die Lösung in eine kleine ZR übergießen, 10 mg $(NH_4)_2SO_4$ zufügen und nach Bezeichnung vorläufig wegsetzen [später nach **(17)** behandeln].

Nach dieser Gruppentrennung geht man über zu der

Trennung innerhalb der Gruppen und Identifizierung

10. Den in einer großen, bezeichneten ZR vorhandenen Niederschlag der HCl-Gruppe — siehe **(1)** — auf einen Objektträger setzen, sehr vorsichtig zur Trockne eindampfen und durch Zufügen und nachheriges Abschleppen eines Tropfens Wasser auswaschen. Danach einen Tropfen 4,0 *n* NH_4OH zufügen. Schwarzfärbung weist auf *Quecksilber*(*I*). Wenn Silber vorhanden ist, löst sich AgCl.

Die ammoniakalische Lösung abschleppen und auf *Silber* untersuchen nach Vorschrift 1.

Für eine vollständige Untersuchung des in 4,0 *n* HCl unlöslichen Restes siehe **§ 3.**

11. Den in einer bezeichneten, großen ZR vorhandenen Niederschlag der H_2S-Gruppe — siehe **(4)** — mit 2,0 ml 2,0 *n* KOH (aus einer

Bürette zuzufügen) im Wasserbad von 95° C 2 Minuten lang unter Rühren extrahieren. Zentrifugieren:

a) Die Lösung in eine andere große ZR übergießen und nach **(12)** behandeln.

b) Den Niederschlag unter Erwärmung im Wasserbad von 95° C mit 2 ml 0,1%igem NH_4NO_3 auswaschen, die Waschflüssigkeit in ein Becherglas abgießen und erst dann weggießen und weiter nach **(13)** behandeln.

12. Die Lösung (As, Sb, Sn, manchmal Hg) mit 1,1 ml 4,0 *n* HCl — aus einer Bürette zuzufügen — ansäuern (mit Lackmuspapier kontrollieren!) und eine Minute im Wasserbad von 95° C erhitzen, wodurch die Sulfide — falls vorhanden — wieder gefällt werden. Zentrifugieren: den Niederschlag unter Erhitzung im Wasserbad von 95° C mit 2 ml 0,1%igem NH_4NO_3 auswaschen; die Lösung und die Waschflüssigkeit nach Übergießen in ein Becherglas verwerfen.

Die gefällten Sulfide warm, also unter Erwärmung der ZR im Wasserbad von 95° C, mit 1 ml HCl 1 : 1 extrahieren. As_2S_3 (und eventuell HgS) bleibt zurück; Sb_2S_3 und SnS_2 gelangen in Lösung. Zentrifugieren: die Lösung in eine kleine ZR übergießen, Auswaschen ist nicht nötig.

a) In dem Niederschlag auf *Arsen* prüfen nach Vorschrift 2.

b) In der Lösung auf Sb und Sn prüfen. Hierzu die Lösung unter Erwärmung im Wasserbad von 65° C im Abzug durch Einleiten eines Luftstroms völlig von H_2S befreien. In dieser Lösung direkt auf *Zinn* und *Antimon* nach den Vorschriften 3 und 4 untersuchen.

13. Der Niederschlag kann enthalten: HgS, PbS, CuS, CdS und Bi_2S_3. Er wird unter Erwärmung der ZR im Wasserbad von 95° C 2 Minuten lang unter Rühren mit 1 ml HNO_3 (1,2) — aus einem Meßzylinder — ausgewaschen.

Zentrifugieren: den HNO_3-Extrakt in eine andere ZR übergießen, den Niederschlag (HgS) nicht auswaschen.

Einen Teil des HgS-Niederschlags auf einem Objektträger mit einem Tropfen 70%iger Perchlorsäure vorsichtig abrauchen, den Rückstand in einem Tropfen Wasser aufnehmen und darin auf *Quecksilber* prüfen nach Vorschrift 5.

Zu dem HNO_3-Extrakt vorsichtig einen Überschuß konzentriertes NH_4OH — ungefähr 1 ml — zufügen (mit Lackmuspapier kontrollieren!), wodurch Pb und Bi gefällt werden und Cu und Cd in Lösung bleiben. Zentrifugieren:

a) Die Lösung in eine kleine ZR übergießen und darin auf *Kupfer* und *Cadmium* nach den Vorschriften 6 und 7 prüfen [auch die nicht als AgCl abgeschiedenen sehr kleinen Mengen Silber — siehe **(1)** — können hier nachgewiesen werden].

b) Zu dem Niederschlag nach Auswaschen mit 1 ml 0,1%igem NH_4NO_3 — die Waschflüssigkeit erst nach Übergießen in ein Becherglas weggießen — 2 Tropfen 4 *n* H_2SO_4 zufügen, eine Minute im Wasserbad von 95° C erhitzen und danach mit 1 ml Wasser in eine kleine ZR bringen. Zentrifugieren: die Flüssigkeit in eine andere kleine ZR übergießen und darin *Wismut* nachweisen nach Vorschrift 9; der Niederschlag ist $PbSO_4$. Er wird mit 1 ml sehr verdünnter Schwefelsäure ausgewaschen und *Blei* darin nach Vorschrift 8 nachgewiesen.

14. Den in einer bezeichneten, großen ZR vorhandenen Niederschlag der NH_4OH-Gruppe — siehe **(6)** — durch Zufügen von 0,5 ml 4,0 *n* HCl lösen. In einem Tropfen der Lösung auf der Tüpfelplatte mit NH_4CNS nach Vorschrift 14b auf *Eisen* prüfen.

a) Ist kein oder höchstens eine Spur Eisen vorhanden, die Lösung auf Al, Cr, Ti und Mn untersuchen, wie unter **(15)** angegeben.

b) Ist Eisen vorhanden, die ZR mit der Lösung in das Wasserbad im Abzug setzen und unter Luftdurchblasen zu Sirupdicke eindampfen. Nach Abkühlen erst 3 bis 4 Tropfen HCl (1,125 genau!) zufügen, danach 3 ml Äther und dann kräftig schütteln. Die Ätherschicht, in der sich $FeCl_3$ befindet, mit einer Ballonpipette entfernen. Erneut 3 ml Äther zufügen, kräftig schütteln und die Ätherschicht entfernen. Die Wasserschicht, die jetzt eisenfrei ist, weiter nach **(15)** behandeln.

15. Die Lösung mit einer Ballonpipette in einen Belcher-Tiegel überführen, 2 Tropfen konzentrierter Salpetersäure zufügen und zur Trockne eindampfen. Den Rückstand in 2 Tropfen konzentrierter Salpetersäure aufnehmen, einige Körnchen $KClO_3$ zufügen und wieder zur Trockne eindampfen; jetzt aber dafür sorgen, daß die Temperatur, sobald sich fester Stoff abgetrennt hat, nicht über 80° steigt. Cr^{3+} hat dann $Cr_2O_7{}^{2-}$ gebildet, Mn^{2+}: MnO_2, Ti^{4+}: TiO_2, während Al^{3+} unverändert geblieben ist. Ein brauner Eindampfrückstand weist auf *Mangan.*

Zu dem Eindampfrest 3 bis 4 Tropfen heißes Wasser zufügen und den Extrakt mit einer Ballonpipette quantitativ auf die Tüpfelplatte bringen. Je einen Tropfen davon auf zwei Objektträger setzen. In einem Tropfen, nach Ansäuern mit einem kleinen Tropfen HNO_3, auf *Chrom* prüfen nach Vorschrift 12, im anderen auf *Aluminium* nach Vorschrift 13.

Zu dem Rückstand in dem Belcher-Tiegel einen kleinen Tropfen konzentrierte Schwefelsäure zufügen und erhitzen, bis reichlich SO_3-Nebel gebildet werden. Nach *völligem* Abkühlen in 3 Tropfen Wasser aufnehmen und danach in dieser Lösung auf der Tüpfelplatte mit einem Tropfen 3%igem H_2O_2 *Titan* nach Vorschrift 65 nachweisen.

16. Die in einer bezeichneten, großen ZR vorhandene Lösung des Niederschlages der $(NH_4)_2S$-Gruppe — siehe **(7)** — in einen kleinen Porzellantiegel bringen und gerade bis zur Trockne eindampfen. Den Rückstand in höchstens 1 ml Wasser aufnehmen. In einem Tropfen der erhaltenen Lösung auf *Kobalt* nach Vorschrift 15 prüfen, in einem anderen Tropfen auf *Nickel* nach Vorschrift 16 und in einem dritten Tropfen auf *Mangan* nach Vorschrift 17. Es empfiehlt sich, in dieser Lösung außerdem auf *Cadmium* nach Vorschrift 7a zu untersuchen.

Wenn Co vorhanden war, zu dem Rest der Lösung in dem Tiegel einen kleinen Tropfen 30%iges H_2O_2 zufügen und auf alle Fälle 50 mg festes Natriumhydroxyd (auf der Torsionswaage abwiegen). Dann eine Minute kochen, danach den Inhalt mit einer Ballonpipette in eine kleine ZR überführen.

Zentrifugieren: die klare Lösung, in der Zink, falls vorhanden, als Zinkat enthalten ist, in eine andere kleine ZR übergießen; den Niederschlag verwerfen. Zu der klaren Lösung in der kleinen ZR einen kleinen Tropfen Thymolblau zufügen und vorsichtig mit 4,0 *n* Essigsäure neutralisieren. Das gefällte $Zn(OH)_2$ zentrifugieren und die Lösung verwerfen. Den Niederschlag mit einer möglichst kleinen Menge 2 *n* H_2SO_4 in Lösung bringen, danach einen Tropfen auf einen Objektträger und einen zweiten Tropfen auf die Tüpfelplatte setzen. Hierin nach Vorschrift 18 *Zink* nachweisen.

17. *a*) Ba und/oder Sr nicht vorhanden:

In einzelnen Tropfen der Lösung in einem Porzellantiegel nacheinander prüfen auf:

Calcium nach Vorschrift 19, *Magnesium* nach Vorschrift 20, *Kalium* nach Vorschrift 24 und *Natrium* nach Vorschrift 25.

b) Ba und/oder Sr vorhanden:

Die unlöslichen Sulfate haben sich inzwischen abgeschieden.

Zentrifugieren:

1. Die klare Lösung zur Trockne eindampfen, den Rückstand nach leichtem Glühen, nachdem die Ammoniumsalze vertrieben sind, in 1 ml Wasser aufnehmen, das mit einem Mikrotropfen 2 *n* HCl angesäuert ist, und diese Lösung auf *Calcium, Magnesium, Kalium* und *Natrium* untersuchen, wie oben unter *a*) angegeben.

2. Den Niederschlag in ein Platintiegelchen setzen und leicht erhitzen, bis er gerade trocken ist. Nach dem Abkühlen mit der fünffachen Menge gepulvertem Hydrazinhydrochlorid mischen und danach vorsichtig schmelzen, bis keine weißen Nebel mehr entwickelt werden. Den Rückstand erneut mit der gleichen Menge gepulvertem Hydrazinhydrochlorid mischen und danach auf dieselbe Weise wie vorher schmelzen. Die Schmelze nach Abkühlen mit 1 ml 2 *n* Essigsäure extrahieren und den Extrakt in eine kleine ZR bringen. Zur Reinigung zentrifugieren; die klare Lösung in eine andere kleine ZR übergießen. Zu dieser Lösung 2 bis 3 Tropfen 5%iges $K_2Cr_2O_7$ zufügen und die ZR 2 Minuten lang im Wasserbad von 95° C erwärmen. Wenn Ba vorhanden ist, wird $BaCrO_4$ ausfallen. Zentrifugieren: die Lösung in eine andere kleine ZR überführen; in dem Niederschlag nach einmaligem Auswaschen mit 1 ml Wasser — die Waschflüssigkeit zu der Lösung hinzufügen — *Barium* als $BaSiF_6$ nach Vorschrift 21a identifizieren.

Die Lösung und die Waschflüssigkeit auf Sr und Ca untersuchen. Zu dieser Lösung wasserfreies Soda zufügen, bis alkalische Reaktion eintritt (kontrollieren!), und die ZR danach eine Minute im Wasserbad erwärmen. Sr und Ca — falls vorhanden — werden als Carbonate gefällt. Zentrifugieren und einmal mit 1 ml Wasser auswaschen, die Waschflüssigkeit verwerfen, den Niederschlag in einigen Tropfen konzentrierter Salpetersäure lösen. Die erhaltene Lösung auf einen Objektträger setzen und darauf zur Trockne eindampfen. Den Rückstand mit 2 Tropfen HNO_3 (1,4) ausziehen. Die Flüssigkeit abschleppen, auf einen anderen Objektträger bringen und darin *Calcium* nach Vorschrift 22 nachweisen; in dem Rückstand *Strontium* nach Vorschrift 23a nachweisen.

18. Schließlich in dem ursprünglichen Stoff nach Vorschrift 26 auf *Ammonium* prüfen.

§ 2a.

Wir geben hier noch eine zweite Vorschrift für die Untersuchung auf Kationen, die vor allem dann, wenn es sich bei der Analyse besonders um die Erdalkalien handelt, schneller zu Resultaten führt.

Zu 5 bis 10 mg des Stoffes im unteren Teil einer großen ZR 1 ml 4,0 *n* HCl zufügen und erwärmen, bis nichts mehr in Lösung geht. Den Rückstand **(A)** abzentrifugieren, einmal mit 1 ml Wasser auswaschen und die Waschflüssigkeit zu der Lösung **(B)** dazugeben.

Den Rückstand **(A)** wie vorher unter **(10)** angegeben behandeln.

Zu der Lösung **(B)**, die also 2,0 *n* sauer ist, 20 mg $(NH_4)_2SO_4$, auf der Torsionswaage abgewogen, zufügen und bei Zimmertemperatur unter Rühren lösen. Als Sulfat werden gefällt: Ba^{2+} praktisch zur Gänze, Pb^{2+} teilweise und Sr^{2+} teilweise, jedoch nur, wenn Sr^{2+} einen überwiegenden Bestandteil der Lösung des zu untersuchenden Stoffes bildet. Zentrifugieren: Niederschlag $\mathbf{(B)_1}$ und Lösung $\mathbf{(B)_2}$.

Niederschlag $\mathbf{(B)_1}$ einmal mit 1 ml Wasser auswaschen, die Waschflüssigkeit verwerfen. Den ausgewaschenen Niederschlag mit 1 ml 10%igem Ammoniumacetat extrahieren: $PbSO_4$ gelangt in Lösung. Zentrifugieren: Niederschlag $\mathbf{(B)_3}$ und Lösung $\mathbf{(B)_4}$.

In der Lösung $\mathbf{(B)_4}$ Blei nachweisen: einen oder mehrere Tropfen auf einem Objektträger zur Trockne eindampfen, dann die Ammoniumsalze verflüchtigen, danach den Rückstand in einem Tropfen 2 *n* HNO_3 aufnehmen und zu der Lösung einige Körnchen Thioharnstoff zufügen; siehe Übungsvorschrift 8a, Seite 200.

Niederschlag $\mathbf{(B)_3}$ mit 1 ml Wasser auswaschen, die Waschflüssigkeit verwerfen. Den ausgewaschenen Niederschlag in ein Platintiegelchen bringen und gerade bis zur Trockne eindampfen. Den Eindampfrückstand am Boden des Tiegelchens sammeln, mit der fünffachen Menge Hydrazinhydrochlorid gut mischen und das Gemisch danach abdampfen. Diesen Vorgang wiederholen. $BaSO_4$ und/oder $SrSO_4$ sind teilweise in $BaCl_2$ und/oder $SrCl_2$ umgesetzt. Die Schmelze nach Abkühlen bei Zimmertemperatur mit 1 ml Wasser extrahieren, die Menge in eine kleine ZR geben und zentrifugieren. Die klare Lösung in ein kleines Reagenzglas übergießen und in einem oder in mehreren Tropfen mit einigen Körnchen $(NH_4)_2SiF_6$ auf Ba prüfen; siehe Übungsvorschrift 21, Seite 204. Nur wenn die Prüfung auf Ba *negativ* ausfällt, in einem anderen Tropfen der Lösung auf Sr nach Vorschrift 23b untersuchen.

Mit der Lösung $\mathbf{(B)_2}$ wird verfahren, wie im normalen Analysegang für das Filtrat der HCl-Gruppe angegeben ist. Die Vorschriften **(2)** bis **(8)** einschließlich sind zu befolgen.

Die schließlich erhaltene klare Lösung **(8*a*)** in einen Porzellantiegel gießen, einen kleinen Tropfen konzentrierte Schwefelsäure zufügen, zur

Trockne eindampfen, danach leicht glühen, bis die Ammoniumsalze völlig ausgetrieben sind. Den Glührest in einem Porzellantiegel bei Zimmertemperatur mit 2 ml Wasser extrahieren, das mit einem kleinen Tropfen Essigsäure angesäuert ist, und danach die Menge quantitativ in eine kleine ZR bringen. Zentrifugieren: Lösung **(C)**$_1$ in ein kleines Reagenzglas übergießen; Niederschlag **(C)**$_2$ einmal mit 1 ml Wasser von Zimmertemperatur auswaschen, die Waschflüssigkeit verwerfen.

Niederschlag **(C)**$_2$ in ein Platintiegelchen überführen, zur Trockne eindampfen, mit der fünffachen Menge gepulvertem Hydrazinhydrochlorid mischen und abdampfen. Diesen Vorgang wiederholen. Die abgekühlte Schmelze mit 1 ml Wasser von Zimmertemperatur ausziehen, die Menge quantitativ in eine kleine ZR geben und danach zentrifugieren. In der klaren Lösung auf Sr prüfen nach Vorschrift 23a, danach auf Ca nach Vorschrift 19.

In einzelnen Tropfen der Lösung **(C)**$_1$ nacheinander prüfen auf:
Ca als $CaSO_4 \cdot 2$ aq. nach Vorschrift 19,
Mg mit KOH und Titangelb nach Vorschrift 20,
K mit Dipicrylaminreagens nach Vorschrift 24,
Na mit Zinkuranylacetat nach Vorschrift 25.

Schließlich wird in dem ursprünglichen Stoff auf Ammonium nach Vorschrift 26 untersucht.

§ 3. Untersuchung des in 4 n HCl unlöslichen Restes

Wir berücksichtigen:

SiO_2 und Silikate;

Al_2O_3, Cr_2O_3, Fe_2O_3 und Fe_3O_4, entweder als Mineral oder hochgeglüht, und verschiedene Minerale, wie z. B. $FeCr_2O_4$ und geschmolzenes $PbCrO_4$;

SnO_2 entweder als Metazinnsäure oder als mineralischen Zinnstein;

Sb_2O_5 als Metaantimonsäure;

$SrSO_4$, $BaSO_4$ und $PbSO_4$, das letztere wieder nur als Mineral oder hochgeglüht;

CaF_2, außer wenn es frisch aus einer Lösung gefällt wird;

AgCl;

Hg_2Cl_2;

S, C, ersteren jedoch nur, wenn er nicht fein verteilt ist.

Der in 4,0 n HCl unlösliche Rest, der in einer großen ZR vorhanden und mit 2 ml 2,0 n HCl ausgewaschen ist — siehe **(10)** S. 186 —, wird mit einer Ballonpipette quantitativ als Suspension auf ein Uhrglas gebracht. Darauf wird er unter sehr leichter Erwärmung gerade bis zur Trockne eingedampft und der Rückstand unter der Feldstecherlupe und unter dem Mikroskop aufmerksam betrachtet. Das Resultat wird genau notiert und mit obenstehender Liste von möglicherweise vorhandenen Stoffen verglichen.

Wird die Anwesenheit freien Schwefels vermutet, kann dieser durch Erwärmen eines kleinen Teiles des Rückstandes in einer Proberöhre als Destillat nachgewiesen werden. Durch leichte Erwärmung des ganzen

Rückstandes oder indem man ihn mit CS_2 auszieht, ist der Schwefel danach zu entfernen.

Kohlenstoff kann an der Farbe erkannt werden. Sie könnte nur mit Fe_3O_4 verwechselt werden. Chromit und andere Minerale können zwar bei auffallendem Licht mehr oder weniger schwarz aussehen, nicht aber bei durchfallendem Licht unter dem Mikroskop.

Nach diesen Vorproben werden 2 bis 3 Tropfen 4,0 *n* NH_4OH zu dem Rückstand gegeben. Schwarzfärbung weist auf Hg_2Cl_2. Die Identifizierung erfolgt mit einem Teil des Rückstandes nach Abrauchen mit einem Tropfen 70%iger Perchlorsäure nach Vorschrift 5. Danach den angefeuchteten Rückstand mit 1 ml 4,0 *n* NH_4OH in eine große ZR überspülen, leicht erwärmen und zentrifugieren. Den Rückstand erneut mit 1 ml warmem 4,0 *n* NH_4OH extrahieren. Beide ammoniakalische Extrakte zusammenfügen und darin auf *Silber* prüfen nach Vorschrift 1.

Den Rückstand der ammoniakalischen Extraktion in einen kleinen Porzellantiegel bringen, zur Trockne eindampfen und danach den schräggehaltenen Tiegel leicht glühen. Eventuell vorhandene Kohleteilchen und/oder Quecksilber(I)amidoverbindungen werden verschwinden; eventuell vorhandenes Fe_3O_4 bleibt schwarz oder wird braun.

Den Rückstand nach Abkühlen in ein Nickeltiegelchen bringen und mit einer fünffachen Menge KOH schmelzen (KOH statt NaOH, im Zusammenhang mit eventuell vorhandenem Sb_2O_5). Die Menge 5 Minuten lang geschmolzen oder jedenfalls warm halten, um sicher zu sein, daß in der Schmelze ausreichend Carbonat gebildet wird. Nach Abkühlen die Schmelze mit 2 ml kaltem Wasser ausziehen und die Lösung und den Rückstand quantitativ in eine große ZR bringen. Zentrifugieren und zweimal mit 2 ml Wasser auswaschen; die erste Waschflüssigkeit zu der klaren Lösung in einer anderen großen ZR zufügen (Lösung **R**); die zweite Waschflüssigkeit verwerfen. Den Rückstand nennen wir **S**; er wird in einen kleinen Porzellantiegel gebracht.

In der Lösung **R** können neben viel KOH und K_2CO_3 vorhanden sein: Silikat aus Silikaten; Aluminat aus Al_2O_3 oder aus vielen Silikaten; Chromat aus Cr_2O_3, $FeCr_2O_4$ oder $PbCrO_4$; Stannat aus SnO_2; Antimonat aus Sb_2O_5; Sulfat aus $SrSO_4$, $BaSO_4$ oder $PbSO_4$; Fluorid aus CaF_2.

Von dieser Lösung **R** wird ein Drittel in einem Porzellantiegel zur Trockne eingedampft und der Rückstand auf *Fluorid* nach Vorschrift 27 und auf *Kieselsäure* nach Vorschrift 28 untersucht. Von den übrigen zwei Dritteln werden 5 Tropfen in eine kleine ZR gebracht und darin nach Ansäuern mit HNO_3 mit $KMnO_4$, $BaCl_2$ und H_2O_2 nach Vorschrift 41 b auf *Sulfat* untersucht. Mit dem Auffinden von Sulfaten erhält man einen ersten Hinweis für die Anwesenheit von Strontium, Barium und Blei.

Ist Fluorid gefunden worden (wodurch gleichzeitig ein erster Hinweis für die Anwesenheit von Calcium erhalten wird), wird der Rest der Lösung **R** in einen Porzellantiegel gebracht, mit 2 bis 3 Tropfen konzentrierter Schwefelsäure angesäuert (kontrollieren!) und zur Trockne eingedampft, bis reichlich SO_3-Nebel entstehen, um HF zu entfernen, und der

Rückstand danach in 1 ml Wasser aufgenommen. Diese Lösung, oder wenn Fluorid nicht vorhanden ist, der übriggebliebene Teil der Lösung **R** dient zur Untersuchung auf Sn, Sb, Al und Cr. Nach Wunsch kann das mit der normalen Kationenuntersuchung geschehen, man kommt jedoch schneller zu Resultaten, wenn man nacheinander in einem oder, falls nötig, einigen Tropfen direkt prüft auf:

Sn^{4+}, nach Ansäuern mit HCl und nach Reduktion mit Al, mit Kakothelin nach Vorschrift 3*b*;

Sb^{5+}, nach Ansäuern mit HCl und nach Oxydation mit KNO_2, mit Rhodamin-B-Reagens nach Vorschrift 4*b*;

Al^{3+}, nach Ansäuern mit HCl, mit Alizarin-S nach Vorschrift 13*b*;

$Cr_2O_7^{2-}$ mit H_2SO_4 und Diphenylcarbazid nach Vorschrift 12*b*.

In dem Rückstand **S** können neben vielleicht viel unzersetzter Substanz vorhanden sein: SiO_2 und Silikate, Al_2O_3, Cr_2O_3 und SnO_2, die allerdings in Lösung **R** alle bereits nachgewiesen worden sind; Fe_2O_3 ist jetzt jedenfalls teilweise in HCl löslich geworden (durch Zersetzen von Ferriten); $PbCO_3$ oder $Pb(OH)_2$ aus $PbSO_4$ oder $PbCrO_4$; $BaCO_3$, $SrCO_3$ oder $CaCO_3$ aus deren Silikaten bzw. aus $BaSO_4$ und $SrSO_4$ und aus CaF_2.

Dieser Rückstand — in einem Porzellantiegel vorhanden — wird zweimal mit konzentrierter Salzsäure zur Trockne eingedampft, das zweitemal in einem mit einem Thermometer versehenen Aluminiumblock unter Erhitzung bis 120° C, um die Kieselsäure völlig abzutrennen. Mit 1,5 ml Wasser und 0,5 ml 4,0 *n* HCl extrahieren und den Extrakt in eine große ZR bringen. Zentrifugieren: die klare Lösung **T** in eine andere große ZR bringen; den Rückstand verwerfen. Die Kationen von Pb, Fe, Ca, Sr und Ba können in Lösung gelangt sein. Die Untersuchung darauf kann nach Wunsch ganz auf die normale Weise der Kationenuntersuchung stattfinden. Es ist allerdings einfacher, nacheinander in einem oder in mehreren Tropfen der Lösung **T** auf Pb^{2+} mit Thioharnstoff oder mit Na_2O_2 nach Vorschrift 8 und auf Fe^{3+} mit NH_4CNS nach Vorschrift 14*b* zu prüfen.

Ist eines davon oder sind beide vorhanden, müssen sie entfernt werden, indem man die Lösung **T** durch Zufügen einiger Tropfen von carbonatfreiem, konzentriertem NH_4OH ammoniakalisch macht, kurz im Wasserbad erwärmt und zentrifugiert.

Der Niederschlag wird verworfen; die klare Lösung **U** wird in einen Porzellantiegel übergegossen und danach mit 2,0 *n* HCl schwach angesäuert.

Die schwach angesäuerte Lösung **U** (wenn Pb^{2+} und/oder Fe^{3+} vorhanden war) oder die Lösung **T** (wenn kein Pb^{2+} und/oder Fe^{3+} vorhanden war) zur Trockne eindampfen, den Rückstand leicht glühen, bis die Ammoniumsalze ausgetrieben sind, und danach den Glührest in 1 ml Wasser aufnehmen. Die Lösung ist jetzt als das von Ammoniumsalzen befreite Filtrat der $(NH_4)_2S$-Gruppe aus der Kationenuntersuchung — siehe **(9)** und **(17)** — zu betrachten und kann, wie dort angegeben, auf Ba^{2+}, Sr^{2+} und Ca^{2+} behandelt und untersucht werden. Selbstverständlich braucht keine Untersuchung auf Mg^{2+}, K^+ und Na^+ ausgeführt zu werden.

Auch wenn die Sulfatreaktion positiv, die Fluoridreaktion jedoch negativ ausgefallen ist, muß die klare Lösung **T** (wenn Pb^{2+} nicht vorhanden ist) oder die klare Lösung U (wenn Pb^{2+} vorhanden ist) auf dieselbe Weise, wie oben angegeben, behandelt werden.

Nur im Fall positiver Fluoridreaktion und negativer Sulfatreaktion kann man sich auf die Prüfung auf Ca^{2+} in Lösung **T** nach Vorschrift 22 beschränken.

§ 4. Anionenuntersuchung

Wir berücksichtigen die folgenden Anionen: Sulfid, Sulfit, Thiosulfat, Sulfat, Chlorid, Chlorat, Carbonat, Bromid, Nitrat, Nitrit, Borat, Phosphat, Cyanid, Rhodanid, Silikat, Fluorid, Formiat, Acetat, Oxalat, Jodid.

Wir nehmen weiter an, daß die Anionen von As, Sb, Cr, Al, Zn, Mn usw. bereits in der Kationenuntersuchung nachgewiesen worden sind. Sie werden, falls vorhanden und falls sie stören würden, mit H_2S und/oder $(NH_4)_2S$ entfernt.

a) Vorproben

1. Feststellen, ob das Gemisch in Wasser löslich oder unlöslich ist. Eine Probe des Gemisches — Stecknadelkopfgröße — auf einem Objektträger mit einem Tropfen Wasser zusammengeben und, falls nötig, erhitzen. Unter dem Mikroskop kontrollieren! Danach mit Lackmuspapier die Reaktion der wäßrigen Lösung bestimmen.

2. Untersuchen, ob die Lösung des Gemisches mit Soda einen Niederschlag bildet. Zwei bis drei Tropfen der Lösung auf einem Objektträger mit einem oder einigen Tropfen einer 5%igen Sodalösung auf Lackmuspapier alkalisch machen, zum Kochen erhitzen, schnell abkühlen und unter dem Mikroskop beobachten.

b) Vorbereitung der Analyse

1. Ammoniumsalze entfernen, wenn solche vorhanden sind, was nach Vorschrift 26 festgestellt werden kann. 20 mg des Gemisches (auf der Torsionswaage abwiegen) in einem Porzellantiegel mit 2 bis 3 Tropfen 2 *n* KOH mischen und über einer kleinen Flamme bis zur Trockne eindampfen. Mit Lackmuspapier kontrollieren, ob alles NH_3 ausgetrieben ist. Dieser Eindampfrest wird weiter als der ursprüngliche Stoff betrachtet.

2. Wenn bei den Vorproben gefunden wurde, daß das Gemisch mit Soda einen Niederschlag gibt, werden 20 mg in einer Porzellanschale mit 5 ml einer 1%igen Sodalösung 10 Minuten lang gekocht. Durch tropfenweises Nachfüllen des verdampften Wassers dafür sorgen, daß das Endvolumen ungefähr 3 ml beträgt. Lösung und Niederschlag in eine große ZR bringen, zentrifugieren. Den klaren Sodaextrakt in eine andere Porzellanschale bringen, den Niederschlag verwerfen. Wenn das Gemisch mit Soda keinen Niederschlag gibt, 20 mg mit 3 ml Wasser in einer Porzellanschale ohne weiteres lösen.

3. Den klaren Sodaextrakt bzw. die klare wäßrige Lösung des Gemisches in der Porzellanschale durch tropfenweises Zufügen von 2 *n* HNO_3 auf Lackmus neutralisieren oder solange behandeln, bis ein bleibender Niederschlag entsteht. Danach wird die Lösung mit 3 Tropfen 2 *n* KOH aus einer Bürette schwach alkalisch gemacht.

4. Die Lösung in eine große ZR bringen, eine Minute im Wasserbad erwärmen und zu der warmen Lösung mit einer Pipette 3 Tropfen einer gesättigten Zinknitratlösung zufügen*. Danach die ZR wieder ungefähr eine Minute lang im Wasserbad erwärmen, um dem Niederschlag Gelegenheit zu geben, sich abzusetzen. Nach Abkühlen unter dem Hahn zentrifugieren. Den auf Zimmertemperatur abgekühlten Niederschlag **A** von der klaren Lösung **B** durch Übergießen dieser Lösung in eine andere große ZR trennen. Den Niederschlag **A** zweimal gründlich auswaschen, jedesmal mit 2 ml kaltem Wasser. Diese Waschflüssigkeit verwerfen.

Der Niederschlag **A** *kann aus Zinksalzen bestehen mit den Anionen: Phosphat, Sulfid, Sulfit, Borat, Fluorid, Cyanid, Oxalat und Silikat (eventuell aus Glasgegenständen) und weiter eventuell aus Zinkhydroxyd. Er enthält fast immer Carbonat.*

Die Lösung **B** *kann Zinksalze enthalten mit den Anionen: Rhodanid, Chlorid, Bromid, Jodid, Chlorat, Sulfat, Thiosulfat, Nitrit, Acetat, Formiat, weiter Nitrat, das auch von dem zugesetzten Zinknitrat stammt.*

Man bedenke, daß reduzierende und oxydierende Anionen in der Regel nicht nebeneinander in einem Gemisch vorkommen können.

Wieder ist es notwendig, sich mit allen gebräuchlichen Identitätsreaktionen vorher vertraut zu machen, indem man sie mit den in **§ 5: Ausführungsvorschriften** *angegebenen Stoffen ausführt.*

c) Untersuchung des Niederschlages A

Ein Tropfen der wäßrigen Suspension des gut gemischten Niederschlages wird auf einen Objektträger gebracht. Wenn viereckige oder rhombenförmige Kristalle gefunden werden, ist das ein erster Hinweis auf die Anwesenheit von:

Oxalat, vor allem, wenn diese Kristalle gegen Versetzen der Suspension auf dem Objektträger (ohne Erhitzen) mit einem Tropfen 2 n HNO_3 ziemlich beständig sind. Zinkoxalat ist nämlich ziemlich beständig, während die übrigen Salze in dem Niederschlag und auch eventuell vorhandenes $Zn(OH)_2$ bei dieser Behandlung in Lösung gelangen. Man identifiziert nach Vorschrift 29.

Nachdem der Niederschlag unter dem Mikroskop beobachtet und auf Oxalat untersucht worden ist, werden mit einer Ballonpipette mit kapillar ausgezogener Spitze jedesmal kleine Mengen Niederschlag als Suspension aus der ZR auf ein Stück Filtrierpapier, eine Tüpfelplatte oder einen Objektträger gebracht und es wird nacheinander auf *Sulfid* nach Vorschrift 30, auf *Sulfit* nach Vorschrift 31, auf *Phosphat* nach Vorschrift 10, auf *Borat* nach Vorschrift 32, auf *Cyanid* nach Vorschrift 33 und auf *Fluorid* nach Vorschrift 27 oder Vorschrift 34 geprüft.

Ist Fluorid vorhanden, wird ein Viertel der klaren Lösung **B** *in einen Porzellantiegel übergegossen und für die Untersuchung auf Chlorid vorsichtig zur Trockne eingedampft.*

---

* FEIGL[200].

Da es nicht ausgeschlossen ist, daß Silikat aus dem *Glas* in Lösung gegangen und als Zinksilikat in den Niederschlag **A** gelangt ist, wird bei der Untersuchung auf die Anwesenheit von *Silikat* in dem *Gemisch* von dem ursprünglichen Stoff ausgegangen (siehe **e**).

d) Untersuchung der Lösung B

Man prüft nacheinander in einem oder, falls nötig, in mehreren Tropfen auf *Nitrit* nach Vorschrift 35, auf *Rhodanid* nach Vorschrift 36, auf *Chlorat* nach Vorschrift 37, auf *Jodid* nach Vorschrift 38 und auf *Thiosulfat* nach Vorschrift 39.

Ist Nitrit vorhanden, wird ein Viertel der Lösung **B** *in eine kleine ZR gebracht und für die Untersuchung auf Sulfat und Bromid bestimmt. Diesen abgetrennten Teil nennen wir Lösung* **C**.

Entfernen von Nitrit aus Lösung **C**.

Die Lösung **C** in der kleinen ZR mit 3 Tropfen 4 *n* Essigsäure ansäuern, danach 3 Tropfen einer $2^1/_2$%igen Lösung von Natriumazid zufügen. Die Lösung, die noch sauer auf Lackmus reagieren muß (kontrollieren!), ungefähr 5 Minuten lang im Wasserbad erhitzen, wobei das Wasserbad sieden muß. Nach dieser Behandlung muß sie nitritfrei sein; man kann das kontrollieren, indem man ein mit einer essigsauren Lösung von Sulfanilsäure und α-Naphthylamin getränktes Filtrierpapier über die ZR hält; kein rosa Fleck.

In einem Teil der so erhaltenen nitritfreien Lösung **C** oder, wenn kein Nitrit vorhanden ist, in einem Teil der Lösung **B** wird auf *Bromid* nach Vorschrift 40 und auf *Sulfat* nach Vorschrift 41 untersucht.

Die restliche Lösung wird in einen Porzellantiegel gebracht und vorsichtig bis zur Trockne eingedampft. Zu dem Rückstand werden 5 Tropfen H_2SO_4 1 : 2 zugefügt und der Tiegel leicht erhitzt, während er mit einem Uhrglas bedeckt ist, auf dem sich einige Tropfen Wasser zum Abkühlen des Kondensats an dessen Unterseite befinden. Dieses Kondensat wird auf ein zweites Uhrglas gebracht und mit 2 *n* KOH neutralisiert, das man mit einem Platindraht zufügt. Diese Lösung dient zur Untersuchung auf *Acetat* nach Vorschrift 42 und auf *Formiat* nach Vorschrift 43.

e) Untersuchung mit dem ursprünglichen Stoff

Dem Schema, soweit es bisher behandelt worden ist, fehlt noch der Nachweis der Anionen: Silikat, Nitrat, Chlorid und Carbonat. Zu ihrer Untersuchung geht man von dem ursprünglichen Stoff aus, von dem man jedesmal stecknadelkopfgroße Proben in Bearbeitung nimmt. Nur wenn Fluorid vorhanden ist, wird zur Untersuchung auf Chlorid von dem in Reserve gehaltenen vierten Teil der Lösung **B** ausgegangen, der in einem Porzellantiegel zur Trockne eingedampft worden ist.

Auf *Silikat* wird nach Vorschrift 28, auf *Nitrat* nach Vorschrift 44, auf *Chlorid* nach Vorschrift 45 und auf *Carbonat* nach Vorschrift 46 geprüft.

§ 5. Ausführungsvorschriften

1. Silber

a) Die ammoniakalische Lösung auf dem Objektträger an einem warmen Platz liegen lassen. NH_3 verdampft und AgCl kristallisiert als farblose Tetraeder, Oktaeder und Kuben.

Zur Übung: Man geht von einer 1%igen $AgNO_3$-Lösung aus: Zu einem Tropfen wird auf einem Objektträger mit einem Pt-Draht ein Mikrotropfen 4 *n* HCl zugefügt. Nach leichtem Erwärmen bis gerade zur Trockne wird ein großer Tropfen Wasser auf den Rückstand gegeben und danach abgeschleppt. Danach erneut einen Tropfen Wasser daraufgeben und abschleppen. Schließlich den Rückstand in einem Tropfen 4 *n* NH_4OH lösen und die ammoniakalische Lösung auf dem Objektträger an einem warmen Platz liegenlassen.

b) Tananaeff. Einige Tropfen des ammoniakalischen Extraktes in eine kleine ZR bringen und mit 4 *n* HCl ansäuern. Zentrifugieren. Den Niederschlag auf ein Stück Filtrierpapier setzen, einen Tropfen 2%iger $MnSO_4$-Lösung daraufgeben, dann einen kleinen Tropfen 2 *n* KOH: das Produkt wird schwarz. Nicht mit dem braunen Oxydationsprodukt von $Mn(OH)_2$ verwechseln!

Zur Übung: Man geht von 1%iger $AgNO_3$-Lösung aus: Zuerst wieder mit 4nHCl fällen und weiter verfahren wie oben.

2. Arsen

a) Den As_2S_3-Niederschlag auf einem Objektträger vorsichtig mit Königswasser zur Trockne eindampfen [ein Tropfen HNO_3 (1,2) + 3 Tropfen HCl 1 : 1] und die gebildete Schwefelsäure abrauchen. Den Rückstand in 1 Tropfen Wasser aufnehmen. Zu der Lösung einige Körnchen Magnesiumacetat zufügen und danach einen Tropfen konzentriertes NH_4OH. Primär entsteht ein amorpher Niederschlag, der bei Stehenlassen oder leichtem Erwärmen kristallines $NH_4MgAsO_4 \cdot 6$ aq. bildet: sechseckige Sterne, oft in dachförmige Kristalle übergehend, Kuverts, H- oder X-förmig.

Zur Übung: Man geht von 1%iger H_3AsO_4-Lösung aus: Zu einem Tropfen auf einem Objektträger mit einem Pt-Draht einige Körnchen Magnesiumacetat und danach einen Tropfen konzentriertes NH_4OH zufügen. Der anfangs amorphe Niederschlag geht nach einer Weile, schneller nach leichtem Erwärmen, in kristallines $NH_4MgAsO_4 \cdot 6$ aq. über.

b) Gutzeit Sr. Den As_2S_3-Niederschlag in einem kleinen Reagenzglas in warmer 2 *n* Kalilauge lösen und zu dieser Lösung ungefähr 10 mg Al-Späne zur Reduktion geben. Im oberen Teil des Reagenzglases befindet sich ein mit Bleiacetat angefeuchteter Wattebausch und auf der Röhre Filtrierpapier mit einem Tropfen gesättigter $HgCl_2$-Lösung: es wird gelb, später braun. Die Reaktion ist, auf diese Weise in alkalischer Lösung ausgeführt, weniger empfindlich als bei saurer Reduktion, dagegen jetzt vollkommen spezifisch für As (Sb nicht!), Arsenate werden auf diese Weise nicht reduziert!

Zur Übung: Man geht von 1%iger $AsCl_3$-Lösung aus: Zu einigen Tropfen der Lösung in einem kleinen Reagenzglas 2 *n* KOH zufügen, bis sie deutlich alkalisch wird, und danach ungefähr 10 mg Al-Späne zur Reduktion. Weiter verfahren wie oben.

3. Zinn

a) Einen Tropfen der Zinn(IV)lösung in HCl 1 : 1 auf einem Objektträger kurz erwärmen und zu dem warmen Tropfen einige Körnchen (nicht zuviel!) RbCl zufügen: Es entstehen kleine farblose Oktaeder und/oder Skelette von Rb_2SnCl_6. Statt RbCl kann auch $(C_2H_5)_4NCl$ oder $(CH_3)_4NBr$ verwendet werden.

Zur Übung: Man geht von 1%iger $SnCl_4$-Lösung aus: Wie oben.

b) DRYER, GUTZEIT JR. Zwei bis drei Tropfen der Zinn(IV)lösung in eine kleine ZR bringen, 1 ml HCl 1 : 1 dazugeben und danach ein Al-Spänchen von höchstens 5 mg. Diese Menge Al löst sich ganz, ohne ein Sediment zurückzulassen. Nach Lösen des Al einen kleinen Tropfen Kakothelin zufügen und kurz im Wasserbad erhitzen: Violette Farbe. Daneben wird eine Blindprobe ausgeführt.

Zur Übung: Man geht von 1%iger $SnCl_4$-Lösung aus: Wie oben.

4. Antimon

a) In einem Tropfen der Sb^{3+}-Lösung in HCl 1 : 1 auf einem Objektträger einige Körnchen KJ lösen, kurz erwärmen und den warmen Tropfen mit einigen Körnchen CsCl (Überschuß) versetzen: Es entstehen rote, hexagonale Plättchen oder sechseckige Sterne von $Cs_3Sb_2J_9$.

In einem Tropfen der salzsauren Lösung kann mit CsCl und einigen Körnchen KJ gleichzeitig auf Sn und Sb geprüft werden. Gelbe Oktaeder und/oder Skelette von Cs_2SnJ_6 werden dann neben orangeroten hexagonalen Plättchen von $Cs_3Sb_2J_9$ entstehen.

Zur Übung: Man geht von 1%iger $SbCl_3$-Lösung aus: Wie oben.

b) EEGRIWE. Ein großer Tropfen der Sb^{3+}-Lösung in HCl 1 : 1 wird auf der Tüpfelplatte mit einem *kleinen* Körnchen festem KNO_2 zu Sb^{5+} oxydiert. Kurz umrühren mit einem warmen Glasstab. Dann etwas davon in einen großen Tropfen Rhodamin-B-Reagens geben. Die Farbe verändert sich von Hellrot zu Violett bis Blau. Einen Überschuß KNO_2 vermeiden, da dieses auch das Reagens oxydieren kann.

Zur Übung: Man geht von 1%iger $SbCl_3$-Lösung aus: Wie oben.

5. Quecksilber

a) Die Lösung in $HClO_4$ auf einem Objektträger vorsichtig gerade bis zur Trockne eindampfen ($HgCl_2$ ist flüchtig!) und den Rückstand in einem kleinen, mit einem Mikrotropfen 4 *n* HCl angesäuerten Tropfen Wasser aufnehmen. Zu diesem Tropfen mit einem Pt-Draht einen Mikrotropfen einer konzentrierten NH_4CNS-Lösung zufügen und gut mischen. Danach zu dem Tropfen einige Körnchen eines Gemisches von Zinksulfat und etwas Kobaltacetat geben: Es entstehen hellblaue Federn, Nadelbüschel oder Kreuze. Lichtstärke eventuell abschwächen.

Zur Übung: Man geht von 1%iger $HgCl_2$-Lösung aus: Zu einem Tropfen dieser Lösung auf einem Objektträger einen Mikrotropfen einer konzentrierten NH_4CNS-Lösung zufügen und gut mischen. Weiter verfahren wie oben.

b) TANANAEFF. Einen Tropfen der Lösung auf ein Stück Filtrierpapier geben und hierzu erst einen Tropfen $SnCl_2$, dann einen Tropfen Anilin oder $(NH_4)_2SO_4 + NH_4OH$: Schwarzbrauner Fleck.

Zur Übung: Man geht von 1%iger $HgCl_2$-Lösung aus: Wie oben.

6. Kupfer

a) Einen Tropfen der ammoniakalischen Lösung auf einem Objektträger mit einem kleinen Tropfen konzentrierter Salzsäure ansäuern, zur Trockne eindampfen und NH_4-Salze austreiben und danach den Rückstand in einem Tropfen Wasser aufnehmen, der mit einem Mikrotropfen 4 *n* HCl angesäuert ist. Zu dieser Lösung einen Mikrotropfen einer konzentrierten $(NH_4)_2Hg(CNS)_4$-Lösung zufügen. Nach einigen Augenblicken Stehenlassen bilden sich gelbgrüne sternförmige, manchmal etwas wollige moosförmige $CuHg(CNS)_4 \cdot 1$ aq.-Kristalle.

Zur Übung: Man geht von 1%iger $CuCl_2$-Lösung aus: Zu einem Tropfen dieser Lösung auf einem Objektträger einen Mikrotropfen einer konzentrierten $(NH_4)_2Hg(CNS)_4$-Lösung zufügen. Weiter verfahren wie oben.

b) MONTEQUI. Einen Tropfen der ammoniakalischen Lösung auf einer Tüpfelplatte mit einem Tropfen 2 *n* H_2SO_4 und einem Tropfen 10%iger $ZnSO_4$-Lösung mischen. Zu dieser Mischung wird ein Tropfen $(NH_4)_2Hg(CNS)_4$-Lösung zugefügt und gerührt. Nach kurzem Warten wird die Farbe des Niederschlages violett.

Zur Übung: Man geht von 1%iger $CuCl_2$-Lösung aus: Einen großen Tropfen einer 10%igen $ZnSO_4$-Lösung auf der Tüpfelplatte mit einem Mikrotropfen der $CuCl_2$-Lösung mischen, danach einen Tropfen $(NH_4)_2Hg(CNS)_4$-Lösung zufügen und rühren. Weiter verfahren wie oben.

7. Cadmium

a) MEURICE. Die ammoniakalische Lösung zuerst mit Essigsäure neutralisieren. Einen Tropfen davon auf einem Objektträger zur Trockne eindampfen und danach leicht erhitzen, um die Ammoniumsalze zu entfernen. Den Rückstand in einem mit einem Mikrotropfen Essigsäure angesäuerten Tropfen Wasser aufnehmen, dazu einen Tropfen Brucinacetat-NaBr-Lösung geben und einige Augenblicke warten: Es entstehen Rosetten monokliner Prismen.

Zur Übung: Man geht von 1%iger $CdCl_2$-Lösung aus: Einen Tropfen dieser Lösung auf einem Objektträger zur Trockne eindampfen, danach auf den Rückstand erst einen Mikrotropfen Essigsäure und dann einen großen Tropfen Brucinacetat-NaBr-Lösung geben.

b) $Cd(OH)_2$ absorbiert „Cadion“ (p-Nitrophenyldiazoamino-p-azobenzol) und wird dabei orangerot.

Die ammoniakalische Lösung mit Essigsäure ansäuern. Einen Tropfen dieser Lösung auf ein Stück Filtrierpapier geben, dann einen Tropfen der Cadionlösung und schließlich einen Tropfen 2 *n* KOH. Der Fleck färbt sich rosa, wenn Cd vorhanden ist (purpur, wenn kein Cd vorhanden ist).

Zur Übung: Man geht von 1%iger $CdCl_2$-Lösung aus: Einen Tropfen dieser Lösung auf ein Stück Filtrierpapier geben und darauf zuerst einen Tropfen Cadionlösung und danach einen Tropfen 2 *n* KOH geben. Weiter verfahren wie oben.

8. Blei

a) MAHR. Den $PbSO_4$-Niederschlag auf einem Objektträger unter Erwärmung in einem Tropfen 2 *n* HNO_3 lösen. Zu dieser Lösung ein Körnchen Thioharnstoff zufügen: Es entstehen typische, feine, schwarz scheinende Nadeln.

Zur Übung: Man geht von einer 1%igen $Pb(NO_3)_2$-Lösung aus: Zu einem Tropfen dieser Lösung auf einem Objektträger einen Mikrotropfen 2 *n* HNO_3 und danach ein Körnchen Thioharnstoff zufügen.

b) Auf der Tüpfelplatte einige Körnchen Na_2O_2 mit einem kleinen Tropfen Wasser anfeuchten und dazu etwas von dem Niederschlag von $PbSO_4$ geben. Es entsteht braunes PbO_2.

Zur Übung: Man geht von 1%iger $Pb(NO_3)_2$-Lösung aus: Auf der Tüpfelplatte einige Körnchen Na_2O_2 mit einem kleinen Tropfen Wasser anfeuchten und dazu einen Mikrotropfen der Lösung geben.

9. Wismut

a) Zu einem Tropfen der schwefelsauren Lösung auf einem Objektträger einige Körnchen K_2SO_4 zufügen. Es bilden sich farblose, sechseckige Plättchen von Kaliumwismutsulfat: $3\,K_2SO_4 \cdot Bi_2(SO_4)_3$.

Zur Übung: Man geht von 1%iger $Bi(NO_3)_3$-Lösung aus: Zu einem Tropfen der Lösung auf einem Objektträger einen Mikrotropfen H_2SO_4 zufügen und danach den Tropfen vorsichtig beinahe bis zur Trockne eindampfen. Den Rückstand in einem kleinen Tropfen Wasser aufnehmen und danach einige Körnchen K_2SO_4 zufügen.

b) VANINO. Zu einem Tropfen der schwefelsauren Lösung auf der Tüpfelplatte einen Tropfen $SnCl_2$ zufügen und so viel 2*n* KOH, wie zum Lösen nötig ist: Schwarzer Niederschlag.

Zur Übung: Man geht von 1%iger $Bi(NO_3)_3$-Lösung aus: Wie oben.

10. Nachweis von Phosphaten

a) Auf einem Objektträger werden einige Tropfen der Lösung nacheinander zur Trockne eingedampft, bis genug Rückstand erhalten ist. Unter leichtem Erwärmen wird dieser in einem Tropfen HNO_3 (1,1 bis 1,2) aufgenommen. Man fügt einige Körnchen Ammoniummolybdat hinzu; nach einigen Augenblicken, falls nötig nach Impfstrich, entstehen gelbe, fast runde Kristalle von Ammoniumphosphormolybdat.

Zur Übung: Man geht von 1%iger Na_2HPO_4-Lösung aus: Einen Tropfen der Lösung auf einem Objektträger zur Trockne eindampfen, den Rückstand in einem Tropfen HNO_3 (1,2) aufnehmen und zu dieser Lösung einige Körnchen Ammoniummolybdat zufügen.

b) FEIGL-GILLIS. Einen Tropfen der Lösung auf der Tüpfelplatte mit 1 Tropfen 15%iger Weinsäurelösung in HNO_3 [15 g Weinsäure in 30 ml HNO_3 (1,2) + 70 ml Wasser] mischen. Von diesem Gemisch etwas auf quantitatives Filtrierpapier bringen, etwas trocknen lassen, dann einen Tropfen Molybdänreagens zufügen [5 g $(NH_4)_2MoO_4$ + 35 ml HNO_3 (1,2)].

Danach wieder etwas trocknen lassen, 1 Tropfen Benzidinacetatlösung zusetzen (0,05 g Benzidin in 10 ml Eisessig lösen und danach mit Wasser auf 100 ml auffüllen) und unmittelbar darauf einen Tropfen einer gesättigten Natriumacetatlösung aus einer Kunststoffvorratsflasche: Blaufärbung.

Zur Übung: Man geht von 1%iger Na_2HPO_4-Lösung aus: Wie oben.

11. Entfernung von Phosphaten

Zu der Lösung in der Eindampfschale werden ungefähr 50 mg festes NH_4Cl zugefügt, danach 2,5 ml einer 1%igen $ZrOCl_2$-Lösung. Danach wird zum Kochen erhitzt. Dann fügt man einen kleinen Tropfen Methylrot zu, danach 4,0 *n* NH_4OH, bis Neutralisation eintritt, und darüber hinaus noch 0,5 ml im Überschuß. Dann wird 2 Minuten lang gekocht, um das gefällte $ZrO_2 \cdot aq.$ in verdünnter Salzsäure unlöslich zu machen. Nach Abkühlen wird mit tropfenweise zugefügter 4,0 *n* Salzsäure neutralisiert, dann wird ein Überschuß von 0,15 ml 4,0 *n* HCl und ein Tropfen 30%iges H_2O_2 ($Fe^{2+} \rightarrow Fe^{3+}$) zugefügt und die Lösung erneut gekocht, bis das Volumen ungefähr 2 ml geworden ist. Nach quantitativem Überführen in eine kleine ZR zentrifugieren: In dem Niederschlag nach Vorschrift 65 auf Ti prüfen und die klare Lösung zur weiteren Untersuchung in eine große ZR gießen.

12. Chromat

a) Einen Tropfen der Lösung auf einem Objektträger mit einem kleinen Tropfen HNO_3 ansäuern, danach leicht erwärmen und ein kleines Körnchen $AgNO_3$ dazugeben: Es entstehen rote trikline Kristalle von $Ag_2Cr_2O_7$.

Zur Übung: Man geht von 1%iger K_2CrO_4-Lösung aus: Zu einem Tropfen der Lösung auf einem Objektträger einen Tropfen HNO_3 zufügen, leicht erwärmen und ein kleines Körnchen $AgNO_3$ in den warmen Tropfen geben.

b) Cazeneuve. Zu einem Tropfen der Lösung auf der Tüpfelplatte einen Tropfen 2 *n* H_2SO_4 und danach einen Tropfen Diphenylcarbazidlösung zufügen: Violettfärbung.

Zur Übung: Man geht von 1%iger K_2CrO_4-Lösung aus: Einen Tropfen der Lösung auf der Tüpfelplatte mit einem Tropfen 2 *n* H_2SO_4 ansäuern und danach einen Tropfen Diphenylcarbazidlösung zufügen.

Geht man von einer Cr^{3+}-Lösung aus, oxydiert man einen Tropfen davon auf der Tüpfelplatte mit KOH und Brom, säuert mit 2 *n* H_2SO_4 an, entfernt den Überschuß an Brom mit Phenol und prüft dann mit einem Tropfen Diphenylcarbazidlösung: Violettfärbung auch bei einem Überschuß 2 *n* H_2SO_4. Sonst stört Eisen(III). Neben 200fachem Überschuß von Co, Mn, Ni noch sehr deutlich.

13. Aluminium

a) Ein Tropfen der Lösung wird auf einem Objektträger zur Trockne eingedampft, der Rückstand in einem Tropfen Wasser aufgenommen und mit einem Mikrotropfen HCl angesäuert. Dann fügt man einen Mikrotropfen einer konzentrierten $CsHSO_4$-Lösung zu. Nach einer Weile entstehen farblose Oktaeder oder Skelette von Cs-Al-Alaun.

Zur Übung: Man geht von 1%iger $AlCl_3$-Lösung aus: Zu einem Tropfen der Lösung auf einem Objektträger einen Mikrotropfen einer konzentrierten $CsHSO_4$-Lösung zufügen.

b) ATACK. Einen Tropfen der Lösung auf ein Stück *quantitatives* Filtrierpapier geben und darauf einen Tropfen Alizarinsulfonsäure-Na-Lösung. Über NH_3 entwickeln, dann mit 0,2 *n* Essigsäure abspülen: Es entsteht eine rotbraune Farbe.

Zur Übung: Man geht von 1%iger $AlCl_3$-Lösung aus: Wie oben.

14. Eisen

a) In einen Tropfen der $FeCl_3$-Lösung auf einem Objektträger einen Mikrotropfen einer konzentrierten $CsHSO_4$-Lösung geben. Nach einigen Augenblicken entstehen Oktaeder von Cs-Fe-Alaun, die hellviolett sind, jedoch wegen der Farbe der $FeCl_3$-Lösung farblos scheinen können und dann nicht von den Kristallen des entsprechenden Cs-Al-Alauns zu unterscheiden sind. Sie werden zur Unterscheidung zweimal mit einem Tropfen Wasser ausgewaschen und die Flüssigkeit abgeschleppt, danach wird ein Tropfen NH_4OH daraufgegeben. Durch Bildung von $Fe(OH)_3$ färben sich die Kristalle rotbraun oder erhalten einen rotbraunen Umriß (Pseudomorphose).

Zur Übung: Man geht von 1%iger $FeCl_3$-Lösung aus: Wie oben.

b) Ein Tropfen der $FeCl_3$-Lösung wird auf der Tüpfelplatte mit einem Körnchen NH_4CNS zusammengegeben: Rotfärbung.

Zur Übung: Man geht von 1%iger $FeCl_3$-Lösung aus: Wie oben.

15. Kobalt

a) Einen Tropfen der Lösung auf einem Objektträger kurz erwärmen und mit einem Pt-Draht einen kleinen Tropfen einer konzentrierten $(NH_4)_2Hg(CNS)_4$-Lösung dazugeben. Es entstehen blaugefärbte Kristalle, einzelne Nadeln oder Nadelbüschel von $CoHg(CNS)_4$, wenn ausschließlich Kobalt vorhanden ist; andere Formen, wenn neben Kobalt Nickel und/oder Zink vorkommt.

Zur Übung: Man geht von 1%iger $CoCl_2$-Lösung aus: Wie oben.

b) SKEY, VOGEL, DITZ. Zu einem Tropfen der Lösung auf der Tüpfelplatte einen gleich großen Tropfen einer 5%igen Lösung von KCNS in Aceton zufügen: Blaugrünfärbung.

Zur Übung: Man geht von 1%iger $CoCl_2$-Lösung aus: Wie oben.

16. Nickel

a) Einen Tropfen der Lösung auf einem Objektträger zur Trockne eindampfen und den Rückstand in einem Tropfen 2 *n* Essigsäure aufnehmen. Den Tropfen danach auf Siedetemperatur erhitzen und mit einem Glasstab zu dem warmen Tropfen einen Tropfen einer gesättigten alkoholischen Dimethylglyoximlösung zusetzen: Es entstehen feine rote und violette Nadeln.

Zur Übung: Man geht von 1%iger $NiCl_2$-Lösung aus: Wie oben.

b) TSCHUGAEFF. Zu einem Tropfen der Lösung auf der Tüpfelplatte zuerst einen kleinen Tropfen 2 *n* NH_4OH und danach einen Tropfen einer 1%igen alkoholischen Dimethylglyoximlösung zufügen: Roter Niederschlag (Fe^{2+} gibt nur eine rote Farbe). Wenn Co vorhanden ist, nicht mit NH_4OH alkalisch machen, sondern mit Weinsäure + H_2O_2 + Soda (in dieser Reihenfolge!), bis alkalische Reaktion eintritt; dann geht Co^{2+} in einen grünen Co^{3+}-Komplex über, neben dem die Ni-Farbe viel besser zu sehen ist, vor allem wenn außerdem am Schluß ein Tropfen Amylalkohol zugefügt wird.

Zur Übung: Man geht von 1%iger $NiCl_2$-Lösung aus: Wie oben.

17. Mangan

a) An einem Pt-Draht einen Tropfen der Lösung über einer Mikroflamme zur Trockne eindampfen, danach mit dem Draht einige Körnchen eines angefeuchteten Gemisches von KNO_3 und Na_2CO_3 aufnehmen und sie über der Mikroflamme schmelzen: Grüne Schmelze.

Zur Übung: Man geht von 1%iger $MnCl_2$-Lösung aus: Wie oben.

b) WILLARD und GREATHOUSE. Zu einem Tropfen der Lösung auf einer Porzellanscherbe einen Tropfen konzentrierte Phosphorsäure, 2 Tropfen Wasser und schließlich ein kleines Körnchen KJO_4 zufügen und dann *leicht* erwärmen: Rotfärbung durch Bildung von MnO_4^-, danach Abscheidung von $MnO_2 \cdot aq$. Umrühren ist erwünscht.

Zur Übung: Man geht von 1%iger $MnCl_2$-Lösung aus: Wie oben.

18. Zink

a) Einen Tropfen der neutralen Lösung auf einem Objektträger kurz erwärmen und mit einem Pt-Draht einen Tropfen einer konzentrierten $(NH_4)_2Hg(CNS)_4$-Lösung hinzufügen. Es entstehen viereckige, gezackte Sterne oder Kreuze von $ZnHg(CNS)_4$, die bei durchfallendem Licht schwarz, bei auffallendem Licht silberweiß sind.

Zur Übung: Man geht von 1%iger $ZnCl_2$-Lösung aus: Wie oben.

b) FEIGL. Auf der Tüpfelplatte ein Gemisch herstellen aus: 3 Tropfen einer 5%igen $K_2Ni(CN)_4$-Lösung, 2 Tropfen einer gesättigten alkoholischen Dimethylglyoximlösung und 2 Tropfen konzentrierten Ammoniumhydroxyds. 2 Tropfen dieser Lösung mit einer Ballonpipette zu dem zu untersuchenden Tropfen geben, wodurch er ammoniakalisch werden muß: Roter Niederschlag.

Zur Übung: Man geht von 1%iger $ZnCl_2$-Lösung aus: Wie oben.

19. Calcium

a) Mikroskopisch als Sulfat. Einen Tropfen der Lösung wie in Vorschrift 22 behandeln.

b) Auf der Tüpfelplatte löst man eine minimale Menge festes Murexid in einem Tropfen 2 *n* KOH und 2 Tropfen Wasser. Hierzu fügt man einen Tropfen der auf Ca^{2+} zu untersuchenden Lösung. Die Farbe verändert sich von Violett zu Rosa.

Zur Übung: Man geht von 1%iger $CaCl_2$-Lösung aus: Wie oben.

20. Magnesium

a) In einem Tropfen der Lösung auf einem Objektträger nacheinander lösen: ein Körnchen NH_4Cl, die doppelte Menge Zitronensäure und ein Körnchen $Na_2HPO_4 \cdot 12$ aq. Danach einen Tropfen konzentriertes Ammoniumhydroxyd zufügen. Primär entsteht ein amorpher Niederschlag, der bei Stehenlassen kristallines $NH_4MgPO_4 \cdot 6$ aq. bildet: Es entstehen gezackte Sterne, H- oder X-Formen, häufig in dachförmige Kristalle oder Kuverts übergehend.

Zur Übung: Man geht von 1%iger $MgCl_2$-Lösung aus: Wie oben.

b) Kolthoff. Zu einigen Tropfen der salzsauren Lösung in einer kleinen ZR einen Überschuß (ungefähr 1 ml) 2 *n* KOH und danach einen Tropfen Titangelblösung zufügen. Danach die ZR 2 Minuten lang im Wasserbad erhitzen und dann zentrifugieren: Rotvioletter Niederschlag. Daneben eine Blindprobe ausführen. Suspensionen von Mg-Carbonat oder Mg-Phosphat und KOH zeigen diese Reaktion auch; Suspensionen von Ca-Carbonat oder Ca-Phosphat nicht.

Auch hierbei ist eine Blindprobe erforderlich.

Zur Übung: Man geht von 1%iger $MgCl_2$-Lösung aus: Wie oben.

21. Barium

a) Einen Teil des Niederschlages von $BaCrO_4$ auf ein kleines Uhrglas bringen, in einem Tropfen 4 *n* HCl lösen und danach 5 Tropfen Alkohol zufügen. Dann über einer sehr kleinen Flamme erhitzen, bis ein Tropfen übrig geblieben ist. Diesen Tropfen auf einen Objektträger bringen, einige Körnchen $(NH_4)_2SiF_6$ zufügen und kurz erhitzen: Es entstehen Nadeln oder linsenförmige Kristalle von $BaSiF_6$, die leicht aus einem Tropfen Wasser unter Erwärmung umkristallisiert werden können.

Zur Übung: Man geht von 1%iger $BaCl_2$-Lösung aus: Zu einem Tropfen der Lösung auf einem Objektträger einige Körnchen $(NH_4)_2SiF_6$ zufügen und kurz erwärmen.

b) Feigl. Eine frisch hergestellte Lösung von Na-Rhodizonat in Wasser gibt sowohl mit Ba^{2+} als auch mit Sr^{2+} einen rotbraunen Niederschlag. Der Strontiumniederschlag ist in der Kälte leichter in 0,5 *n* HCl löslich, während der Bariumniederschlag durch Zufügen von 0,5 *n* HCl eine mehr kirschrote Farbe annimmt. Weiters reagiert Strontiumchromat mit Na-Rhodizonat, im Gegensatz zu Bariumchromat, das nicht damit reagiert.

Löse auf der Tüpfelplatte ein Körnchen Na-Rhodizonat in einigen Tropfen Wasser zu einer apfelsinenfarbigen Lösung. Einen Tropfen der zu untersuchenden Lösung auf ein Stück Filtrierpapier geben und einen Tropfen Na-Rhodizonatlösung zufügen. Ein rotbrauner Fleck deutet auf die Anwesenheit von Ba^{2+} und/oder Sr^{2+}. Zur vorläufigen Unterscheidung kann man wie folgt verfahren:

Auf den rotbraunen Fleck einen Tropfen 0,5 *n* HCl geben. Wenn der Fleck unmittelbar verschwindet, ist wahrscheinlich nur Sr^{2+} vorhanden, wenn nicht, kann Ba^{2+} vorhanden sein, vielleicht neben Sr^{2+}. Der Versuch wird jetzt auf Kaliumchromatpapier (in 5%iger K_2CrO_4-Lösung getränktes und danach an der Luft getrocknetes Filtrierpapier) wiederholt. Einen Tropfen der zu untersuchenden Lösung auf ein Stück Kaliumchromatpapier geben, eine Minute warten und dann einen Tropfen der Na-Rhodizonatlösung zufügen. Ein roter Fleck deutet auf die Anwesenheit von Sr^{2+}.

Zur Übung: Man geht von 1%iger $BaCl_2$-Lösung und 1%iger $SrCl_2$-Lösung aus: Wie oben.

22. Calcium

Einen Tropfen der salpetersauren Lösung auf dem Objektträger zur Trockne eindampfen und den Rückstand in einem Tropfen Wasser aufnehmen. Einen Mikrotropfen 4 *n* H_2SO_4 zusetzen und zur Randkristallisation eindampfen: Es entstehen Nadelbüschel oder dünne Prismen mit schiefen Endflächen und schiefer Auslöschung von $CaSO_4 \cdot 2\,aq$.

Zur Übung: Man geht von 1%iger $CaCl_2$-Lösung aus: Zu einem Tropfen der Lösung auf einem Objektträger einen Mikrotropfen 4 *n* H_2SO_4 zufügen und zur Randkristallisation eindampfen.

23. Strontium

a) Adams, Benedetti-Pichler und Bryant. Den Rückstand auf einem Objektträger in einem großen Tropfen Wasser lösen und zur Trockne eindampfen, danach in einem Tropfen 2%iger $Cu(NO_3)_2$-Lösung aufnehmen und wieder — jedoch jetzt sehr vorsichtig — zur Trockne eindampfen. Man nimmt dann in einem Tropfen sehr verdünnter Essigsäure auf und gibt ein Körnchen KNO_2 in die Lösung. Nach kurzer Zeit, eventuell nach Eindampfen zur Randkristallisation, entstehen blaugrüne Kuben von K-Sr-Cu-Tripelnitrit.

Zur Übung: Man geht von 1%iger $Sr(NO_3)_2$-Lösung aus: Einen Tropfen der Lösung auf einem Objektträger zur Trockne eindampfen, den Rückstand in einem Tropfen 2%iger $Cu(NO_3)_2$-Lösung aufnehmen und wieder, jedoch jetzt sehr vorsichtig, zur Trockne eindampfen. Man nimmt dann in einem Tropfen sehr verdünnte Essigsäure auf usw., wie oben. Geht man von einer $SrCl_2$-Lösung aus, darf man kein Kupfer(II)nitrat, sondern muß Kupfer(II)acetat anwenden.

b) Einen Tropfen der Lösung auf einem Objektträger bis beinahe zur Trockne eindampfen und danach mit einem Glasstäbchen einen Tropfen einer 15%igen K_2CrO_4-Lösung zufügen: Es entstehen gelbe Nadeln oder garbenförmige Nadelbüschel von $SrCrO_4$.

Zur Übung: Man geht von 1%iger $SrCl_2$-Lösung aus: Wie oben.

c) Einen Tropfen der Lösung auf einem Objektträger fast bis zur Trockne eindampfen und danach mit einem Glasstäbchen einen Tropfen einer 1%igen Oxalsäurelösung hinzufügen: Es bilden sich scharf gezeichnete vierseitige Prismen mit Pyramidenkopf, oftmals mit der Längsachse senkrecht auf dem Objektträger stehend.

Zur Übung: Man geht von 1%iger $SrCl_2$-Lösung aus: Wie oben.

24. Kalium

a) Zu einem Tropfen der Lösung auf einem Objektträger einen Mikrotropfen konzentrierter Schwefelsäure zufügen und zur Trockne eindampfen. Nach Abkühlen einen kleinen Tropfen Wasser auf den Rückstand geben und den Tropfen danach in eine andere Ecke des Objektträgers abschleppen und dort zur Trockne eindampfen. Auf den so erhaltenen Rückstand einen großen Tropfen Dipicrylaminreagens geben: Nach einigen Augenblicken entstehen rote Kristalle, die vor allem bei niedriger Kaliumkonzentration typische langgestreckte hexagonale Formen annehmen.

Zur Übung: Man geht von 1%iger KCl-Lösung aus: Zu einem Tropfen auf einem Objektträger einen großen Tropfen Dipicrylaminreagens zufügen.

b) Einen Tropfen der Lösung nach Versetzen mit einem Mikrotropfen konzentrierter Schwefelsäure zur Trockne eindampfen und den Rückstand mit einem Tropfen Wasser extrahieren, wie unter *a*) angegeben. Den Extrakt auf ein Stück Filtrierpapier bringen und direkt einen Tropfen Dipicrylaminreagens zufügen: Orangeroter Fleck, der gegen 2 *n* HCl beständig ist.

Zur Übung: Man geht von 1%iger KCl-Lösung aus: Einen Tropfen der Lösung auf ein Stück Filtrierpapier geben und einen Tropfen Dipicrylaminreagens unmittelbar daraufsetzen.

25. Natrium

a) Einen Tropfen der Lösung oder, falls nötig, einige Tropfen nacheinander auf einem Objektträger gerade bis zur Trockne eindampfen und einen großen Tropfen Zinkuranylacetatlösung nach Kolthoff auf den Rückstand setzen: Es entstehen wenig lichtbrechende, hellgelbe Sechsecke von Na-Zn-UO_2-Acetat.

Zur Übung: Man geht von 1%iger NaCl-Lösung aus: Wie oben.

b) Zu einem Tropfen der neutralen Lösung (kontrollieren, falls nötig neutralisieren!) auf einer schwarzen Tüpfelplatte zuerst 2 Tropfen Alkohol und danach 4 bis 5 Tropfen Zinkuranylacetatlösung nach Kolthoff zufügen und gut rühren: Blaßgelber Niederschlag oder Trübung.

Zur Übung: Man geht von 1%iger NaCl-Lösung aus: Wie oben.

26. Ammonium

Ungefähr ein stecknadelkopfgroßes Stück des ursprünglichen Stoffes in einem Mikroexsiccator mit einem Tropfen 2 *n* NaOH zusammengeben, den Exsiccator mit einem Objektträger abdecken, an dessen Unterseite ein Tropfen einer 10%igen HJO_3-Lösung hängt. Ungefähr eine Minute stehen lassen. Das aus dem Stoff befreite NH_3 wird in dem Tropfen schwarz scheinende, meistens viereckige Kristalle von NH_4JO_3 entstehen lassen; falls nötig, eindampfen.

Zur Übung: Man geht von festem NH_4Cl aus: Ein Körnchen im Mikroexsiccator mit einem Tropfen 2 *n* NaOH zusammengeben usw.: Wie oben.

27. Fluorid

Behrens. Einige mg des zu untersuchenden Stoffes werden in einem flachen Mikrotiegel aus Blei mit ungefähr der gleichen Menge feingepulvertem Quarz gemischt. Es werden 2 bis 3 Tropfen konzentrierte Schwefelsäure zugefügt. Unmittelbar nach Beendigung der heftigen Reaktion, die auftreten kann, wird der Tiegel mit einem Objektträger abgedeckt, an dem ein Tropfen 1%ige $BaCl_2$-Lösung hängt. Man läßt ihn 5 Minuten ruhig stehen; Erwärmen ist in der Regel nicht nötig. Das gebildete SiF_4 reagiert mit dem Wasser des $BaCl_2$-Tropfens unter Bildung von Kieselsäure und H_2SiF_6. Erstere läßt sich als weißer Rand um den Tropfen herum erkennen; letzteres bildet in dem Tropfen $BaSiF_6$, dessen Kristalle manchmal stabförmig, manchmal mehr einem Weidenblatt ähnelnd, nach einer Weile, eventuell nach leichtem Erwärmen zur Randkristallisation, unter dem Mikroskop sichtbar werden. Durch Umkristallisieren aus einem großen Tropfen Wasser unter Erwärmung erhält man größere Kristalle.

Bei vielen mineralischen Fluoriden ist es nötig, sie vorher mit NaOH aufzuschließen.

Zur Übung: Man geht von festem NaF aus: Wie oben.

28. Kieselsäure

Einige mg des zu untersuchenden Stoffes werden mit 2 bis 3 Tropfen konzentrierter Schwefelsäure in einem flachen Mikrotiegel aus Blei leicht erwärmt, um allerlei störende Stoffe zu entfernen. Nach Abkühlung werden einige mg festes NaF zugefügt und der Tiegel mit einer Cellonplatte, an der ein Tropfen 1%ige $BaCl_2$-Lösung hängt, (nicht mit einem Objektträger) abgedeckt; danach läßt man 5 Minuten ruhig stehen. Das entwickelte SiF_4 wird in der $BaCl_2$-Lösung aufgefangen und nachgewiesen, wie in Vorschrift 27 beschrieben.

Zur Übung: Man geht von Quarzpulver aus: Wie oben.

29. Oxalat

a) Einen Tropfen der Suspension vorsichtig auf einem Objektträger zur Trockne eindampfen und nach Abkühlen, *ohne zu rühren*, einen Tropfen 2 *n* HNO_3 auf den Rückstand geben; danach wird der Tropfen abgeschleppt. Die HNO_3-Behandlung und das Abschleppen des Tropfens wiederholen. Dann wird wieder ein Tropfen 2 *n* HNO_3 daraufgegeben, kurz leicht erwärmt und mit einem Pt-Draht ein kleiner Tropfen einer verdünnten $KMnO_4$-Lösung zugefügt: Entfärbung.

Zur Übung: Man geht von festem $K_2C_2O_4$ aus: Einige Kristalle in einer kleinen ZR unter Erwärmung im Wasserbad in 0,5 ml Wasser lösen und zu der warmen Lösung einen Mikrotropfen 2 *n* KOH und danach einen großen Tropfen 5%ige $Zn(NO_3)_2$-Lösung zufügen. Nach kurzem Erwärmen im Wasserbad zentrifugieren. Den auf Zimmertemperatur abgekühlten Niederschlag zweimal mit 0,5 ml kaltem Wasser auswaschen und als Suspension auf einen Objektträger bringen. Diese Suspension wie oben behandeln.

b) Zwei Tropfen der Suspension in eine kleine ZR bringen und danach 5 Tropfen 2 *n* H_2SO_4 und ungefähr eine stecknadelkopfgroße Menge Magnesiumpulver hinzufügen. Nach Beendigung der Reaktion 1 ml einer Lösung von 2,7 Dihydroxynaphthalen in konzentrierter Schwefelsäure (die Lösung ist nicht haltbar!) zufügen und die ZR 20 Minuten lang im Wasserbad erwärmen: Violettfärbung.

Zur Übung: Man geht von festem $K_2C_2O_4$ aus: Einige Kristalle in einer kleinen ZR in Wasser lösen und diese Lösung weiter wie die Suspension oben behandeln.

30. Sulfid

a) Zu der Suspension — auf Filtrierpapier gebracht — einen Tropfen einer schwach sauren Bleinitratlösung zufügen: Gelbbraunfärbung.

Zur Übung: Man geht von ZnS aus: Einige Körnchen in einem Tropfen Wasser suspendieren und weiter verfahren wie oben.

b) Zu der Suspension — auf einen Objektträger gebracht — einen Tropfen 2,5%ige Natriumazidlösung und einen Tropfen 0,1 *n* Jod in KJ zufügen: Gasbläschen und Entfärbung der Jodlösung.

Zur Übung: Man geht von ZnS aus: Einige Körnchen in einem Tropfen Wasser suspendieren und weiter verfahren wie oben.

31. Sulfit

a) Zu der Suspension (pH = 8) auf der Tüpfelplatte einen kleinen Tropfen einer 0,025%igen Malachitgrünlösung zufügen: Entfärbung (S^{2-} und CN^- reagieren auch so, sind aber im Niederschlag der Zinksalze nicht in ausreichender Menge vorhanden, um Entfärbung zu verursachen. Zinkoxalat entfärbt eine Malachitgrünlösung nicht).

Zur Übung: Man geht von Na_2SO_3 aus: Einige Kristalle auf der Tüpfelplatte in 2 bis 3 Tropfen Wasser lösen. In eine danebenliegende Vertiefung in der Tüpfelplatte einige Tropfen einer 0,025%igen Malachitgrünlösung geben. Diesen Tropfen in die Na_2SO_3-Lösung bringen.

b) Einen Tropfen der Suspension in einen Mikroexsiccator bringen, einen Tropfen einer 1%igen $HgCl_2$-Lösung und einen Tropfen 2 *n* HCl zufügen und den Exsiccator mit Filtrierpapier abdecken, an dessen Unterseite sich etwas Paste aus grünem $Ni(OH)_2$ befindet (in einer kleinen

ZR herzustellen aus $NiCl_2$- und NaOH-Lösung und den Niederschlag mit Wasser gründlich auswaschen): Schwarzfärbung.

Zur Übung: Man geht von Na_2SO_3 aus: Einen Kristall in einem Tropfen Wasser im Mikroexsiccator lösen. Zu dieser Lösung einen Tropfen einer 1%igen $HgCl_2$-Lösung und einen Tropfen 2*n* HCl zufügen. Weiter verfahren wie oben.

32. Borat

a) Einen Tropfen der Suspension auf frisch hergestelltes Curcumapapier geben, einen Tropfen 2 *n* HCl hinzufügen und das Papier auf einem Uhrglas, das auf ein Wasserbad gestellt wird, trocknen: Rotbraunfärbung.

Danach auf den rotbraunen Fleck einen Tropfen 2 *n* KOH geben: Bläulichgrünfärbung.

Zur Übung: Man geht von $Na_2B_4O_7 \cdot 10$ aq. aus: Einen Kristall in einem Tropfen Wasser lösen, den Tropfen auf Curcumapapier bringen und einen Tropfen 2 *n* HCl hinzufügen, weiter verfahren wie oben.

b) Einen Tropfen der Suspension in einem Porzellantiegel mit einigen Körnchen $ZrOCl_2$ mischen, danach mit 2 bis 3 Tropfen HCl 1 : 1 ansäuern und über einem Mikrobrenner leicht erwärmen, während der Tiegel mit einem halben Objektträger abgedeckt wird. Darauf kondensiert zuerst Wasser und H_3BO_3. Erwärmen des Tiegels fortsetzen, bis das Kondensat auf dem Objektträger verdampft ist: Es entstehen trikline Kristalle (Sechsecke) von H_3BO_3.

Zur Übung: Man geht von $Na_2B_4O_7 \cdot 10$ aq. aus: Ein Körnchen in einem Porzellantiegel in einem Tropfen Wasser lösen, die Lösung mit 2 bis 3 Tropfen HCl 1 : 1 ansäuern und weiter verfahren wie oben.

33. Cyanid

a) Zu einem Tropfen der Suspension im Mikroexsiccator zuerst einen Tropfen einer gesättigten $NaHCO_3$-Lösung hinzufügen, auf 60^0 C erwärmen und den Exsiccator mit Filtrierpapier abdecken, auf das ein Tropfen einer gemischten Lösung einer 3%igen Lösung von Kupfer(II)acetat und einer 1%igen Lösung von Benzidinacetat in verdünnter Essigsäure gegeben wird: Nach einiger Zeit Blaufärbung (Sulfit stört nicht!).

Zur Übung: Man geht von KCN aus: Ein Körnchen im Mikroexsiccator in einem Tropfen Wasser lösen und diese Lösung wie oben die Suspension behandeln.

b) Sind Phosphat und Borat nicht vorhanden, löst man einen Tropfen der Suspension auf einem Objektträger durch Zufügen von möglichst wenig 2 *n* HNO_3. Danach ein Körnchen Alloxan zufügen und dann einen Tropfen 4 *n* NH_4OH: Es bilden sich farblose Nadeln, meistens zu Sternen vereinigt.

Zur Übung: Man geht von KCN aus: Ein Körnchen auf einem Objektträger in einem Tropfen Wasser lösen, ein Körnchen Alloxan und danach einen Tropfen 4 *n* NH_4OH zufügen.

34. Fluorid

Einen Tropfen der Suspension auf der Tüpfelplatte mit einem Tropfen einer salzsauren Zirkonalizarinlösung mischen: nach kurzer Zeit verändert sich die Farbe von Rot zu Gelb.

Zur Übung: Man geht von NaF aus: Ein Körnchen auf der Tüpfelplatte in einem Tropfen Wasser lösen und einen Tropfen einer salzsauren Zirkonalizarinlösung dazugeben.

35. Nitrit

a) Einen Tropfen der Lösung in einem Mikroexsiccator mit einem Tropfen 4 *n* Essigsäure zusammengeben und den Exsiccator mit Filtrierpapier abdecken, worauf sich ein Tropfen einer gemischten Lösung von 5%iger Sulfanilsäure in 4 *n* Essigsäure und 0,5%igem α-Naphthylamin in 4 *n* Essigsäure befindet: Rosafärbung. Die gemischte Lösung ist nicht haltbar.

Zur Übung: Man geht von KNO_2 aus: Ein Körnchen in einem Mikroexsiccator in einem Tropfen Wasser lösen. Zu dieser Lösung einen Tropfen 4 *n* Essigsäure zufügen usw., wie oben.

b) Wie *a*), aber den Exsiccator mit einem Objektträger abdecken, an dessen Unterseite sich ein Tropfen Wasser befindet, das mit einer Spur KOH alkalisch gemacht wurde. Nach 2 Minuten den Tropfen zur Trockne eindampfen und den Rückstand auf eine der Ecken desselben Objektträgers bringen, wo in einem Tropfen 4 *n* Essigsäure ein stecknadelkopfgroßes Stück Nitron — falls nötig unter Erwärmung — gelöst ist. Den Rückstand in diesem Tropfen lösen. Nach Erhitzung zur Randkristallisation entstehen typische Nadelbüschel, die vor allem nach Umkristallisieren aus einem großen Tropfen Wasser unter Erwärmung sehr hübsch aussehen.

Zur Übung: Man geht von KNO_2 aus: In einem Tropfen 4 *n* Essigsäure auf einem Objektträger ein stecknadelkopfgroßes Stück Nitron lösen, falls nötig unter Erwärmung. In diesem Tropfen ein Körnchen KNO_2 lösen, danach zur Randkristallisation erhitzen. Die erhaltenen Kristalle aus einem großen Tropfen Wasser unter Erwärmung umkristallisieren.

36. Rhodanid

Einen Tropfen der Lösung **B** auf der Tüpfelplatte mit einem Tropfen 2 *n* HCl ansäuern und danach einen Tropfen einer $FeCl_3$-Lösung zufügen: Rotfärbung, in einem Tropfen Amylalkohol auszuschütteln.

Zur Übung: Man geht von NH_4CNS aus: Ein Körnchen auf der Tüpfelplatte in einem Tropfen Wasser lösen, einen Tropfen 2 *n* HCl und danach einen Tropfen einer $FeCl_3$-Lösung zufügen.

37. Chlorat

Zu einem Tropfen der Lösung **B** auf der Tüpfelplatte einen Tropfen Anilin und danach einen Tropfen konzentrierte Schwefelsäure zufügen: Blaufärbung.

Zur Übung: Man geht von $KClO_3$ aus: Ein Körnchen auf der Tüpfelplatte in einem Tropfen Wasser lösen, einen Tropfen Anilin zufügen usw., wie oben.

38. Jodid

a) Zu einem Tropfen der Lösung **B** in dem Mikroexsiccator einen Tropfen 4 *n* Essigsäure und einige Kristalle KNO_2 zufügen und den Exsiccator mit Filtrierpapier abdecken, auf dem sich ein Tropfen Stärkelösung befindet. Den Exsiccator 2 bis 3 Minuten lang an einem warmen (40 bis 50° C) Platz liegen lassen: Es entsteht ein blauer Fleck.

Zur Übung: Man geht von KJ aus: Ein Körnchen im Mikroexsiccator in einem Tropfen Wasser lösen, einen Tropfen 4 *n* Essigsäure und einige Kristalle KNO_2 zufügen usw., wie oben.

b) Wie *a*), aber den Exsiccator mit einem Objektträger abdecken, an dessen Unterseite ein Tropfen Wasser hängt, der einige (sehr wenige) Stärkekörner enthält. 2 bis 3 Minuten an einem warmen Platz liegen lassen: Blaufärbung der Stärkekörner.

Zur Übung: Man geht von KJ aus: Ein Körnchen im Mikroexsiccator in einem Tropfen Wasser lösen usw., wie oben.

39. Thiosulfat

a) In eine kleine ZR 0,2 ml der Lösung **B** geben (= die Hälfte des konisch zulaufenden Unterteils), danach im Wasserbad ungefähr bis zum Siedepunkt erhitzen und dann einen Tropfen einer 5%igen $Pb(NO_3)_2$-Lösung zufügen. Zentrifugieren, die klare Lösung verwerfen und zu dem Niederschlag einen Tropfen einer 5%igen $AgNO_3$-Lösung hinzufügen: Braunfärbung nach leichter Erwärmung.

Zur Übung: Man geht von $Na_2S_2O_3$ aus: Einige Körnchen in einer kleinen ZR in 0,2 ml Wasser lösen, im Wasserbad ungefähr bis zum Siedepunkt erhitzen usw., wie oben.

b) Ungefähr 0,2 ml der Lösung **B** in eine kleine ZR geben und mit 2 *n* KOH auf Thymolblau neutralisieren. Nach Erwärmen im Wasserbad zentrifugieren. Einen Tropfen der klaren Lösung auf einen Objektträger bringen; einen Tropfen einer Lösung von Nickeläthylendiamin zufügen und zum Sieden erhitzen. Nach Abkühlung entstehen scharf gezeichnete, sehr lange, stark doppelbrechende violette Prismen.

Zur Übung: Man geht von $Na_2S_2O_3$ aus: Einige Körnchen in einer kleinen ZR in ungefähr 0,2 ml Wasser lösen und diese Lösung wie oben behandeln.

40. Bromid

a) Zu einem Tropfen der Lösung im Mikroexsiccator einen Tropfen 4 *n* Essigsäure und ein stecknadelkopfgroßes Stück PbO_2 geben und den Exsiccator mit Filtrierpapier abdecken, auf dem sich ein Tropfen einer alkalischen Lösung von Fluorescein in Wasser-Alkohol 1 : 1 befindet: Es entsteht ein roter Fleck.

Jodid stört und wird, falls vorhanden, erst mit einem Tropfen $Fe_2(SO_4)_3$-Lösung entfernt.

Zur Übung: Man geht von KBr aus: Einige Körnchen im Mikroexsiccator in einem Tropfen Wasser lösen, einen Tropfen 4 *n* Essigsäure und ein stecknadelkopfgroßes Stück PbO_2 zufügen usw., wie oben.

b) Einen Tropfen der Lösung auf dieselbe Weise wie unter *a*) im Mikroexsiccator mit PbO_2 und einem Tropfen 4 *n* Essigsäure oxydieren. Jetzt aber den Exsiccator mit einem Objektträger abdecken, an dessen Unterseite sich ein Tropfen einer mit H_2SO_4 angesäuerten 1%igen Lösung von Metaphenylendiaminhydrochlorid in Wasser befindet: Es entstehen kleine farblose Nadeln, häufig zu Sternen vereinigt.

Zur Übung: Man geht von KBr aus: Einige Körnchen in einem Mikroexsiccator in einem Tropfen Wasser lösen und weiter verfahren wie oben.

41. Sulfat

a) Einen Tropfen der *frisch hergestellten, sehr verdünnten* Lösung von Na-Rhodizonat (Apfelsinenfarbe) auf der Tüpfelplatte mit einem sehr kleinen Tropfen einer 1%igen $BaCl_2$-Lösung mischen, wodurch eine rosa Farbe entsteht. Danach zu diesem rosa gefärbten Tropfen einen Tropfen der zu untersuchenden Lösung geben. Die Apfelsinenfarbe kehrt zurück.

Zur Übung: Man geht von Na_2SO_4 aus: Auf der Tüpfelplatte einen Tropfen einer *frisch hergestellten, sehr verdünnten* Lösung von Na-Rhodizonat mit einem sehr kleinen Tropfen einer 1%igen $BaCl_2$-Lösung mischen und ein Körnchen Na_2SO_4 zusetzen.

b) Einige Tropfen der Lösung in eine kleine ZR geben und nacheinander zufügen: einen kleinen Tropfen HNO_3 (1,2), einige Tropfen (genau soviel, wie man an Lösung genommen hat) 1%iges $KMnO_4$, einen Tropfen 5%ige $BaCl_2$-Lösung und danach einige Tropfen 30%iges H_2O_2, bis die Lösung farblos geworden ist. Zentrifugieren: Niederschlag von rosa Mischkristallen.

Jodid stört und muß entfernt werden. Wenn Jodid vorhanden ist, gibt man zu einigen Tropfen der Lösung in einer kleinen ZR einen Tropfen HNO_3 (1,2) und erhitzt die ZR einige Minuten lang im Wasserbad. Danach einige Tropfen CCl_4 zufügen und das gebildete Jod darin ausschütteln. Die jodidfreie Flüssigkeit in eine andere kleine ZR bringen und mit $KMnO_4$, $BaCl_2$ und H_2O_2, wie vorher angegeben, weiter behandeln.

Zur Übung: Man geht von Na_2SO_4 aus: Einige Körnchen in einer kleinen ZR in einigen Tropfen Wasser lösen und diese Lösung wie oben behandeln.

42. Acetat

Auf einen Objektträger einen kleinen Tropfen 25%ige Ameisensäure geben, etwas Uranoxyd und danach ebensoviel festes Natriumformiat darin lösen. Den Tropfen vorsichtig beinahe bis zur Trockne eindampfen, in einem kleinen Tropfen Wasser aufnehmen und dann etwas des Trockenrückstandes der zu untersuchenden Lösung hinzufügen, den man in einer anderen Ecke durch Eindampfen zur Trockne eines — oder notfalls mehrerer — Tropfen der zu untersuchenden Lösung hergestellt hat: Es entstehen gelbe Tetraeder von Natriumuranylacetat.

Zur Übung: Man geht von Na-Acetat aus: Wie oben auf einem Objektträger einen Tropfen einer Lösung von Uranoxyd in Ameisensäure und Natriumformiat herstellen und in diesen Tropfen ein Körnchen Na-Acetat geben.

43. Formiat

a) Einen oder mehrere Tropfen der Lösung auf einem Objektträger zur Trockne eindampfen und den Rückstand in einem Tropfen einer 1%igen Cer(III)nitratlösung aufnehmen. Den Objektträger kurz leicht erwärmen, danach schnell abkühlen. Nach einer Weile entstehen Pentagondodekaeder (?) von Cer(III)formiat.

Zur Übung: Man geht von Na-Formiat aus: Zu einem Tropfen einer 1%igen Cer(III)nitratlösung auf einem Objektträger ein Körnchen Na-Formiat hinzufügen.

b) Einige Tropfen der Lösung in einer kleinen ZR mit einem Tropfen 2 *n* HCl ansäuern, einen Tropfen einer wäßrigen 0,02%igen Lösung von Methylenblau zufügen und danach einige Körnchen (nicht zu wenig) Natriumhydrogensulfit. Danach im Wasserbad erwärmen: Entfärbung.

Zur Übung: Man geht von Na-Formiat aus: In einer kleinen ZR einige Körnchen in einigen Tropfen Wasser lösen und diese Lösung wie oben behandeln.

44. Nitrat

Ist Nitrit vorhanden, wird es zuerst entfernt. Dazu wird eine Probe in Stecknadelkopfgröße in einem Porzellantiegel mit 3 Tropfen 4 *n* Essigsäure und 3 Tropfen einer 2,5%igen Natriumazidlösung zur Trockne eingedampft. Mit in einer essigsauren Lösung von Sulfanilsäure und α-Naphthylamin getränktem Filtrierpapier kontrollieren! Den Trockenrückstand oder, wenn Nitrite nicht vorhanden waren, dieselbe Menge des ursprünglichen Stoffes in einen Mikroexsiccator bringen und nacheinander zufügen: einen Tropfen $FeSO_4$-Lösung nach Cotte und Kahane (1 g $FeSO_4 \cdot 7$ aq. in 5 ml Wasser lösen), einen Tropfen einer gesättigten Lösung von Ag_2SO_4 und 2 Tropfen 40%ige Natronlauge; danach wird der Exsiccator mit einem Objektträger abgedeckt, an dessen Unterseite sich ein Tropfen 10%iges HJO_3 befindet. Den Exsiccator einige Minuten an einem warmen Platz (40 bis 50° C) liegen lassen: Es entstehen schwarzscheinende, meist viereckige Kristalle von NH_4JO_3.

Zur Übung: Man geht von KNO_3 aus: Einige Körnchen davon in einen Mikroexsiccator bringen und wie oben behandeln.

45. Chlorid

Ist Fluorid nicht vorhanden, geht man von dem ursprünglichen Stoff aus; bei Anwesenheit von Fluorid jedoch vom Trockenrückstand des vierten Teiles der Lösung **B**, der aufbewahrt und in einem Porzellantiegel zur Trockne eingedampft worden ist.

Den ursprünglichen Stoff oder den Rückstand in einem Porzellantiegel mit 3 Tropfen 5%iger $K_2Cr_2O_7$-Lösung und einem kleinen Tropfen 2 *n* H_2SO_4 anfeuchten und danach durch leichte Erhitzung gerade bis zur Trockne eindampfen. Den Rückstand mit einer gleichen Menge gepulvertem $K_2Cr_2O_7$ mischen und danach 2 Tropfen konzentrierte Schwefelsäure zufügen. Den Tiegel mit einem Objektträger abdecken, an dem ein Tropfen Wasser hängt, der mit einer Spur KOH alkalisch gemacht ist, und 10 Minuten lang an einem warmen Platz (40 bis 50° C) liegen lassen. Das gebildete CrO_2Cl_2 gibt in dem Tropfen K_2CrO_4. Es wird nach Vorschrift 12 identifiziert.

Zur Übung: Man geht von NaCl aus: Einige Körnchen in einem Porzellantiegel mit der gleichen Menge gepulvertem $K_2Cr_2O_7$ mischen und danach 2 Tropfen konzentrierte Schwefelsäure zufügen. Den Tiegel abdecken usw. wie oben.

46. Carbonat

Den ursprünglichen Stoff in einem Mikroexsiccator mit einem Tropfen 5%iger $K_2Cr_2O_7$-Lösung anfeuchten, danach einen Tropfen 2 *n* H_2SO_4 zufügen und den Exsiccator mit einem Objektträger abdecken, an dem ein Tropfen 2 *n* KOH [aus einer Flasche 2 *n* KOH, worin sich etwas $Ba(NO_3)_2$ befindet] hängt. Nach 5 Minuten zu diesem Tropfen einige Körnchen Thallium(I)acetat geben: Es entstehen Nadeln von Thallium(I)carbonat, die aus dem Körnchen Thallium(I)acetat zum Vorschein kommen. Daneben eine Blindprobe ausführen.

Zur Übung: Man geht von Na_2CO_3 aus: Einige Körnchen in einem Mikroexsiccator wie oben behandeln.

X. Die weniger allgemein vorkommenden Elemente im System der Mikroanalyse

Wir erläutern in diesem Kapitel, wie man vorgehen muß, wenn auch die Anwesenheit von weniger allgemein vorkommenden Elementen berücksichtigt werden muß. In Anbetracht der sehr verschiedenartigen Komplikationen, die sie verursachen und an die das Trennungsschema sowie der Analysenverlauf bei ihrer Anwesenheit angepaßt werden müssen, haben wir aus didaktischen Erwägungen vorgezogen, sie nicht als geschlossene Gruppe, sondern nacheinander in die systematische Analyse einzuführen.

In § 1 geben wir ein Trennungsschema und einen systematischen Analysenverlauf, wenn W, Mo, V, U, Be, (Ti) und Zr vorhanden sein können. In § 2 geben wir ein Trennungsschema und einen systematischen Analysenverlauf, wenn außerdem Tl, Th und Ce berücksichtigt werden müssen. In § 3 ist angeführt, wie man vorgehen muß, wenn auch Li vorhanden sein kann; in § 4, wenn auch Nb und Ta, und in § 5, wenn auch Se, Te, Au und Pt berücksichtigt werden müssen.

In § 6 werden schließlich, ebenso wie in Kapitel IX, ins einzelne gehende Vorschriften für die Ausführung der verschiedenen Identitätsreaktionen gegeben, deren Bezifferung die Fortsetzung jener aus Kapitel IX bildet.

§ 1. Trennungsschema und systematische Analyse unter Berücksichtigung von W, Mo, V, U, Be, Ti und Zr

1. 4,0 *n* HCl zufügen und erwärmen. Es werden gefällt W (teilweise), Ag und Hg_2^{2+}: Niederschlag mit NH_4OH ausziehen.

a) Lösung: Ag und W. Mit HCl erneutes Ausfallen von AgCl und $WO_3 \cdot aq.$; trennen mit KOH und nachweisen.

b) Rückstand: falls schwarz, Quecksilber(I); in $HClO_4$ lösen und nachweisen.

2. Oxydieren mit H_2O_2: $Sn^{2+} \rightarrow Sn^{4+}$, $Ti \rightarrow TiO_2 \cdot H_2O_2 \cdot aq.$ (Mo!, V!).

3. H_2S bei 65° C einleiten. Es werden die Sulfide von (W), Mo, As, Sb, Sn, Hg, Cu, Bi, Pb und Cd gefällt. Niederschlag mit warmer 2,0 *n* Kalilauge extrahieren.

a) Lösung: (W), Mo, As, Sb, Sn, (Hg). Erneutes Ausfallen der Sulfide mit HCl. Die Sulfide mit HCl 1 : 1 ausziehen. In dem Rückstand auf As und Mo (W) prüfen; in der Lösung auf Sn und Sb.

b) Rückstand: Hg, Cu, Bi, Pb und Cd. Mit warmer Salpetersäure 1 : 1 ausziehen. Rückstand HgS, Filtrat: Cu, Bi, Pb und Cd. Das Filtrat mit NH_4OH versetzen. In der Lösung auf Cu und Cd und in einem Niederschlag auf Bi und Pb prüfen.

4. H_2O_2 zufügen, wodurch Fe^{2+} in Fe^{3+} und Ti in $TiO_2 \cdot H_2O_2 \cdot aq.$ übergehen. Danach auf Vanadin und Phosphate untersuchen. Falls Phosphate vorhanden, diese mit $ZrOCl_2$ entfernen. Falls V vorhanden, auf Fe und Mn prüfen und, falls nötig, $FeCl_3$ zufügen.

5. NH_4OH zufügen und erwärmen. Es werden gefällt: Al, Fe, Cr, (Mn), U, Be, V, Ti und Zr.

1. Niederschlag mit warmem $(NH_4)_2CO_3$ extrahieren.

a) Lösung: U und Be. Durch Kochen trennen und dann nachweisen.

b) Rückstand: Al, Fe, Cr, (Mn), V, Ti und Zr.

2. Den Rückstand in konzentrierter Salzsäure lösen und nach Eindampfen mit HCl (1,125) und Äther extrahieren.

a) Ätherschicht: Fe.

b) Wasserschicht: Al, Cr, (Mn), V, Ti und Zr.

3. Die Wasserschicht nach Verdünnen mit Wasser mit Na_2O_2 stark alkalisch machen und erhitzen.

a) Niederschlag: (Mn), Ti und Zr. In verdünnter Schwefelsäure aufnehmen, eventuell vorhandenes MnO_2 abzentrifugieren, danach Ti und Zr durch Kochen trennen und dann nachweisen.

b) Lösung: AlO_2^-, CrO_4^{2-}, VO_3^-. Nebeneinander nachweisen.

6. H_2S bei 65° C in die ammoniakalische Lösung einleiten. Es werden gefällt: Co, Ni, Mn, Zn. In HCl und H_2O_2 lösen und auf Cd, Co, Ni und Mn prüfen.

Zn durch Kochen mit 1 *n* NaOH isolieren.

7. Mit Essigsäure gerade ansäuern, reinigen, zur Trockne eindampfen, glühen, Glührest mit HCl anfeuchten, wieder zur Trockne eindampfen, danach in 1 ml Wasser aufnehmen und mit Na-Rhodizonat auf Ba und/oder Sr prüfen.

8. 1. Ba und/oder Sr *nicht vorhanden:* In einzelnen Tropfen auf Ca, Mg, K und Na untersuchen.

2. Ba und/oder Sr *vorhanden:* $(NH_4)_2SO_4$ zufügen, wodurch Ba, Sr (und Ca) gefällt werden.

a) Lösung: In einzelnen Tropfen auf Ca, Mg, K und Na prüfen.

b) Niederschlag: Den Niederschlag mit Hydrazinhydrochlorid schmelzen. Die Schmelze mit 2 *n* Essigsäure extrahieren und zu dem Extrakt $K_2Cr_2O_7$ zufügen, wodurch Ba ausfällt. Zu der Lösung Soda zufügen, bis sie reichlich alkalisch wird, wodurch Ca und Sr als Carbonate gefällt werden. Die Carbonate in trockene Nitrate überführen und diese mit HNO_3 (1,4) ausziehen. In der Lösung auf Ca und in dem Rückstand auf Sr untersuchen.

9. In dem ursprünglichen Stoff auf NH_4^+ prüfen.

Analysenverlauf

Gruppentrennung

1. 5 bis 10 mg (nicht mehr!) des homogenisierten Stoffes in eine trockene, große ZR geben, aus einer Bürette 1,0 ml 4,0 *n* HCl zufügen und 2 Minuten lang im Wasserbad von 95° C erhitzen. Farbveränderungen der Lösung während dieser Erwärmung können Hinweise geben [z. B. orangefarbiges VO_3^- → blaues $(VO)^{2+}$] und werden daher notiert.

a) Der Stoff ist völlig löslich. Die Lösung nach **(2)** behandeln.

b) Es entsteht ein Niederschlag oder ein Rückstand bleibt zurück. Zentrifugieren:

b_1. Die Lösung in eine andere trockene, große ZR übergießen, den Niederschlag zweimal mit 1,0 ml 2,0 *n* HCl (0,5 ml 4,0 *n* HCl + 0,5 ml Wasser) auswaschen, die Waschflüssigkeit zu der klaren Lösung geben, die jetzt ein Volumen von 3 ml hat, darin 8 mÄq Säure: sie wird nach **(2)** behandelt.

b_2. Die ZR mit dem ausgewaschenen Niederschlag nach Bezeichnen vorläufig zur Seite stellen [später nach **(10)** behandeln].

2. Zu der Lösung einen normalen Tropfen, also etwa 0,03 ml 30%iges H_2O_2 zufügen und die eventuelle Farbveränderung — verursacht durch das Zufügen von H_2O_2 bei Zimmertemperatur — notieren (z. B. blaues $(VO)^{2+}$ → braunrosa Peroxyvanadynil, farbloses Mo → gelbes Permolybdat, farbloses Ti → gelbbraunes $TiO_2 \cdot H_2O_2 \cdot$ aq.). Die ZR 2 Minuten lang im Wasserbad von 95° C unter anhaltendem Rühren mit einem Rührstab mit mattiertem Ende erwärmen. Infolge dieser Erwärmung und Zersetzung des Überschusses H_2O_2 kann die Lösung erneut Farbveränderungen zeigen; auch diese werden notiert. Eine gegen Erwärmung ziemlich beständige Gelbbraunfärbung ist ein erster Hinweis auf die Anwesenheit von Ti, jetzt als $TiO_2 \cdot H_2O_2 \cdot$ aq. in Lösung. Man kann es nachweisen, indem man zu einem Tropfen der Lösung auf der Tüpfelplatte einige Körnchen NaF zufügt, wodurch die Farbe verschwinden muß (oder abgeschwächt wird, falls auch Mo vorhanden ist).

3. Zu der Lösung aus einer Bürette 1,0 ml Wasser zufügen, um den Säuregrad auf 2,0 *n* einzustellen, dann bei 65° C H_2S einleiten und danach noch einmal, nachdem der Säuregrad mit 4,0 *n* NH_4OH auf 0,2 *n* abgestumpft ist, den Anweisungen unter **(3)** auf S. 184 genau entsprechend.

4. Die H_2S-freie Lösung zentrifugieren:

a) Die klare Lösung in eine Eindampfschale übergießen und einen normalen Tropfen (0,03 ml) 30%iges H_2O_2 zufügen, wodurch Fe^{2+} in Fe^{3+}, $(VO)^{2+}$ in VO_3^- oder Peroxyvanadynil, Ti in $TiO_2 \cdot H_2O_2 \cdot$ aq. übergehen, und schnell auf 2 ml eindampfen. Die eingedampfte Lösung weiter nach **(5)** behandeln.

b) Den Niederschlag unter Erwärmung im Wasserbad von 95° C mit 2 ml einer zehnmal so starken NH_4NO_3-Lösung, als im ersten Trennungsschema vorgesehen, also mit 1%igem NH_4NO_3 auswaschen, um Peptisierung von eventuell vorhandenem MoS_3 und/oder WS_3 vorzubeugen. Zentrifugieren: die Waschflüssigkeit in ein Becherglas abgießen und dann erst weggießen; die ZR mit dem ausgewaschenen Niederschlag nach Bezeichnung vorläufig wegsetzen [später nach **(11)**, **(12)** und **(13)** behandeln].

5. In einzelnen Tropfen nacheinander prüfen auf:

1. Vanadin nach Vorschrift 56*b*.

2. Phosphate nach Vorschrift 10. Sind Phosphate vorhanden, werden sie nach Vorschrift 11 entfernt. *Wir schließen den Fall aus, daß Zirkon zusammen mit Phosphaten in dem zu untersuchenden Stoff vorkommt.*

Weiter, wenn die Vanadinreaktion positiv ausgefallen ist, auf:

3. Eisen nach Vorschrift 14*b*.

4. Mangan nach Vorschrift 17*a*. (Mn kann jedenfalls teilweise in die NH_4OH-Gruppe gelangen, entweder als Mangan(II)manganit oder als Manganvanadat.)

Ist die Vanadinreaktion positiv ausgefallen, mit einem Glasstäbchen einen Tropfen einer gesättigten Eisen(III)chloridlösung zu der Lösung geben, bevor sie nach **(6)** weiter behandelt wird.

6. Zu der phosphatfreien Lösung nach Übergießen in eine große ZR 1,5 ml 4,0 *n* NH_4OH zufügen und 2 Minuten lang im Wasserbad von 95° C erhitzen. Kontrollieren, daß ein ausreichender Überschuß NH_4OH vorhanden ist (Geruch!). *Heiß* zentrifugieren (Cr!):

a) Die heiße klare Lösung in eine große ZR übergießen und nach **(7)** behandeln.

b) Zu dem Niederschlag erst einen Tropfen 4,0 *n* NH_4OH zufügen, danach 2 ml 0,1%iges NH_4NO_3 und unter Erwärmung im Wasserbad von 95° C auswaschen. *Heiß* zentrifugieren; die heiße Waschflüssigkeit in ein Becherglas gießen und erst dann weggießen; die ZR mit dem ausgewaschenen Niederschlag nach Bezeichnung vorläufig wegsetzen [später nach **(14)**, **(15)** und **(16)** behandeln].

7. Die ammoniakalische Lösung bei 65° C mit H_2S versetzen, wie unter **(7)** auf S. 185 beschrieben.

Zentrifugieren:

a) Die Lösung in eine große ZR übergießen und nach **(8)** behandeln.

b) Den Niederschlag unter Erwärmung im Wasserbad von 95° C mit 2 ml 1%igem NH_4NO_3 auswaschen. Zentrifugieren: die Waschflüssigkeit in ein Becherglas gießen und erst dann verwerfen; den Niederschlag nach den Anweisungen unter **(7)** auf S. 185 behandeln. Die ZR mit dem gelösten Niederschlag nach Bezeichnung vorläufig wegsetzen [später nach **(17)** behandeln].

8. Die Lösung mit konzentrierter Essigsäure gerade ansäuern (kontrollieren!) und unter Erwärmung durch Einleiten eines Luftstromes H_2S völlig entfernen. Reste NiS, MoS_3 und WS_3 werden sich abscheiden. Zur Reinigung zentrifugieren; die klare Lösung in eine Eindampfschale übergießen, den Niederschlag verwerfen.

9. Die Lösung in der Eindampfschale zur Trockne eindampfen usw., siehe Anweisungen unter **(9)**, S. 186.

Nach dieser Gruppentrennung geht man über zur

Trennung innerhalb der Gruppen und Identifizierung

10. Den Niederschlag der HCl-Gruppe, der in einer bezeichneten großen ZR vorhanden ist [siehe **(1)**] und die Elemente W (teilweise), Ag und Hg als $WO_3 \cdot aq.$, AgCl und Hg_2Cl_2 enthalten kann, und in dem eine gelbe Farbe ein erster Hinweis auf die Anwesenheit von $WO_3 \cdot aq.$ ist, mit 1 ml 4,0 *n* NH_4OH unter Erwärmung im Wasserbad von 95° C ausziehen. In Lösung gelangen: $WO_3 \cdot aq.$ und AgCl, während Hg_2Cl_2 in die schwarze Quecksilber(I)amidoverbindung übergeht. Zentrifugieren:

a) Die ammoniakalische Lösung in eine kleine ZR bringen. Zur Untersuchung auf Wolfram und Silber trennt man nach Vorschrift 50, danach sind *Wolfram* nach Vorschrift 51 und *Silber* nach Vorschrift 1 nachzuweisen.

b) Den schwarzen Rückstand teilweise auf einen Objektträger bringen und nach vorsichtigem Eindampfen zur Trockne mit einem Tropfen 70%iger Perchlorsäure abrauchen. Danach einen Tropfen Wasser auf den Rückstand geben, kurz erwärmen, den Tropfen abschleppen und darin auf *Quecksilber* nach Vorschrift 5 prüfen.

11. Der in einer bezeichneten großen ZR vorhandene Niederschlag der H_2S-Gruppe (siehe **3**) kann die Sulfide enthalten von: W, Mo, As, Sb, Sn, Cu, Hg, Bi, Pb und Cd. Zu dem Niederschlag aus einer Bürette 2,0 ml 2,0 *n* KOH zufügen und unter Erwärmen im Wasserbad von 95° C 2 Minuten lang extrahieren.

Zentrifugieren:

a) Die Lösung in eine andere große ZR übergießen und nach **(12)** behandeln.

b) Den Niederschlag unter Erwärmung im Wasserbad von 95° C mit 2 ml 1%igem NH_4NO_3 auswaschen und die Waschflüssigkeit in ein Becherglas übergießen und erst dann verwerfen, weiter nach **(13)** behandeln.

12. Zu der Lösung (As, Sb, Sn, Mo teilweise, W-Rest teilweise, manchmal Hg) entsprechend den Anweisungen auf S. 187 unter **(12)** aus einer Bürette 1,1 ml 4,0 *n* HCl zufügen, um die in 2,0 *n* KOH gelösten Sulfide erneut zu fällen. Zentrifugieren; den Niederschlag mit 2 ml 1%igem NH_4NO_3 auswaschen; die Lösung und die Waschflüssigkeit in ein Becherglas übergießen und erst dann verwerfen. Dann nach den obigen Anweisungen die gefällten Sulfide mit HCl 1 : 1 extrahieren, in der As_2S_3, MoS_3 und WS_3 unlöslich und SnS_2 und Sb_2S_3 löslich sind. *Zinn* und *Antimon* in der Lösung nach den Vorschriften 3 und 4 nachweisen; in dem Niederschlag auf *Arsen* nach Vorschrift 2*b* und auf *Molybdän* nach Vorschrift 55 prüfen.

13. Den Niederschlag, der HgS, CuS, Bi_2S_3, PbS und CdS enthalten kann, nach den Anweisungen auf S. 187 unter **(13)** behandeln.

14. Der in einer bezeichneten großen ZR vorhandene Niederschlag der NH_4OH-Gruppe (siehe **6**) kann enthalten: Fe (aus dem zu untersuchenden Stoff oder im Zusammenhang mit der Anwesenheit von Vanadin absichtlich zugefügt), Al, Cr, V, U, Be, Ti, Zr und vielleicht auch Mn. 3 Minuten lang bei 65° C mit 2 ml 5%iger $(NH_4)_2CO_3$-Lösung, die bereits auf 65° C gebracht ist, extrahieren. Uran und Beryllium gelangen in Lösung. Ohne abkühlen zu lassen, zentrifugieren:

a) Den Rückstand zweimal bei 65° C mit 1 ml 2,5%iger $(NH_4)_2CO_3$-Lösung von 65° C auswaschen und jedesmal nach dem Zentrifugieren im warmen Zustand die Waschflüssigkeit zu der Lösung hinzufügen. Danach den Rückstand weiter nach **(15)** behandeln.

b) In der Lösung und Waschflüssigkeit Uran und Beryllium nach Vorschrift 60 trennen und danach *Uran* nach Vorschrift 61 und *Beryllium* nach Vorschrift 62 nachweisen.

15. Den ausgewaschenen Rückstand, der Fe, Al, Cr, V, Ti und Zr und vielleicht auch Mn enthalten kann, in 2 Tropfen konzentrierter Salzsäure lösen und die Lösung durch Lufteinblasen auf Sirupdicke konzentrieren, während die ZR in ein Wasserbad von 95° C gehalten wird. Danach zuerst ein gleiches Volumen HCl (1,125 genau!) und anschließend 4 ml Äther zusetzen und danach $FeCl_3$ ausschütteln. Das Ausschütteln von $FeCl_3$ nach Überführen des Ätherextraktes mit einer Ballonpipette in eine kleine Porzellaneindampfschale wiederholen und erneut den Ätherextrakt in die Schale bringen. Die Ätherextrakte eine Weile im Abzug stehenlassen, bis der Äther verdampft ist. Den Rückstand in 2 bis 3 Tropfen Wasser aufnehmen und darin *Eisen* (wenn es aus dem ursprünglichen Stoff stammt, aber nicht, wenn es im Zusammenhang mit der Anwesenheit von Vanadin absichtlich zugefügt ist) nach Vorschrift 14*b* nachweisen.

16. Die eisenfreie Lösung mit 1 ml Wasser verdünnen und die ZR mit der Lösung 2 Minuten lang in das Wasserbad von 65° C halten und die Ätherreste unter Rühren auskochen. Danach Na_2O_2 zu der Lösung geben, bis stark alkalische Reaktion eintritt, und die ZR im Wasserbad von 95° C erwärmen, bis keine Gasentwicklung mehr auftritt. *Heiß* zentrifugieren:

a) Den Niederschlag, der $TiO_2 \cdot aq.$, $ZrO_2 \cdot aq.$ und vielleicht $MnO_2 \cdot aq.$ enthalten kann, unter Erwärmung im Wasserbad von 95° C zweimal mit 1 ml Wasser, das mit einer Spur 4 *n* NH_4OH alkalisch gemacht ist, auswaschen. Nach heißem Zentrifugieren die erste Waschflüssigkeit zu der Lösung geben, die zweite Waschflüssigkeit in ein Becherglas übergießen und erst dann verwerfen.

Nach einer Trennung nach Vorschrift 64 *Titan* nach Vorschrift 65 und *Zirkon* nach Vorschrift 66 nachweisen.

b) Die Lösung und die erste Waschflüssigkeit können enthalten: Cr als CrO_4^{2-}, Al als AlO_2^-, V als VO_3^-, selbstverständlich neben viel Chlorid. Nach Übergießen in einen Belchertiegel mindestens ein gleiches Volumen HNO_3 (1,4) zufügen und zur Trockne eindampfen. Den Rückstand in einem gleichen Volumen HNO_3 (1,4) wie oben aufnehmen und erneut zur Trockne eindampfen. Danach den Trockenrest unter leichter Erwärmung in 4 Tropfen Wasser aufnehmen und in einzelnen Tropfen *Aluminium* nach Vorschrift 13*a*, *Chrom* nach Vorschrift 12*a* und *Vanadin* nach Vorschrift 56*b* nachweisen.

17. Die Lösung des Niederschlages der $(NH_4)_2S$-Gruppe, die in einer bezeichneten großen ZR vorhanden ist (siehe **7**), nach den Anweisungen auf S. 188 unter **(16)** behandeln.

18. Zur Untersuchung des Trockenrestes des Filtrats der $(NH_4)_2S$-Gruppe auf die Elemente der $(NH_4)_2CO_3$-Gruppe und auf die Alkalimetalle die Anweisungen auf S. 189 unter **(17)** befolgen.

19. Schließlich in dem ursprünglichen Stoff auf NH_4^+ nach Vorschrift 26 prüfen.

§ 2. Trennungsschema und systematische Analyse unter Berücksichtigung von W, Mo, V, U, Tl, Be, Ce, Th, Ti und Zr

1. 4,0 *n* HCl zufügen und erwärmen. *Danach auf Zimmertemperatur abkühlen.* Es werden gefällt: W (teilweise), Tl (teilweise), Ag, Hg_2^{2+} und Pb (teilweise).

1. Niederschlag mit heißem Wasser extrahieren.

a) Lösung: Pb und Tl. Mit H_2SO_4 trennen und dann nachweisen.

b) Rückstand: Ag, Hg_2^{2+} und W.

2. Rückstand mit NH_4OH ausziehen.

a) Schwarzer Rückstand ist Hg.

b) Lösung: Ag und W. Mit HCl erneut AgCl und $WO_3 \cdot$ aq. fällen. Mit KOH trennen und nachweisen.

2. Oxydieren mit H_2O_2: $Sn^{2+} \rightarrow Sn^{4+}$, $Ti \rightarrow TiO_2 \cdot H_2O_2 \cdot$ aq., $Tl^+ \rightarrow Tl^{3+}$ (Mo!, V!).

3. H_2S bei 65° C einleiten. Niederschlag: TlCl und die Sulfide von Mo, (W), As, Sb, Sn, Hg, Cu, Bi, Pb und Cd.

1. TlCl mit warmem NH_4NO_3 aus dem Niederschlag extrahieren.

2. Niederschlag mit warmer 2,0 *n* Kalilauge extrahieren.

a) Filtrat: Mo, (W), As, Sb, Sn, (Hg). Erneutes Ausfallen der Sulfide durch Ansäuern mit HCl. Die Sulfide mit HCl 1 : 1 ausziehen. In dem Rückstand auf As und Mo (W) prüfen; in der Lösung auf Sn und Sb.

b) Rückstand: Hg, Cu, Bi, Pb und Cd. Mit warmer Salpetersäure 1 : 1 ausziehen. Rückstand HgS; Filtrat: Cu, Bi, Pb und Cd. Das Filtrat mit NH_4OH versetzen. In der Lösung auf Cu und Cd untersuchen; in einem Niederschlag auf Bi und Pb.

4. Filtrat der H_2S-Gruppe mit H_2O_2 oxydieren. Danach auf Vanadin und Phosphate prüfen. Wenn Phosphate vorhanden, diese mit $ZrOCl_2$ entfernen. Falls V vorhanden, auf Fe und Mn prüfen und, falls nötig, $FeCl_3$ zufügen.

5. NH_4OH zufügen und erwärmen. Es werden gefällt: Al, Fe, Cr, (Mn), Tl^{3+}, Ce, Th, U, Be, V, Ti und Zr.

1. Niederschlag in HCl lösen, die Lösung auf 0,3 *n* HCl bringen und danach Oxalsäure zufügen (Hauser und Wirth[199]).

a) Niederschlag: Ce und Th; nach Überführen in Nitrate mit Natriumacetat trennen und dann nachweisen.

b) Lösung: Al, Fe, Cr, (Mn), Tl^{3+}, U, Be, V, Ti und Zr.

2. Die Lösung mit H_2O_2 oxydieren und danach mit NH_4Cl und NH_4OH erneut fällen. Den zweiten Ammoniakniederschlag mit warmem $(NH_4)_2CO_3$ extrahieren.

a) Lösung: U und Be. Durch Kochen trennen und dann nachweisen.

b) Rückstand: Al, Fe, Cr, (Mn), Tl^{3+}, V, Ti und Zr.

3. Den Rückstand in konzentrierter Salzsäure lösen und nach Eindampfen mit HCl (1,125) und Äther extrahieren.

a) Ätherschicht: Fe^{3+} und Tl^{3+}. Nebeneinander nachweisen.

b) Wasserschicht: Al, Cr, (Mn), V, Ti und Zr.

4. Die Wasserschicht nach Verdünnen mit Wasser mit Na_2O_2 stark alkalisch machen und erhitzen.

a) Niederschlag: Ti und Zr (Mn). In verdünnter Schwefelsäure aufnehmen, eventuell vorhandenes MnO_2 abzentrifugieren und danach Ti und Zr durch Kochen trennen und dann nachweisen.

b) Lösung: AlO_2^-, CrO_4^{2-} und VO_3^-. Nebeneinander nachweisen.

6. H_2S bei 65° C in die ammoniakalische Lösung einleiten usw. Siehe sub **(6)**, S. 216.

7. Filtrat der $(NH_4)_2S$-Gruppe nach Ansäuern mit Essigsäure reinigen, zur Trockne eindampfen usw., siehe sub **(7)**, S. 216.

8. Siehe sub **(8)**, S. 216.

9. In dem ursprünglichen Stoff auf NH_4^+ prüfen.

Analysenverlauf

Gruppentrennung

1. 5 bis 10 mg (auf keinen Fall mehr als 10 mg!) des homogenisierten Stoffes in eine saubere und trockene große ZR geben, aus einer Bürette 1,0 ml 4,0 *n* HCl zufügen und 2 Minuten lang im Wasserbad von 95° C erhitzen. Farbveränderungen der Lösung während dieser Erwärmung können Hinweise geben [z. B. orangefarbiges $VO_3^+ \rightarrow$ blaues $(VO)^{2+}$] und werden daher notiert. Die ZR anschließend unter dem Wasserhahn möglichst stark abkühlen und 5 Minuten warten:

a) Der Stoff ist völlig gelöst. Die Lösung nach **(2)** behandeln.

b) Es hat sich ein Niederschlag gebildet oder ein Rückstand ist zurückgeblieben.

Zentrifugieren:

b_1. Die Lösung in eine andere große ZR übergießen; den Niederschlag zweimal mit 1,0 ml 2,0 *n* HCl (0,5 ml 4,0 *n* HCl + 0,5 ml Wasser) auswaschen, die Waschflüssigkeit zu der klaren Lösung geben, die jetzt ein Volumen von 3 ml hat mit 8 mÄq HCl. Sie wird nach **(2)** behandelt.

b_2. Die ZR mit dem ausgewaschenen Niederschlag nach Bezeichnung vorläufig wegsetzen [später nach **(10)** behandeln].

2. Zu der Lösung einen normalen Tropfen, also etwa 0,03 ml 30%iges H_2O_2 zufügen usw., wie unter **(2)** auf S. 217 angeführt.

3. Zu der Lösung aus einer Bürette 1,0 ml Wasser zufügen, um den Säuregrad auf 2,0 *n* einzustellen, dann bei 65° C H_2S einleiten und danach noch einmal H_2S zuführen, nachdem der Säuregrad mit 4,0 *n* NH_4OH auf 0,2 *n* abgestumpft ist, entsprechend den Anweisungen unter **(3)** auf S. 184.

4. Die H_2S-freie Lösung zentrifugieren:

a) Die klare Lösung in eine Eindampfschale gießen. Einen normalen Tropfen (0,03 ml) 30%iges H_2O_2 zufügen ($Fe^{2+} \rightarrow Fe^{3+}$, $(VO)^{2+} \rightarrow VO_3^-$ oder Peroxyvanadynil, $Ti \rightarrow TiO_2 \cdot H_2O_2 \cdot aq.$, $Tl^+ \rightarrow Tl^{3+}$) und schnell auf 2 ml eindampfen. Die eingedampfte Lösung weiter nach **(5)** behandeln.

b) Den Niederschlag, der außer Sulfiden auch TlCl enthalten kann, mit 2 mal 1 ml 1%igem NH_4NO_3 (MoS_3 und/oder WS_3!) auswaschen, und zwar das erstemal bei Zimmertemperatur und das zweitemal warm, d. h. unter Erwärmung der ZR im Wasserbad von 95° C, um TlCl aus dem Niederschlag zu extrahieren.

Die erste Waschflüssigkeit in ein Becherglas übergießen und dann erst verwerfen; die zweite Waschflüssigkeit, die TlCl enthalten könnte, in einen Porzellantiegel übergießen und vorläufig wegsetzen [später nach **(11)** behandeln].

Die ZR mit dem ausgewaschenen Niederschlag nach Bezeichnung vorläufig wegsetzen [später nach **(12)**, **(13)** und **(14)** behandeln].

5. In einzelnen Tropfen nacheinander auf Vanadin, Phosphate und eventuell Eisen und Mangan prüfen, wie unter **(5)** auf S. 218 angegeben.

Ist die Vanadinreaktion positiv ausgefallen, mit einem Glasstäbchen einen Tropfen einer gesättigten Eisen(III)chloridlösung der Lösung zusetzen, bevor man sie weiter nach **(6)** behandelt.

6. Zu der phosphatfreien Lösung nach Überführen in eine große ZR 1,5 ml 4,0 *n* NH_4OH zufügen und 2 Minuten lang im Wasserbad von 95° C erhitzen, um dem Niederschlag Gelegenheit zu geben, sich gut abzusetzen. Kontrollieren, daß ein ausreichender Überschuß NH_4OH vorhanden ist (Geruch!). *Heiß* zentrifugieren.

a) Die klare Lösung in eine große ZR übergießen und nach **(7)** behandeln.

b) Zu dem Niederschlag zuerst einen Tropfen 4,0 *n* NH_4OH, danach 2 ml 0,1%iges NH_4NO_3 hinzufügen und unter Erwärmung im Wasserbad von 95° C auswaschen. *Heiß* zentrifugieren; die heiße Waschflüssigkeit in ein Becherglas übergießen und erst dann verwerfen; die ZR mit dem ausgewaschenen Niederschlag nach Bezeichnung vorläufig wegsetzen [später nach **(15)**, **(16)**, **(17)** und **(18)** weiterbehandeln].

7. Die ammoniakalische Lösung bei 65° C mit H_2S versetzen, siehe Anweisungen unter **(7)**, S. 185. Zentrifugieren:

a) Die Lösung in eine große ZR übergießen und nach **(8)** behandeln.

b) Den Niederschlag nach den Anweisungen behandeln, die unter **(7*b*)** auf S. 218 gegeben sind. Die ZR mit der Lösung des Niederschlages nach Bezeichnung vorläufig wegsetzen [später nach **(19)** behandeln].

8. Die Lösung mit konzentrierter Essigsäure gerade ansäuern und unter Erwärmung durch Einleiten eines Luftstroms H_2S völlig entfernen. Es werden sich Reste NiS, MoS_3 und WS_3 abscheiden. Zur Reinigung zentrifugieren; die klare Lösung in eine Eindampfschale übergießen; den Niederschlag verwerfen.

9. Die Lösung in der Eindampfschale behandeln, wie unter **(9)**, S. 186 angegeben.

Nach dieser Gruppentrennung geht man über zu der

Trennung innerhalb der Gruppen und Identifizierung

10. Den in einer bezeichneten großen ZR vorhandenen Niederschlag der HCl-Gruppe (siehe **1**), der die Elemente W (teilweise), Tl (teilweise), Ag, Hg und Pb (teilweise) als $WO_3 \cdot aq.$, TlCl, AgCl, Hg_2Cl_2 und $PbCl_2$ enthalten kann, im Wasserbad von 95° C mit 1 ml Wasser extrahieren. Heiß zentrifugieren, den Rückstand mit 1 ml Wasser auswaschen, die Waschflüssigkeit verwerfen:

a) Die Lösung kann TlCl und $PbCl_2$ enthalten. Für die Untersuchung auf Thallium und Blei diese Elemente nach Vorschrift 47 trennen und danach auf *Thallium* nach Vorschrift 48 und auf *Blei* nach Vorschrift 49 prüfen.

b) Den Rückstand, der $WO_3 \cdot aq.$, AgCl und Hg_2Cl_2 enthalten kann, behandeln, wie unter **(10)**, S. 219 angegeben.

11. Der in einer bezeichneten großen ZR vorhandene Niederschlag der H_2S-Gruppe (siehe **4**) enthält möglicherweise nicht nur Sulfide von W, Mo, As, Sb, Sn, Cu, Hg, Bi, Pb und Cd, sondern auch TlCl, durch Reduktion durch H_2S aus dem löslichen $TlCl_3$ entstanden, das infolge der H_2O_2-Vorbehandlung gebildet sein kann. Eventuell vorhandenes TlCl ist in den warmen NH_4NO_3-Extrakt gelangt, der vorläufig in einem Porzellantiegel weggesetzt wurde. Diesen Extrakt zur Trockne eindampfen, den Rückstand leicht erhitzen, bis die Ammoniumsalze ausgetrieben sind, danach in 1 bis 2 Tropfen Wasser aufnehmen und darin auf *Thallium* nach Vorschrift 48 prüfen.

12. Zu dem ausgewaschenen Niederschlag der Sulfide aus einer Bürette 2,0 ml 2,0 *n* KOH zufügen und unter Erwärmung im Wasserbad von 95° C 2 Minuten lang extrahieren. Zentrifugieren:

a) Die Lösung in eine andere große ZR übergießen und nach **(13)** behandeln.

b) Den Niederschlag unter Erwärmung im Wasserbad von 95° C mit 2 ml 1%igem NH_4NO_3 auswaschen — die Waschflüssigkeit in ein Becherglas übergießen und erst dann verwerfen — und weiter nach **(14)** behandeln.

13. Die Lösung (As, Sb, Sn, Mo teilweise, W-Rest teilweise, manchmal Hg) nach den Anweisungen auf S. 219 sub **(12)** behandeln.

14. Den Niederschlag, der HgS, CuS, Bi_2S_3, PbS und CdS enthalten kann, nach den Anweisungen auf S. 187 sub **(13)** behandeln.

15. Der in einer bezeichneten ZR vorhandene Niederschlag der NH_4OH-Gruppe (siehe **6**) kann enthalten: Tl-Reste, Fe, Al, Cr, V, U, Be, Ce, Th, Ti, Zr und vielleicht auch Mn.

Aus einer Bürette 0,15 ml 4,0 *n* HCl zufügen, unter Erwärmung im Wasserbad von 95° C den Niederschlag darin lösen und danach 1,85 ml Wasser der Lösung zusetzen. Den Säuregrad der Lösung mit Methylviolettpapier auf die Umschlagfarbe kontrollieren, die eine Standard-0,3 *n* HCl-Lösung mit diesem Papier zeigt, und, falls nötig, mit einem oder mehreren Tropfen 4,0 *n* HCl genau darauf einstellen. Danach bei Zimmertemperatur zu der Lösung aus einer kalibrierten Pipette 0,3 ml einer 10%igen Oxalsäurelösung zufügen und die ZR 2 Minuten lang zwecks guter Niederschlagsbildung in ein Wasserbad von 60° C halten. Anschließend die ZR unter dem Wasserhahn auf Zimmertemperatur abkühlen, 5 Minuten lang stehen lassen und schließlich zentrifugieren:

a) Den Oxalatniederschlag, in dem Th und Ce vorhanden sein können, mit 1 ml kaltem Wasser auswaschen, die Waschflüssigkeit verwerfen. Thorium und Cer in dem Niederschlag nach Vorschrift 57 trennen, danach *Thorium* nach Vorschrift 58 und *Cer* nach Vorschrift 59 nachweisen.

b) Die Lösung kann enthalten: Tl-Reste, Fe (aus dem zu untersuchenden Stoff oder im Zusammenhang mit der Anwesenheit von V absichtlich zugefügt), Al, Cr, V [ganz oder teilweise als $(VO)^{2+}$, durch Oxalsäure reduziert], U, Be, Ti, Zr und vielleicht auch Mn. Für die erneute Fällung dieses Teiles der NH_4OH-Gruppe die Lösung nach **(16)** behandeln.

16. Zu der Lösung mit einem Glasstäbchen einen kleinen Tropfen 30%iges H_2O_2 zufügen [$(VO)^{2+} \rightarrow VO_3^-$] und die ZR danach 2 Minuten lang unter anhaltendem Rühren im Wasserbad von 95° C erhitzen, um den Überschuß H_2O_2 zu zerstören. Dann 50 mg NH_4Cl zufügen, danach 1,5 ml 4,0 *n* NH_4OH und anschließend 2 Minuten lang im Wasserbad von 95° C erhitzen, um dem Niederschlag Gelegenheit zu geben, sich abzusetzen. *Heiß* zentrifugieren; den Niederschlag mit 2 ml 0,1%igem NH_4NO_3, das mit einem Tropfen 4 *n* NH_4OH alkalisch gemacht ist, *heiß* auswaschen:

a) Die Lösung und die Waschflüssigkeit in eine kleine Eindampfschale übergießen und vorläufig wegsetzen [falls nötig, später nach **(18)** behandeln].

Die Elemente Fe, Cr und Al können nämlich mehr oder weniger als Oxalatkomplexe in Lösung **(15)** sub *b* vorhanden sein und außerdem ein Teil von Chrom als CrO_4^{2-} (wegen Oxydation durch H_2O_2 in ammoniakalischem Milieu), wodurch sie bei der zweiten Ammoniakbehandlung nicht gefällt wurden und daher in Lösung geblieben sind. In diesem Zusammenhang ist vor allem der stabile Aluminium-Oxalatkomplex zu nennen. Die Mengen Ausgangsstoff, die hinzuzufügenden Reagenzien und die weiteren Bedingungen der Analyse sind so gewählt, daß, falls die genannten Elemente nicht nur als Spuren in dem zu untersuchenden Stoff vorhanden sind, ein ausreichender Teil aus der oxalsäurehaltigen Lösung als Hydroxyd gefällt wird und in den unter *b* genannten Niederschlag gelangt.

Um aber auch sehr geringe Mengen Al und Cr in dem Ausgangsstoff durch die Analyse zu erfassen, kann es nötig sein, daß sie in der Lösung in der Eindampfschale gefunden werden müssen. Das ist allerdings nur dann notwendig, wenn sie nicht bereits bei der weiteren Untersuchung des gefällten Teiles der NH_4OH-Gruppe nachgewiesen wurden.

b) Den ausgewaschenen Niederschlag, der also die Elemente der NH_4OH-Gruppe enthalten kann, einschließlich Tl^{3+}, aber ausschließlich Th und Ce, 3 Minuten lang bei 65° C mit 2 ml 5%iger $(NH_4)_2CO_3$-Lösung extrahieren, die bereits auf 65° C erwärmt ist. Uran und Beryllium gelangen in Lösung. Warm zentrifugieren:

1. Den Rückstand zweimal bei 65° C mit 1 ml 2,5%iger $(NH_4)_2CO_3$-Lösung von 65° C auswaschen und jedesmal nach Zentrifugieren im warmen Zustand die Waschflüssigkeit zu der Lösung hinzufügen. Danach den Rückstand weiter nach **(17)** behandeln.

2. In der Lösung und Waschflüssigkeit Uran und Beryllium nach Vorschrift 60 trennen und danach *Uran* nach Vorschrift 61 und *Beryllium* nach Vorschrift 62 nachweisen.

17. Den ausgewaschenen Rückstand, der Tl-Reste, Fe, Al, Cr, V, Ti, Zr und vielleicht auch Mn enthalten kann, in 2 Tropfen konzentrierter Salzsäure lösen und diese Lösung durch Lufteinblasen auf Sirupdicke konzentrieren, während die ZR in das Wasserbad von 95° C gehalten wird. Danach mit HCl (1,125 genau) mit Äther extrahieren; siehe die Anweisungen unter **15,** S. 220. $FeCl_3$ und $TlCl_3$ gehen in die Ätherextrakte über. Die Ätherextrakte eine Weile im Abzug stehenlassen, bis der Äther verdampft ist. Den Rückstand in 2 bis 3 Tropfen Wasser aufnehmen und darin *Eisen* (wenn es von dem ursprünglichen Stoff stammt, *nicht aber*, wenn es absichtlich im Zusammenhang mit der Anwesenheit von Vanadin zugefügt ist) nach Vorschrift 14*b* und *Thallium* nach Vorschrift 63 nachweisen.

18. Die eisenfreie Lösung mit 1 ml Wasser verdünnen und die ZR mit der Lösung 2 Minuten lang in das Wasserbad von 65° C halten und die Ätherreste unter Rühren auskochen. Danach die Lösung für die Untersuchung auf Ti, Zr, Al, Cr und V weiter behandeln nach den Anweisungen, die dafür unter **(16)** auf S. 220 gegeben sind.

Sind Cr und Al bis jetzt nicht gefunden und muß man die Anwesenheit dieser Elemente in so kleinen Mengen berücksichtigen, daß sie wegen Bildung eines Oxalatkomplexes oder wegen Oxydation von Cr zu CrO_4^{2-} im Laufe der bisher vorgenommenen Untersuchung der NH_4OH-Gruppe nicht aufschienen, muß die Lösung samt der Waschflüssigkeit, die in einer kleinen Eindampfschale vorläufig beiseite gesetzt war (siehe **16***a*), untersucht werden.

Dazu wird die Lösung zur Trockne eingedampft, der Rückstand in einen Belchertiegel gebracht und zweimal mit HNO_3 (1,4) abgeraucht, um die Oxalate und den Überschuß Oxalsäure zu zersetzen. Danach einige Körnchen $KClO_3$ und 2 Tropfen HNO_3 (1,4) zu dem Rückstand geben und auf die übliche Weise zur Trockne eindampfen, um eventuell vorhandenes Cr^{3+} in $Cr_2O_7^{2-}$ überzuführen. Den Eindampfrest in 4 Tropfen

Wasser aufnehmen und nacheinander, jedesmal in einem Tropfen der Lösung, auf *Fe* nach Vorschrift 14*b* und auf *Cr* nach Vorschrift 12 prüfen.

Ist weder Fe noch $Cr_2O_7^{2-}$ vorhanden, oder aber ist Fe nicht, $Cr_2O_7^{2-}$ dagegen wohl vorhanden, kann in einem Tropfen der Lösung auf Al nach Vorschrift 13*a* untersucht werden.

Ist Fe allein oder neben $Cr_2O_7^{2-}$ vorhanden, Fe auf die gebräuchliche Weise mit HCl (1,125) und Äther entfernen und danach in der eisenfreien Lösung auf *Aluminium* prüfen nach Vorschrift 13*a*.

19. Die in einer bezeichneten großen ZR vorhandene Lösung des Niederschlages der $(NH_4)_2S$-Gruppe wie unter **(16)**, S. 188 angegeben behandeln.

20. Bei der Untersuchung des Eindampfrestes des Filtrats der $(NH_4)_2S$-Gruppe auf die Elemente der $(NH_4)_2CO_3$-Gruppe und auf Alkalimetalle die hierfür unter **(17)**, S. 189 gegebenen Anweisungen befolgen.

21. Schließlich in dem ursprünglichen Stoff auf *Ammonium* nach Vorschrift 26 prüfen.

§ 3. Verfahren bei Anwesenheit von Lithium

Wenn die Anwesenheit von Lithium berücksichtigt werden muß, gehe man wie folgt vor:

Den Eindampfrest des Ba^{2+}- und Sr^{2+}-freien Filtrats der $(NH_4)_2S$-Gruppe, der in einem kleinen Porzellantiegel vorhanden ist (siehe 9), S. 186, mit 10 mg fester Oxalsäure p. a. vermischen, leicht erwärmen, bis alle Oxalsäure zersetzt und ausgetrieben ist, und danach bis gerade zur Rotglut erhitzen.

Danach 2 Tropfen einer 5%igen $(NH_4)_2CO_3$-Lösung p. a. zufügen, zur Trockne eindampfen und leicht glühen, bis die Ammoniumsalze völlig ausgetrieben sind. Den Rückstand in 1 ml kaltem Wasser aufnehmen, das mit einer Spur (Mikrotropfen am Pt-Draht) 4 *n* NH_4OH alkalisch gemacht ist, und den Inhalt des Tiegels quantitativ (den Tiegel mit 0,5 ml Wasser nachspülen) in eine kleine ZR überführen.

Zentrifugieren:

1. Den Niederschlag (Ca- und Mg-Carbonat) nach Auswaschen mit 0,5 ml kaltem Wasser — Waschflüssigkeit verwerfen — in 3 Tropfen 4 *n* Essigsäure lösen und in dieser Lösung auf *Calcium* nach Vorschrift 19 und auf *Magnesium* nach Vorschrift 20 prüfen.

2. Die Lösung zur Trockne eindampfen, den Rückstand leicht erhitzen, bis die Ammoniumsalze völlig ausgetrieben sind, und den Glührest in 1 ml Wasser von Zimmertemperatur aufnehmen, das mit einem kleinen Tropfen 2 *n* HCl angesäuert ist. In einem oder mehreren Tropfen mit $Ba(NO_3)_2$ auf Sulfate untersuchen. Den übrigen Teil zur Trockne eindampfen:

a) Sulfate nicht vorhanden: den Eindampfrest in eine kleine ZR bringen, zweimal mit 1 ml wasserfreiem Dioxan unter Erhitzung in einem kochenden Wasserbad ausziehen. Die Dioxanextrakte in eine kleine ZR bringen und unter Erwärmung in einem kochenden Wasserbad und

Luftdurchleiten zur Trockne eindampfen. In dem Eindampfrest nach Aufnehmen in 3 bis 4 Tropfen Wasser *Lithium* nach Vorschrift 67 nachweisen. In dem nach der Dioxanextraktion zurückgebliebenen Rest nach Aufnehmen in 3 Tropfen Wasser *Natrium* nach Vorschrift 68 und *Kalium* nach Vorschrift 24 nachweisen.

b) Sulfate vorhanden: erst in Chloride überführen, indem man den Eindampfrest in einem Pt-Tiegelchen zweimal mit Hydrazinhydrochlorid abraucht und danach weiterbehandelt, wie unter *a* angegeben.

§ 4. Verfahren bei Anwesenheit von Nb und Ta

Muß die Anwesenheit von Nb und Ta berücksichtigt werden, gehe man wie folgt vor:

Den in einer bezeichneten großen ZR vorhandenen Niederschlag der HCl-Gruppe (siehe **10**, S. 224), der dann die Elemente: W (teilweise), Tl (teilweise), Nb, Ta, Ag, Hg_2^{2+} und Pb (teilweise) enthalten kann bzw. als $WO_3 \cdot aq.$, TlCl, $Nb_2O_5 \cdot aq.$, $Ta_2O_5 \cdot aq.$, AgCl, Hg_2Cl_2 und $PbCl_2$, unter Erwärmung im Wasserbad von 95° C mit 1 ml Wasser extrahieren. Warm zentrifugieren; den Extrakt in eine kleine ZR bringen, den Rückstand mit 1 ml Wasser auswaschen, die Waschflüssigkeit verwerfen.

a) Der Extrakt kann TlCl und $PbCl_2$ enthalten. Trennen nach Vorschrift 47 und danach *Thallium* und *Blei* nach den Vorschriften 48 und 49 nachweisen.

b) Der Rückstand kann enthalten: $WO_3 \cdot aq.$, $Nb_2O_5 \cdot aq.$, $Ta_2O_5 \cdot aq.$, AgCl und Hg_2Cl_2. Unter Erwärmung im Wasserbad von 95° C mit 1 ml 4 *n* NH_4OH ausziehen, zentrifugieren, den Extrakt in eine kleine ZR bringen, den Rückstand mit 1 ml 4 *n* NH_4OH warm auswaschen, die Waschflüssigkeit verwerfen:

1. AgCl und $WO_3 \cdot aq.$ sind in Lösung gelangt. Nach Vorschrift 50 trennen und danach *Silber* und *Wolfram* nachweisen nach den Vorschriften 1 und 51.

2. Der Rückstand kann $Nb_2O_5 \cdot aq.$, $Ta_2O_5 \cdot aq.$ und die schwarze Quecksilber(I)amidoverbindung enthalten.

Ist der Rückstand dunkel gefärbt, einen Teil davon auf einen Objektträger bringen und nach vorsichtigem Eindampfen zur Trockne mit einem Tropfen 70%iger Perchlorsäure abrauchen. Den Rückstand danach in einem Tropfen Wasser aufnehmen und darin auf *Quecksilber* nach Vorschrift 5 prüfen. Den Rest erhitzen, bis alles Quecksilber verflüchtigt ist und danach den Glührest auf Nb und Ta untersuchen.

Ist der Rückstand hell gefärbt, was auf die Abwesenheit von Hg weist, quantitativ in ein Nickeltiegelchen bringen und darin vorsichtig zur Trockne eindampfen.

Für die Untersuchung auf Nb und Ta den trockenen Rückstand nach Vorschrift 52 behandeln und danach auf *Niob* nach Vorschrift 53 und auf *Tantal* nach Vorschrift 54 prüfen.

§ 5. Verfahren bei Anwesenheit von Se, Te, Au und Pt

Muß die Anwesenheit der Elemente Selen, Tellur, Gold und Platin berücksichtigt werden, ist es erwünscht, sie zu isolieren, bevor zur H_2S-Behandlung übergegangen wird, um eine Überbelastung der H_2S-Gruppe zu vermeiden. Das ist für Se, Te und Au durch Reduktion der salzsauren Lösung mit Hydrazinhydrochlorid möglich. Der Analysenverlauf ist dann wie folgt zu erweitern:

A. Zu der in einer großen ZR vorhandenen Lösung **(1*a*)** oder **(1*b*)** (siehe S. 222), die aus der Lösung des ursprünglichen Stoffes in 1 ml 4,0 *n* HCl **(1*a*)** besteht, wenn kein Niederschlag oder Rückstand erhalten wurde, oder aus der nach Abzentrifugieren eines Niederschlages oder Rückstandes erhaltenen Lösung samt Waschflüssigkeit **(1*b* 1)**, 0,5 mÄq, d. h. ungefähr 35 mg Hydrazinhydrochlorid, auf der Torsionswaage abgewogen, zufügen. Das Reduktionsmittel unter fortwährendem Rühren und wiederholtem Erwärmen der ZR im Heißwasserbad völlig in Lösung bringen. Danach die ZR 5 Minuten lang in das Wasserbad von 95° C halten. Selen, Tellur und Gold werden gefällt, während daneben Farbveränderungen der Lösung auftreten können, die notiert werden [z. B. VO_3^- → blaues $(VO)^{2+}$, MoO_4^{2-} → gelbbraunes Reduktionsprodukt]. Zentrifugieren:

a) Die Lösung in eine andere große ZR bringen und weiter nach **(B)** behandeln.

b) Den Niederschlag mit 1 ml Wasser warm auswaschen — die Waschflüssigkeit verwerfen — und danach 5 Minuten lang bei Zimmertemperatur mit einer Lösung von 20 mg KCN in 1 ml Wasser extrahieren, zu der ein Mikrotropfen 30%iges H_2O_2 zugefügt ist. Zentrifugieren:

1. Ein Rückstand ist *Tellur*, nach Vorschrift 71 nachzuweisen.

2. Die Lösung kann Gold und Selen enthalten; hierin *Gold* nachweisen nach Vorschrift 69 und *Selen* nach Vorschrift 70.

B. Zu der Lösung 2 große Tropfen 30%iges H_2O_2 zufügen, danach die ZR 5 Minuten lang in das Wasserbad von 65° C halten, um den Überschuß Hydrazinhydrochlorid zu oxydieren, und schließlich den Überschuß an H_2O_2 durch Erwärmung im Wasserbad von 95° C (2 Minuten lang bei kräftigem Rühren) zerstören. Eventuelle Farbveränderungen der Lösung, die wegen des Zusatzes von H_2O_2 oder der darauf folgenden Erwärmung oder Zersetzung des Überschusses H_2O_2 entstehen, werden notiert [z. B. $(VO)^{2+}$ → VO_3^- → Peroxyvanadynil → VO_3^-, Ti → $TiO_2 \cdot H_2O_2 \cdot aq.$].

C. Die Lösung jetzt weiter nach den Anweisungen für den Analysengang auf S. 223 u. f. mit H_2S behandeln. Also: H_2S bei 65° C einleiten, Ausblasen von H_2S, Abstumpfen des Säuregrades auf 0,2 *n* und danach erneut H_2S einleiten und ausblasen. Zentrifugieren: Niederschlag **(4*b*)** und Lösung **(4*a*)**. Den Niederschlag **(4*b*)** zweimal mit 1 ml 1%igem NH_4NO_3 auswaschen, das erstemal kalt, das zweitemal warm, um eventuell gefälltes TlCl zu extrahieren; die zweite Waschflüssigkeit zur Untersuchung auf Tl beiseite setzen, die erste Waschflüssigkeit verwerfen. Den ausgewaschenen Niederschlag mit 2,0 ml 2,0 *n* KOH extrahieren, danach zentrifugieren: Lösung (**11***a*) und Niederschlag (**11***b*). Lösung (**11***a*) behandeln, wie im Schema angegeben (siehe unter 12).

D. Niederschlag (**11***b*) — der nicht in 2,0 *n* KOH lösliche Teil der Sulfide — kann enthalten: HgS, PtS_2 + Pt, CuS, Bi_2S_3, PbS und CdS. Diesen Niederschlag mit 2 ml 1%igem NH_4NO_3 auswaschen — die Waschflüssigkeit verwerfen — und danach unter Erwärmung im Wasserbad von 95° C 2 Minuten lang mit 1 ml HNO_3 (1,2) extrahieren. Zentrifugieren:

a) Den HNO_3-Extrakt zur Untersuchung auf Cu, Cd, Bi und Pb nach den dafür gegebenen Anweisungen weiterbehandeln.

b) Der Rückstand kann enthalten PtS_2 + Pt und HgS. Mit 2 ml 2,0 *n* HCl auswaschen — die Waschflüssigkeit verwerfen — und danach unter Erwärmung im Wasserbad von 95° C in 4 Tropfen Königswasser lösen. Aus dieser Lösung Hg und Pt trennen nach Vorschrift 72 und danach *Quecksilber* nach Vorschrift 5 und *Platin* nach Vorschrift 73 nachweisen.

Für die weitere Analyse gibt das Schema an, daß das Filtrat der H_2S-Gruppe, falls nötig, schnell auf 2 ml eingedampft, dann mit einem großen Tropfen 30%igem H_2O_2 oxydiert und anschließend auf Vanadin und Phosphat untersucht werden muß.

Die Prüfung auf Vanadin nach Vorschrift 56*b* muß hier allerdings im Zusammenhang mit dem Gebrauch von Hydrazinhydrochlorid, von dem eventuell vorhandene Reste dieselbe Reaktion zeigen, unterbleiben. Es ist daher zu empfehlen, in diesem Fall immer einen Tropfen einer gesättigten $FeCl_3$-Lösung zu der Lösung zuzufügen, bevor die Ammoniakgruppe mit NH_4OH gefällt wird.

Für den weiteren Analysenverlauf sind die vorher gegebenen Anweisungen zu befolgen.

§ 6. Ausführungsvorschriften

47. Trennung Thallium-Blei

Einige Tropfen der Lösung werden nacheinander auf einem Objektträger zur Trockne eingedampft, bis ein deutlicher Rückstand erhalten wird. Diesen Rückstand mit einem Tropfen konzentrierter Schwefelsäure anfeuchten und abrauchen. Auf die zur Trockne eingedampften Sulfate einen Tropfen Wasser geben, leicht erwärmen, den Tropfen abschleppen und auf einen zweiten Objektträger abklopfen. In diesem Tropfen auf Thallium nach Vorschrift 48 prüfen.

Auf die zur Trockne eingedampften Sulfate auf dem ersten Objektträger einen zweiten Tropfen Wasser bringen, leicht erwärmen und den Tropfen abschleppen. Der Rückstand ist $PbSO_4$, nach Vorschrift 49 zu identifizieren.

48. Thallium

a) Zu dem Tropfen der Lösung auf dem Objektträger, ohne zu erwärmen, erst ein Körnchen Natriumacetat und danach ein Körnchen NaCl zufügen: Es bilden sich kreuzförmige Rosetten oder Sterne von TlCl, die bei durchfallendem Licht schwarz, bei auffallendem Licht silberweiß erscheinen.

Zur Übung: Man geht von 1%iger $TlNO_3$-Lösung aus: Wie oben.

b) Den Tropfen der Lösung auf eine Tüpfelplatte bringen und ein Körnchen Natriumhexanitrokobaltat(III) hinzufügen: Orangeroter Niederschlag von $Tl_2NaCo(NO_2)_6$.

Zur Übung: Man geht von 1%iger $TlNO_3$-Lösung aus: Wie oben.

49. Blei

Da Thallium mit HNO_3 und Thioharnstoff analoge Kristalle gibt wie Blei, darf die Identitätsreaktion von Mahr hier nicht benützt werden; Blei muß z. B. als K-Cu-Pb-Tripelnitrit identifiziert werden.

Den bei der Trennung Thallium-Blei auf dem Objektträger zurückgebliebenen Rückstand von $PbSO_4$ in einem Tropfen Wasser lösen, zu dem einige Körnchen Ammoniumacetat zugefügt sind. Danach die Lösung mit einem kleinen Tropfen Essigsäure ansäuern. In dem angesäuerten Tropfen einige Körnchen Cu-Acetat lösen und danach einige Körnchen KNO_2 zufügen. Nach kurzem Liegenlassen entstehen schwarz scheinende, tatsächlich jedoch dunkelrote Kuben oder manchmal auch rechteckige und sechsseitige Prismen von K-Cu-Pb-Tripelnitrit.

Zur Übung: Man geht von 1%iger $Pb(NO_3)_2$-Lösung aus: Einen Tropfen der Lösung auf einem Objektträger zur Trockne eindampfen und den Rückstand in einem Tropfen verdünnter Essigsäure aufnehmen. Danach einige Körnchen Cu-Acetat in dem Tropfen lösen und einige Körnchen (Überschuß) KNO_2 zufügen. Weiter verfahren wie oben.

50. Trennung Wolfram-Silber

Die in einer kleinen ZR vorhandene ammoniakalische Lösung mit einigen Tropfen starker Salzsäure ansäuern, wodurch AgCl und $WO_3 \cdot aq.$ zurückgebildet werden. Die ZR eine Minute lang im Heißwasserbad zwecks guter Absetzung des Niederschlags erwärmen. Zentrifugieren, die Lösung verwerfen.

Einen Teil des Niederschlags auf einen Objektträger bringen und gerade bis zur Trockne eindampfen. Den Rückstand zweimal mit einem Tropfen Wasser unter leichter Erwärmung auswaschen und die Waschflüssigkeit abschleppen. Danach einen Tropfen 1 *n* KOH auf den Niederschlag geben, kurz erwärmen, den Tropfen abschleppen und auf einem zweiten Objektträger abklopfen. Den Niederschlag danach wieder mit einem Tropfen Wasser auswaschen und dann unter leichter Erwärmung in einem Tropfen NH_4OH aufnehmen. Aus diesem Tropfen wird — siehe Vorschrift 1 — nach einigen Minuten AgCl auskristallisieren. In dem Tropfen KOH-Extrakt auf dem zweiten Objektträger wird nach Vorschrift 51 Wolframat nachgewiesen.

51. Wolframat

a) Den Tropfen der Lösung auf einem Objektträger mit einem kleinen Tropfen konzentrierter Schwefelsäure ansäuern und abrauchen, um Chloridreste zu entfernen. Den Rückstand in einem Tropfen 1 *n* KOH aufnehmen und zu dieser Lösung nach leichter Erwärmung einige Körnchen $TlNO_3$ zufügen: Es entstehen große hexagonale Platten und/oder sechseckige Rosetten von Tl_2WO_4, die oft in Büscheln auf der Oberfläche des Tropfens treiben und so dünn sind, daß sie Interferenzfarben zeigen.

Zur Übung: Man geht von 1%iger Na_2WO_4-Lösung aus: Zu einem Tropfen der Lösung auf einem Objektträger erst einen Mikrotropfen 2 *n* NaOH und dann nach leichter Erwärmung einige Körnchen $TlNO_3$ zufügen.

b) De Sousa. Zu einem Tropfen der Lösung auf Filtrierpapier nacheinander zufügen: einen Tropfen einer 5%igen alkoholischen Oxinlösung und einen Tropfen konzentrierter Salzsäure: Es entsteht ein brauner Fleck.

Zur Übung: Man geht von 1%iger Na_2WO_4-Lösung aus: Wie oben.

52. Überführen von $Nb_2O_5 \cdot aq.$ und $Ta_2O_5 \cdot aq.$ in Kaliumniobat bzw. Kaliumtantalat

Den Eindampfrückstand auf dem Boden eines Nickeltiegelchens sammeln und daneben eine möglichst genau geschätzte fünffache Menge festes Kaliumhydroxyd setzen. Das Tiegelchen leicht erhitzen, wobei man es schräg hält, so daß das Kaliumhydroxyd zuerst schmilzt und dann die geschmolzene Masse zu dem Rückstand fließt. Die Temperatur anschließend bis zur Rotglut erhöhen und die Schmelze 5 Minuten lang auf dieser Temperatur halten. Danach langsam abkühlen lassen. Nach *völliger* Abkühlung die Schmelze zweimal mit 0,5 ml kaltem Wasser (= zweimal ein volles Tiegelchen) extrahieren und den Extrakt zusammen mit dem Sediment in eine kleine ZR bringen. Zentrifugieren. In dem klaren Extrakt auf Niobat nach Vorschrift 53 und auf Tantalat nach Vorschrift 54 prüfen.

53. Niobat

Zu einem Tropfen der Lösung auf einem Objektträger, ohne zu erwärmen, ein Körnchen festes Natriumhydroxyd zufügen. In der nächsten Umgebung kristallisieren meistens zuerst Nadeln und Stäbchen aus und in einigem Abstand große, dünne, farblose sechseckige Platten oder sechseckige Rosetten von Natriumhexaniobat $Na_8Nb_6O_{19} \cdot 16$ aq. Tantalat gibt unter diesen Bedingungen analoge, jedoch kleinere Kristalle von Natriumhexatantalat $Na_8Ta_6O_{19} \cdot 25$ aq., das weniger löslich ist als Natriumhexaniobat und daher eher auskristallisieren kann.

Antimonat kann unter diesen Bedingungen Kristalle von $Na_2H_2Sb_2O_7 \cdot 2$ aq. geben, die jedoch durch ihre Form, nämlich als scharf gezeichnete vielfach gekreuzte Stäbchen oder als gekreuzte linsenförmige Kristalle, leicht von den Sechsecken des Natriumhexaniobats oder -tantalats zu unterscheiden sind.

Zur Übung: Man geht von Nb_2O_5 aq. aus: Einige mg der Niobsäure nach Vorschrift 52 durch Schmelzen mit KOH in Kaliumniobat überführen. Einen Tropfen des wäßrigen Extraktes wie oben behandeln.

54. Tantalat

Zu einem Tropfen der Lösung auf einem Cellonplättchen oder auf einem Stück Plexiglas einige Kristalle NH_4F zufügen und danach einen Tropfen konzentrierter Salzsäure. Zuerst entsteht ein weißer amorpher Niederschlag, der nach einigen Minuten in lange, farblose, schwach doppelbrechende Nadeln von K_2TaF_7 übergeht, die $CaSO_4 \cdot 2$ aq. ziemlich ähnlich, jedoch weniger scharf gezeichnet sind.

Zur Übung: Man geht von $Ta_2O_5 \cdot$ aq. aus: Einige mg der Tantalsäure nach Vorschrift 52 durch Schmelzen mit KOH in Kaliumtantalat überführen. Einen Tropfen des wäßrigen Extraktes wie oben behandeln.

55. Molybdän

a) Einen Teil des Niederschlags auf einem Objektträger zur Trockne eindampfen und danach zweimal mit einem Tropfen HNO_3 (1,4) zur Trockne eindampfen. Man erhält einen ersten Hinweis für die Anwesenheit von Mo durch Blaufärbung des Eindampfrückstandes mit HNO_3 bei kurzem Stehenlassen an der Luft. Den Rückstand in einem Tropfen 1 *n* KOH aufnehmen und zu dieser Lösung nach leichter Erwärmung einige Körnchen $TlNO_3$ zufügen: Es entstehen kleine hexagonale Plättchen und/oder sechseckige Rosetten von Tl_2MoO_4, ähnliche Kristalle wie Tl_2WO_4, aber kleiner.

Enthält der zu untersuchende Niederschlag auch W, wird das leichter lösliche Tl_2WO_4 später auch auskristallisieren.

Zur Übung: Man geht von 1%iger Na_2MoO_4-Lösung aus: Einen Tropfen der Lösung auf einem Objektträger zur Trockne eindampfen, den Rückstand in einem Tropfen 1 *n* KOH aufnehmen und weiter verfahren wie oben. Blaufärbung des Eindampfrückstandes tritt hier nicht auf (kein Sulfat!).

b) Einen Teil des Niederschlags auf einem Objektträger zweimal mit einem Tropfen HNO_3 (1,4) zur Trockne eindampfen. Den Rückstand in einem Tropfen 4 *n* HCl aufnehmen, die Lösung auf eine Tüpfelplatte bringen und nacheinander zufügen: einen kleinen Tropfen konzentrierte Phosphorsäure, einen kleinen Tropfen konzentrierte NH_4CNS-Lösung und einen Tropfen $SnCl_2$: Rotfärbung. Die rote Farbe kann genau wie die von Eisen(III)rhodanid mit Äther oder Amylalkohol ausgeschüttelt werden. Viel W kann Blaufärbung verursachen.

Zur Übung: Man geht von 1%iger Na_2MoO_4-Lösung aus: Einen Tropfen der Lösung auf einem Objektträger zur Trockne eindampfen. Den Rückstand in einem Tropfen 4 *n* HCl aufnehmen. Weiter verfahren wie oben.

56. Vanadin

a) Zu einem Tropfen der Lösung auf einem Objektträger einen so großen Überschuß festes NH_4Cl zufügen, daß ein Teil davon ungelöst bleibt: Es entstehen kleine, farblose, lanzettförmige, doppelbrechende Kristalle von Ammoniummetavanadat.

Zur Übung: Man geht von 1%iger $NaVO_3$-Lösung aus: Wie oben.

b) EPHRAIM. Einen Tropfen der Lösung zur Kontrolle der Abwesenheit von Eisen(II) auf der Tüpfelplatte mit einem Tropfen einer gesättigten alkoholischen Dimethylglyoximlösung zusammengeben und danach mit 1 bis 2 Tropfen konzentriertem Ammoniumhydroxyd ammoniakalisch machen. Die Lösung muß farblos bleiben. Bei Rotfärbung der Lösung werden ein oder mehrere Tropfen 3%iges H_2O_2 zu der zu untersuchenden Flüssigkeit in der Eindampfschale zugefügt, bis sie frei von Eisen(II) ist. Einige Tropfen der Eisen(II)-freien Lösung in einen kleinen Porzellantiegel bringen, 5 Tropfen konzentrierte Salzsäure zufügen und Chlor auskochen. Nach *völliger Abkühlung* zu dem Inhalt des Tiegels, falls in der zu untersuchenden Lösung nicht bereits Eisen (Fe^{3+}) vorhanden ist, einen Mikrotropfen einer konzentrierten $FeCl_3$-Lösung zufügen. Den Inhalt des Tiegels in eine kleine ZR bringen und zuerst einige Tropfen (Überschuß, Ni!) einer gesättigten alkoholischen Dimethylglyoximlösung und danach so viel konzentriertes Ammoniumhydroxyd zusetzen, bis die Flüssigkeit ammoniakalisch ist. Zentrifugieren: Es entsteht eine rot gefärbte Lösung.

Muß die Anwesenheit von CrO_4^{2-} berücksichtigt werden, einige Tropfen der zu untersuchenden Lösung in einem kleinen Porzellantiegel mit 5 Tropfen konzentrierter Salzsäure und 4 bis 5 Tropfen Alkohol kochen, bis nicht mehr als ein Drittel der Flüssigkeit übriggeblieben ist. CrO_4^{2-} muß dann zu Cr^{3+} reduziert sein. Danach erneut 5 Tropfen konzentrierter Salzsäure zufügen, Chlor auskochen usw.

Zur Übung: Man geht von 1%iger $NaVO_3$-Lösung aus: Einige Tropfen der Lösung in einen kleinen Porzellantiegel bringen, 5 Tropfen konzentrierte Salzsäure zufügen, Chlor auskochen usw., wie oben.

57. Trennung Thorium-Cer

Den Oxalatniederschlag in einen kleinen Porzellantiegel bringen, gerade zur Trockne eindampfen und danach zweimal mit einigen Tropfen HNO_3 (1,4) abrauchen. Die Nitrate in 1 ml Wasser aufnehmen, das mit einem kleinen Tropfen HNO_3 angesäuert ist, dann 10 bis 20 mg Natriumacetat zufügen und die Lösung kurz aufkochen. Danach den Inhalt des Tiegels zusammen mit der Waschflüssigkeit, die man durch Nachspülen des Tiegels mit einigen Tropfen Wasser aus einer Ballonpipette erhält, in eine kleine ZR überführen. Zentrifugieren. In dem Niederschlag nach Auswaschen mit 1 ml mit einer Spur NH_4OH ammoniakalisch gemachtem Wasser Thorium nach Vorschrift 58 und in der Lösung Cer nach Vorschrift 59 nachweisen.

58. Thorium

a) Den in einer kleinen ZR vorhandenen, ausgewaschenen Niederschlag von $Th(OH)_4$ ohne Erwärmung in ungefähr 0,2 ml 5%iger $(NH_4)_2CO_3$-Lösung und 2 bis 3 Tropfen konzentriertem Ammoniumhydroxyd lösen. Wenn der Niederschlag trotz Rühren nicht in Lösung gehen will, kann die ZR kurz erwärmt werden, allerdings nicht über 50° C.

Zu einem Tropfen der Lösung auf einem Objektträger nach leichtem Erwärmen, nicht über 50° C, ein Körnchen $TlNO_3$ zufügen: nach einigen

Augenblicken erscheinen kleine hellgelbe, rhombenförmige Kristalle von $ThTl_6(CO_3)_5$, die manchmal zu Rosetten vereinigt sind.

Zur Übung: Man geht von 1%iger $Th(NO_3)_4$-Lösung aus: Zu einem Tropfen der Lösung ohne Erwärmung einen großen Tropfen konzentriertes Ammoniumhydroxyd zufügen, den gebildeten Niederschlag mit einigen Körnchen $(NH_4)_2CO_3$ in Lösung bringen und zu der klaren Lösung nach leichter Erwärmung, nicht über 50° C, ein Körnchen $TlNO_3$ zufügen.

b) Zu einem Tropfen der Lösung des Niederschlags von $Th(OH)_4$ in $(NH_4)_2CO_3$ und NH_4OH auf einer schwarzen Tüpfelplatte einen Tropfen HNO_3 (1,4) und danach einige Körnchen (Überschuß) KJO_3 zufügen: Weißer Niederschlag von Thoriumkaliumjodat $Th(JO_3)_4 \cdot KJO_3 \cdot 18\ H_2O$.

Zur Übung: Man geht von 1%iger $Th(NO_3)_4$-Lösung aus: Verfahren, wie oben für die Lösung des Niederschlages von $Th(OH)_4$ in $(NH_4)_2CO_3$ und NH_4OH angegeben ist.

59. Cer

a) Einige Tropfen der Lösung auf einem Objektträger nacheinander gerade bis zur Trockne eindampfen, den Rückstand in einem Tropfen 2 *n* Essigsäure aufnehmen und zu dieser Lösung ohne Erwärmung einige Körnchen (Überschuß) Ammoniumsuccinat zufügen.

Nach 2 bis 3 Minuten Liegenlassen das Präparat kurz *leicht* erwärmen: Es bilden sich Kristalle von Cer(III)succinat, stark sphärolitisch.

Zur Übung: Man geht von 1%iger $Ce(NO_3)_3$-Lösung aus: Zu einem Tropfen der Lösung ohne Erwärmung einige Körnchen (Überschuß) Ammoniumsuccinat zufügen.

b) Lecoq de Boisbaudran. Einen oder mehrere Tropfen der Lösung in einem kleinen Porzellantiegel mit 1 bis 2 Tropfen 3%igem H_2O_2 mischen und danach mit einem Tropfen konzentriertem Ammoniumhydroxyd ammoniakalisch machen: Es entsteht orangefarbiges Peroxyd, das bei leichter Erwärmung gelb wird.

Zur Übung: Man geht von 1%iger $Ce(NO_3)_3$-Lösung aus: Wie oben.

60. Trennung Uran-Beryllium

Den $(NH_4)_2CO_3$-Extrakt in eine kleine ZR bringen und 5 Minuten lang in ein kochendes Wasserbad halten. Be wird dadurch als basisches Be-Carbonat gefällt. Zentrifugieren. In der Lösung auf Uran nach Vorschrift 61 und in dem Niederschlag nach zweimaligem warmem Auswaschen mit 1 ml Wasser auf Beryllium nach Vorschrift 62 prüfen.

61. Uran

a) Einen oder mehrere Tropfen der Lösung nacheinander auf einem Objektträger nach Zufügen eines Mikrotropfens konzentrierter Schwefelsäure zur Trockne eindampfen. Danach abrauchen, um alle Spuren Chlorid zu entfernen. Den Rückstand in einem Tropfen 5%iger $(NH_4)_2CO_3$-Lösung aufnehmen und zu der Lösung einige Körnchen $TlNO_3$ zufügen. Anschließend den Tropfen kurz erwärmen und danach schnell abkühlen: Es erscheinen kleine blaßgelbe, rhombenförmige Kristalle von Thallium(I)-uranylcarbonat, $2\ Tl_2CO_3 \cdot UO_2CO_3$.

Zur Übung: Man geht von 1%iger UO_2-Acetatlösung aus: Zu einem Tropfen dieser Lösung auf einem Objektträger einen Tropfen 5%ige $(NH_4)_2CO_3$-Lösung zufügen und danach weiter verfahren wie oben.

Man kann größere Kristalle erhalten, wenn man in dem Tropfen UO_2-Acetatlösung zuerst unter leichter Erwärmung einige Körnchen $TlNO_3$ löst und danach festes $(NH_4)_2CO_3$ zufügt.

b) Einige Tropfen der Lösung in einen kleinen Porzellantiegel bringen, einen Tropfen konzentrierte Salzsäure zufügen und über einer Mikroflamme aufkochen, bis ein Tropfen übriggeblieben ist. Nach Abkühlung einen Tropfen 1%ige $K_4Fe(CN)_6$-Lösung hinzufügen: Brauner Niederschlag.

Zur Übung: Man geht von 1%iger UO_2-Acetatlösung aus: Einen Tropfen der Lösung auf der Tüpfelplatte mit einem Tropfen 1%iger $K_4Fe(CN)_6$-Lösung zusammengeben.

62. Beryllium

a) Einen Teil des Niederschlages auf einem Objektträger in einem kleinen Tropfen 4 *n* Essigsäure lösen und danach einige Körnchen (Überschuß) Kaliumoxalat zufügen: Kaliumberylliumoxalatkristalle, $K_2C_2O_4 \cdot BeC_2O_4$, entstehen, meistens als große und dicke monokline Kristalle, die häufig wie die Zwillingskristalle von Gips aussehen, manchmal aber auch wie Weidenblätter, die zu Rosetten zusammengebündelt sein können.

Zur Übung: Man geht von 1%iger Be-Acetatlösung aus: Zu einem Tropfen der Lösung einige Körnchen Kaliumoxalat zufügen. Weiter verfahren wie oben.

b) Fischer. Zu einem Teil des Niederschlags wird auf einer Tüpfelplatte ein Tropfen einer 0,05%igen Chinalizarinlösung (1-2-5-8-Tetrahydroxyanthrachinon) in 1 *n* NaOH zugefügt: Die violette alkalische Farbe des Reagens wird blau. Die Blaufärbung ist gegen Zufügen eines Tropfens Bromwasser ziemlich beständig.

Zur Übung: Man geht von 1%iger Be-Acetatlösung aus: Einige Tropfen der Lösung in einer kleinen ZR mit 0,5 ml 2 *n* NH_4OH erwärmen, wodurch $Be(OH)_2$ gefällt wird. Zentrifugieren und einmal mit 1 ml Wasser auswaschen. Einige Tropfen der wäßrigen Suspension des Niederschlags auf die Tüpfelplatte bringen und wie oben behandeln.

63. Thallium [Thallium(III)chlorid neben Eisen(III)chlorid]

Zu einem Tropfen der Lösung auf der Tüpfelplatte einige Körnchen Na_2SO_3 und danach einige Körnchen KJ zufügen: Gelber Niederschlag von TlJ.

Zur Übung: Man geht von 1%iger $TlNO_3$-Lösung aus: Einige Tropfen der Lösung in einem kleinen Reagenzglas mit einem kleinen Tropfen 30%igem H_2O_2 oxydieren und den Überschuß an H_2O_2 durch Erhitzung im Heißwasserbad zerstören. Anschließend einen Tropfen einer 5%igen $FeCl_3$-Lösung zufügen. Einen Tropfen der gemischten Lösung auf der Tüpfelplatte wie oben behandeln.

64. Trennung Titan-Zirkon

Zu dem — in einer großen ZR vorhandenen — Niederschlag werden ohne Erwärmung unter Rühren 2 bis 3 Tropfen 2 *n* H_2SO_4 zugefügt und die Lösung mit 1 ml Wasser verdünnt. Ist nicht alles in Lösung gegangen, zentrifugieren und in dem Rückstand auf Mn nach Vorschrift 17*a* untersuchen. Zu der klaren Lösung — nach Übergießen in eine kleine ZR — 10 mg Na-Acetat zufügen und die ZR 5 Minuten lang in ein kochendes Wasserbad halten. $TiO_2 \cdot aq.$ wird gefällt, während ZrO^{2+} in Lösung bleibt. Zentrifugieren. In dem Niederschlag Titan nach Vorschrift 65 und in der Lösung Zirkon nach Vorschrift 66 nachweisen, nach Eindampfen zur Trockne in einem Porzellantiegel H_2SO_4 abrauchen und den Rückstand in einigen Tropfen Wasser aufnehmen, die mit einem Mikrotropfen 2 *n* H_2SO_4 angesäuert sind.

65. Titan

Schönn. Einen Teil des Niederschlags als Suspension auf die Tüpfelplatte bringen, in 1 bis 2 Tropfen 4 *n* H_2SO_4 lösen und danach einen Tropfen 3%iges H_2O_2 zufügen: Gelbfärbung, die nach Zufügen einiger Körnchen NaF verschwindet.

Zur Übung: Man geht von 1%iger $Ti(SO_4)_2$-Lösung in H_2SO_4 aus: Zu einem Tropfen dieser Lösung auf der Tüpfelplatte einen Tropfen 3%iges H_2O_2 zufügen. Weiter verfahren wie oben.

66. Zirkon

a) Zu einem Tropfen der Lösung wird ohne Erwärmung ein Körnchen Kaliumhydrogenoxalat zugefügt: Es entstehen ziemlich langgestreckte vierseitige Bipyramiden' (keine Oktaeder!) von $K_4Zr(C_2O_4)_4 \cdot 4\,aq.$ Erhält man diese Kristalle nicht unmittelbar, das Präparat an der Luft eintrocknen lassen und danach einen Tropfen Wasser auf den Rückstand geben. Sie werden dann scharf gezeichnet zum Vorschein kommen.

Zur Übung: Man geht von 1%iger $ZrOCl_2$-Lösung aus: Wie oben.

b) Zu einigen Tropfen der Lösung in einem kleinen Reagenzglas einen Tropfen einer 0,2%igen Alizarin-S-Lösung in Wasser zufügen und die Röhre danach im Heißwasserbad erhitzen: Rotviolettfärbung, beständig gegen Zufügen eines gleichen Volumens 2 *n* HCl.

Zur Übung: Man geht von 1%iger $ZrOCl_2$-Lösung aus: Wie oben.

67. Lithium

a) Zu einem Tropfen der Lösung auf einem Objektträger einen Tropfen einer 5%igen $(NH_4)_2CO_3$-Lösung zufügen und danach bis zur Randkristallisation erhitzen: Es erscheinen dünne Prismen und Nadeln von Li_2CO_3, häufig etwas sternförmig miteinander verwachsen.

Zur Übung: Man geht von 1%iger LiCl-Lösung aus: Wie oben.

b) Zu einem Tropfen der Lösung auf einer Cellon- oder Plexiglasplatte einige Körnchen (Überschuß) NH_4F zufügen: Es entstehen blasse, viereckige und rechteckige Rosetten von LiF.

Zur Übung: Man geht von 1%iger LiCl-Lösung aus: Wie oben.

68. Natrium

Zu einem Tropfen der Lösung auf einem Objektträger ohne Erwärmung einen Tropfen einer frischen, kalt hergestellten, gesättigten $K_2H_2Sb_2O_7$-Lösung zufügen. Nach einigen Augenblicken entstehen Kristalle von $Na_2H_2Sb_2O_7 \cdot 2$ aq. als scharf gezeichnete, vierseitige Prismen, manchmal mit Pyramidenkopf oder auch Bipyramiden.

Zur Übung: Man geht von 1%iger NaCl-Lösung aus: Wie oben.

69. Gold

a) Einen Tropfen des KCN-Extraktes auf einem Objektträger mit einem Tropfen HCl ansäuern und danach gerade bis zur Trockne eindampfen. Auf den Rückstand einen Tropfen 2 *n* HCl geben, den Tropfen kurz leicht erwärmen und dann abschleppen. Zu dem abgeschleppten Tropfen einen Tropfen Pyridin-HBr-Reagens zufügen: Es entstehen braunrote Stäbchen oder viereckige Plättchen, oft unter einem Winkel von 60° verzwillingt.

Zur Übung: Man geht von 1%iger $HAuCl_4$-Lösung aus: Zu dem leicht erwärmten Tropfen auf einem Objektträger einen Tropfen Pyridin-HBr-Reagens zufügen.

b) Einen Teil des KCN-Extraktes in eine kleine ZR bringen und mit einem oder mehreren Tropfen HCl gerade ansäuern. Falls auch Selen vorhanden ist, wird es sich als ein roter Niederschlag abscheiden. Die ZR im Wasserbad erhitzen und HCN mit Luft ausblasen. Falls nötig, Selen abzentrifugieren. Zu der klaren Lösung einen oder mehrere Tropfen 2 *n* KOH zufügen, bis sie gerade alkalisch wird, und danach einen kleinen Tropfen 30%iges H_2O_2: Reduktion zu kolloidalem Gold, braun bei auffallendem und blau bei durchfallendem Licht.

Zur Übung: Man geht von 1%iger $HAuCl_4$-Lösung aus: Einen kleinen Tropfen in ein kleines Reagenzglas bringen und mit 1 ml Wasser verdünnen. Die Lösung mit einem Tropfen 2 *n* KOH gerade alkalisch machen und danach einen kleinen Tropfen 30%iges H_2O_2 zufügen.

70. Selen

Einen Tropfen des KCN-Extraktes auf einem Objektträger mit einem Tropfen HCl ansäuern und danach gerade bis zur Trockne eindampfen. Entsteht beim Ansäuern und Erhitzen des Tropfens ein roter Niederschlag, ist das bereits ein Hinweis auf die Anwesenheit von Selen.

Den Trockenrest unter leichter Erwärmung mit einem Tropfen 2 *n* HCl extrahieren und die Waschflüssigkeit abschleppen. Danach den Rückstand vorsichtig mit einem Tropfen HNO_3 (1,4) (SeO_2 ist flüchtig!) zur Trockne eindampfen, den Trockenrest in einem Tropfen konzentrierter

Schwefelsäure aufnehmen und dann etwas Codein zu der schwefelsauren Lösung geben: Blaugrünfärbung.

Zur Übung: Man geht von 1%iger Na_2SeO_3-Lösung aus: Einen Tropfen auf einem Objektträger gerade bis zur Trockne eindampfen, den Trockenrest in einem Tropfen konzentrierter Schwefelsäure aufnehmen und danach etwas Codein zu der schwefelsauren Lösung geben.

71. Tellur

Einen Teil des Niederschlags auf einem Objektträger mit einem Tropfen HNO_3 (1,4) gerade bis zur Trockne eindampfen (TeO_2 ist flüchtig!). Den Rückstand in einem Tropfen 4 *n* HCl aufnehmen, die Lösung erwärmen und einige Körnchen CsCl zu dem warmen Tropfen geben: Es entstehen zitronengelbe Oktaeder und Tetraeder von Cs_2TeCl_6, die große Übereinstimmung mit den Kristallen von Cs_2SnCl_6 zeigen.

Zur Übung: Man geht von Tellurpulver aus: Etwas Pulver auf einem Objektträger mit einem Tropfen HNO_3 (1,4) zur Trockne eindampfen. Weiter verfahren wie oben.

72. Trennung Platin-Quecksilber

Zwei bis drei Tropfen der Lösung in einen kleinen Porzellantiegel bringen und über einer Mikroflamme gerade bis zur Trockne eindampfen. Den Tiegel danach mit einem halben Objektträger abdecken, auf dem sich in der Mitte ein Tropfen Wasser zum Abkühlen befindet. Die Mikroflamme dann etwas vergrößern. $HgCl_2$ wird sich jetzt verflüchtigen und sich auf dem gekühlten Träger absetzen. Nach einigen Augenblicken den Träger vom Tiegel fortnehmen, das Sublimat in einem Tropfen Wasser lösen und darin Quecksilber nach Vorschrift 5 nachweisen. Den nicht abgedeckten Tiegel noch 3 Minuten lang erhitzen, danach abkühlen und den Rückstand unter leichter Erwärmung in 3 Tropfen Königswasser lösen. In dieser Lösung Platin nach Vorschrift 73 nachweisen.

73. Platin

Einen Tropfen der Lösung auf einem Objektträger gerade bis zur Trockne eindampfen und danach den Rückstand in einem Tropfen Wasser aufnehmen, das mit einem Mikrotropfen HCl angesäuert ist. Zu dieser Lösung einige Körnchen KCl zufügen: Nach einigen Augenblicken entstehen gelbe Oktaeder von K_2PtCl_6. Bleibt die Kristallisation nach 5 Minuten aus, in einem anderen Tropfen die schwach salzsaure Lösung des Rückstandes mit einigen Körnchen RbCl an Stelle von KCl behandeln: Es bilden sich weniger lösliche, kleinere, gelbe Oktaeder von Rb_2PtCl_6.

Zur Übung: Man geht von 1%iger H_2PtCl_6-Lösung aus: Zu einem Tropfen der Lösung einige Körnchen KCl, zu einem anderen Tropfen einige Körnchen RbCl zufügen.

XI. Andere Formen systematischer Analyse

Wir haben in Kapitel I gesehen, wie das in diesem Lehrbuch beschriebene System qualitativer Analyse, das auf einem Trennungsschema in Verbindung mit einer Reihe von Identitätsreaktionen beruht, sich aus älteren Formen systematischer qualitativer Analyse entwickelt hat, wobei die Trennungsidee weiter durchgeführt wurde, so daß sie meist auch ohne wirklich typische Identifizierungen zum Ziel führt. Wie man dabei zu arbeiten pflegte, ist aus dem ersten Beispiel ersichtlich, das den Analysengang in großen Zügen wiedergibt, der bis ungefähr 1930 seit Jahr und Tag im Laboratorium für analytische Chemie der Technischen Hochschule in Delft in Gebrauch war. Dieses Beispiel basiert auf der Anwendung von Schwefelwasserstoff für die Gruppentrennung; das vierte — übrigens auch das fünfte — Beispiel gehört zu der großen, aber im allgemeinen wenig erfolgreichen Gruppe von Schemas, die die hygienischen und ästhetischen Einwände gegen den Gebrauch von H_2S zu umgehen versuchen und von denen DONATH[201] bereits 1909 eine Zusammenfassung gegeben hat. Das fünfte Beispiel ist angeführt worden, weil es von stark abweichenden Trennungsprinzipien Gebrauch macht.

Das sechste und siebente Beispiel wurden gewählt, weil sie als ultramodern betrachtet werden können. Die Trennungen sind darin nämlich auf eine noch geringere Zahl reduziert, und zielbewußt und nicht ohne bemerkenswerten Erfolg wurde nach einer Auswahl selektiver Identitätsreaktionen gestrebt, die mit einem Minimum von vorbereitender Arbeit einfach nacheinander in einzelnen Proben der Lösung ausgeführt werden können.

Schließlich wird unter 8 und 9 noch eine Reihe von mehr oder weniger systematischen Anionentrennungen behandelt.

1. Das alte System von Fresenius u. a.

Das erste Beispiel ist eigentlich anonym. Es ist eine der zahllosen Variationen des H_2S-Systems, dessen Vervollständigung hauptsächlich FRESENIUS in Deutschland, TREADWELL in der Schweiz und NOYES in den USA zu verdanken ist.

Die vorher durchzuführende Vorprüfung und Vorbereitung für die systematische Analyse stimmt fast völlig mit der in diesem Lehrbuch beschriebenen überein. Die systematische Untersuchung verläuft dann wie folgt:

A. Der Kationennachweis

Füge zu der warmen Lösung verdünnte Salzsäure zu. Der Niederschlag kann AgCl und Hg_2Cl_2 sein, zu unterscheiden mit NH_4OH.

1.

In das auf einen Säuregrad von 0,2 *n* gebrachte warme Filtrat H_2S leiten. Dann können die Sulfide von: Hg, Bi, Cu, Pb, Cd, As, Sb und Sn sowie S ausfallen. Der Niederschlag wird mit verdünntem gelbem Ammoniumsulfid ausgewaschen.

α) As, Sb und Sn gehen als Thiosalze in Lösung. Die Lösung wird verdünnt und schwach angesäuert: die Sulfide fallen wieder aus. Der Niederschlag wird mit HCl 1 : 1 erwärmt:

a) $SbCl_3$ und $SnCl_4$ gehen in Lösung. Nach Abstumpfen der Säure wird zu einem Teil der Lösung Sn zugefügt: Schwarzfärbung weist auf **Sb**; zu dem anderen Teil werden Fe-Späne zugefügt und abfiltriert. In der Lösung wird mit $HgCl_2$ geprüft: ein weißer oder grauer Niederschlag weist auf **Sn**;

b) Ein gelber Rückstand weist auf **As**, eventuell als $MgNH_4AsO_4$ zu identifizieren.

β) Die Sulfide von Hg, Bi, Cu, Pb und Cd bleiben zurück. Sie werden mit HNO_3 1 : 1 erwärmt:

a) In Lösung gelangen Bi, Cu, Pb und Cd als Nitrate. Mit H_2SO_4 eindampfen:

1. In Wasser löslich bleiben Bi, Cu und Cd. NH_4OH zufügen: ein Niederschlag weist auf **Bi.** Abfiltrieren, das Filtrat mit HCl schwach ansäuern, H_2S durchleiten und einen eventuellen Niederschlag abfiltrieren und mit warmer Schwefelsäure 1 : 5 versetzen, dann geht **Cd** in Lösung, als gelbes Sulfid und durch den Beschlag auf der Kohle zu identifizieren; **Cu** bleibt als schwarzes Sulfid ungelöst, mit $K_4Fe(CN)_6$ zu identifizieren.

2. **Pb** bleibt als weißes Sulfat in Wasser unlöslich zurück. Mit K_2CrO_4 zu identifizieren.

b) **Hg** bleibt als HgS ungelöst zurück.

2.

In dem Filtrat der H_2S-Fällung wird zuerst mit Mo-Reagens auf die Anwesenheit von Phosphaten untersucht. Sind solche vorhanden, werden sie durch wiederholtes Eindampfen zur Trockne mit Zinn und Salpetersäure entfernt. In der phosphatfreien Lösung wird Eisen(II) zu Eisen(III) oxydiert und dann nacheinander ein Überschuß von NH_4Cl, NH_4OH und $(NH_4)_2S$ zugefügt. Dann können die Sulfide von Ni, Co, Zn, Mn, UO_2 und Fe und die Hydroxyde von Al und Cr gefällt werden. Der Niederschlag wird mit kalter H_2S-haltiger Salzsäure 1 : 4 versetzt.

α) Ein Rückstand weist dabei auf NiS und CoS. Mit der Boraxperle kontrollieren. In Königswasser lösen, zur Trockne eindampfen, in Wasser aufnehmen. In einem Teil mit KNO_2 in Essigsäure prüfen: ein gelber Niederschlag weist auf **Co.** In einem anderen Teil mit NH_4OH und Dimethylglyoxim prüfen: ein roter Niederschlag weist auf **Ni.**

β) In Lösung gelangen Fe, Al, Cr, UO_2^{2+}, Mn und Zn und Spuren Ni. Wieder Eisen(II) zu Eisen(III) oxydieren, dann mit einem Überschuß konzentrierter Natronlauge erwärmen.

1. ZnO_2^{2-} und AlO_2^- bleiben in Lösung. Schwach ansäuern mit HCl, dann einen Überschuß NH_4OH zufügen. Ein Niederschlag weist auf **Al,** auf der Kohle mit $Co(NO_3)_2$ zu identifizieren. **Zn** bleibt in Lösung und gibt in schwach saurer Lösung mit H_2S einen weißen Niederschlag.

2. Gefällt sind: Fe, Cr, U, Mn (und Spuren Ni). Der Niederschlag wird in HCl gelöst, verdünnt, aufgekocht, ein Überschuß NH_4Cl und NH_4OH zugefügt und dann schnell filtriert;

a) **Mn** bleibt in Lösung, es wird als MnS identifiziert;

b) Fe, Cr und U sind gefällt. Der Niederschlag wird in HCl gelöst, dann ein Überschuß $(NH_4)_2CO_3$ zugefügt. **U** gelangt in Lösung und wird mit $K_4Fe(CN)_6$ identifiziert. Fe und Cr bleiben gefällt. Dieser Rückstand wird in zwei Hälften geteilt; in einem Teil wird nach Lösen in HCl mit $K_4Fe(CN)_6$ auf **Fe** untersucht; in dem anderen Teil wird nach Schmelzen mit Soda und Salpeter mit $AgNO_3$ auf **Cr** geprüft.

3.

Das Filtrat der $(NH_4)_2S$-Gruppe wird zuerst durch Kochen mit verdünnter Essigsäure von Resten NiS und UO_2S befreit. Dann wird ein Überschuß NH_4Cl und $(NH_4)_2CO_3$ zugefügt und leicht erwärmt. Dabei werden Ca, Sr und Ba als Carbonat gefällt.

Der Niederschlag wird ausgewaschen, in verdünnter Essigsäure gelöst und mit $K_2Cr_2O_7$ auf **Ba** untersucht. Ist Ba vorhanden, wird es als $BaCrO_4$ abgetrennt; in dessen Filtrat werden Ca und Sr wieder als Carbonat gefällt und wieder in Essigsäure gelöst. In einem Teil der Lösung wird mit einer gesättigten $CaSO_4$-Lösung auf **Sr**, in einem anderen Teil mit $K_4Fe(CN)_6$ und NH_4Cl auf **Ca** geprüft.

4.

Das Filtrat der $(NH_4)_2CO_3$-Gruppe wird zur Trockne eingedampft und schwach geglüht, um die Ammoniumsalze auszutreiben, dann in verdünnter Salzsäure aufgenommen und eine $Ba(OH)_2$-Lösung zugefügt. Ein weißer Niederschlag weist auf **Mg.** Er wird abfiltriert und Ba aus der Lösung durch Zufügen von $(NH_4)_2SO_4$ und nochmaliges Filtrieren entfernt. Das Filtrat enthält jetzt noch K, Na und natürlich viel NH_4. Es wird wieder zur Trockne eingedampft und schwach geglüht, in wenig Wasser aufgenommen, falls nötig, wieder filtriert und in zwei Hälften geteilt. In einem Teil wird mit $HClO_4$ und mit Na-Co-Nitrit auf **K,** in dem anderen Teil mit $K_2H_2Sb_2O_7$ auf **Na** geprüft.

Schließlich wird in dem ursprünglichen Stoff mit KOH auf NH_4^+ untersucht, eventuell nach Zufügen von $HgCl_2$, falls Cyanide vorhanden sein sollten.

B. Nachweis der Anionen

Von dem zu untersuchenden Stoff wird wieder angenommen, daß er der nötigen Vorprüfung unterzogen und mit Soda behandelt worden ist, um die Anionen in Lösung zu bringen.

In dieser Lösung werden jetzt Gruppentrennungen ausgeführt, die auf dem Löslich- oder Nichtlöslichsein der Silber- und Bariumsalze in Wasser und in verdünnter Salpetersäure basieren.

Man kommt auf diese Weise zu sechs Gruppen, und zwar:

I. *Die Salzsäuregruppe:* HCl, HBr, HJ, HCN, HCNS, $H_4Fe(CN)_6$ und $H_3Fe(CN)_6$; Ag-Salze unlöslich in verdünnter Salpetersäure; Ba-Salze in Wasser löslich.

II. *Die Essigsäuregruppe:* CH_3COOH, HCOOH, H_2S und HNO_2; Ag-Salze in Wasser wenig löslich, wohl in HNO_3; Ba-Salze löslich in Wasser.

III. *Die Kohlensäuregruppe:* H_2CO_3, H_2SO_3, H_3BO_3, HJO_3, $(COOH)_2$ und $C_4H_6O_6$; Ag-Salze weiß, in Wasser unlöslich, löslich in HNO_3; Ba-Salze unlöslich in Wasser, löslich in HNO_3.

IV. *Die Phosphorsäuregruppe:* H_3PO_4 und $H_2S_2O_3$; Ag-Salze gefärbt, in Wasser unlöslich, löslich in HNO_3; Ba-Salze unlöslich in Wasser, löslich in HNO_3.

V. *Die Salpetersäuregruppe:* HNO_3 und $HClO_3$; Ag- und Ba-Salze in Wasser löslich.

VI. *Die Schwefelsäuregruppe:* H_2SO_4 und H_2SiF_6; Ag-Salze in Wasser löslich; Ba-Salze in verdünnter Salpetersäure unlöslich.

Die systematische Anionenuntersuchung bezweckt festzustellen, welche dieser Gruppen vorhanden sind. Die neutrale Lösung wird in zwei Teile geteilt.

a) Zu einem Teil wird eine neutrale $AgNO_3$-Lösung hinzugefügt. Entsteht kein Niederschlag, können nur die Gruppen V und VI vorhanden sein und, falls die Lösung sehr verdünnt war, manche Glieder aus Gruppe II. Entsteht ein Niederschlag und ist er bei Verdünnung löslich, weist das nur auf Gruppe II. Ist er bei der Verdünnung nicht ganz löslich, wird mit HNO_3 erwärmt. Ist er dadurch völlig löslich, ist Gruppe III oder IV vorhanden und I nicht vorhanden. Ist er nicht ganz löslich, ist I vorhanden, vielleicht auch III und IV. Man filtriert dann ab und untersucht den Niederschlag auf die Säurereste von Gruppe I. Die Lösung wird tropfenweise mit NH_4OH versetzt. Entsteht dabei auf der Trennungsgrenze kein Niederschlag, sind die Gruppen III und IV nicht vorhanden (vielleicht

H_3BO_3); sonst sind eine von beiden oder beide vorhanden, wobei man auf die Farbe achtet. Ein rein brauner Niederschlag weist nur auf Ag_2O.

β) Zu dem anderen Teil wird eine $BaCl_2$-Lösung hinzugefügt. Entsteht kein Niederschlag, können nur die Gruppen I, II und V vorhanden sein. Entsteht ein Niederschlag, fügt man verdünnte Salpetersäure hinzu und erwärmt. Ist der Niederschlag dann völlig löslich, waren Gruppe III oder IV (oder HF) vorhanden. Ist er nicht völlig löslich, ist Gruppe VI vorhanden. In dem gelösten Teil wird mit einer $Ba(OH)_2$-Lösung auf Gruppe III und IV geprüft.

Nach diesen Gruppentrennungen wird innerhalb einer Gruppe mit den seit langem bekannten anorganischen und daher beinahe immer wenig spezifischen Reagenzien auf verschiedene Säuren geprüft.

2. Trennungen mit Thioacetamid an Stelle von Schwefelwasserstoff

Von verschiedenen Seiten ist empfohlen worden, statt des gasförmigen und unangenehm riechenden H_2S organische Schwefelverbindungen anzuwenden, die in saurer oder alkalischer wäßriger Lösung durch Hydrolyse H_2S entstehen lassen. Als Beispiel nennen wir ein von Bloemendal und Veerkamp[202] aufgestelltes Trennungsschema mit Hilfe von *Thioacetamid* (T. A. A.), $CH_3{-}C(NH_2) = S$.

Dieser Stoff ist in Wasser löslich und unter der Voraussetzung, daß er nicht angesäuert oder alkalisch gemacht wird, ziemlich haltbar.

Zu dem Filtrat der HCl-Gruppe, von dem angenommen wird, daß es 2 *n* sauer ist, wird ein geringer Überschuß einer 2%igen Lösung von T. A. A. zugefügt. Danach wird 5 Minuten lang auf 100° erwärmt. Dann erniedrigt man die Säurekonzentration auf etwa 0,3 *n* (pH = 0,5). Dafür wird ein spezieller Indikator gebraucht, der aus 0,3 g Hämatoxylin und 0,06 g Methylviolett B besteht, die in 100 ml einer 20%igen Lösung von Isopropanol in Wasser gelöst sind. Dieser Indikator ist bei pH = 0 rosarot, pH = 0,5 gelbgrün und bei pH = 1 blaugrün. Man erwärmt dann noch 2 Minuten. Dann müssen als Sulfide völlig gefällt sein: As, Sb, Sn [Zinn(II)], Hg, Cu, Bi, Pb und Cd. Dieser Niederschlag wird auf die bekannte Weise mit KOH getrennt und weiter untersucht.

In dem Filtrat der H_2S-Gruppe wird der Überschuß T. A. A. durch Kochen mit etwas Bromwasser und Salpetersäure zerstört. Der abgetrennte Schwefel wird abzentrifugiert. Danach werden in der üblichen Weise Al, Fe und Cr mit Hilfe von NH_4Cl und NH_4OH gefällt. Um im Filtrat Co, Ni, Mn und Zn als Sulfide zu fällen. wird wieder T. A. A. angewendet. Die Lösung wird wieder 2 *n* sauer gemacht, eine Lösung von T. A. A. zugefügt, 5 Minuten auf einem kochenden Wasserbad erwärmt, dann ein Überschuß NH_4OH zugefügt und noch 10 Minuten lang erwärmt.

Nachdem auch in dem Filtrat dieser Gruppe der Überschuß T. A. A. mit Bromwasser zerstört ist, kann der Rest der Analyse in der üblichen Art abgewickelt werden.

3. Die Thiosulfatmethode von Belcher und Wilson*

(Birmingham, Belfast)

Auch bei dieser kürzlich bekanntgewordenen Methode wird kein Schwefelwasserstoff verwendet. Sie enthält manche originelle Ideen, die ein gründliches Studium wert sind. Sie wird ganz im Mikromaßstab ausgeführt, mit moderner Apparatur und mit modernen Identitätsreaktionen, sowohl mikroskopischen als auch Tüpfelreaktionen, und ist daher in vieler Hinsicht mit den in diesem Buch beschriebenen Arbeitsweisen völlig zu vergleichen. Das Auffallendste an dieser Methode ist, daß sie in einem frühen Stadium Ca, Sr, Ba und einen Teil von Pb in alkoholischem Milieu als Sulfate abscheidet und daß sie die Metalle der H_2S-Gruppe nicht mit H_2S fällt, sondern durch Kochen in sehr verdünnt saurem Milieu mit $Na_2S_2O_3$. Dann werden As, Sn, Sb, Cu, Bi und Hg als Sulfide gefällt, *nicht* aber Cd.

A. Kationenuntersuchung

Nach einer summarischen Voruntersuchung, die vor allem auf die Anwesenheit störender Säuren gerichtet ist, verläuft die Kationenuntersuchung hauptsächlich wie folgt:

1. Eine Probe des ursprünglichen Stoffes wird mit NESSLERs Reagens auf NH_4^+ untersucht.

2. Eine andere Probe wird auf K^+ und Na^+ untersucht. Dazu wird sie mit $(NH_4)_2HPO_4$ gekocht. Alle Kationen, außer K^+, Na^+ und NH_4^+, werden gefällt. In einem Teil der Lösung wird das Phosphat durch Kochen mit festem $ZnCO_3$ gefällt und das Zentrifugat wird auf **Na** untersucht, z. B. mit Zinkuranylacetat. In einem anderen Teil wird NH_4^+ durch Kochen mit NaOH ausgetrieben und es wird mit Dipicrylamin oder mit $Na_3Co(NO_2)_6$ auf **K** geprüft.

3. In der zu untersuchenden Lösung werden dann mit 2 *n* HCl auf die bekannte Weise **Ag**, $\mathbf{Hg_2^{2+}}$ und ein Teil von **Pb** gefällt. Die Trennung dieser Elemente wird auf die normale Weise ausgeführt, ebenso die Identifizierung.

4. Zu dem Filtrat der HCl-Gruppe werden ein gleiches Volumen einer gesättigten Na_2SO_4-Lösung und dann ein Volumen Äthanol, gleich dem Gesamtvolumen, zugefügt. Dann fallen Ca, Sr, Ba und der Rest von Pb alle als Sulfate aus. **Pb** wird mit NH_4-Acetat extrahiert und mit Chromat, Jodid oder Rhodizonat nachgewiesen. Das Gemisch der zurückgebliebenen Sulfate von **Ca, Sr** und **Ba** wird durch Kochen mit Na_2CO_3 in Carbonate übergeführt und diese werden auf die bekannte Weise nach der Methode von CARON und RAQUET (vgl. S. 157) getrennt.

5. Nachdem das Äthanol aus dem Filtrat der Sulfatgruppe durch Kochen ausgetrieben ist, wird dieses in sehr schwach salzsaurer Lösung mit einer Lösung von $Na_2S_2O_3$ gekocht. Dann fallen As_2S_3, Sb_2S_3, SnS_2,

---

* BELCHER und WILSON: Inorganic Microanalysis, 2nd edit., Longmans, Green & Co., London, New York and Toronto, 1957. S. 47 u. f.

Cu_2S, Bi_2S_3 und HgS aus. Diese Sulfide werden abzentrifugiert. As_2S_3 wird daraus durch Kochen mit einer $(NH_4)_2CO_3$-Lösung extrahiert und **As** auf die bekannte Weise identifiziert. Sb_2S_3 und SnS_2 werden mit einer Na_2CO_3-Lösung aus dem Sulfidniederschlag ausgezogen, wieder mit HCl gefällt und ohne weitere Trennung nachgewiesen, **Sn** mit Kakothelin oder als Cs_2SnJ_6, **Sb** mit Rhodamin-B oder als $Cs_3Sb_2J_9$. In dem Sulfidniederschlag sind dann noch vorhanden: Cu_2S, Bi_2S_3 und HgS. Mit HNO_3 werden Cu und Bi daraus in Lösung gebracht und diese mit NH_4OH behandelt; **Cu** bleibt in Lösung und wird mit Dithioxamid oder mit Benzoinoxim oder mikroskopisch als $CuHg(CNS)_4$ identifiziert; **Bi** fällt aus und wird mit Thioharnstoff oder mit Dimethylglyoxim oder mikroskopisch als K-Bi-Sulfat nachgewiesen. In dem Rückstand der Behandlung mit HNO_3 wird **Hg** auf analoge Weise, wie in diesem Buch beschrieben, nachgewiesen.

6. In dem Filtrat der Thiosulfatbehandlung muß jetzt zuerst der Überschuß Thiosulfat durch Erwärmen mit Königswasser zerstört und der dabei entstandene Schwefel abgeschieden werden. Dann wird auf die bekannte Weise auf Phosphate geprüft; falls solche vorhanden sind, werden sie nach der Zirkonylmethode entfernt.

Zu der Lösung werden dann ein Überschuß NH_4OH und etwas $(NH_4)_2CO_3$ zugefügt und erwärmt. Dann fallen Al, Fe, Mn und Cr und Reste Ca, Pb und Sn aus. Der Niederschlag wird mit warmer Natronlauge behandelt, wobei Al und die Reste Ca, Pb und Sn in Lösung gehen. Auf **Al** wird mit Aluminon oder mit Alizarin-S geprüft. Den Rückstand der Behandlung teilt man in drei Teile. In einem wird mit KCNS oder mit $K_4Fe(CN)_6$ auf **Fe** geprüft; in einem anderen mit Natriumwismutat oder mit Benzidin auf **Mn**; im dritten wird **Cr** nach Oxydation zu Chromat mit Diphenylcarbazid oder mikroskopisch als $Ag_2Cr_2O_7$ nachgewiesen.

7. Das Filtrat der Ammoniakgruppe kann jetzt noch Zn, Ni, Co, Cd und Mg enthalten. Es wird mit 2 *n* NaOH gekocht, bis die Ammoniumsalze völlig ausgetrieben sind. Nur **Zn** geht dann in Lösung. Es wird als Kobaltzinkat oder mikroskopisch als $ZnHg(CNS)_4$ identifiziert. Co, Ni, Cd und Mg sind als Hydroxyde gefällt. Der Niederschlag wird in warmer, verdünnter Essigsäure gelöst und die erhaltene Lösung in zwei Teile geteilt. In einem wird auf Ni und Co geprüft, auf **Ni** mit Dimethylglyoxim, entweder auf der Tüpfelplatte oder mikroskopisch oder mit Dithioxamid (neben Co!), auf **Co** mit KCNS und Aceton und etwas KF, um Eisen(III) zu maskieren, mit α-Nitroso-β-naphthol, mit Dithioxamid oder mikroskopisch durch Identifizierung als $CoHg(CNS)_4$. In dem anderen Teil wird auf Cd und Mg geprüft, wenn Co und/oder Ni vorhanden waren, nach Zufügen von KCN, auf **Cd** mikroskopisch mit Brucinbromid oder auf der Tüpfelplatte mit einem in diesem Buch nicht besprochenen Reagens, auf **Mg** mit Magneson, mit Titangelb oder mikroskopisch durch Identifizierung als $MgNH_4PO_4$.

In einer späteren Erweiterung dieses Schemas wird auch noch der Nachweis von Ce, Mo, Th, Ti, W, U, V und Zr berücksichtigt. Wir verweisen diesbezüglich auf das Original (S. 52 u. f.).

B. Der Anionennachweis

Die Anionenuntersuchung nach BELCHER und WILSON schließt sich viel enger an die allgemein gebräuchliche Gruppentrennung auf Grund der Löslichkeit der Ag-, Ba- und Ca-Salze an, außer daß auch hier wieder für die definitive Identifizierung modernere Reaktionen in Anwendung gebracht werden. Für alles weitere verweisen wir wieder auf das Buch von BELCHER und WILSON (S. 63 u. f.).

4. Die Schwefelnatriummethode von Vortmann[203] (Wien)

VORTMANN, der die große Bedeutung der Sulfidtrennungen einsah, glaubte darauf einen systematischen Analysenverlauf basieren zu können, ohne das gasförmige H_2S zu verwenden. Obgleich zugegeben werden muß, daß bei der von ihm vorgeschriebenen Arbeitsweise die Einwände gegen den Gebrauch dieses Gases größtenteils fortfallen, vor allem wenn die Methode durch Fachkräfte angewendet wird, muß andererseits doch darauf hingewiesen werden, daß sie in Händen von Ungeübten gerade die Möglichkeit tückischer H_2S-Entwicklung mit sich bringt, nämlich beim Ansäuern von Lösungen, die schlimmere Folgen haben kann als die bewußte Anwendung eines Gasentwicklungsapparates.

Die Methode von VORTMANN gibt uns in noch stärkerem Maß als die zuerst angeführte ein Beispiel einer Arbeitsweise, bei der fast ohne irgendwelche Identitätsreaktionen aus dem Auftreten weißer oder schwarzer Niederschläge während der Trennungsausführungen auf die Anwesenheit bestimmter Elemente geschlossen wird.

HANOFSKY und ARTMANN[204], die von dem Kationenschema von VORTMANN ausgehen, empfehlen, die Anionenuntersuchung im Gegensatz zum allgemeinen Usus vorher auszuführen.

Die systematische Analyse schließt natürlich an eine Vorprüfung und Vorbereitung an — wie in diesem Lehrbuch behandelt. Dann folgt:

A. Der Kationennachweis

Die zu untersuchende Lösung wird mit Brom versetzt, um As, Sb, Sn und Hg in die höchste Oxydationsstufe zu bringen; dann wird ein Überschuß festes Na_2CO_3 und konzentrierte NaOH-Lösung zugefügt. Die Anwesenheit von NH_4^+ erweist sich durch NH_3-Entwicklung. Dann wird sulfatfreies Na_2S zugefügt, erwärmt und filtriert:

α) Der in Na_2S unlösliche *Niederschlag* wird mit kalter, verdünnter Salzsäure 1 : 20 versetzt, die mit H_2S gesättigt ist:

a) Ein Teil gelangt in Lösung, und zwar U, Cr, Fe, Mn, Zn, Ca, Sr, Ba, Spuren Ni und Co und die eventuell vorhandenen Phosphate. Das freie H_2S wird aus der Lösung ausgetrieben, dann werden Na_2CO_3 und Brom oder Na_2O_2 zugefügt.

I. In Lösung gelangen Cr, U und ein Teil von Mn. **Cr** wird mit Essigsäure und Bleiacetat nachgewiesen; **U** mit Essigsäure und $K_4Fe(CN)_6$.

II. Ungelöst bleiben Mn, Fe, Zn, Ba, Sr, Ca, Mg und PO_4^{3-}. Jetzt wird mit Mo-Reagens auf Phosphat geprüft. Ist das vorhanden, prüft man zuerst auf **Fe** [mit Salzsäure und $K_4Fe(CN)_6$] und löst den ganzen Niederschlag in verdünnter Salzsäure. Dann werden die Phosphate in schwach saurer Lösung mit Natriumacetat und Eisen(III)chlorid als Eisen(III)phosphat entfernt.

In der phosphatfreien Lösung entfernt man zuerst Eisen mit Natriumacetat und fügt dann Bromwasser und NH_4OH zu. Ein brauner Niederschlag weist auf **Mn.** Er wird abfiltriert und $(NH_4)_2CO_3$ zu dem Filtrat zugefügt:

1. In Lösung bleiben Zn, Mg und Spuren Co und Ni. Darin wird mit Na_2S **Zn** nachgewiesen und in dessen Filtrat **Mg** mit Natriumphosphat.

2. Gefällt werden Ca, Sr und Ba. Man löst diese Carbonate in Essigsäure und prüft mit $K_2Cr_2O_7$ auf **Ba,** neutralisiert dann mit NH_4OH genau und erwärmt, wobei **Sr** als Chromat ausfällt, und untersucht schließlich mit Ammoniumoxalat auf **Ca.**

b) Beim Versetzen des Sulfidniederschlags mit verdünnter Salzsäure bleiben ungelöst zurück: Cu, Bi, Ag, Cd, Pb, Co, Ni und Spuren Hg.

Der Niederschlag wird in verdünnter, warmer Salpetersäure gelöst (Spuren HgS, S und $PbSO_4$ bleiben zurück); in der Lösung wird zuerst mit HCl auf **Ag** geprüft. Dessen Filtrat wird mit Na_2CO_3 alkalisch gemacht, der Niederschlag (alle anderen Metalle dieser Gruppe enthaltend) wird mit verdünnter Schwefelsäure erwärmt, wobei **Pb** unlöslich zurückbleibt; dessen Filtrat wird mit $Na_2S_2O_3$ gekocht:

I. Dabei werden als Sulfide gefällt: Bi und Cu. Sie werden abfiltriert und in HNO_3 gelöst. Zu der Lösung wird ein Überschuß NH_4OH zugefügt. Ein weißer Niederschlag weist auf **Bi,** eine blaue Lösung auf **Cu.**

II. In Lösung bleiben Cd, Co und Spuren Ni. In der Lösung wird **Cd** mit H_2S-Wasser nachgewiesen. **Co** wird mit H_2O_2 und NaOH nachgewiesen. Um ganz sicher zu sein, fügt man zu der Lösung Weinsäure hinzu, dann NaOH und Na_2S: **Co** fällt schwarz, **Cd** gelb aus. Sie werden abfiltriert und in dem Rückstand CoS und CdS mit verdünnter Schwefelsäure getrennt. Das Filtrat enthält den größten Teil von **Ni** als braune kolloidale Lösung, die beim Ansäuern mit Essigsäure und Erwärmen ausflockt.

β) Beim Zufügen von Na_2S sind in Lösung geblieben: Hg, As, Sb, Sn, Al und in brauner kolloidaler Lösung Ni, manchmal auch Fe. Zu der Lösung wird festes NH_4Cl zugefügt und leicht erwärmt.

a) Dabei werden Hg und Ni (und Fe) als Sulfide und Al als Hydroxyd gefällt. Der Niederschlag wird mit verdünnter Salzsäure erwärmt; **Al** gelangt dann in Lösung und wird mit NH_4OH nachgewiesen; der Rückstand HgS und NiS wird mit verdünnter Salpetersäure erwärmt: NiS gelangt in Lösung und darin wird **Ni** mit NaOH und Bromwasser nachgewiesen; in dem Rückstand wird **Hg** nachgewiesen, entweder auf trockenem Weg oder indem man es in Königswasser löst und mit $SnCl_2$ versetzt.

b) In Lösung bleiben As, Sb und Sn als Thiosalze. Die Sulfide werden hieraus mit verdünnter Salzsäure gefällt. Sie werden mit HCl 1 : 1 erwärmt.

I. Ein gelber Rückstand weist dabei auf **As.** Zu dessen Identifizierung wird er mit HNO_3 zur Trockne eingedampft, in Wasser gelöst und mit Mg-Mixtur versetzt. Der Niederschlag kann noch in das rotbraune Silberarsenat übergeführt werden.

II. Das Filtrat kann Sb und Sn enthalten. **Sb** wird mit Fe-Draht nachgewiesen: Es entsteht ein schwarzer, flockiger Niederschlag. **Sn** geht dabei in $SnCl_2$ über, das mit $HgCl_2$ nachgewiesen werden kann. Der schwarze Niederschlag von Sb kann noch näher identifiziert werden, indem man ihn in HNO_3 und Weinsäure löst und mit Na_2S versetzt.

Schließlich wird in dem ursprünglichen Stoff auf die Alkalimetalle geprüft. Ist er in Säuren oder in Wasser löslich, fügt man zuerst eine Lösung von $Ba(OH)_2$ zu, erwärmt, kocht eventuell NH_3 aus und filtriert. Zu dem Filtrat fügt man $(NH_4)_2CO_3$ hinzu, kocht und filtriert wieder. Das Filtrat wird zur Trockne eingedampft und zwecks Austreiben der Ammoniumsalze schwach geglüht. Der Rückstand wird in wenig Wasser aufgenommen und mit $K_2H_2Sb_2O_7$ oder mikroskopisch mit Uranylacetat auf **Na** und mit Hilfe von NH_4ClO_4 oder von Weinsäure und Natriumacetat auf **K** untersucht. Ist der Stoff in Säuren unlöslich, wird er in einem Nickeltiegel mit festem $Ba(OH)_2$ geschmolzen, die Schmelze wird mit Wasser ausgezogen und die so erhaltene Lösung wie oben behandelt.

B. Nachweis der Anionen

Vortmann gibt zwei Methoden zur Untersuchung der Anionen an. Eine davon ist völlig unsystematisch, d. h. sie gibt durch eine Anzahl von Reaktionen, die nacheinander ausgeführt werden, über die Anwesenheit verschiedener Säuren Aufschluß; diese Reaktionen bestehen hauptsächlich aus den Verfahren, die in Kapitel V und bei der Vorprüfung beschrieben worden sind: Erhitzen mit verdünnter und mit konzentrierter Schwefelsäure usw. und spezielle Reaktionen auf H_2SO_4, Halogenwasserstoffsäuren, Phosphorsäure, Borsäure, Salpetersäure und Chlorsäure.

Die andere zeigt einen mehr systematischen Analysenverlauf, dessen Grundgedanken im folgenden wiedergegeben werden:

Wieder wird angenommen, daß die Anwesenheit von Anionen, die von Metallen abgeleitet sind, bereits bekannt sind, und daß alle Anionen, soweit notwendig, durch Kochen oder Schmelzen mit Soda in wäßrige Lösung gebracht sind.

Die Säuren werden dann in vier Gruppen geteilt, und zwar auf Grund der Fällung ihrer Anionen mit folgenden Reagenzien:

I. *Bariumacetat:* H_2CO_3, H_2SiO_3, HBO_2, H_2SO_3, $H_2S_2O_3$, H_2SO_4, H_3PO_4, H_3AsO_4, H_3SbO_4, H_2MoO_4, H_2WO_4, H_2CrO_4, HVO_3 H_2SiF_6 und HF.

II. *Nickelacetat:* H_2S, HCN, $H_4Fe(CN)_6$ und $H_3Fe(CN)_6$.

III. *Quecksilber(II)acetat und Ameisensäure:* $H_2S_2O_3$, HCl, HBr, HJ und HCNS.

IV. Die Reagenzien I bis III fällen nicht: HNO_3 und $HClO_3$.

Die erste Gruppe kann nach Wunsch in zwei Untergruppen geteilt werden, und zwar in die, deren Bariumsalze in HCl unlöslich sind, das sind H_2SO_4, H_2SiF_6, H_2SiO_3 und H_2WO_4, und in den Rest, dessen Bariumsalze in HCl löslich sind.

Das Anziehende dieser Gruppentrennung ist, daß die Reagenzien, genau wie es bei der systematischen Kationenuntersuchung der Fall ist, einfach nacheinander zugefügt werden können, d. h. zuerst Bariumacetat, dann zu dessen Filtrat Nickelacetat und zu dessen Filtrat Quecksilber(II)-acetat.

Auf jedes der Glieder der einzelnen Gruppen wird dann in den drei Niederschlägen und in der übrigbleibenden Lösung, teilweise auch in der ursprünglichen Lösung, mit mehr oder weniger selektiven Reaktionen geprüft.

Vortmann selbst gibt noch als Abwandlung an, daß für die Gruppe II statt Nickel Zinksulfat benützt werden kann, in welchem Fall bei III Silbersulfat als Gruppenreagens angewendet wird. Dann muß allerdings vor dem Zufügen von Zinksulfat Barium aus dem ersten Filtrat mit Natriumcarbonat entfernt werden.

5. Die Aluminiummethode von Schoorl[205] (Utrecht)

Der Grundgedanke dieses Schemas ist die Trennung der Metalle in zwei Gruppen auf Grund ihres Platzes in der Spannungsreihe. Sie wird durchgeführt, indem man ein unedles Metall in eine schwach saure Lösung der Metallsalze bringt; dann werden alle Metalle, die *edler* (mehr elektronegativ) als das zugefügte Metall sind, darauf niedergeschlagen, die anderen, die *weniger edel* (mehr elektropositiv) sind, bleiben in Lösung.

Diese Idee ist bereits 1867 von Zettnow[206] geäußert worden, und zwar benützte er *Zink* als trennendes Metall.

Schoorl hat Aluminium an dessen Stelle gesetzt. Es hat vor Zink unter anderem den großen Vorteil, daß die gefällten Metalle (Au, Pt, Ag, Hg, Cu, As, Bi, Sb, Pb und Sn; Ni, Co und Cd unvollständig) nicht wie bei Zink fest daran haften, sondern eine lose schwammartige Form annehmen, so daß sie leicht vom Aluminium entfernt werden können.

Das Trennungsschema beschränkt sich auf den Nachweis der Kationen und ist weiter besonders darauf gerichtet, eine Identifizierung der verschiedenen Metalle mit Hilfe von *mikroskopischen Reaktionen* leicht möglich zu machen. Auf diese Identifizierungen wird im folgenden nicht näher eingegangen.

Der zu untersuchende Stoff befinde sich in Lösung. Ist dafür HNO_3 nötig gewesen, wird es durch dreimaliges Abdampfen mit HCl entfernt. Schließlich wird in HCl aufgenommen, Säuregrad ungefähr 0,2 *n* (grüne Farbe von Methylviolett). Ag und eventuell vorhandenes Quecksilber(I) bleiben dabei zurück.

Zu 20 ml der salzsauren Lösung wird 1 g *reines* (!) Aluminium in Form von Plättchen zugefügt. Dann erwärmt man kurz bis zum Kochen und läßt die Lösung mit den Plättchen bei Zimmertemperatur bis zum folgenden Tag stehen.

α) Dann sind auf Aluminium niedergeschlagen: Hg, Cu, As, Bi, Sb, Pb, Sn und teilweise Ni, Co und Cd. Sie werden vorsichtig von dem Aluminium abgekratzt.

As hat außerdem teilweise AsH_3 gebildet und kann also in den entweichenden Gasen auf die bekannte Weise nachgewiesen werden. Oder aber es wird in dem ursprünglichen Stoff mit starker Salzsäure, NaH_2PO_2 und einer Spur KJ nachgewiesen.

Hg fällt zwar vollständig aus (teilweise als Hg_2Cl_2), kann jedoch bei der folgenden Untersuchung leicht durch Verflüchtigung verlorengehen. Daher wird auch Hg besser in dem ursprünglichen Stoff, und zwar gleichfalls mit HCl und NaH_2PO_2, nachgewiesen.

Der Niederschlag wird in 25%iger Salzsäure und etwas H_2O_2 aufgenommen. Man dampft dann dreimal mit HNO_3 ab und macht eventuell vorhandenes Sb_2O_3 und SnO_2 unlöslich, indem man eine halbe Stunde bei 150° erwärmt. (Hg und As können dabei verlorengehen.) Dann wird in verdünnter Salpetersäure aufgenommen; das gibt:

I. einen Rückstand, der aus Sb_2O_3 und SnO_2 besteht, verunreinigt mit Bi, Pb und Cu. Er wird mit einem Gemisch von $Na_2S_2O_3$ und Na_2CO_3 (3 : 1) geschmolzen. Beim Ausziehen mit Wasser gelangen Sb und Sn in Lösung, die Verunreinigungen nicht. In der Lösung wird nach Fällung von Sb_2S_3 und SnS_2 mit geeigneten Reaktionen auf **Sb** und **Sn** geprüft.

II. eine Lösung, die Cu, Bi, Pb (Ni, Co, Cd) enthält.

Pb wird hieraus durch Abdampfen mit Schwefelsäure abgetrennt und danach identifiziert. Im Filtrat wird **Bi** mit NH_4OH gefällt. $Bi(OH)_3$ ist mit Kieselsäure und $Al(OH)_3$ verunreinigt, die nicht zu stören brauchen. Das Filtrat von Bi wird eingedampft und schwach geglüht, so daß die Ammoniumsalze und die Schwefelsäure größtenteils verschwinden. Man nimmt in verdünnter Salzsäure auf und fügt Eisenblech zu. Darauf schlägt sich dann ausschließlich **Cu** nieder. Es wird mit NH_4OH und H_2O_2 von dem Eisen entfernt und näher identifiziert. Fe wird mit NH_4OH und H_2O_2 aus der Lösung gefällt. Dann wird nach Eindampfen zur Trockne und Aufnehmen in sehr verdünnter Salzsäure **Cd** mit H_2S gefällt; oder aber man fällt CdS mit Hilfe von KCN und Na_2S.

Auf Ni und Co braucht hier nicht untersucht zu werden.

β) Bei der Behandlung mit Aluminium sind in Lösung geblieben: Fe, Cr, Mn, Ni, Co, Cd, Zn, Mg, Ba, Sr, Ca, die Alkalimetalle und natürlich viel Al. Auf die beiden letzteren wird später in dem ursprünglichen Stoff geprüft.

Die Lösung wird langsam in eine kochende *Carbonatlauge* (2 *n* an NaOH und 0,5 *n* an Na_2CO_3) gegossen. Falls nötig, läßt man den auftretenden Niederschlag einen Tag sich absetzen und filtriert dann ab. Die Lösung enthält nur **Zn** und Al. Ersteres wird darin nach Isolierung als

ZnS nachgewiesen. Der Niederschlag enthält die Carbonate und Hydroxyde der übrigen Metalle und auch noch einen Teil von Zn; eventuell auch Phosphate, Oxalate und dergleichen. Falls Phosphat vorhanden ist (Mo-Reagens), wird es mit Sn und HNO_3 oder nach der Eisen(III)benzoatmethode von KOLTHOFF, STENGER und MOSCOVITZ[207] entfernt.

Der phosphatfreie Niederschlag wird in HNO_3 gelöst, wobei ein Teil von Mn als $MnMnO_3$ zurückbleiben kann. Dieses wird abgetrennt. Die Lösung wird zur Trockne eingedampft, dann in sehr verdünnter Salpetersäure aufgenommen und mit einem gleichen Volumen kohlensäurefreiem Ammoniumhydroxyd gemischt. Dann kann ein Niederschlag entstehen.

I. Der *Niederschlag* enthält Fe, (Al), Cr und den Rest von Mn. Auf Fe und Al wird *hier* nicht geprüft, da letzteres sicher, ersteres vielleicht als Verunreinigung durch die Aluminiumplättchen in die Lösung gebracht ist. Man untersucht mit Bromlauge auf **Cr** und mit $K_2S_2O_8$ und einer Spur Silbersalz auf **Mn.**

II. Das *Filtrat* enthält Ca, Sr, Ba, (Zn), Ni, Co und Cd. Zufügen von H_2O_2 kann noch etwas Mn fällen. Die Flüssigkeit wird zur Trockne eingedampft, der Rückstand in Wasser mit einem Minimum HNO_3 oder, falls nötig, H_2SO_4 aufgenommen und dann verdünnte Schwefelsäure und ein gleiches Volumen Alkohol zugefügt. Dann läßt man eine Stunde stehen.

1. Gefällt werden die Sulfate von Ca, Sr und Ba. Sie werden durch Schmelzen mit K_2CO_3 in Carbonate übergeführt und, z. B. durch Eindampfen zur Trockne mit HCl und Ausziehen mit absolutem Alkohol, getrennt. **Ba** bleibt dabei als unlösliches Chlorid zurück. Die Lösung wird wieder zur Trockne eingedampft, dreimal mit HNO_3 abgeraucht und dann wieder mit absolutem Alkohol ausgezogen. **Sr** bleibt als unlösliches Nitrat zurück. **Co** gelangt in Lösung.

2. Das Filtrat enthält die „Restgruppe“: Ni, Co, Cd, Mg, (Zn). Man fügt einen Überschuß NH_4OH zu und dampft zur Trockne ein. $(NH_4)_2SO_4$ wird durch leichtes Glühen entfernt. Der Rest wird in verdünnter Salpetersäure aufgenommen. Darin wird mit Dimethylglyoxim auf **Ni** geprüft, mit KNO_2 und Essigsäure auf **Co** und mit KCN und Na_2S auf **Cd.**

Man kann **Zn** isolieren, indem man mit diesem Filtrat die Carbonatlaugetrennung im kleinen wiederholt und es mit $K_4Fe(CN)_6$ identifiziert. **Mg** kann in einem Teil der Lösung nachgewiesen werden, indem man sie mit Oxalsäure zur Trockne eindampft, in Wasser aufnimmt, filtriert und die Lösung wieder zur Trockne eindampft und schwach glüht. Der Glührest wird mit warmer, verdünnter Essigsäure ausgezogen und in der erhaltenen Lösung wird auf **Mg** geprüft.

γ) Jetzt muß noch auf Al und die Alkalimetalle geprüft werden. Dazu wird der ursprüngliche feste Stoff oder der Eindampfrest einer Lösung mit $Ba(OH)_2$ im Überschuß gekocht. In Lösung bleiben dann nur K, Na, Li, Al, Zn, Sn und Erdalkalimetalle. Hieraus werden mit einem

Überschuß NH_4NO_3 Al und ein Teil von Sn entfernt und dann aus dem Filtrat die Erdalkalien mit $(NH_4)_2CO_3$. Zn braucht nicht entfernt zu werden. Das Filtrat des Erdalkaliniederschlages wird zur Trockne eingedampft, schwach geglüht und in Wasser aufgenommen. Darin wird auf **K, Na** und **Li** geprüft.

Der mit NH_4NO_3 erhaltene Niederschlag wird auf Al untersucht. Er wird mit HNO_3 abgeraucht, mit Wasser ausgezogen und mit NH_4OH gefällt. Der Niederschlag wird als Hydroxyd von **Al** identifiziert.

Schließlich wird noch mit $Ca(OH)_2$ in dem ursprünglichen Stoff auf $\mathbf{NH_4^+}$ geprüft.

6. Die Methode von Charlot, Bézier und Gauguin[208] (Paris)

Wie bereits auf S. 240 erläutert, handelt es sich hier um eine ultramoderne, ausschließlich für die Kationenuntersuchung bestimmte Analysenmethode, bei der mit Erfolg danach gestrebt worden ist, die Zahl der Trennungen auf ein absolutes Minimum zu reduzieren und an deren Stelle eine Gruppe direkter Identitätsreaktionen zu setzen, die sehr selektiv sind und also nacheinander in einzelnen Proben der Lösung angewendet werden können.

A. Man geht von einer salzsauren Lösung der meist vorkommenden Kationen aus, in der also Ag^+ und Hg_2^{2+} nicht mehr vorhanden sein können, und nimmt an, daß die störenden Anionen, wie Fluorid und Oxalat, auf die bekannte Weise entfernt worden sind. Die Lösung wird zweimal mit HCl zur Trockne eingedampft. Dann ist $SiO_2 \cdot aq.$ unlöslich geworden und eine Reihe störender Säuren zersetzt: HClO, $HClO_3$, HBr, HJ, H_2S, H_2SO_3, $H_2S_2O_3$, HNO_3, H_2CO_3, HCN, HCNS usw. Permanganat und Dichromat sind dann reduziert. Manche Metalle, hauptsächlich As, Sb und Hg, können als Chlorid ganz oder teilweise verflüchtigt sein; sie müssen in der ursprünglichen Lösung nachgewiesen werden. Als Anionen sollen jetzt nur noch Chloride, Sulfate, Perchlorate, Phosphate oder Borate vorhanden sein. Der Säuregrad wird nun auf höchstens 2,5 *n* abgestumpft.

B. In der jetzt erhaltenen Lösung wird zuerst mit Methylenblau auf Zinn(II) und Eisen(II) geprüft. Sind diese Elemente vorhanden, wird die Lösung mit einigen Tropfen Bromwasser oxydiert und der Überschuß Brom ausgekocht. Dann werden einige orientierende Versuche ausgeführt, und zwar:

1. Mit NH_4OH, danach mit Na_2S. Entsteht damit kein Niederschlag oder keine Färbung, ist eine große Anzahl von Elementen sicher nicht vorhanden. Tritt eine Reaktion auf, gibt das eine Reihe wertvoller vorläufiger Hinweise.

2. Mit Kupferron in etwa 1,5 *n* HCl. Ein Niederschlag weist auf Sn, Zr, Fe, V, Mo, W, Ti oder Bi.

3. Mit Benzoinoxim in 4 *n* HCl. Ein Niederschlag weist auf Mo, W oder V. Tritt kein Niederschlag auf, braucht man nicht nach diesen Elementen zu suchen.

4. Mit Ammoniumsulfat in 2 *n* HCl. Ein Niederschlag weist auf Sr oder Ba oder auf ziemlich große Mengen Ca oder Pb.

C. Dann wird nacheinander untersucht auf:

1. *Ammonium*, durch Kochen mit NaOH und Nachweis von NH_3 mit NESSLERS Reagens.

2. *Eisen*, durch Reduktion zu Eisen(II) und Versetzen mit o-Phenanthrolin.

3. *Vanadin* und *Titan*, mit H_2O_2 und HCl, danach mit NaF (V neben Ti) oder mit Arsenat und Zirkonyl (Ti neben V).

4. *Mangan* und *Cer*, mit Ammoniumpersulfat und Ag^+.

5. *Quecksilber(II)*, mit metallischem Kupfer oder mit Dithizon und Chloroform.

6. *Wismut*, mit K_2SnO_2 oder mit einem Überschuß KJ in einer organischen Extraktionsflüssigkeit.

7. *Zink*, *Kobalt* und *Kupfer*, durch Fällen mit $(NH_4)_2Hg(CNS)_4$, nach Maskieren von Eisen mit NaF.

8. *Kupfer*, mit Diäthyldithiocarbamat nach Zufügen von Komplexon III, um störende Elemente zu maskieren.

9. *Eisen* und *Kobalt*, mit NH_4CNS und NaF.

10. *Molybdän*, mit Benzoinoxim in 4 *n* HCl oder mit $SnCl_2$ und NH_4CNS.

11. *Wolfram*, mit $SnCl_2$.

12. *Phosphate*, durch Nachweis als Ammoniumphosphormolybdat.

13. *Arsen*, durch Nachweis als AsH_3 oder als Ammoniumarsenomolybdat.

14. *Eisen(II)*, mit NH_4OH und Dimethylglyoxim.

15. *Nickel*, mit Dimethylglyoxim.

16. *Chrom*, mit Ammoniumpersulfat, danach mit Diphenylcarbazid.

17. *Zirkon*, mit Morin in stark saurem Milieu oder mit p-Dimethylaminoazophenylarsonsäure.

18. *Beryllium*, mit Morin in alkalischem Milieu.

19. *Lanthanide* und *Thorium*, durch Fällen als Oxalat in 0,5 *n* HCl.

20. *Aluminium*, mit Aluminon in einer Pufferlösung von CH_3COONa und Essigsäure oder mit Chromblau-Säure 2 R, Bayer, Col. Ind. No. 202 in derselben Pufferlösung. Unter einer UV-Lampe beobachten.

21. *Antimon*, mit Rhodamin-B, nachdem man es mit Permanganat in Sb^{5+} übergeführt und den Überschuß mit Hydroxylaminhydrochlorid entfernt hat.

22. *Zinn*, durch Reduzieren mit Eisenpulver und Versetzen mit Jod-Kaliumjodid-Stärke.

23. *Uran*, mit Hexacyanoferrat(II), nachdem man Kupfer und Eisen(III) mit KJ maskiert und das entstandene Jod mit Thiosulfat entfernt hat.

24. *Cadmium*, mit Na_2S in KCN-Lösung.

25. *Kalium*, mit Komplexon(III) und Natriumhexanitrokobaltat(III).

26. *Natrium*, durch Nachweis als Natriumzinkuranylacetat.

27. *Magnesium*, mit Titangelb, nachdem man andere störende Elemente mit Komplexon(III) maskiert und einer Maskierung von Mg selbst durch Zufügen eines Überschusses von Bariumnitrat vorgebeugt hat.

Zum Nachweis von Ca, Sr und Ba, wobei auch wieder von Komplexon(III) Gebrauch gemacht wird, um störende Elemente zu maskieren, verweisen wir auf die Originalliteratur.

D. Das oben Gesagte bezog sich auf eine Lösung in verdünnter Salzsäure. In dem ursprünglichen Stoff muß also noch gesucht werden nach:

1. *Thallium(I)*, durch Versetzen mit KJ.

2. *Blei*, durch Kochen mit 4 *n* HCl. Im warmen Zustand abzentrifugieren und auf die kristallinen Plättchen von $PbCl_2$ achten, die bei Abkühlung auftreten.

3. *Silber*, durch Ausziehen mit NH_4OH und Fällen als AgJ.

4. *Quecksilber(I)*, durch Schwarzfärbung mit NH_4OH.

Die gesamte Untersuchung nach dieser Methode wird im Mikromaßstab jedesmal mit einem oder mehreren Tropfen Lösung ausgeführt.

Ähnliche Systeme ohne viele Trennungen und mit direkter Anwendung von Identitätsreaktionen nach GUTZEIT, HELLER und KRUMHOLZ werden in dem Handbuch von FEIGL[210] beschrieben.

7. Die Methode von Steimetz[211] (Nancy)

Diese Methode bildet den einzigen uns bekannten Versuch, auf ausschließlich *mikroskopischem* Weg zu einer wirklich *systematischen* Analyse der Kationen zu gelangen. Sie geht von nur vier Tropfen des — in Lösung gedachten — unbekannten Stoffes aus. Jeder dieser Tropfen dient zum Nachweis von Elementen von einer der vier von STEIMETZ unterschiedenen „Gruppen" A, B, C und D. Damit korrespondieren vier Gruppen mikroskopischer Reagenzien, also A 1, A 2, A 3 ...., B 1, B 2, B 3 .... usw. In dem ersten Tropfen wird nacheinander mit dem Reagens A 1, dann in demselben Tropfen, in dem A 1 also noch vorhanden ist, mit A 2 usw. untersucht. Dann in dem zweiten Tropfen mit B 1, B 2 .... usw. Die Reagenzien A 1, A 2 .... sind also so gewählt, daß sie einander nicht stören, genau so B 1, B 2 .... usw. Wir beschränken uns darauf, hier eine Übersicht von den verschiedenen Reagensmischungen und von den Ionen, die dadurch nachgewiesen werden, zu geben.

A 1:	Siliciumwolframsäure $Co(CNS)_2$	NH_4, K, Rb, Cs, Cu, Pb, Hg, Fe
A 2:	Zn-UO_2-Acetat $ZnSO_4$ ZnJ_2	Na, Ca, Sr, Ba, Hg, Pb, Bi, Ag
A 3:	$HClO_4$, HNO_3, $CdCl_2$, $Cd_3(PO_4)_2$	K, MoO_4
B 1:	$HgCl_2$, NH_4CNS, NaCNS	Cd, Co, Cu, Fe, Mn, Zn, Pb, J, SiF_6, einige organische Anionen
B 2:	K_3PO_4, NH_4OH, K_2CO_3, NH_4-Oxalat	Mg, Bi, Ca, Sr, ClO_4, MoO_4, Mn, Zn
B 3:	Verdünnte Schwefelsäure	Ca, Sr, Ba, F
B 4:	festes CsCl	Al, Bi, Cd, Cr, Sb, Sn
B 5:	Diphenylaminsulfat	NO_3, NO_2, Br
C 1:	$AgNO_3$, $LiNO_3$, Dimethylglyoxim	verschiedene Anionen Ni
C 2:	NH_4OH	verschiedene Anionen
C 3:	$Ca(NO_3)_2$, NH_4NO_3	verschiedene Anionen
D 1:	$Na_2Cr_2O_7$, $NaClO_3$ $Fe(NO_3)_3$	Ag, Hg_2^{2+}, K, Rb, Cs, Tl, $Fe(CN)_6^{4-}$, CNS
D 2:	Na, Mg, Hg, Co und Cd als Acetate	CNS, UO_2
D 3:	H_2PtCl_6	NH_4, K, Rb, Cs, Tl
D 4:	NH_4-Molybdat, HNO_3	PO_4, AsO_4

Die meisten Reaktionen mit Hilfe dieser Reagenzien sind Kristallniederschläge. Es versteht sich, daß daneben auch vielfach Gasentwicklungen und Färbungen auftreten, die wertvolle Hinweise geben.

8. Die systematische Anionenuntersuchung nach Noyes[212] (Boston, Pasadena, U. S. A.)

Dieses Anionensystem, dessen Grundlage durch eine Gruppenteilung gebildet wird, die auf der *verschiedenen Flüchtigkeit* der Säuren basiert, ist von großer historischer Bedeutung, weil wiederholt Teile davon von späteren Forschern in ihre Arbeitsmethoden übernommen worden sind.

Die flüchtigen Säuren werden durch fraktionierte Destillation mit Phosphorsäure ausgetrieben, und zwar in drei Stufen:

I. mit verdünnter Phosphorsäure, wobei das Destillat in Barytwasser aufgefangen wird;

II. durch weiteres Einkochen mit konzentrierter Phosphorsäure, wobei das Destillat in Wasser aufgefangen wird, und

III. indem dann noch Kupferspäne in den Destillierkolben gebracht werden, wodurch auch Schwefelsäure (als SO_2) ausgetrieben wird.

IV. Danach wird auf eine Reihe von Säureresten in der ursprünglichen Lösung geprüft.

I: Mit *verdünnter* Phosphorsäure werden ausgetrieben: H_2SO_3, $H_2S_2O_3$, H_2S, H_2CO_3, HNO_2, freie Halogene, HCN, HOCl und dergleichen. In der Vorlage bildet sich ein Niederschlag von $BaCO_3$, $BaSO_3$ und S. Die anderen Anionen bleiben in Lösung. Das Destillat wird mit Essigsäure angesäuert und trotz eines bleibenden Niederschlags von $BaSO_4$ und S in folgenden Portionen weiter untersucht:

a) Füge HCl hinzu: ein bleibender Niederschlag (S) weist auf H_2S oder $H_2S_2O_3$. Schwefel wird abfiltriert und zu der Lösung Bromwasser zugefügt. Ein Niederschlag von $BaSO_4$ weist auf H_2SO_3 oder auf $H_2S_2O_3$.

b) Füge Essigsäure und Chloroform zu und kontrolliere die Anwesenheit freier Halogene.

c) Prüfe mit HCl und Harnstoff auf HNO_2.

d) Prüfe mit $Cd(NO_3)_2$ auf H_2S.

e) Prüfe mit NaOH, $FeSO_4$, $FeCl_3$ und HCl auf HCN.

II und **III:** Bei der Destillation mit *konzentrierter* Phosphorsäure und später in Anwesenheit von Cu werden ausgetrieben: HCl, HBr, HJ, H_2S, Eisen(II)- und Eisen(III)cyanwasserstoffsäure, HCNS, HNO_3 und H_2SO_4. Einzelne Portionen des in Wasser aufgefangenen Destillats werden wie folgt untersucht:

a) Prüfe mit $AgNO_3$ (und HNO_3, falls nötig) auf die Halogenwasserstoffsäuren, H_2S, HCN und HCNS.

b) Prüfe mit $Cd(NO_3)_2$ auf H_2S.

c) Prüfe mit NaOH, $FeSO_4$, $FeCl_3$ und HCl auf HCN, das auf $H_4Fe(CN)_6$ oder $H_3Fe(CN)_6$ weist.

d) Prüfe mit $FeCl_3$ und HNO_3 auf HCNS.

e) Füge $CHCl_3$ hinzu und schüttle eventuell vorhandene freie Halogene aus. In der Wasserschicht wird auf HCl, HBr und HJ durch Zufügen von Natriumacetat, Essigsäure und $KMnO_4$ und wiederholtes Extrahieren mit $CHCl_3$ untersucht. Eine violette Farbe weist auf HJ. Brom wird mit zusätzlichem $KMnO_4$ in die Chloroformschicht gebracht, dann aus der Wasserschicht ausgekocht und schließlich wird darin mit $AgNO_3$ und HNO_3 auf HCl geprüft.

f) Destilliere mit H_2SO_4 und $FeSO_4$. HNO_3 geht dann in NO und NO_2 über und wird mit HJ und $CHCl_3$ nachgewiesen.

g) In dem dritten Destillat weist H_2SO_3, das mit Bromwasser, $BaCl_2$ und HCl nachgewiesen wird, auf H_2SO_4.

IV: Schließlich werden einzelne Proben des ursprünglichen Stoffes wie folgt untersucht:

a) Destilliere mit Methylalkohol und H_2SO_4 und untersuche das Destillat mit Curcuma auf H_3BO_3.

b) Prüfe auf HF mit Hilfe von SiO_2 und $KHSO_4$.

c) Prüfe auf H_3PO_4 mit Molybdänreagens.

d) Prüfe auf HClO mit Bleiacetat und Essigsäure.

e) Prüfe auf $HClO_3$ mit SO_2, $AgNO_3$ und HNO_3.

f) Prüfe auf H_2SO_3 mit $BaCl_2$, HCl und Bromwasser.

g) Prüfe auf $H_2S_2O_3$ durch Kochen mit $Sr(NO_3)_2$ und HCl.

In Anbetracht der vielen vortrefflichen Seiten dieses Schemas ist es sehr zu bedauern, daß die meisten der darin vorkommenden Vorgänge für die Ausführung in reduziertem Maßstab sehr wenig geeignet sind. Soweit es die Destillation mit Phosphorsäure betrifft, ließen sich geeignete Mikroausführungen erdenken.

In seinem späteren Lehrbuch[213] hat NOYES eine andere Gruppeneinteilung entwickelt, bei der er unterscheidet:

I. Eine *Chloridgruppe*, deren Silbersalze bei Zufügen von $AgNO_3$, $NaNO_2$ und HNO_3 gefällt werden. Es sind: H_2S, HCN, HCNS, $H_4Fe(CN)_6$, $H_3Fe(CN)_6$, HCl, HBr, HJ, HClO und $HClO_3$.

II. Eine *Sulfatgruppe*, deren Ba- oder Ca-Salze bei Zufügen von $BaCl_2$ und $CaCl_2$ in essigsaurer Lösung (in Abwesenheit starker Mineralsäuren) gefällt werden. Es sind: H_2SO_4, H_2SO_3, H_2CrO_4, HF und $H_2C_2O_4$.

III. Eine Gruppe *oxydierender* Säuren, die sich gegenüber $MnCl_2$ und HCl gleich verhalten. Es sind: $H_3Fe(CN)_6$, $HClO_3$, HClO, H_2CrO_4, HNO_3 und HNO_2.

IV. Eine Gruppe von *reduzierenden* Säuren, die sich gegenüber HCl, $FeCl_3$ und $K_3Fe(CN)_6$ gleich verhalten. Es sind: H_2S, $H_4Fe(CN)_6$, HJ, H_2SO_3 und HNO_2.

Auch dieser Gedanke, besonders die Unterscheidung der Säuren auf Grund ihres oxydierenden und reduzierenden Charakters, ist in verschiedene spätere Vorschläge für die Anionenuntersuchung übernommen worden. Die Trennung nach Gruppe I und II gehört sicher zu den besten Trennungen, die bekanntgeworden sind.

9. Verschiedene Anionen-Schemas

Zum Abschluß geben wir noch eine sehr summarische Übersicht über einige andere, mehr oder weniger systematische Anionen-Trennungen:

A. Nach RAURICH[214]. Hierbei werden die verschiedenen Gruppen auf Grund der Löslichkeit der Ba-, Zn- und Ag-Salze unterschieden:

I. Die *Bariumsalze*, die in neutralem Milieu unlöslich sind, werden unterteilt in:

a) Bariumsalze, löslich in Essigsäure: $HBrO_3$, H_3PO_3, H_3PO_4, H_3AsO_3, H_3AsO_4, H_3BO_3 und H_2SiO_3.

b) Bariumsalze, unlöslich in Essigsäure, löslich in HCl: HF, HJO_3, H_2SO_3, $H_2S_2O_3$, HPO_3, H_2CrO_4 und $H_2C_2O_4$.

c) Bariumsalze, unlöslich sowohl in Essigsäure als auch in HCl: H_2SO_4 und H_2SiF_6.

II. Die Bariumsalze, die in neutralem Milieu löslich sind, während die *Zinksalze* unlöslich bleiben, werden unterteilt in:

a) Salze, löslich in 10%igem NH_4OH: HCN und $H_3Fe(CN)_6$.

b) Salze, unlöslich in 10%igem NH_4OH: H_2S und $H_4Fe(CN)_6$.

III. Die Barium- und Zinksalze, die in neutralem Milieu löslich sind, während die *Silbersalze* unlöslich bleiben, werden unterteilt in:

a) Salze, löslich in 10%igem NH_4OH: HCl, $HBr(HBrO_3)$, HCN, HCNS, H_3PO_2.

b) Salze, unlöslich in 10%igem NH_4OH: HJ und $H_2S_2O_3$.

IV. Die übrigen Säuren: $HClO_3$, $HClO_4$, HNO_2 und HNO_3.

B. Nach MONTEQUI[215]. In diesem Schema wird danach gestrebt, die Zahl der Glieder jeder Gruppe auf höchstens fünf zu bringen. Dementsprechend gibt es viele, d. h. neun Gruppen:

I. Säuren, die vorher in dem ursprünglichen Stoff nachgewiesen werden: H_2CO_3, H_3BO_3, CH_3COOH, $HMnO_4$ und HClO.

Die übrigen Säuren werden in einem Sodaextrakt nachgewiesen, der in zwei Teile geteilt wird, *A* und *B:*

Teil A. Er wird mit Essigsäure angesäuert und *Kaliumchlorid* zugefügt:

II. Dann fallen $HClO_4$, H_2SiF_6 und Weinsäure aus.

III. Danach wird *Zinkacetat* zu der essigsauren Lösung hinzugefügt; dabei werden H_2S, $H_4Fe(CN)_6$, $H_3Fe(CN)_6$ und $H_4P_2O_7$ gefällt.

IV. Dann folgt *Calciumacetat*, wodurch gefällt werden: HPO_3, $(COOH)_2$, HF und auch $H_4P_2O_7$.

V. In einem Teil von *A* werden mit Oxychinolin gefällt: H_2MoO_4, H_2WO_4 und HVO_3.

VI. In einem anderen Teil von *A* werden in ammoniakalischem Milieu mit Magnesiummixtur und H_2O_2 gefällt: H_3AsO_3, H_3AsO_4, H_3PO_4 und H_2SiO_3.

Teil B. Hierin werden mit Ca- und Zn-Acetat zuerst die Anionen gefällt, die sub *A* gefunden worden sind. Danach wird in essigsaurer Lösung zugefügt:

VII. *Bariumacetat*, wodurch gefällt werden: $H_2S_2O_3$, H_2SO_3, H_2SO_4, H_2CrO_4 und HJO_3.

VIII. Zum Filtrat werden *Silbersulfat* und HNO_3 zugefügt, wodurch ausfallen: HCl, HBr, HJ, HCN und HCNS.

IX. Die *übrigen Säuren:* $HBrO_3$, $HClO_3$, HNO_2, HNO_3 und Zitronensäure.

C. Nach WELCHER und BRISCOE[216]. Neu an dieser Methode ist die gute Idee, die Calcium- und Bariumsalze nicht in wäßriger Lösung zu fällen, sondern in verdünntem Aceton (2 Teile Aceton : 1 Teil Wasser), in dem manche dieser Salze tatsächlich bemerkenswert weniger löslich sind. Man geht von einem neutralisierten Sodaextrakt aus.

I. Bei Zufügen einer sehr schwach ammoniakalischen Lösung von *Ba-* und *Ca-Nitrat* in genanntem Milieu werden gefällt: H_3BO_3, $H_4Fe(CN)_6$, $H_2S_2O_3$, H_2SO_3, H_2SeO_3, H_3AsO_3, H_3AsO_4, H_3PO_4, H_2CO_3, HF, H_2SO_4, H_2CrO_4, $(COOH)_2$ und Weinsäure.

Mit warmem Wasser werden aus diesem Niederschlag in Lösung gebracht: $H_4Fe(CN)_6$, H_3AsO_3, H_3AsO_4, $H_2S_2O_3$ und H_3BO_3, mit Essigsäure auch noch H_2CO_3 und H_2SO_3.

Zu dem Filtrat dieser Gruppe werden zugefügt:

II. *Zinknitrat*, nachdem man mit HNO_3 schwach angesäuert hat. Dadurch wird $H_3Fe(CN)_6$ gefällt; danach wird die Lösung ammoniakalisch gemacht, wodurch Sulfid ausfällt. Zu dessen Filtrat wird schließlich wieder ein kleiner Überschuß HNO_3 zugefügt und dann

III. *Silbernitrat*, wodurch HCl, HBr, HJ, HCN und HCNS gefällt werden, jetzt ohne störende Hexacyanoferrate (II und III).

IV. In dem letzten Filtrat bleiben noch übrig: HNO_3, HNO_2, $HClO_3$ und CH_3COOH.

D. Ting Ping Chao[217] führt u. a. eine Gruppe mit unlöslichen *Nickelsalzen* ein. Er kommt zu fünf Gruppen, und zwar:

I. Säuren, deren Salze mit schwach alkalischem $Ca(NO_3)_2$ gefällt werden, und zwar: H_2CO_3, H_2SO_3, HF, H_2CrO_4, H_2SiO_4, H_3PO_4 und H_3AsO_4.

II. Säuren, die gefällt werden, wenn zu dem Filtrat von I $Ba(NO_3)_2$ zugefügt wird, und zwar: H_2SO_3, H_2SO_4, H_2CrO_4 und $H_2S_2O_3$.

III. Säuren, die danach mit $Ni(NO_3)_2$ gefällt werden, und zwar: H_2S, HCN, $H_4Fe(CN)_6$ und $H_3Fe(CN)_6$.

IV. Säuren, die danach mit $AgNO_3$ gefällt werden, und zwar: HCl, HBr, HJ, HCNS und $H_2S_2O_3$, und schließlich

V. Säuren, die dann noch in Lösung bleiben, und zwar: $HClO_3$, HClO, HNO_2, HNO_3, CH_3COOH und H_3BO_3.

Von seiner Idee, cyanhaltige Anionen und Sulfid mit $Ni(NO_3)_2$ von Halogeniden und Rhodanid zu trennen, wurde in diesem Lehrbuch bei der systematischen Anionenanalyse sub C. III Gebrauch gemacht.

E. Nach Tananaeff und Schapowalenko[218]. Wir führen diese Anionenuntersuchung als ein weiteres Beispiel einer modernen Denkweise an, bei der im Gegensatz zu den vorhergehenden nicht von Trennungen Gebrauch gemacht wird, sondern weitgehend direkt auf alle Anionen nacheinander, meist auf Filtrierpapier, geprüft wird, mit Identitätsreaktionen, die einander möglichst wenig stören, und zwar auf:

HCl: mit $AgNO_3$, $K_4Fe(CN)_6$ und mit konzentrierter Salpetersäure. Es kann nötig sein, Chlorid zu konzentrieren, indem man die Silbersalze mit $(NH_4)_2CO_3$ und NH_4OH auszieht.

HBr: mit $CuSO_4$ und $KMnO_4$ und Fluoresceinpapier.

HJ: mit HNO_2 und Stärke.

H_2S: mit Natriumplumbit.

H_2SO_3: indem man das Sulfit mit $Sr(NO_3)_2$ auf Papier fixiert und dann mit $AgNO_3$ und $AuCl_3$ untersucht (Reduktion zu Metall).

$H_2S_2O_3$: mit $AgNO_3$: Zuerst Braun-, dann Schwarzfärbung. Falls nötig, verdünnte Salzsäure zufügen, dann wird der braune Fleck von Thiosulfat schneller schwarz, der von Hexacyanoferrat(III) weiß. Sulfid stört und wird mit Cadmiumnitrat entfernt.

H_2SO_4: mit Filterkohle und Prüfen auf das entstandene Sulfid.

HCN: mit Kupfer(II)acetat und Benzidinacetat.

HCNS: mit $FeCl_3$. Eventuell vorhandene und störende Hexacyanoferrate(II) werden mit Bleinitrat auf Papier fixiert.

$H_4Fe(CN)_6$: mit Bleinitrat fixieren und dann mit $FeCl_3$ versetzen.

$H_3Fe(CN)_6$: wieder erst die Hexacyanoferrate(II) mit Bleinitrat fixieren, dann mit $FeSO_4$ versetzen.

HNO_2: mit Benzidinacetat in essigsaurer Lösung.

HNO_3: durch Reduktion in alkalischem Milieu zu NH_3, mit rotem Lackmuspapier nachzuweisen. Falls nötig, Nitrit erst mit Harnstoff und verdünnter Schwefelsäure vertreiben.

H_3AsO_3: durch Reduktion eines Gemisches von $AuCl_3$ und $PdCl_2$.

H_3AsO_4: mit $AgNO_3$. Hexacyanoferrate(III) und Chromate stören.

HJO_3: durch Reduktion mit HCNS und Nachweis mit Stärke.

H_2CrO_4: durch Fixieren als Bariumsalz und Versetzen mit Benzidinacetat.

HClO: durch die oxydierende Wirkung der Hypochlorite in sehr schwach alkalischer Lösung auf Jodid.

H_3BO_3: durch Überführen in die Methylester und Versetzen mit HCl und Curcuma.

XII. Nachweis einiger Elemente in organischen Stoffen

a) Kohlenstoff

Wenn man das gasförmige Kohlendioxyd und Kohlenoxyd und jene Carbonate, die mit Salzsäure eine Entwicklung von Kohlendioxyd geben, ausschließt, kann man sagen, daß die Anwesenheit von *Kohlenstoff* in einem Produkt dieses zu einem *organischen* Produkt stempelt oder jedenfalls zu einem Gemisch, in dem organische Stoffe vorkommen. Zwar wird man in weitaus den meisten Fällen darauf vorbereitet sein, trotzdem kann es notwendig sein, diese Tatsache definitiv festzustellen. Leider stehen uns dafür nur wenige empfindliche und gleichzeitig spezifische Reaktionen zur Verfügung. Man wird sich in der Regel mit dem Auftreten der *Verkohlung* bei Erhitzung des Stoffes und mit dem *Auftreten von* CO_2 bei der Verbrennung behelfen müssen. In vielen Fällen wird daneben der Geruch des Stoffes, sowohl an sich als auch bei Erhitzung und Verbrennung, einen wertvollen Hinweis geben können.

1. Verkohlung

Man erhitzt ein kleines Körnchen oder einen kleinen Tropfen des zu untersuchenden Stoffes auf einer Porzellanscherbe mit Hilfe eines Mikrobrenners, der nicht unter, sondern neben den Stoff gehalten wird. In der Regel wird man dann den Stoff selbst schwarz oder braun werden oder ein teerartiges Destillat auftreten sehen oder eine lichtgebende und also rußende Flamme beobachten, wenn man den Stoff anzündet.

Dabei muß man jedoch bedenken,

erstens, daß Schwarzfärbung nur dann auf organische Stoffe hinweist, wenn man sich durch eine vorhergehende anorganische Analyse davon überzeugt hat, daß keine schwarzen oder dunkel gefärbten Oxyde, wie CuO, NiO usw., gebildet sein können;

zweitens, daß manche, meist sehr einfach gebaute organische Stoffe bei Erhitzung weder verkohlen noch Teer geben noch mit einer rußenden Flamme brennen. Wir nennen als Beispiele die Alkaliformiate, Acetate und Oxalate und die flüssigen, niedrigeren Alkohole, Cyanide, Chloroform, Essigsäure, Kampfer usw.

Ein sicheres Mittel zum Nachweis von Kohlenstoff bildet daher nur die Feststellung von CO_2 bei der Verbrennung.

2. Das Auftreten von CO_2 bei der Verbrennung

Will man die Prüfung wirklich einwandfrei ausführen, wird man den zu untersuchenden Stoff zuerst durch Kochen mit HCl von Carbonaten befreien müssen, dabei dafür sorgen, daß flüchtige organische Stoffe sowohl bei diesem Vorgang als auch bei dem darauffolgenden raschen Trocknen des Rückstandes in einem Kühler aufgefangen werden, und dann den Rückstand mit Sauerstoff über CuO oder MnO_2 verbrennen. Die dabei gebildeten Gase werden über Magnesiumperchlorat (oder notfalls über Calciumchlorid) und Askarit oder Natronasbest (oder notfalls Natronkalk) auf dieselbe Weise geleitet, wie es bei der quantitativen Elementaranalyse gebräuchlich ist. Eine Gewichtszunahme der CO_2-Absorptionsröhrchen weist dann — jedenfalls bei schwefelfreien Stoffen — auf die Anwesenheit von Kohlenstoff.

In der Regel kann man sich allerdings mit einer einfacheren Arbeitsweise behelfen, die von PENFIELD[219] und von MIXTER und HAIGH[220] stammt:

Bei nicht flüchtigen Stoffen vermischt man einige mg Stoff mit einem Überschuß von vorher geschmolzenem und fein gepulvertem Bleichromat und gibt dieses Gemisch in eine enge Hartglasproberöhre, klemmt diese horizontal ein und gibt vorne in die Röhre einen Tropfen klares Barytwasser und schließt die Röhre dann lose mit einem kleinen Korken ab. Erhitzt man das Gemisch jetzt tüchtig mit einem Mikrobrenner, wird der Baryttropfen bei CO_2-Entwicklung trübe werden.

Bei sehr flüchtigen Stoffen verwendet man ein kleines Reagenzglas, gibt nur Bleichromat hinein, erhitzt es in der jetzt vertikal eingeklemmten Röhre, wobei man den obersten Teil kühl hält, indem man einen Asbestkragen darumlegt, gibt dann schnell einen Tropfen des Stoffes in die Röhre, schließt wieder lose mit einem Korken ab und nimmt die Flamme weg. Nach einiger Abkühlung hält man die Röhre horizontal, gibt wieder, wie oben, einen Tropfen Barytwasser hinein und schließt die Röhre wieder.

Im übrigen verweisen wir auf das auf S. 101 Gesagte über den Nachweis von Kohlendioxyd.

b) Stickstoff

Für den Nachweis dieses Elementes in organischen Produkten kommen hauptsächlich drei Prinzipien in Betracht, und zwar:

1. Das Verfahren von LASSAIGNE[221]. Danach wird der Stoff — nicht mehr als einige mg — in einer Glühröhre mit einem winzigen Stück — 2 mm^3 sind bestimmt genug — eines der Alkalimetalle geglüht. Kalium reagiert dabei schneller als Natrium, hat aber im übrigen so viele Nachteile, daß doch empfohlen wird, Natrium zu gebrauchen. Eventuell vorhandener Stickstoff wird dann in NaCN übergeführt.

Das entstandene Cyanid kann auf verschiedene Weisen nachgewiesen werden, z. B.:

a) Indem man die entstandene Schmelze mit einem Tropfen Alkohol und zwei Tropfen Wasser unter leichter Erwärmung auszieht, die Flüssigkeit auf eine Porzellanscherbe bringt, von dem meist schwarzen

Rückstand abschleppt, dann einen Tropfen einer verdünnten Eisen(II)-sulfat- und Eisen(III)chloridlösung zufügt, einige Minuten warm liegen läßt und schließlich vorsichtig mit verdünnter Salzsäure ansäuert. Bei Anwesenheit von Stickstoff tritt dann durch Bildung von $NaFeFe(CN)_6$ Blaufärbung auf.

b) Indem man nach dem Erhitzen mit Natrium ein kleines Körnchen Schwefel zu der Schmelze hinzufügt und erneut kurz erhitzt. Gebildetes Cyanid wird dann in Rhodanid übergeführt. Es wird nachgewiesen, indem man die Schmelze mit so viel verdünnter Salzsäure auszieht, daß die Lösung sauer wird und auf der Tüpfelplatte mit Eisen(III)chlorid reagiert.

Diese Arbeitsweise wird empfohlen, wenn S und N beide in dem organischen Stoff vorhanden sind. Bei sehr viel S und wenig N ist es möglich, daß alles N völlig in *Rhodanid* umgesetzt wird. Es ist dann sicherer, die Bildung von Rhodanid als Beweis für die Anwesenheit von N anzusehen.

c) Indem man die Unterseite der noch warmen Glühröhre in einen Mikrotiegel hält, in dem sich einige Tropfen Wasser befinden. Die Röhre springt dann und das Reaktionsprodukt löst sich in dem Wasser auf. Man säuert dann mit verdünnter Essigsäure an und deckt den Tiegel mit einem Stück Cellophan ab, in das ein Loch gebohrt ist. Darauf legt man ein Stück mit einer Lösung von Kupfer(II)acetat und Benzidinacetat getränktes Filtrierpapier, wie beim Nachweis von HCN auf S. 101 und S. 102[222] beschrieben wurde. Blaufärbung weist auf HCN, also auf N in dem organischen Stoff hin.

CASTELLANA[223] benützt statt Natrium oder Kalium ein inniges Gemisch von einem Teil gut trockenem Magnesiumpulver und zwei Teilen wasserarmem Soda ($Na_2CO_3 \cdot 1\ H_2O$). Obgleich die sich dann vollziehende Reaktion auch noch derart heftig verlaufen kann, daß Schützen der Augen ratsam ist, möge anerkannt werden, daß sie bei Ausführung im Makromaßstab die Unannehmlichkeiten des Arbeitens mit freien Alkalimetallen vermeidet. Beim Arbeiten im Halbmikromaßstab, wie oben beschrieben, sind diese Unannehmlichkeiten allerdings ohne Bedeutung; dann bietet die Arbeitsweise von CASTELLANA unserer Ansicht nach keine Vorteile, außer in dem Fall, daß gleichzeitig Schwefel und Stickstoff nachgewiesen werden müssen. Uns sind keine Fälle bekannt, in denen N-haltige organische Stoffe die Reaktion von LASSAIGNE nicht zeigen.

2. Das Verfahren von FARADAY-LIEBIG-WILL und VARRENTRAP[224]. Nach dieser Methode wird bei Erhitzen eines organischen Stoffes mit CaO zumindest ein Teil des vorhandenen Stickstoffes in Ammoniak übergeführt. Die Reaktion wird ausgeführt, indem man einige mg des organischen Stoffes in einer Proberöhre mit einem bescheidenen Überschuß gepulvertem reinem CaO glüht. In der Glühröhre befindet sich ungefähr auf halber Höhe ein kleiner Asbestpfropfen, um Flugstaub zurückzuhalten. Eventuell gebildetes NH_3 kann wieder auf verschiedene Weise nachgewiesen werden, z. B.:

a) Durch den Geruch und mit Hilfe eines feuchten roten Lackmuspapiers.

b) Nach FEIGL und BADIAN[225] mit Hilfe von Papier, das mit einer Lösung von $AgNO_3$ und $Mn(NO_3)_2$ getränkt ist, eventuell anschließend mit einer Lösung Benzidinacetat antupfen.

Dieselben Autoren empfehlen, zum Glühen nicht nur CaO zu gebrauchen, sondern ein Gemisch (10 : 1) von CaO und MnO_2, wodurch die durch unvollkommen verbrannte organische Produkte verursachte Störung vermieden wird;

c) nach RIEGLER auf die Weise, wie beim Nachweis von Ammoniak auf S. 87 beschrieben, indem man die entstandenen Gase und Dämpfe an Filtrierpapier entlangziehen läßt, das mit einem Tropfen einer gesättigten p-Nitranilinhydrochloridlösung und Natriumnitrit getränkt ist. Rotfärbung weist dann auf NH_3 (oder Amine), also auf N in dem ursprünglichen Stoff.

Zweifellos bilden viele organische Stoffe bei dieser Reaktion nur sehr wenig NH_3 und manche tun es überhaupt nicht, z. B. die Nitro- und die Azoverbindungen.

3. Das Glühen des Stoffes mit festem *Natriumdithionit* $(Na_2S_2O_4)$[226]. Dazu gibt man den zu untersuchenden organischen Stoff (z. B. etwa 2 mg) in eine Glühröhre, fügt eine ungefähr vierfache Menge $Na_2S_2O_4$ und eine oder eine halbe Tablette festes Natriumhydroxyd zu, bringt auf halber Höhe einen Asbestpfropfen an und erhitzt dann, bis eine braunschwarze Färbung auftritt. Eventuell vorhandener Stickstoff geht wieder — teilweise — in NH_3 oder in Amin über, das auf die gleiche Weise nachgewiesen werden kann, wie oben (2, *a*, *b* und *c*) beschrieben.

Uns sind keine Fälle N-haltiger organischer Stoffe bekannt geworden, die diese Reaktion nicht gut zeigen.

c) Schwefel

Auch für dieses Element stehen uns verschiedene Möglichkeiten zur Verfügung, von denen die wichtigsten sind:

1. Das Prinzip von LASSAIGNE (siehe oben). Also wieder in einer Glühröhre mit einem sehr kleinen Stück metallischem Natrium erhitzen. Eventuell vorhandener Schwefel geht dann in Na_2S über, dessen Sulfidschwefel auf verschiedene Weise nachgewiesen werden kann, z. B.:

a) Indem man die Schmelze mit einigen Tropfen Wasser in einen Mikrotiegel bringt, falls nötig, die noch warme Glühröhre darin zerspringen läßt, dann mit verdünnter Essigsäure ansäuert, leicht erwärmt und das gebildete H_2S mit feuchtem Bleiacetatpapier identifiziert.

b) Empfindlicher durch Anwendung der Reaktion mit Nitroprussidnatrium, wie sie auf S. 94 zum Nachweis von Sulfiden beschrieben ist.

c) Besonders empfindlich, jedoch einigermaßen unverläßlich mit Hilfe der Reaktion mit Natriumazid und Jod, wie auf S. 95 beschrieben wurde. Um den Verlust von H_2S während der Vorgänge zu vermeiden, halten FEIGL und BADIAN[227] dieses fest, indem sie einen Tropfen Cadmiumacetatlösung zufügen, dann mit verdünnter Essigsäure ansäuern und Jod und Azid hinzufügen.

Arbeitet man nach der Methode von LASSAIGNE, kann man *Schwefel* und *Stickstoff* gleichzeitig nachweisen, jedes in einem Teil von dem wäßrigen Extrakt der Schmelze. Siehe diesbezüglich die Bemerkung bei N, sub 1, *b*. Man behauptet, daß bei der Anwendung des Gemisches von CASTELLANA keine Bildung von *Rhodanid* zu befürchten und daher dieses Gemisch zu empfehlen sei.

2. Die altbekannte *Heparreaktion* (vgl. S. 141) und zahlreiche Abwandlungen davon. Sehr brauchbar ist die von DEUSSEN[228]. Eine Ausführungsform ist die folgende: man packt 1 bis 2 mg des zu untersuchenden Stoffes mit der vierfachen Menge (reinem, sulfatfreiem!) Soda in ein kleines Stück reines Filtrierpapier von ungefähr 2 cm^2 Größe. Dieses befestigt man an einem dünnen Platindraht und erhitzt es bis zur völligen Verkohlung in einer Kerzenflamme. Die Asche gibt man mit einem Tropfen Wasser auf ein blankes Stück Silber. Tritt nach einigen Minuten ein brauner oder ein schwarzer Fleck auf, weist das auf die Anwesenheit von Schwefel.

3. Schließlich kann auch die Hydrierung nach TER MEULEN[229], wie sie für die quantitative Bestimmung von Schwefel in organischen Stoffen ausgearbeitet worden ist, mit sehr viel Erfolg zum qualitativen Nachweis dieses Elementes* angewendet werden. Man erhitzt dazu eine kleine Menge des zu untersuchenden Stoffes in einem u. a. mit Silbersulfatlösung gereinigten Wasserstoffstrom in einer Hartglas- oder Quarzglasröhre und leitet die gebildeten Gase über einen rotglühenden Pfropfen Platinabfall oder notfalls über einen Asbestpfropfen in derselben Röhre. Man weist Auftreten von H_2S mit Bleiacetatpapier nach.

d) Halogene (Cl, Br und J)

Bei der Behandlung eines organischen Stoffes nach LASSAIGNE gehen eventuell vorhandene Halogenverbindungen in die entsprechenden Alkalihalogenide über. Das Anziehende dieser Methode liegt in der Tatsache, daß sie Gelegenheit bietet, auch Fluor auf einfache Weise als Ion in Lösung zu bringen und so nachzuweisen. Im übrigen bietet sie nur Nachteile, hauptsächlich weil der Nachweis von Spuren Chlorionen große Schwierigkeiten bietet, vor allem neben Bromid und Jodid. Man zieht daher in der Regel andere Wege vor, von denen wir nennen:

1. Die BEILSTEIN-Probe[231]. Sie beruht auf der Tatsache, daß Kupferchlorid, -bromid und -jodid (jedoch auch Cyanid und Rhodanid!) eine blaugrüne Flammenfärbung geben. Man führt sie mit Hilfe eines starken Kupferdrahtes aus, der an einer Seite in einen Glas- oder Metallhalter gefaßt und am anderen Ende plattgehämmert ist. Dieses Ende wird zuerst im oxydierenden Teil einer Bunsenflamme mit CuO bedeckt. Darauf gibt man dann eine Spur des zu untersuchenden Stoffes und

* Auch die anderen Elemente können nach derselben Methode nachgewiesen werden: siehe SLOOF und VAN DUYN[330].

hält ihn in den äußeren Saum, nahe der Basis einer Bunsenflamme. Bei Anwesenheit von Cl, Br oder J in dem organischen Stoff tritt Blaugrünfärbung der Flamme auf.

Die Reaktion ist besonders empfindlich (sicher weniger als ein μg Halogen), jedoch, wie oben bereits angeführt, *keineswegs spezifisch.* Manche stickstoffhaltige organische Stoffe zeigen diese Reaktion gleichfalls. Bei negativem Resultat beweist sie also nur die *Abwesenheit* von Halogenen, bei positivem aber noch nicht die *Anwesenheit.*

2. Die Überführung von organisch gebundenem Chlor, Brom oder Jod in Ionen kann durch Hydrieren in einem Wasserstoffstrom über einer kleinen Rolle erhitzter Nickelfolie nach TER MEULEN[232] erfolgen (das dort empfohlene Zufügen von NH_3 zu dem Wasserstoff kann man weglassen) oder einfacher, u. a. nach STSCHIGOL[233]. Von dieser letzteren Methode gibt SCHOORL[234] die folgende Ausführungsform: Ungefähr 30 mg Stoff (falls nötig, in 0,5 ml Benzol gelöst) werden mit 2,5 ml Eisessig und 1,5 ml einer 20%igen Natriumacetatlösung vermischt und mit 0,5 g Zinkpulver und 3 Tropfen einer Lösung, die 9% $CuSO_4$ und 1% $CoSO_4$ enthält, geschüttelt oder gekocht. Nach einer Weile Stehenlassen wird mit Wasser verdünnt und in der klaren Flüssigkeit mit $AgNO_3$ und HNO_3 auf Halogenide geprüft.

Man kontrolliere, ob die verwendeten Reagenzien halogenfrei sind. Ein schwerwiegender Einwand gegen die Arbeitsweise nach STSCHIGOL ist die Tatsache, daß sie nur bei aliphatisch gebundenem Halogen gut gelingt und gar nicht, oder sehr unvollständig, bei dem viel weniger beweglichen aromatisch gebundenen. Bei der Hydrierung nach TER MEULEN, die allerdings etwas mehr Zeit und Apparate erfordert, empfindet man diesen Einwand gar nicht. Daher ist sie unserer Ansicht nach vorzuziehen.

Zur Unterscheidung von Cl, Br und J nach Überführung in Ionen sei auf das auf S. 168 u. f. Gesagte verwiesen.

3. Die Überführung von organisch gebundenem Chlor, Brom oder Jod in freie Halogene kann erfolgreich durch Zerstörung des organischen Stoffes mit Kaliumdichromat und starker Schwefelsäure geschehen, eine Methode, die THOMPSON und OAKDALE[235] für die quantitative Bestimmung von Chlor anwenden. Für die qualitative Untersuchung gibt man 1 bis 2 mg des zu untersuchenden Stoffes in eine Proberöhre, fügt ungefähr ebensoviel oder etwas mehr fein gepulvertes festes Kaliumdichromat und dann einen Tropfen starke Schwefelsäure zu und erhitzt mäßig. Die entweichenden Dämpfe läßt man an drei Reagenzpapierstreifen entlangziehen, die mit dem Reagens von VILLIERS und FAYOLLE auf freies Chlor bzw. mit dem von BAUBIGNI-GANASSINI auf freies Brom und mit einer Stärkelösung für freies Jod getränkt sind. Man verfährt auf dieselbe Weise, wie auf S. 90 beschrieben.

Diese Arbeitsweise ist nach unseren Erfahrungen für alle organischen Cl-, Br- und J-Verbindungen brauchbar und außerdem sehr empfindlich und spezifisch. Sie kann auch mit viel Erfolg zum Nachweis halogenhaltiger Dämpfe in der Luft (z. B. Kriegsgase) angewendet werden, die zu diesem Zweck in Silicagel absorbiert werden.

Nur zwei Komplikationen sind uns bekannt geworden. Einmal kann es vorkommen, daß Jodverbindungen ganz oder teilweise in Jodsäure übergeführt werden. Dann ist zu empfehlen, sie nach der Zerstörung vorsichtig mit SO_2-Wasser zu reduzieren. Und weiter treten die bereits auf S. 90 genannten Komplikationen auf, wenn gleichzeitig mehr Brom und/oder Jod als Chlor vorhanden ist, wodurch die Reaktion von VILLIERS und FAYOLLE verhindert wird. Dann bildet Chlor auf alle Fälle auch Chromylchlorid, das auf die bekannte Weise mit Diphenylcarbazid nachgewiesen werden kann.

e) Phosphor und Arsen

Die Anwesenheit dieser Elemente in organischen Stoffen kann immer nachgewiesen werden, indem man sie in Phosphate bzw. Arsenate überführt. Das kann geschehen, indem man den Stoff mit Natriumperoxyd oder mit reinem Calciumoxyd (FEIGL und BADIAN[236]) glüht, und zwar am besten auf einem Nickel- oder Silberplättchen. Wenn man mit genügend kleinen Mengen arbeitet, ist mit der Oxydation von Natriumperoxyd keine Gefahr verbunden. Verläuft sie zu heftig, kann mit Erfolg ein Gemisch von Na_2O_2 und CaO gebraucht werden. Zum Nachweis der entstandenen Phosphate und Arsenate wird auf das auf S. 104 Gesagte verwiesen.

Arsen kann außerdem über AsH_3 (saure Reduktion mit Zn) auf die bekannte Weise direkt nachgewiesen werden.

Schließlich muß bemerkt werden, daß Glühen mit Na_2O_2 auch zum Nachweis von N, S und Cl benützt werden kann. Diese Elemente gehen dabei nämlich in Nitrat und Nitrit, in Sulfat und in Chlorid über, deren Identifizierung keine Schwierigkeiten mehr bietet.

XIII. Apparatur zum Ausführen von semiquantitativen Bestimmungen mit Hilfe von Tüpfelreaktionen

Es ist selbstverständlich sehr gut möglich, Tüpfelreaktionen so auszuführen, daß man einen deutlichen und in zahlreichen Fällen ausreichenden Einblick in die vorhandene Menge eines bestimmten Kations oder Anions erhält. Es ist dann allerdings dringend notwendig, daß der gesamte Arbeitsgang immer genau auf dieselbe Weise ausgeführt wird, d. h. daß er *völlig standardisiert* wird. Man kann dabei die einfache Technik anwenden, die in diesem Buch beschrieben wird, und auch damit häufig verblüffend gute Resultate erzielen. Vielfach ist es aber doch ratsam, für die semiquantitative Arbeit auf mehr „*mechanisierte*" Arbeitsmethoden umzuschalten. Wir wollen zwei Techniken kurz beschreiben, die sich besonders gut zu diesem Zweck eignen, und zwar die sogenannte „Elektrographie" und die Arbeitsmethode von WEISZ.

a) Elektrographie

Diese Technik wird durch die untenstehende Abb. 3 verdeutlicht. Wir nehmen an, daß es sich um die Bestimmung eines Kations in einem Metall, jedenfalls in einem elektrisch leitenden Produkt handelt. Hierfür wird an einer Probe (A) eine flache Kante geschliffen und diese wird durch eine Feder (B) immer mit derselben Kraft auf ein Stück Filtrierpapier (D) gedrückt, das mit dem Reagens auf das zu bestimmende Element getränkt ist. Dieses Papier liegt wieder auf einer leitenden Grundplatte (C), die natürlich nicht mit dem in Frage kommenden Reagens reagieren darf. Mit Hilfe einer Taschenlampenbatterie und, falls nötig, eines regelbaren Widerstandes wird jetzt A zur Anode gemacht. Man läßt den Strom während einer vorher bestimmten Zeit durchgehen und vergleicht dann die entstandene Färbung mit der, welche beim Gebrauch von Proben mit bekanntem Gehalt an dem zu bestimmenden Element erhalten wird; oder aber man tränkt das Filtrierpapier nicht mit dem Reagens, sondern mit einem willkürlichen

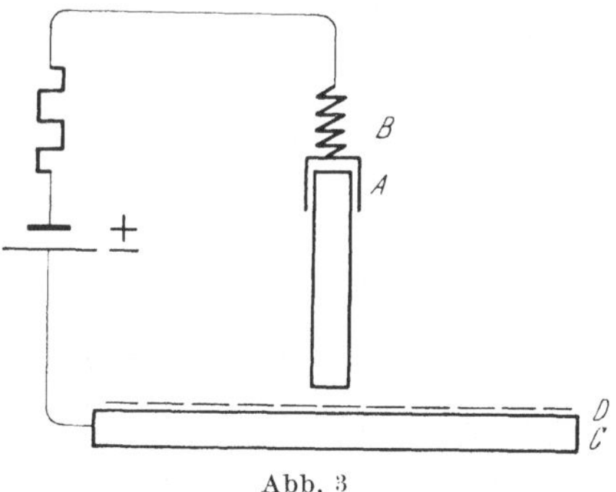

Abb. 3

Elektrolyt, z. B. mit KCl, und besprüht es nach dem Versuch mit einer Lösung eines geeigneten Reagens.

Diese Methodik, die vor allem von HERMANCE* vervollkommnet wurde, ist deswegen besonders anziehend, weil sie die Möglichkeit zu der sogenannten „*analysis in situ*" oder „*topographischen Analyse*" eröffnet, bei der man nicht nur zu erfahren trachtet, *wieviel* eines bestimmten Elements vorhanden ist, sondern im besonderen auch, *wo* es sich befindet. Bei entsprechender Verfeinerung der Methode, z. B. durch Gebrauch imprägnierter Gelatineplättchen an Stelle von Filtrierpapier, die man dann später unter dem Mikroskop beobachtet, kann man tatsächlich „Abziehbilder" der chemischen Struktur eines Metalls erhalten. Im Augenblick ist die Elektrographie noch kein wichtiges Hilfsmittel für die Metallanalyse; der Grundgedanke weist jedoch in eine gute Richtung.

b) Die Technik von Weisz**

Kennzeichnend für diese Technik sind drei verschiedene Arten von Apparaten, die im folgenden beschrieben werden (Abb. 4).

Mit Hilfe einer speziellen Mikropipette von ungefähr 1 μl bringt man die zu untersuchenden Tropfen auf eine Scheibe Filtrierpapier.

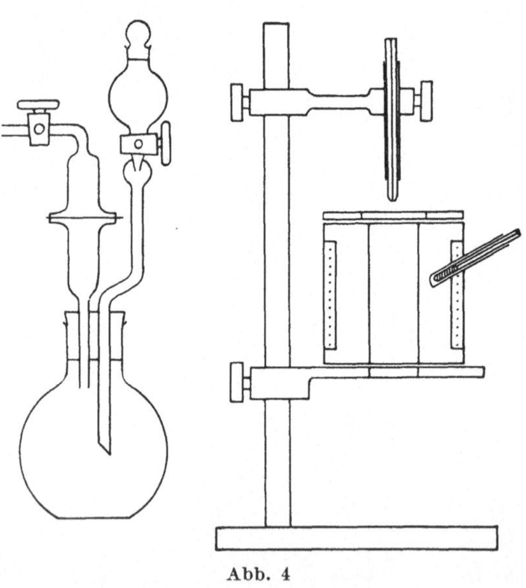

Abb. 4

Mit Hilfe eines kleinen H_2S-Apparates, in dem das Papier zwischen zwei gläsernen Flanschen gehalten wird, wird die Behandlung mit H_2S auf dem Filtrierpapier selbst ausgeführt. Die Entwicklung von H_2S findet statt, indem man verdünnte Schwefelsäure (1 : 1) auf ZnS tröpfeln läßt.

Schließlich verwendet man den „Ringofen", auf den das Scheibchen Papier geklemmt wird und der auf konstanter Temperatur gehalten wird (105 bis 110° C), so daß das Auswaschen und Trocknen auf völlig reproduzierbare Weise stattfindet und die Tropfen der zu untersuchenden Flüssigkeit außerdem nicht übermäßig „auslaufen".

Mit Hilfe der Mikropipette bringt man genau in die Mitte einer Scheibe Filtrierpapier (S & S, Blauband Nr. 589, Durchmesser 5,5 cm) einen bis

* H. W. HERMANCE und V. H. WADLOW: A.S.T.M. Special Report No. 98, Philadelphia, 1949.

** H. WEISZ: Mikrochim. Acta, 140, 376, 785 (1954).

drei μl der zu untersuchenden Flüssigkeit. Das Scheibchen wird dann zwischen die Flanschen des H_2S-Apparates gebracht und 1 bis 2 Minuten lang H_2S durchgesaugt.

Der Ringofen ist inzwischen auf Temperatur gebracht worden. Das Scheibchen wird dann auf den Ofen geklemmt und der darauf vorhandene Sulfidfleck wird mit 0,1 *n* HCl ausgewaschen, auch wieder mit Hilfe von speziell dafür bestimmten Mikropipetten, die in ein Stativ über dem Ofen eingeklemmt sind. Die Sulfide der H_2S-Gruppe bleiben im Zentrum und alle anderen Kationen gelangen in einen konzentrischen Ring am Rand des Papiers. Man kann dann — nach Trocknen auf dem Ofen — den Sulfidfleck mit Hilfe eines Korkenbohrers ausstechen und die Sulfide der H_2S-Gruppe einzeln weiteruntersuchen. Zur Untersuchung der anderen Kationen schneidet man das ringförmige Stück Papier, in dem sie jetzt vorhanden sind, in so viele Sektoren, wie man nötig zu haben meint, und identifiziert die verschiedenen Kationen auf dem so erhaltenen kleinen Stückchen Papier mit Hilfe geeigneter spezifischer Reagenzien.

Bezüglich Einzelheiten der chemischen Grundlagen der zur Anwendung kommenden weiteren Trennungen in der H_2S-Gruppe verweisen wir auf die Originalliteratur. Wir beschränken uns auf den Hinweis, daß sie u. a. durchgeführt werden können, indem man das ausgestochene Stück Filtrierpapier auf ein neues Scheibchen Filtrierpapier bringt und dieses dann wieder auf die oben beschriebene Weise mit geeigneten Lösungen [NH_4OH, $(NH_4)_2Sn$ usw.] auswäscht.

Der stärkste Einwand gegen die Methode von Weisz scheint uns zu sein, daß sie sich unbegründeterweise auf die Metalle der H_2S-Gruppe beschränkt. Alle anderen Metalle werden hauptsächlich mit Hilfe der „üblichen" Technik identifiziert. Man würde für die anderen Gruppen auch gerne eine analoge apparative Trennungstechnik sehen. Dafür ist es aber nötig, alle jene Kationen, die bei Weisz in einen Außenring gelangen, wieder in dem Zentrum einer Scheibe Filtrierpapier zusammenzubringen. Nach noch unveröffentlichten Untersuchungen der Autoren dieses Buches ist dieser Grundgedanke wohl auszuführen, wenn man die Ringzone des Filtrierpapiers auf ein neues Stück Filtrierpapier bringt, das auf einer Glasplatte mit ringförmiger Rinne liegt. In diese Rinne taucht der umgeschlagene Außenrand des Filtrierpapiers ein. In der Rinne wird dann tropfenweise entweder verdünnte Salzsäure oder ein trennendes Agens [NH_4OH, $(NH_4)_2S$ usw.] zugefügt. Man bekommt dann alle noch vorhandenen Metallionen wieder in das Zentrum, oder man bringt erneut eine Trennung zustande zwischen dem, was mit dem Reagens einen Niederschlag gibt und also im Außenring bleibt, und dem, was in Lösung bleibt und daher zur Mitte diffundiert. Die Zukunft wird erweisen, ob diese oder andere Arbeitsweisen den systematischen Gebrauch der Apparatur von Weisz für die gesamte qualitative Analyse ermöglichen werden. Vorläufig ist sie sicher noch nicht sehr wichtig, enthält aber den gesunden Grundgedanken, daß es zum Erhalten eines wenigstens semiquantitativen Eindrucks notwendig ist, alle Arbeiten immer auf genau dieselbe Weise durchzuführen. Das geht zweifellos besser mit Hilfe der Apparatur von Weisz, als wenn wir auf die übliche Weise, mehr oder weniger willkürlich, Lösungen und Reagenzien zusammenbringen. Man muß die Weiszsche Technik daher auch als Symptom einer der Richtungen betrachten, in welcher sich die moderne qualitative chemische Analyse heutzutage bewegt, der Mechanisierung des alten Handwerks.

Tabelle 1. *Das periodische System der Elemente*

Gruppe 0	Gruppe I R_2O	Gruppe II RO	Gruppe III R_2O_3	Gruppe IV RH_4 RO_2	Gruppe V RH_3 R_2O_5	Gruppe VI RH_2 RO_3	Gruppe VII RH R_2O_7	Gruppe VIII		
	1 H=1,008									
2 He=4,00	**3** Li= 6,94	**4** Be=9,01	**5** B=10,82	**6** C=12,01	**7** N=14,01	**8** O=16,000	**9** F=19,00			
10 Ne=20,18	**11** Na=23,00	**12** Mg=24,32	**13** Al=26,97	**14** Si=28,09	**15** P=30,97	**16** S=32,07	**17** Cl=35,46			
18 A=39,94	**19** K=39,10	**20** Ca=40,08	**21** Sc=44,96	**22** Ti=47,90	**23** V=50,95	**24** Cr=52,01	**25** Mn=54,93	**26** Fe=55,85	**27** Co=58,94	**28** Ni=58,69
	29 Cu=63,54	**30** Zn=65,38	**31** Ga=69,72	**32** Ge=72,60	**33** As=74,91	**34** Se=78,96	**35** Br=79,92			
36 Kr=83,9	**37** Rb=85,48	**38** Sr=87,63	**39** Y=88,92	**40** Zr=91,22	**41** Nb=92,91	**42** Mo=95,95	**43** Tc=98,9	**44** Ru=101,7	**45** Rh=102,9	**46** Pd=106,7
	47 Ag=107,9	**48** Cd=112,4	**49** In=114,8	**50** Sn=118,7	**51** Sb=121,8	**52** Te=127,6	**53** J=126,9			
54 Xe=131,3	**55** Cs=132,9	**56** Ba=137,4	**57-71** Lanthanide	**72** Hf=178,6	**73** Ta=180,9	**74** W=183,9	**75** Re=186,3	**76** Os=190,2	**77** Ir=193,1	**78** Pt=195,2
	79 Au=197,2	**80** Hg=200,6	**81** Tl=204,4	**82** Pb=207,2	**83** Bi=209,0	**84** Po=210	**85** At=210			
86 Rn=222	**87** Fr=221	**88** Ra=226,0	**89** Ac=227	**90** Th=232,1	**91** Pa=231	**92** U=238,1				

Die Lanthanide:

57 La =138,9	**62** Sm=150,4	**67** Ho =164,9
58 Ce =140,1	**63** Eu =152,0	**68** Er =167,2
59 Pr =140,9	**64** Gd =156,9	**69** Tm=169,4
60 Nd =144,3	**65** Tb =159,2	**70** Yb =173,0
61 Pm=145	**66** Dy =162,5	**71** Lu =175,0

Tabelle 2. *Geochemische Häufigkeiten. Zusammensetzung des bekannten Teiles der Erdkruste*

*In Gewichtsprozenten**

Element	Anteil	Element	Anteil
Sauerstoff	50	Arsen	$5 \cdot 10^{-4}$
Silicium	25	Lanthan	4
Aluminium	7,5	Samarium	4
Eisen	5,1	Gadolinium	4
Calcium	3,4	Dysprosium	4
Natrium	2,6	Uran	4
Kalium	2,4	Erbium	4
Magnesium	1,9	Praseodym	3
Wasserstoff	0,9	Ytterbium	3
Titan	0,6	Argon	3
Chlor	0,2	Germanium	1
Phosphor	0,1	Lutetium	$9 \cdot 10^{-5}$
	99,7	Selen	8
Mangan	$9 \cdot 10^{-2}$	Terbium	7
Kohlenstoff	8	Holmium	7
Schwefel	6	Thulium	7
Barium	4	Niob	6
Chrom	4	Cadmium	4
Stickstoff	3	Antimon	3
Fluor	3	Tantal	2
Zirkon	2	Gallium	2
Strontium	2	Europium	1
Nickel	2	Indium	1
Zink	2	Thallium	1
Vanadin	2	Jod	$7 \cdot 10^{-6}$
Kupfer	1	Silber	6
Yttrium	$7 \cdot 10^{-3}$	Platin	5
Wolfram	5	Palladium	5
Lithium	4	Osmium	4
Rubidium	$3 \cdot 10^{-3}$	Ruthenium	4
Blei	3	Wismut	3
Hafnium	2	Quecksilber	3
Cer	2	Iridium	2
Thorium	1	Tellur	1
Neodym	1	Rhodium	1
Kobalt	1	Helium	$8 \cdot 10^{-7}$
Bor	1	Gold	6
Molybdän	$7 \cdot 10^{-4}$	Neon	5
Scandium	6	Rhenium	1
Brom	6	Krypton	$2 \cdot 10^{-8}$
Zinn	6	Xenon	$3 \cdot 10^{-9}$
Beryllium	5	Radium	$1 \cdot 10^{-10}$

* Hauptsächlich nach Berg. Das Vorkommen der chemischen Elemente; 1932. Vergleiche v. Nieuwenburg, Chem. Weekblad **30**, 278 (1933); C. A. **1933,** 5593, C. B. **1933, I,** 3433.

Tabelle 3. *Dissoziationskonstanten von Säuren und Basen bei Zimmertemperatur; Ionenprodukt von Wasser bei verschiedenen Temperaturen*

Säuren	K_s	$-\log K_s$
Arsensäure I	$5 \cdot 10^{-3}$	2,30
Arsenige Säure I	$6 \cdot 10^{-10}$	9,22
Borsäure I	$6 \cdot 10^{-10}$	9,22
Cyanwasserstoffsäure	$7 \cdot 10^{-10}$	9,15
Jodsäure	$2 \cdot 10^{-1}$	0,70
Kohlensäure I	$3 \cdot 10^{-7}$	6,52
Kohlensäure II	$6 \cdot 10^{-11}$	10,22
Unterchlorige Säure	$3,7 \cdot 10^{-8}$	7,43
Perjodsäure	$2,3 \cdot 10^{-2}$	1,64
Phosphorige Säure I	$5 \cdot 10^{-2}$	1,30
Phosphorige Säure II	$2 \cdot 10^{-5}$	4,70
Phosphorsäure I	$1,1 \cdot 10^{-2}$	1,96
Phosphorsäure II	$2 \cdot 10^{-7}$	6,70
Phosphorsäure III	$3,6 \cdot 10^{-13}$	12,44
Salpetrige Säure	$4 \cdot 10^{-4}$	3,40
Selenige Säure I	$3 \cdot 10^{-3}$	2,52
Selenige Säure II	$5 \cdot 10^{-8}$	7,30
Thioschwefelsäure II	$1,0 \cdot 10^{-2}$	2,00
Wasserstoffperoxyd	$2 \cdot 10^{-12}$	11,70
Schwefelige Säure I	$1,7 \cdot 10^{-2}$	1,77
Schwefelige Säure II	$5 \cdot 10^{-6}$	5,30
Schwefelwasserstoffsäure I	$5,7 \cdot 10^{-8}$	7,24
Schwefelwasserstoffsäure II	$1,2 \cdot 10^{-15}$	14,92
Schwefelsäure II	$3 \cdot 10^{-2}$	1,52
Aminoessigsäure	$3,4 \cdot 10^{-10}$	9,47
Essigsäure	$1,8 \cdot 10^{-5}$	4,74
Bernsteinsäure I	$6,5 \cdot 10^{-5}$	4,19
Bernsteinsäure II	$5,9 \cdot 10^{-6}$	5,23
Benzoesäure	$6,9 \cdot 10^{-5}$	4,16
Buttersäure	$1,5 \cdot 10^{-5}$	4,82
Zitronensäure I	$8 \cdot 10^{-4}$	3,10
Zitronensäure II	$2 \cdot 10^{-5}$	4,70
Zitronensäure III	$4 \cdot 10^{-6}$	5,40
Malonsäure I	$1,6 \cdot 10^{-3}$	2,80
Malonsäure II	$2,1 \cdot 10^{-6}$	5,68
Milchsäure	$1,5 \cdot 10^{-4}$	3,82
Ameisensäure	$2 \cdot 10^{-4}$	3,70
Oxalsäure I	$3,8 \cdot 10^{-2}$	1,42
Oxalsäure II	$3,5 \cdot 10^{-5}$	4,46
Phenol	$1,3 \cdot 10^{-10}$	9,89
Propionsäure	$1,4 \cdot 10^{-5}$	4,85
Pikrinsäure	$1,6 \cdot 10^{-1}$	0,80
Salicylsäure	$1,1 \cdot 10^{-3}$	2,96
Weinsäure I	$9,7 \cdot 10^{-4}$	3,01
Weinsäure II	$9 \cdot 10^{-5}$	4,05

Fortsetzung von Tabelle 3

Basen	K_b	$-\log K_b$
Äthylamin	$3{,}6 \cdot 10^{-4}$	3,25
Aminoessigsäure	$2{,}7 \cdot 10^{-12}$	11,57
Ammoniak	$1{,}8 \cdot 10^{-5}$	4,74
Anilin	$4{,}6 \cdot 10^{-10}$	9,34
Benzidin I	$9{,}3 \cdot 10^{-10}$	9,03
Benzidin II	$5{,}6 \cdot 10^{-11}$	10,25
Chinin I	$1 \cdot 10^{-6}$	6,00
Chinin II	$1{,}3 \cdot 10^{-10}$	9,89
Chinolin	$3 \cdot 10^{-10}$	9,52
Diäthylamin	$1{,}3 \cdot 10^{-3}$	2,89
Hydrazin	$3 \cdot 10^{-6}$	5,52
Hydroxylamin	$1 \cdot 10^{-8}$	8,00
Bleihydroxyd II	$3 \cdot 10^{-8}$	7,52
Methylamin	$5 \cdot 10^{-4}$	3,30
Morphin	$7{,}4 \cdot 10^{-7}$	6,13
Nikotin I	$7{,}0 \cdot 10^{-7}$	6,15
Nikotin II	$1{,}4 \cdot 10^{-11}$	10,85
Piperidin	$1{,}6 \cdot 10^{-3}$	2,80
Pyridin	$1{,}4 \cdot 10^{-9}$	8,85
Strychnin I	$1{,}0 \cdot 10^{-6}$	6,00
Strychnin II	$2 \cdot 10^{-12}$	11,70
Silberhydroxyd	$1{,}1 \cdot 10^{-4}$	3,96
Zinkhydroxyd II	$1{,}5 \cdot 10^{-9}$	8,82

Temperatur	$K_w = [H^+] \cdot [OH^-]$	$-\log K_w$
0° C	$0{,}12 \cdot 10^{-14}$	14,92
10° C	$0{,}3 \cdot 10^{-14}$	14,52
25° C	$1{,}2 \cdot 10^{-14}$	13,92
50° C	$8 \cdot 10^{-14}$	13,10
100° C	$73 \cdot 10^{-14}$	12,14

Tabelle 4. *Löslichkeitsprodukte. Näherungswerte bei Zimmertemperatur*

Hydroxyde	L	Sulfide	L
AgOH	$2 \cdot 10^{-8}$	HgS	$4 \cdot 10^{-53}$
AlO · OH	$2 \cdot 10^{-15}$	Ag_2S	$2 \cdot 10^{-49}$
BiO · OH	$3{,}4 \cdot 10^{-11}$	CuS	$8{,}5 \cdot 10^{-45}$
$Ca(OH)_2$	$5 \cdot 10^{-5}$	Cu_2S	$1{,}0 \cdot 10^{-30}$
$Cd(OH)_2$	$2{,}3 \cdot 10^{-14}$	PbS	$1 \cdot 10^{-29}$
$Fe(OH)_2$	$5 \cdot 10^{-15}$	CdS	$4 \cdot 10^{-29}$
$Fe(OH)_3$	$1{,}1 \cdot 10^{-36}$	Tl_2S	$4 \cdot 10^{-23}$
$Mg(OH)_2$	$1{,}2 \cdot 10^{-11}$	ZnS	$1 \cdot 10^{-23}$
$Mn(OH)_2$	$4 \cdot 10^{-14}$	CoS	$1 \cdot 10^{-26}$
$Ni(OH)_2$	$1{,}1 \cdot 10^{-14}$	NiS	10^{-21}–10^{-28}
$Pb(OH)_2$	$7 \cdot 10^{-16}$	FeS	$2{,}5 \cdot 10^{-19}$
$Sr(OH)_2$	$1{,}2 \cdot 10^{-4}$	MnS	$1{,}4 \cdot 10^{-15}$
$Zn(OH)_2$	$1{,}8 \cdot 10^{-14}$	H_2S	$7{,}7 \cdot 10^{-24}$
H_2ZnO_2	$7 \cdot 10^{-30}$		

Stoff	L	Stoff	L
AgCl	$1{,}1 \cdot 10^{-10}$	Hg_2Br_2	$1{,}3 \cdot 10^{-21}$
AgBr	$5{,}0 \cdot 10^{-13}$	HgJ_2	$3{,}2 \cdot 10^{-29}$
AgJ	$1{,}0 \cdot 10^{-16}$	K_2PtCl_6	$4{,}9 \cdot 10^{-5}$
AgCN	$1{,}0 \cdot 10^{-13}$	Li_2CO_3	$2{,}3 \cdot 10^{-2}$

Fortsetzung von Tabelle 4

Stoff	L	Stoff	L
AgCNS	$7{,}1 \cdot 10^{-13}$	LiF	$1{,}1 \cdot 10^{-2}$
Ag_2CrO_4	$1{,}7 \cdot 10^{-12}$	Li_3PO_4	$3{,}8 \cdot 10^{-9}$
Ag_2SO_4	$7{,}0 \cdot 10^{-5}$	$MgCO_3$	$2{,}0 \cdot 10^{-4}$
$AgBrO_3$	$4{,}0 \cdot 10^{-5}$	$MgNH_4PO_4$	$2{,}5 \cdot 10^{-13}$
$AgJO_3$	$1{,}5 \cdot 10^{-8}$	$PbCO_3$	$3{,}3 \cdot 10^{-14}$
$BaCO_3$	$8{,}1 \cdot 10^{-9}$	$PbCrO_4$	$1{,}8 \cdot 10^{-14}$
$BaCrO_4$	$1{,}6 \cdot 10^{-10}$	$PbSO_4$	$1{,}8 \cdot 10^{-8}$
BaC_2O_4	$1{,}2 \cdot 10^{-7}$	PbC_2O_4	$2{,}8 \cdot 10^{-11}$
$BaSO_4$	$1{,}1 \cdot 10^{-10}$	$Pb_3(PO_4)_2$	$1{,}5 \cdot 10^{-32}$
BaF_2	$1{,}7 \cdot 10^{-6}$	$PbCl_2$	$2{,}4 \cdot 10^{-4}$
$CaSO_4$	$2{,}0 \cdot 10^{-4}$	PbJ_2	$1{,}2 \cdot 10^{-8}$
$CaCO_3$	$9{,}0 \cdot 10^{-9}$	$SrCO_3$	$1{,}4 \cdot 10^{-9}$
CaC_2O_4	$2{,}0 \cdot 10^{-9}$	SrC_2O_4	$5{,}6 \cdot 10^{-8}$
CaF_2	$3{,}5 \cdot 10^{-11}$	SrF_2	$1{,}7 \cdot 10^{-10}$
Cu_2Cl_2	$8{,}6 \cdot 10^{-10}$	$SrSO_4$	$3{,}0 \cdot 10^{-7}$
Cu_2J_2	$2{,}0 \cdot 10^{-18}$	$SrCrO_4$	$5 \cdot 10^{-8}$
$Cu_2(CNS)_2$	$3{,}7 \cdot 10^{-17}$	TlCl	$1{,}5 \cdot 10^{-4}$
FeC_2O_4	$2{,}0 \cdot 10^{-7}$	TlJ	$2{,}8 \cdot 10^{-8}$
Hg_2Cl_2	$2{,}0 \cdot 10^{-18}$	ZnC_2O_4	$1{,}4 \cdot 10^{-9}$

Die meisten dieser Werte sind ungenau. Nur die Größenordnung ist zuverlässig. Die Werte für die Sulfide und manche Hydroxyde können auch um einige Potenzen größer oder kleiner sein.

Tabelle 5. *Normal-Oxydationspotentiale*
Potential der Elektrode — Potential des Elektrolyts

	Volt
$Fe(OH)_3 + 2e \rightleftharpoons Fe(OH)_2 + OH'$	$-0{,}65$
$S + 2e \rightleftharpoons S''$	$-0{,}55$
$S + H_2O + 2e \rightleftharpoons HS' + OH'$	$-0{,}51$
$NO_3' + 6H_2O + 8e \rightleftharpoons NH_3 + 9OH'$	$-0{,}12$
$2H^{\cdot} + 2e \rightleftharpoons H_2$ (1 at)	0
$Sn^{\cdots\cdot} + 2e \rightleftharpoons Sn^{\cdot\cdot}$	$+0{,}13$
$S + 2H^{\cdot} + 2e \rightleftharpoons H_2S$	$+0{,}17$
$S_4O_6'' + 2e \rightleftharpoons 2S_2O_3''$	$+0{,}20$
$Fe(CN)_6''' + e \rightleftharpoons Fe(CN)_6''''$	$+0{,}40$
$O_2 + 2H_2O + 4e \rightleftharpoons 4OH'$	$+0{,}41$
$J_2 + 2e \rightleftharpoons 2J'$	$+0{,}54$
$SO_4'' + 4H^{\cdot} + 2e \rightleftharpoons H_2SO_3 + H_2O$	$+0{,}60$
$Fe^{\cdots} + e \rightleftharpoons Fe^{\cdot\cdot}$	$+0{,}75$
$NO_3' + 4H^{\cdot} + 3e \rightleftharpoons NO + 2H_2O$	$+0{,}95$
$HNO_2 + H^{\cdot} + e \rightleftharpoons NO + H_2O$	$+0{,}99$
$H_2O_2 + 2e \rightleftharpoons 2OH'$	$+1{,}0$
$Br_2 + 2e \rightleftharpoons 2Br'$	$+1{,}07$
$HCrO_4' + 7H^{\cdot} + 3e \rightleftharpoons Cr^{\cdots} + 4H_2O$	$+1{,}3$
$ClO_4' + 8H^{\cdot} + 8e \rightleftharpoons Cl' + 4H_2O$	$+1{,}35$
$Cl_2 + 2e \rightleftharpoons 2Cl'$	$+1{,}36$
$HClO + H^{\cdot} + 2e \rightleftharpoons Cl' + H_2O$	$+1{,}50$
$MnO_4' + 8H^{\cdot} + 5e \rightleftharpoons Mn^{\cdot\cdot} + 4H_2O$	$+1{,}52$
$MnO_4' + 4H^{\cdot} + 3e \rightleftharpoons MnO_2 + 2H_2O$	$+1{,}63$
$O_3 + 2H^{\cdot} + 2e \rightleftharpoons O_2 + H_2O$	$+1{,}9$
$F_2 + 2e \rightleftharpoons 2F'$	$+2{,}8$

Spannungsreihe	Volt
$Na^{\cdot} + e \rightleftharpoons Na$	$-2{,}7$
$Ca^{\cdot\cdot} + 2e \rightleftharpoons Ca$	$-2{,}55$
$Mg^{\cdot\cdot} + 2e \rightleftharpoons Mg$	$-1{,}55$
$Al^{\cdots} + 3e \rightleftharpoons Al$	$-1{,}28$
$Zn^{\cdot\cdot} + 2e \rightleftharpoons Zn$	$-0{,}76$
$Fe^{\cdot\cdot} + 2e \rightleftharpoons Fe$	$-0{,}43$
$Cd^{\cdot\cdot} + 2e \rightleftharpoons Cd$	$-0{,}40$
$Co^{\cdot\cdot} + 2e \rightleftharpoons Co$	$-0{,}29$
$Ni^{\cdot\cdot} + 2e \rightleftharpoons Ni$	$-0{,}22$
$Sn^{\cdot\cdot} + 2e \rightleftharpoons Sn$	$-0{,}13$
$Pb^{\cdot\cdot} + 2e \rightleftharpoons Pb$	$-0{,}12$
$2H^{\cdot} + 2e \rightleftharpoons H_2$ (1 at)	0
$Cu^{\cdot\cdot} + 2e \rightleftharpoons Cu$	$+0{,}34$
$Bi^{\cdots} + 3e \rightleftharpoons Bi$	$+0{,}39$
$Sb^{\cdots} + 3e \rightleftharpoons Sb$	$+0{,}47$
$Ag^{\cdot} + e \rightleftharpoons Ag$	$+0{,}80$
$Hg^{\cdot\cdot} + 2e \rightleftharpoons Hg$	$+0{,}86$
$Pt^{\cdot\cdot} + 2e \rightleftharpoons Pt$	$+0{,}9$
$Au^{\cdot} + e \rightleftharpoons Au$	$+1{,}5$

Man denke immer daran, daß die wirklich auftretenden Potentialsprünge von den Ionen-Konzentrationen und daher besonders auch vom pH stark abhängig sind.

Tabelle 6. *Umschlaggebiete von Indikatoren bei Zimmertemperatur*

Indikator	Farbe		pH-Umschlaggebiet
	sauer	alkalisch	
Zweifarbig			
Methanilgelb	rot	gelb	1,2 — 2,3
Thymolblau	rot	gelb	1,2 — 2,8
Tropäolin 00	rot	gelb	1,3 — 3,2
Dimethylgelb	rot	gelb	2,9 — 4,0
Methylorange	rot	gelb	3,1 — 4,4
Bromphenolblau	grün	violett	3,0 — 4,6
Kongorot	blau	rot	3,0 — 5,2
Bromkresolblau	gelb	blau	4,0 — 5,6
Cochenille	gelb	violett	4,0 — 6,0
Methylrot	rot	gelb	4,2 — 6,3
Lackmoid	rot	blau	4,4 — 6,4
Neutralrot	rot	gelb	6,8 — 8,0
Lackmus	rot	blau	5,0 — 8,0
Bromkresolpurpur	gelb	violett	5,4 — 7,0
Bromthymolblau	gelb	blau	6,0 — 7,6
Phenolrot	gelb	rot	6,6 — 8,2
Rosolsäure	braun	rot	6,9 — 8,0
Kresolrot	gelb	rot	7,2 — 8,8
Brillantgelb	gelb	rotbraun	7,4 — 8,5
Thymolblau	gelb	blau	8,0 — 9,6
Orcinsulfonphthalein	gelb	grün	8,6 — 10,0
Alizarin-S	gelb	lila	10,0 — 12,0
Tropäolin 0	gelb	rotbraun	11,0 — 15,0
Einfarbig			
2,6-Dinitrophenol	farblos	gelb	2,2 — 4,0
2,5-Dinitrophenol	farblos	gelb	4,0 — 5,5
p-Nitrophenol	farblos	gelb	5,2 — 7,0
m-Nitrophenol	farblos	gelb	6,7 — 8,4
Phenolphthalein	farblos	rot	8,0 — 10,5
Thymolphthalein	farblos	blau	9,3 — 10,5

Verzeichnis von Reagenzien

A. Reagenzien auf dem Regal

1. Salzsäure; 2 normal.
2. Schwefelsäure; 2 normal.
3. Salpetersäure; 2 normal.
4. Essigsäure; 2 normal.
5. Weinsäure; 5%.
6. Ammoniak; konzentriert.
7. Kaliumhydroxyd; 2 normal.
8. Natriumcarbonat; 5%.
9. Wasserstoffperoxyd; 3%.
10. Bromwasser; gesättigt.
11. Mangansulfat; 2%.
12. Bleiacetat; 5%.
13. Quecksilber(II)chlorid; gesättigt.
14. Rhodamin-B; 0,25 g Rhodamin, 75 g KCl in 500 ml HCl 2 *n*.
15. Kakothelin; 0,25% in Wasser.
16. Zinksulfat; 10%.

17. Ammoniumquecksilberrhodanid; 30 g $HgCl_2$, 33 g NH_4CNS in 100 ml Wasser.
18. Natriumrhodizonat; fest.
19. Cadion; 0,02% in Alkohol und 0,02 *n* KOH.
20. Zinn(II)chlorid mit Zinn; 5%.
21. Diphenylcarbazid; 1% in Alkohol.
22. Anilin.
23. Kaliumhexacyanoferrat(II); 5%.
24. Thymolblau; 0,04% in Alkohol.
25. Alizarin-S; 0,2% in Wasser.
26. Phenol; 5% in Wasser.
27. Aceton.
28. Benzidinacetat; 1% in verdünnter Essigsäure.
29. Dimethylglyoxim; 1% in Alkohol.
30. Kobaltchlorid; 0,02%.
31. Kaliumtetracyanonickelat(II); 5% in Wasser.
32. Titangelb; 0,05% in Alkohol.
33. Zink-Uranyl-Acetat (nach Kolthoff).
34. Natriumchlorid; 1%.
35. Jod; 0,1 normal in verdünntem KJ.
36. Natriumazid; 2,5%.
37. Methylalkohol.
38. Kaliumnitrit; fest.
39. Thioharnstoff; fest.
40. Ammoniumrhodanid; fest.
41. Kaliumperjodat; fest.
42. Natriumhexanitrokobaltat(III); fest.
43. Quarzpulver.
44. Natriumfluorid; fest.
45. Ammoniummolybdat; fest.
46. Natriumarsenit; fest.
47. Fluorescein; 0,1% in 50% Alkohol.
48. Zinkstoff.
49. Sulfanilsäure-α-naphthylamin; 0,5 g α-Naphthylamin, 5 g Sulfanilsäure, 44,5 g Weinsäure.
50. Murexid, fest, mit einer 100fachen Menge trockenem KCl gemischt.

B. Reagenzien für die Mikro-Ausführung nach Kapitel IX

1. Im Holzkästchen:

1. Magnesiumacetat; fest.
2. Ammoniumchlorid; fest.
3. Caesiumchlorid; fest.
4. Kaliumjodid; fest.
5. Zinksulfat + Kobaltacetat; fest.
6. Ammoniumrhodanid; konzentrierte Lösung.
7. Ammoniumquecksilberrhodanid; 30 g $HgCl_2$, 33 g NH_4CNS in 100 ml Wasser.
8. Brucinacetat — NaBr; 6,5 g Brucin, 10 g NaBr in 50 ml 4*n* Essigsäure und 150 ml Wasser.
9. Thioharnstoff; fest.
10. Ammoniummolybdat; fest.
11. Silbernitrat; fest.
12. Caesiumhydrogensulfat; 20 g Cs_2SO_4, 3,1 g H_2SO_4 (1,84), 50 g Wasser.
13. Ammoniumacetat; fest.
14. Natriumcarbonat; fest.
15. Kaliumnitrat; fest.
16. Kaliumchlorat; fest.
17. Dimethylglyoxim; gesättigte Lösung in Alkohol.
18. Bariumchlorid; 1%.

19. Kupfernitrat; 2%.
20. Kaliumnitrit; fest.
21. Dipicrylaminreagens; 200 mg Dipicrylamin, 2 ml 1 *n* Na_2CO_3 und 20 ml Wasser.
22. Zinkuranylacetat; nach Kolthoff.
23. Kupferacetat; fest.
24. Ammoniumfluorid; fest.
25. Kaliumsulfat; fest.
26. Rubidiumchlorid; fest.
27. Ammoniumfluorosilikat; fest.
28. Jodsäure; 10%.
29. Thallium(I)nitrat; fest.
30. Eisen(III)chlorid; konzentrierte Lösung.
31. Kaliumhydrogenoxalat; fest.
32. Ammoniumcarbonat; fest.
33. Kaliumoxalat; fest.
34. Ammoniumsuccinat; fest.
35. Kaliumchromat; 15%.
36. Oxalsäure; 1%.
37. Codein; fest.
38. Pyridin-HBr; 1 Vol. Pyridin und 8 Vol. 40% HBr.
39. Kaliumchlorid; fest.
40. Curcuma-Extrakt; 20 g Curcuma, 100 ml 50% Alkohol und 1 ml 2*n* NaOH.
41. Stärkemehl.
42. Alloxan; fest.
43. Nitron; fest.
44. Nickeläthylendiamin; zu 10%igem $Ni(NO_3)_2$ Äthylendiaminhydrat hinzufügen, bis die violette Farbe bestehen bleibt.
45. Metaphenylendiaminhydrochlorid; 5% in Wasser, mit H_2SO_4 leicht angesäuert.
46. Ameisensäure; 25%.
47. Natriumformiat; fest.
48. Uranoxyd; fest.
49. Cer(III)nitrat; 1%.
50. Thallium(I)acetat; fest.
51. Zitronensäure; fest.
52. Na_2HPO_4; fest.
53. $(CH_3)_4NBr$; fest.

2. Auf dem Regal:

a) Für Kationen:

1. Salzsäure; 2 normal.
2. Schwefelsäure; 2 normal.
3. Salpetersäure; 2 normal.
4. Essigsäure; 2 normal.
5. Weinsäure; 5%.
6. Ammoniak; 4 normal.
7. Kaliumhydroxyd; 2 normal.
8. Natriumcarbonat; 5%.
9. Wasserstoffperoxyd; 3%.
10. Bromwasser; gesättigt.
11. Mangansulfat; 2%.
12. Cadion; 0,02% in Alkohol und 0,02 *n* KOH.
13. Quecksilber(II)chlorid; gesättigt.
14. Rhodamin-B; 0,25 g Rhodamin, 75 g KCl in 500 ml 2 *n* HCl.
15. Kakothelin; 0,25% in Wasser.
16. Zinksulfat; 10%.
17. Ammoniumquecksilberrhodanid; 30 g $HgCl_2$, 33 g NH_4CNS in 100 ml Wasser.

18. Bleiacetat; 5%.
19. Zinn(II)chlorid mit Zinn; 5%.
20. Diphenylcarbazid; 1% in Alkohol.
21. Anilin oder $(NH_4)_2SO_4$; 20%.
22. Phosphorsäure; (1,7).
23. Thymolblau; 0,04% in Alkohol.
24. Alizarin-S; 0,2% in Wasser.
25. Phenol; 5% in Wasser.
26. Aceton.
27. Kaliumtetracyanonickelat; 5% in Wasser.
28. Dimethylglyoxim; 1% in Alkohol.
29. Titangelb; 0,05% in Alkohol.
30. Aluminiumspäne.
31. Kaliumnitrit; fest.
32. Ammoniumrhodanid; fest.
33. Kaliumperjodat; fest.
34. Natriumfluorid; fest.
35. Quarzpulver.
36. Oxin; 5% in Alkohol.
37. Murexid; fest, gemischt mit einer 100fachen Menge trockenem KCl.

b) Für Anionen:

1. Kaliumpermanganat; 1%.
2. Bleinitrat; 5%.
3. Natriumazid; 2,5%.
4. Jod in KJ; 0,1 normal.
5. Malachitgrün; 0,025%.
6. Quecksilber(II)chlorid; 1%.
7. Nickelhydroxyd; unter Wasser.
8. Weinsäure; 15 g Weinsäure in 30 ml HNO_3 (1,2) + 70 ml Wasser.
9. Molybdänreagens; 5 g Ammoniummolybdat + 35 ml HNO_3 (1,2).
10. Benzidinacetat; 0,05 g Benzidin in 10 ml Eisessig lösen, mit Wasser auf 100 ml auffüllen.
11. Natriumacetat; gesättigt.
12. Kupfer(II)acetat; 3%.
13. Benzidinacetat; 1% in verdünnter Essigsäure.
14. Zirkonalizarin; zu 0,1%igem $ZrOCl_2$ $^1/_5$ Vol. konzentrierte Salzsäure und danach 0,2% Alizarin-S in Wasser hinzufügen, bis gerade vollständige Lackbildung eintritt.
15. Sulfanilsäure; 5% in 4 *n* Essigsäure.
16. α-Naphthylamin; 0,5% in 4 *n* Essigsäure.
17. Eisen(III)chlorid; 1%.
18. Silbernitrat; 5%.
19. Bleiperoxyd; fest.
20. Stärkemehllösung.
21. Fluorescein; 0,1% in 50% Alkohol.
22. Methylenblau; 0,02%.
23. Natriumhydrogensulfit; fest.
24. Kaliumhydroxyd; 2 normal mit Bariumnitrat.
25. Kaliumdichromat; fest.
26. Eisen(II)sulfat; fest.
27. Silbersulfat; gesättigte Lösung.
28. Natriumhydroxyd; 40%.
29. Bariumchlorid; 1%.
30. Natriumrhodizonat; fest.
31. Magnesiumpulver.
32. 2,7-Dihydroxynaphthalen.
33. Zinknitrat; 5%.

Literaturverzeichnis

1 Premier Rapport de la "Commission internationale des Réactions et Réactifs analytiques nouveaux" de l'Union internationale de Chimie; par M. M. VAN NIEUWENBURG, BÖTTGER, FEIGL, KOMAROVSKY et STRAFFORD; Leipzig, Akad. Verl. Ges., 1938; Deuxième Rapport, par WENGER, GILLIS et VAN NIEUWENBURG, 1945, édit. Wepf et Cie, Bâle.

2 FEIGL: Mikrochemie **1**, 4 (1923); C.A. **1924**, 950; C.B. **1924, I**, 2455.

3 HAHN: Mikrochemie **8**, 75 (1930); C.A. **1930**, 1594; C.B. **1930, I**, 1500.

4 FEIGL, u. a.: Chemiker Kalender **1929, II**, 375.

5 GILLIS: Meded. Kon. Vlaamsche Akad. Wetensch., Letteren, Schoone Kunsten België, Kl. Wetensch. **3**, 3 (1940); C.B. **1942, II**, 320.

6 CHARLOT: Nouvelle méthode d'Analyse qualitative, 1942, S. 33.

7 KOLTHOFF: Kurze Zusammenfassung in KOLTHOFF-SANDELL, Quantitative Analysis, 1936, S. 89 u. f.

8 FEIGL: Z. anal. Chem. **74**, 380 (1928); C.A. **1928**, 4080; C.B. **1928, II**, 1593.

9 TANANAEFF: Z. anorg. Chem. **170**, 120 (1928); C.A. **1928**, 1930; C.B. **1928, I**, 1983.

10 BETTENDORF: Z. anal. Chem. **9**, 105 (1870).

11 BEHRENS-KLEY: Mikrochemische Analyse, 1921, S. 135.

12 SANGER u. BLACK: J. Soc. chem. Ind. **26**, 1115 (1907); C.B. **1908, I**, 169.

13 WINKLER: Z. angew. Chem. **30**, 114 (1917); C.A. **1917**, 3071; C.B. **1917, II**, 39.

14 GUTZEIT sen.: Pharm. Ztg. **24**, 263 (1879).

15 EEGRIWE: Z. anal. Chem. **70**, 400 (1927); C.A. **1927**, 1779; C.B. **1927, I**, 2579.

16 FEIGL u. NEUBER: Z. anal. Chem. **62**, 382 (1923); C.A. **1923**, 2688; C.B. **1923, IV**, 186.

17 REYNOSO: J. prakt. Chem. **54**, 261 (1851); Z. anal. Chem. **2**, 364 (1863).

18 MECKLENBURG: Z. anal. Chem. **52**, 293 (1913); C.A. **1913**, 2169; C.B. **1913, I**, 1840.

19 DRYER: Chem. News **48**, 257 (1883).

20 GUTZEIT jr.: Helvetica Chim. Acta **12**, 713, 829 (1929); C.A. **1929**, 4644; **1930**, 38; C.B. **1929, II**, 2228, 3166.

21 SCHMATOLLA: Chem. Ztg. **25**, 468 (1901); C.B. **1901, II**, 57.

22 MEISSNER: Z. anal. Chem. **80**, 247 (1930); C.A. **1930**, 3966; C.B. **1930, II**, 1410.

23 FEIGL: Tüpfelreaktionen, 3. Aufl., 1938, S. 196.

24 MILLS u. CLARK: J. Chem. Soc. **149**, 175 (1936); C.A. **1936**, 2938; C.B. **1936, I**, 4273.

25 MONTEQUI: Anales Soc. Esp. Fis. Quim. **25**, 52 (1927); C.A. **1927**, 2858; C.B. **1927, I**, 2453.

26 P. RÂY u. R. M. RÂY: Quart. J. Indian Chem. Soc. **3**, 118 (1926); C.A. **1926**, 3690; C.B. **1926, II**, 2158.

27 HOSTE, c. s.: Mikrochemie **36/37**, 349 (1951); C.A. **1951**, 5061.

28 HAHN u. LEIMBACH: Ber. d. d. chem. Ges. **55**, 3070 (1922); C.A. **1930**, 701; C.B. **1923, II**, 76.

29 MEURICE: Ann. chim. anal. appl. [2], **8**, 130 (1926); C.A. **1926**, 2800; C.B. **1926, II**, 278.

30 MAHR: Anorganisches Grundpraktikum (1952), S. 290.

31 GEILMANN: Z. anorg. Chem. **155,** 192 (1926); C.A. **1926,** 3664; C.B. **1926, II,** 1553.
32 DWYER: Austr. Chem. Inst. J. a. Proc. **4,** 26 (1937); C.A. **1937,** 3412.
33 BOUGAULT u. CATTELAIN: J. de Pharm. chim. [8], **14,** 97 (1931); Compt. rend. **193,** 1093 (1931); C.A. **1932,** 939; C.B. **1932, I,** 2208.
34 BALAREW: Z. anorg. Chem. **121,** 254 (1922); C.A. **1922,** 2818; C.B. **1922, IV,** 404.
35 MAHR: Mikrochemie **26,** 67 (1939); C.A. **1939,** 3289; C.B. **1939, II,** 2689.
36 TRILLAT: Compt. rend. **136,** 1205 (1903); C.B. **1903, II,** 68.
37 KESCHAN: Z. anal. Chem. **65,** 346 (1924/25); C.A. **1925,** 1829; C.B. **1925, I,** 1769.
38 VANINO u. TREUBERT: Ber. d. d. chem. Ges. **31,** 1118 (1898); C.B. **1898, II,** 89.
39 FEIGL u. KRUMHOLZ: Ber. d. d. chem. Ges. **62,** 1138 (1929); C.A. **1929,** 4160; C.B. **1929, II,** 72.
40 LÉGER: Bull. Soc. chim. **50,** 91 (1888); C.B. **1888, II,** 1186.
41 DENIGÈS: Bull. Soc. chim. [4], **23,** 36 (1918); C.A. **1918,** 889; C.B. **1918, I,** 771.
42 CAZENEUVE: J. pharm. chim. [6], **12,** 150 (1900); Compt. rend. **131,** 346 (1900); C.B. **1901, II,** 682.
43 ODDO: Gazz. chim. ital. **39, I,** 666 (1909); C.A. **1911,** 845; C.B. **1909, II,** 933.
44 TANANAEFF: Z. anorg. Chem. **133,** 372 (1924); C.A. **1924,** 1628; C.B. **1924, I,** 2189.
45 SCHÖNN: Z. anal. Chem. **9,** 41, 330 (1870); C.B. **1871,** 271.
46 HALL u. SMITH: Proc. Amer. Phil. Soc. **44,** 199 (1905); C.B. **1905, II,** 1161.
47 ATACK: J. Soc. chem. Ind. **34,** 936 (1915); C.A. **1915,** 3186; C.B. **1916, I,** 176.
48 HAMMETT u. SOTTERY: J. Am. Chem. Soc. **47,** 142 (1925); C.A. **1925,** 797.
49 BAUDISCH: Chem. Ztg. **33,** 1298 (1909); **35,** 913 (1911); C.A. **1910,** 557; **1911,** 3780; C.B. **1910, I,** 684; **1911, II,** 1062.
50 SLAWIK: Chem. Ztg. **36,** 54 (1912); C.A. **1912,** 1113; C.B. **1912, I,** 753.
51 BLAU: Monatsh. f. Chem. **19,** 647 (1898); C.B. **1899, I,** 629.
52 CAZENEUVE: Bull. Soc. chim. [3], **23,** 701; Compt. rend. **131,** 346 (1900); C.B. **1900, II,** 645.
53 BARRESWILL: Ann. chim. phys. [3], **20,** 346 (1847).
54 KORENMAN: Z. anal. Chem. **95,** 44 (1933); C.A. **1934,** 429.
55 SKEY: Chem. News **16,** 201, 324 (1867).
56 VOGEL: Ber. d. d. chem. Ges. **12,** 2314 (1879).
57 DITZ: Chem. Ztg. **25, I,** 109 (1901); Z. anorg. Chem. **219,** 97 (1934).
58 ILINSKY u. VON KNORRE: Z. anal. Chem. **24,** 595 (1885).
59 TSCHUGAEFF: Ber. d. d. chem. Ges. **38,** 2520 (1905); C.B. **1905, II,** 651.
60 P. RÂY u. R. M. RÂY: Quart. J. Indian Chem. Soc. **3,** 118 (1926); C.A. **1926,** 3960; C.B. **1926, II,** 2158.
61 MENKE: Chem. Weekbl. **15,** 868 (1918); C.A. **1918,** 2173.
62 WILLARD u. GREATHOUSE: J. Am. Chem. Soc. **39,** 2366 (1917); C.A. **1917,** 3189; C.B. **1918, I,** 476.
63 FEIGL: Österr. Chem. Ztg. **16,** 124 (1919); Chem. Ztg. **44,** 689 (1920); C.A. **1921,** 217; C.B. **1920, IV,** 578.
64 FULTON: Amer. J. Pharm. **105,** 59 (1933); C.A. **1933,** 1985.
65 BEHRENS: in BEHRENS-KLEY, Mikrochemische Analyse **I,** 1915, S. 69.
66 BENEDETTI-PICHLER u. SPIKES: Mikrochemie **15,** 271 (1934); C.A. **1935,** 69; C.B. **1934, II,** 3798.
67 KUHLBERG: Ukrain. Khem. Zhur. **8,** 190 (1933); C.A. **1934,** 5003.
68 FISCHER: Wiss. Veröff. Siemens **4,** 158 (1925); C.A. **1926,** 3660; C.B. **1926, II,** 620.
69 FEIGL: Mikrochemie **20,** 202 (1936).
70 KOLTHOFF: Chem. Weekblad **24,** 254 (1927); Bioch. Z. **185,** 344 (1927); C.A. **1927,** 2632; **1927,** 3580; C.B. **1927, II,** 142; **1927, II,** 1983.

71 Weisselberg: Dissertation Wien 1930; Feigl: Tüpfelreaktionen, 3. Aufl., 1938, S. 270.
72 Caron u. Raquet: Bull. soc. chim. [3], **35**, 1061 (1906); C.B. **1907, I**, 507.
73 Dulfer: Onderzoekingen over kwalitatieve analyse; Dissertation Delft, 1935.
74 Denigès: C.R. **170**, 996 (1920); C.A. **1920**, 2596.
75 Feigl: Mikrochemie **2**, 188 (1924); C.A. **1925**, 1108; C.B. **1925, I**, 1768.
76 Gutzeit jr.: Helv. Chim. Acta **12**, 713, 829 (1929); C.A. **1929**, 4644; **1930**, 38; C.B. **1929, II**, 2228, 3166.
77 Feigl u. Aufricht: Rec. trav. chim. **58**, 1127 (1939); C.B. **1940, I**, 1537.
78 Adams, Benedetti-Pichler u. Bryant: Mikrochemie **26**, 29 (1939); C.A. **1939**, 3288; C.B. **1939, I**, 4367.
79 Rawson: J. Soc. Chem. Ind. **16**, 113 (1897); C.B. **1897, I**, 772.
80 Feigl: Spot Tests **I**, 206 (1954).
81 Behrens: Z. anal. Chem. **30**, 148 (1891); Behrens-Kley: Mikrochemische Analyse I, 1915, S. 49.
82 Beilstein: Lieb. Ann. **107**, 186 (1858).
83 Kolthoff: Z. anal. Chem. **70**, 397 (1927); C.A. **1927**, 1773; C.B. **1927, I**, 2577.
84 Streng, in Fuchs-Braun: Bestimmung der Mineralien, 2. Aufl., 1907, S. 88.
85 Böttger: mündliche Mitteilung.
86 Poluektow: Kalii USSR, **2**, No. 10, 14 (1933); C.A. **1934**, 2642; C.B. **1934, I**, 1949.
87 van Nieuwenburg u. v. d. Hoek: Mikrochemie **18**, 175 (1935). C.A. **1936**, 43; C.B. **1936, I**, 3182.
88 de Koninck: Z. anal. Chem. **20**, 390 (1881); C.B. **1881**, 668.
89 Wittig, c. s.: Lieb. Ann. **563**, 110 (1949).
90 Nessler: Inaugural-Dissertation, Freiburg im Breisgau 1856; C.B. **1856**, 537.
91 Denigès: C.R. **171**, 177 (1920); C.A. **1920**, 3036.
92 Riegler: Chem. Ztg. Rep. **21**, 307 (1897); C.B. **1898, I**, 272.
93 Zenghelis: Compt. rend. **173**, 153 (1921); C.A. **1921**, 3432; C.B. **1921, IV**, 1255.
94 Hirschel u. Verhoeff: Chem. Weekblad **20**, 319 (1923); C.A. **1923**, 2845; C.B. **1923, IV**, 134.
95 Bamberger: Ber. d. d. chem. Ges. **32**, 1805 (1899); C.B. **1899, II**, 200.
96 Curtius u. Jay: J. prakt. Chem. [2], **39**, 44 (1889).
97 Villiers u. Fayolle: Compt. rend. **118**, 1152 (1894); Z. anal. Chem. **34**, 607 (1895).
98 Baubigny: Compt. rend. **125**, 654 (1897); C.B. **1897, II**, 1157.
99 Ganassini: Boll. Chim. Farm. **43**, 153 (1904); C.B. **1904, I**, 1172.
100 Feigl: Tüpfelreaktionen, 3. Aufl., 1938, S. 310.
101 Hofmann, c. s.: Ber. d. d. chem. Ges. **43**, 2624 (1910); C.A. **1911**, 289; C.B. **1910, II**, 1699.
102 Wagenaar: Pharm. Weekbl. **77**, 465 (1940); C.B. **1940, II**, 377.
103 Vitali: Bull. chim. pharm. **38**, 201 (1899); **37**, 545 (1898); C.B. **1898, II**, 942; **1899, I**, 1083.
104 Guareschi: Atti R. Acc. delle Scienze di Torino **47**, 988, 1155 (1912); **48**, 4 (1913); Z. anal. Chemie **52**, 451, 538, 607 (1913); C.A. **1913**, 35, 956, 3286; C.B. **1912, II**, 635, 867; **1913, I**, 192; **1913, II**, 383, 746, 1427.
105 Feigl u. Ballaban, in Feigl: Tüpfelreaktionen, 3. Aufl., 1938, S. 313.
106 Bähr: Z. anal. Chem. **112**, 169 (1938); C.A. **1938**, 4457; C.B. **1938, II**, 125.
107 Fischer: Ber. d. d. chem. Ges. **16**, 2234 (1886).
108 Kràl: Pharm. Centralhalle **37**, 69 (1896); C.B. **1896, I**, 622. Verg. Z. anal. Chem. **36**, 696 (1897).
109 Feigl: Z. anal. Chem. **74**, 369 (1928); C.A. **1928**, 4083; C.B. **1928, II**, 1592.
110 Autenrieth u. Windaus: Z. anal. Chem. **37**, 295 (1898); C.B. **1898, II**, 377.
111 Wicke: Z. Chem. **1865**, 305.
112 Böttger: Qualitative Analyse, 4. Aufl., 1925, S. 138.

113 FEIGL u. FRÄNKEL: Ber. d. d. chem. Ges. **65,** 545 (1932); C.A. **1932,** 2936; C.B. **1932, II,** 95.
114 ROSENTHALER: Mikrochemie **5,** 27 (1927); C.A. **1928,** 1116; C.B. **1927, I,** 987.
115 G. SPACU u. P. SPACU: Z. anal. Chem. **89,** 192 (1932); C.A. **1932,** 5032; C. B. **1932, II,** 2211.
116 FEIGL u. AUFRICHT: Rec. trav. chim. **58,** 1127 (1939); C.B. **1940, I,** 1537.
117 GRIESS: Ber. d. d. chem. Ges. **12,** 427 (1879).
118 ILOSVAY VON ILOSVA: Bull. soc. chim. [3], **2,** 347 (1889).
119 ROMIJN: Chem. Weekblad **11,** 1115 (1914); C.A. **1915,** 1644; C.B. **1915, I,** 764.
120 BUSCHR: Ber. d. d. chem. Ges. **38,** 801 (1905); C.B. **1905, I,** 900.
121 VISSER: Chem. Weekblad **3,** 743 (1906).
122 BLOM: Ber. d. d. chem. Ges. **59,** 121 (1926); C.A. **1926,** 1368; C.B. **1926, I,** 2126. Vgl. FEIGL: Tüpfelreaktionen, 3. Aufl., 1938, S. 331.
123 COTTE u. KAHANE: Bull. soc. chim. **1946,** 542; C.A. **1947,** 1952.
124 CHAMOT u. MASON: Hand. Chem. Microscopy, II, 2nd. ed., 324.
125 FEIGL u. KRUMHOLZ: Mikrochemie **8,** 131 (1930); C.A. **1930,** 4238; C.B. **1930, II,** 2015.
126 DENIGÈS: Mikrochemie **4,** 149 (1926); C.A. **1927,** 2628; C.B. **1927, I,** 153.
127 MOIR: Chem. News **102,** 17 (1910); C.A. **1910,** 2618; C.B. **1910, II,** 688.
128 HYNES u. JANOVSKY: Mikrochemie **23,** 1 (1937); C.A. **1938,** 82; C.B. **1938, I,** 4504.
129 SPACU: Bull. Soc. Stiinte Cluj **1,** 302 (1922); C.A. **1923,** 1772.
130 FEIGL: Z. anal. Chem. **61,** 454 (1922); **74,** 386 (1928); **77,** 299 (1928); C.A. **1923,** 251; **1928,** 4082; **1929,** 3873; C.B. **1923, II,** 158, **1928, II,** 1592; **1929. II,** 1184.
131 GILLIS, c. s.: K. Vl. Acad. **11,** 5 (1949); C.A. **1950,** 1850.
132 GRÉGOIRE: Bull. soc. chim. belge **29,** 253 (1920); C.A. **1922,** 2093; C.B. **1920, IV,** 494.
133 GRAVESTEIN u. MIDDELBERG: Mikrochemie, Molisch-Festschrift, 154 (1936); C.A. **1937,** 4463.
134 HAHN: Compt. rend. **197,** 762 (1933); C.A. **1934,** 71; C.B. **1934, II,** 476.
135 BEHRENS-KLEY: Mikrochemische Analyse, 3. Aufl., 1915, S. 33.
136 OBERHAUSER u. SCHORMÜLLER: Z. anorg. Chem. **178,** 381 (1929); Z. anal. Chem. **81,** 60 (1930); C.A. **1929,** 2906; C.B. **1929, I,** 1382.
137 DE BOER: Chem. Weekblad **21,** 404 (1924); C.A. **1925,** 793; C.B. **1925, I,** 133.
138 DENIGÈS: Bull. trav. soc. pharm. Bordeaux **51,** 151 (1911); C.A. **1911,** 3782.
139 DAMOUR: Compt. rend. **43,** 976 (1857); C.B. **1857,** 127. Vgl. die neuere Lit. von KRÜGER und TSCHIRCH, Mikrochemie **8,** 337 (1930); C.A. **1930,** 2083, 2401, 5656; **1931,** 894; C.B. **1930, I,** 413; **1930, II,** 532; **1931, II,** 94.
140 FEIGL, SANCHEZ u. SAPPERT: Mikrochemie **17,** 165 (1935).
141 EEGRIWE: Z. anal. Chem. **89,** 125 (1932); C.A. **1932,** 4740; C.B. **1932, II,** 2693.
142 BÖTTGER: Qualitative Analyse, 4. Aufl., 1925, S. 485 und 488.
143 FEIGL: Tüpfelreaktionen, 3. Aufl., 1938, S. 436.
144 WURZSCHMITT u. SCHUHKNECHT: Z. angew. Chem. **52,** 711 (1939); C.B. **1940, I,** 1237.
145 MALOWAN: Z. anorg. Chem. **108,** 73 (1919); Z. anal. Chem. **79,** 202 (1929); C.A. **1920,** 2313; **1930,** 1954; C.B. **1919, IV,** 1027; **1930, I,** 1187.
146 FEIGL: Tüpfelreaktionen, 3. Aufl., 1938, S. 202.
147 DE SOUSA: Mikrochemie **40,** 104 (1953).
148 DRAGENDORFF: Originalliteratur uns nicht bekannt. Vgl. RAIKHINSTEIN, Trans. Inst. Pure Chem. Reagents **1927,** 31; C.A. **1929,** 2391.
149 CURTMAN u. ROTHBERG: J. Am. Chem. Soc. **33,** 718 (1911); C.A. **1911,** 2046; C.B. **1911, II,** 489.
150 WHITMORE u. SCHNEIDER: Mikrochemie **17,** 294 (1935); C.A. **1935,** 6168; C.B. **1935, II,** 2985.

151 Wöhler u. Metz: Z. anorg. Chem. **138,** 368 (1924); C.A. **1925,** 621; C.B. **1924, II,** 2603.
152 Putman, c. s.: Amer. J. Sci. [5], **15,** 423 (1928); C.A. **1928,** 2529; C.B. **1928, I,** 3097.
153 Tschugaeff: Compt. rend. **167,** 235 (1918), C.A. **1918,** 2175; C.B. **1918, II,** 1081.
154 Putnam, c. s.: Amer. J. Sci. [5], **15,** 455 (1928); C.A. **1928,** 3603; C.B. **1928, II,** 372.
155 Vanino u. Seemann: Ber. d. d. chem. Ges. **32,** 1986 (1899); C.B. **1899, II,** 320.
156 Gregory: Chem. News **100,** 221 (1909); C.A. **1910,** 287; C.B. **1910, I,** 57.
157 Ephraim: Helvetica Chim. Acta **14,** 1266 (1931); C.A. **1932,** 937; C.B. **1932, I,** 1124.
158 Montequi u. Gallego: Anales Soc. Esp. Fis. Quim. **32,** 134 (1934); C.A. **1934,** 3409; C.B. **1934, II,** 2866.
159 Komarowsky u. Poluektow: Redkie Metal 2, N. **4,** 44 (1933); C.B. **1934, I,** 3773.
160 Powell u. Schoeller: Analyst **50,** 485 (1925); C.A. **1926,** 721; C.B. **1926, I,** 738.
161 Behrens: Z. anal. Chem. **30,** 161 (1891).
162 Poluektow: Mikrochemie **18,** 48 (1935); C.A. **1935,** 6169; C.B. **1936, I,** 1063.
163 Hoste: K. Vl. Acad. **39,** 32 (1952).
164 Komarowsky u. Poluektow: Mikrochemie **18,** 66 (1935); C.A. **1935,** 6168; C.B. **1935, II,** 3550.
165 Feigl: Tüpfelreaktionen, 3. Aufl., 1938. S. 198.
166 Behrens, in Behrens-Kley: Mikrochemische Analyse, I, 1915, S. 115.
167 Plügge: Arch. Pharm. **229,** 558 (1891); C.B. **1892, I,** 179.
168 Lecoq de Boisbaudran: Compt. rend. **100,** 605 (1885); C.B. **1885,** 244.
169 Fessenko: Zavodskaya Lab. **10,** 491 (1941); C.B. **1943, I,** 65.
170 Das Gupta: J. Indian Chem. Soc. **6,** 763 (1929); C.A. **1930,** 1312.
171 Curtman, Margulies u. Plechner: Chem. News **129,** 299 (1924); C.A. **1925,** 1675; C.B. **1925, I,** 413.
172 de Boer: Chem. Weekblad **21,** 404 (1924); C.A. **1925,** 793; C.B. **1925, I,** 133.
173 Pavelka: Mikrochemie **4,** 199 (1926); C.A. **1927,** 2632; C.B. **1926, II,** 3066.
174 Belluci u. Savoia: Atti. I. Congr. chim. pura appl., 483 (1923); C.A. **1924,** 3333; C.B. **1924, I,** 2531.
175 Kolthoff u. Sandell: J. Am. Chem. Soc. **50,** 1900 (1928); C.A. **1928,** 3112; C.B. **1928, II,** 1130.
176 Havens: Z. anorg. Chem. **18,** 147 (1898); C.B. **1898, II,** 1219.
177 Behrens: Z. anal. Chem. **30,** 125 (1891).
178 Fischer: Wiss. Veröff. Siemens **5,** 99 (1926); C.A. **1927,** 1608; C.B. **1927, I,** 495.
179 Huysse: Z. anal. Chem. **39,** 9 (1900); C.B. **1900, I,** 515.
180 Chamot u. Mason: Handbook of chemical Microscopy, II, 1931, S. 162.
181 van Nieuwenburg u. Uitenbroek: Anal. Chim. Acta **3,** 572 (1949).
182 Geilmann: Bilder zur qual. Mikroanalyse (1953).
183 Pročke u. Uzel: Mikrochim. Acta **3,** 105 (1938); C.A. **1938,** 5329; C.B. **1938, II,** 2625.
184 Gravestein: Mikrochemie, Emich-Festschrift 135 (1930); C.A. **1931,** 3268; C.B. **1931, II,** 279.
185 Kubli: Dissertation E.P.F. Zürich, 1925, S. 43.
186 Pozzi-Escot: Leçons élémentaires de chimie analytique, Ed. Dunod, 1931, Tome I, fasc. 1, S. 12.
187 Biltz: Ausführung qualitativer Analysen, 1939, S. 8 u. 22.
188 Hempel: Z. anorg. Chem. **16,** 24 (1898); C.B. **1898, I,** 529 u. 221.
189 Böttger: Qualitative Analyse, 4. Aufl., 1925, S. 516, 549 u. 565.

190 LOHRER: Z, anal. Chem. **124,** 1 (1942); C.A. **1943,** 5334; C.B. **1942, I,** 1269.
191 SCHEINKMANN: Z. anal. Chem. **83,** 185 (1931); C.A. **1931,** 2070; C.B. **1931, I,** 3376.
192 DULFER: Onderzoekingen over kwalitatieve analyse; Dissertation Delft, 1935, S. 113 u. f.
193 MYLIUS: Sprechsaal **63,** 972 (1930); C.A. **1931,** 1452; C.B. **1931, I,** 836.
194 KARAOGLANOV: Z. anal. Chem. **62,** 217 (1923); **107,** 395 (1936).
195 FEIGL: Mikrochemie **20,** 198 (1936).
196 VORTMANN: Die qualitative chemische Analyse mit einfachsten Hilfsmitteln, Verl. Chemie, 1933.
197 BÄHR: Z. anal. Chem. **112,** 169 (1938); C.A. **1938,** 4457; C.B. **1938, II,** 125.
198 CALEY u. BURFORD: J. Ind. Eng. Chem., Anal. Ed. **8,** 63 (1936); C.A. **1936,** 1322; C.B. **1936, I,** 4333.
199 HAUSER u. WIRTH: Z. anal. Chem. **47,** 389 (1908); C.B. **1908, II,** 669.
200 FEIGL: Tüpfelreaktionen, 3. Aufl., 1938, S. 364; Vgl. Z. anal. Chem. **57,** 135 (1918); C.A. **1918,** 2173; C.B. **1918, II,** 471.
201 DONATH: Über den Ersatz des Schwefelwasserstoffes, Leipzig, 1909.
202 BLOEMENDAL u. VEERKAMP: Chem. Weekblad **49,** 147 (1953).
203 VORTMANN: Allgem. Gang der qual. chem. Analyse ohne Anwendung von Schwefelwasserstoffgas, 2. Aufl., Franz Deuticke, Wien, 1919.
204 HANOFSKY u. ARTMANN: Kurze Anleitung zur qualitativen chemischen Analyse nach dem Schwefelnatriumgange, 2. Aufl., Leipzig und Wien, 1921.
205 SCHOORL: Qualitatieve analyse der metalen zonder toepassing van zwavelwaterstof (het „Aluminium-systeem"), Amsterdam, D. B. Centen, 1941.
206 ZETTNOW: Qualitative chemische Analyse ohne Anwendung von Schwefelwasserstoff und Schwefelammonium, Pogg. Ann. [5], **10,** 324 (1867); vgl. DONATH: loc. cit., S. 37 u. f.
207 KOLTHOFF, STENGER u. MOSCOVITZ: J. Am. Chem. Soc. **56,** 812 (1934); C.A. **1934,** 3024; C.B. **1934, II,** 2422.
208 CHARLOT, BÉZIER u. GAUGUIN: Analyse qualitative rapide des cations, Dunod, Paris (1955).
209 PFEIFFER: Z. Lebensmitt.Unters. **88,** 287 (1948).
210 FEIGL: Tüpfelreaktionen, 3. Aufl., 1938, S. 351, 355, 357.
211 STEIMETZ: Essai de systématisation de l'analyse qualitative microchimique, Nancy (1937).
212 NOYES: J. Am. Chem. Soc. **34,** 609 (1912); C.A. **1912,** 2218; C.B. **1912, II,** 145.
213 NOYES: A course of instruction in the qualitative chemical analysis of inorganic substances; MacMillan, New York, 8th ed., 1920, S. 140.
214 RAURICH: Anales Soc. Esp. Fis. Quim. **28,** 749 (1930); C.A. **1930,** 4480; C.B. **1930, II,** 1885.
215 MONTEQUI: Anales Soc. Esp. Fis. Quim. **30,** 567 (1932); C.A. **1932,** 5873; C.B. **1932, II,** 2491; vgl. Z. anal. Chem. **95,** 451 (1933); Revista Academia de Ciencias de Madrid, 15 März 1933.
216 WELCHER u. BRISCOE: Chem. News **145,** 161 (1932); C.A. **1933,** 44; C.B. **1932, II,** 2491; vgl. Z. anal. Chem. **95,** 452 (1933); **96,** 47 (1934).
217 TING PING CHAO: J. Chin. chem. Soc. **4,** 443 (1936); **5,** 60 (1937); J. chem. Educ. **16,** 376 (1939); C.A. **1937,** 969, 4619; **1939,** 8524; C.B. **1937, I,** 3991; **1938, II,** 1999; **1939, II,** 3317.
218 TANANAEFF u. SCHAPOWALENKO: Z. anal. Chem. **100,** 343 (1935); C.A. **1935,** 3627; C.B. **1935, I,** 3818.
219 PENFIELD, nach SCHOORL: Organische Analyse, I, S. 56.
220 MIXTER u. HAIGH: J. Am. Chem. Soc. **39,** 374 (1917); C.A. **1917,** 766; C.B. **1918, I,** 235.
221 LASSAIGNE: Compt. rend. **16,** 387 (1843); Lieb. Ann. **48,** 367 (1843).
222 In der Hauptsache nach FEIGL: Tüpfelreaktionen, 3. Aufl., 1938, S. 376.
223 CASTELLANA: Gazz. chim. ital. **34, II,** 357 (1904); C.B. **1905, I,** 45; vgl. FLIERINGA: Pharm. Weekbl. **43,** 1071 (1906).

[224] Vgl. SCHOORL: Organische Analyse, I, S. 58.
[225] FEIGL u. BADIAN in FEIGL: Tüpfelreaktionen, 3. Aufl., 1938, S. 375.
[226] Nach noch unveröffentlichten Untersuchungen der Verfasser.
[227] FEIGL u. BADIAN in FEIGL: Tüpfelreaktionen, 3. Aufl., 1938, S. 374.
[228] DEUSSEN: Z. anal. Chem. **46**, 320 (1907); Z. angew. Chem. **23**, 1258 (1910); C.A. **1910**, 2616; C.B. **1907, II**, 178; **1910, II**, 1163.
[229] TER MEULEN u. HESLINGA: Nouvelles méthodes d'analyse chimique organique, 1932, S. 32.
[230] SLOOFF u. VAN DUYN: Rec. trav. chim. **59**, 1117 (1940); C.B. **1941, I**, 1074.
[231] BEILSTEIN: Ber. d. d. chem. Ges. **5**, 620 (1872).
[232] TER MEULEN u. HESLINGA: Nouvelles méthodes d'analyse chimique organique, 1932, S. 43.
[233] STSCHIGOL: Pharm. Zentralhalle **74**, 177 (1933); C.A. **1933**, 3032; C.B. **1933, I**, 3475.
[234] SCHOORL: Organische Analyse, I, S. 61.
[235] THOMPSON u. OAKDALE: J. Am. Chem. Soc. **52**, 1196, 1893 (1930); C.A. **1930**, 2082, 3193; C.B. **1930, I**, 3085; **1930, II**, 591.
[236] FEIGL u. BADIAN in FEIGL: Tüpfelreaktionen, 3. Aufl., 1938, S. 377—378.
[237] ROSEBEEK: Chem. Weekblad **46**, 813 (1950).

Namenverzeichnis

Sachverzeichnis